생애주기별
성차간호학

대표저자 **김증임**

Sex/Gender-Differentiated
Nursing Across the Lifespan

ISTeR 한국과학기술젠더혁신센터 Gendered Innovations

한국간호과학회 Korean Society of Nursing Science

발간사

『생애주기별 성차간호학』은 성과 젠더의 차이가 건강에 미치는 영향을 간호학적 시각에서 통합적으로 고찰하고, 생애주기별로 나타나는 성차를 반영하여 간호 실무의 방향을 제시하고자 기획되었습니다. 이 책은 간호학계에서 성차 기반 교육과 연구가 왜 필요한지를 체계적으로 설명하고, 실제 간호 실무에서 이를 어떻게 적용할 수 있는지를 구체적으로 제시하였습니다.

이 책의 출발은 2024년 봄, 한국과학기술젠더혁신센터(GISTeR)의 이혜숙 초대 소장님께서 "성차의학과 성차약학이 서적으로 출간되었는데, 간호학에서도 성차를 주제로 한 책이 나오면 좋겠다"는 제안에서 비롯되었습니다. 과거 Asian Nursing Research, JKAN, Korean Journal of Women Health Nursing 등에서 편집장을 역임하며 간호학 내 젠더 편향을 체감해온 저는 그 제안을 고맙게 생각하여 곧바로 집필을 수락하고 본서를 기획하게 되었습니다.

기획 초기, 간호학계 내 성차에 대한 이해 수준을 확인하고자 여러 활동을 병행하였습니다. 2024년 9월 20일에는 사회학자들과 함께 '젠더–돌봄–간호'를 주제로 한 워크숍을 개최하여 성역할, 돌봄노동, 젠더 불평등에 대한 학제 간 논의를 시작하였고, 11월 20일에는 1차 저자 여섯 분이 각각의 집필 주제를 발표한 국내 포럼을 열었습니다. 이 과정에서 '성별특성/젠더 반영 간호연구의 실태와 나아갈 방향'이란 주제로 검토하면서 간호학 연구에서 성(sex)과 젠더(gender)의 구분 없이 개념이 혼용되거나, 성차 개념이 잘못 적용된 논문들이 다수 존재함을 확인할 수 있었습니다. 연구나 정책 수준에서 성차 개념이 어느 정도 정착된 것처럼 보였지만, 실제로는 개념적 이해나 실무 적용 모두에서 여전히 많은 보완이 필요하다는 점을 실감하게 되었습니다.

이러한 현실을 바탕으로, 단순히 이론적인 개념 정리에 그치지 않고 실제 간호 실무에 적용 가능한 교재가 필요하다는 문제의식이 본서를 이끌었습니다. 저자들과의 논의를 통해 성차를 단편적으로 나열하기보다, '생애주기별'이라는 흐름을 중심으로 청소년기, 중장년기, 노년기에 걸쳐 건강 문제에서 성차가 어떻게 발현되는지를 체계적으로 정리하고자 했습니다. 저술 과정에서 저자들 또한 다양한 문헌과 실무 사례를 탐색하면서 성차간호학에 대한 이해를 더욱 깊이 있게 확장해갔고, 학술적으로도 실무적으로도 의미 있는 성장의 시간이 되었습니다.

이 책을 마주하는 지금, 단지 결과물에 대한 만족이 아니라 간호학의 미래를 함께 고민한 동료 연구자들과 함께 이 길을 걸어왔다는 점에서 무척 흐뭇하고 보람된 마음입니다.

『생애주기별 성차간호학』은 다음과 같은 두 축으로 구성되어 있습니다.

– 총론에서는 성(sex)과 젠더(gender)의 개념을 명확히 구분하고, 이들이 질병의 위험, 증상, 치료 반응에 어떤 방식으로 영향을 미치는지를 생물학적 요인과 사회문화적 요인의 교차 관점에서 서술하였습니다.
– 생애주기별 파트는 청소년기, 중장년기, 노년기로 나뉘며, 각 시기별로 중요한 건강 문제에서 성차가 어떻게 나타나는지를 실증적으로 분석하였습니다.

이 책은 단지 여성의 건강만을 위한 것이 아닙니다. 간호학에서의 젠더혁신은 남성, 여성, 다양한 젠더 정체성을 가진 사람들이 모두 건강할 권리를 동등하게 누릴 수 있도록 과학과 실무를 재조정하는 실천이며, 이는 곧 간호의 윤리성과 전문성을 강화하는 일입니다.

『생애주기별 성차간호학』은 간호학과 의학 전공자뿐만 아니라 보건학, 사회학, 여성학 등 관련 분야의 대학원생과 연구자에게도 유용한 자료가 될 것입니다. 일반 독자에게도 성차와 건강의 관계를 보다 깊이 이해하고, 스스로의 건강을 주체적으로 돌보는 데 실질적인 도움이 되기를 바랍니다.

본서는 한국과학기술젠더혁신센터(GISTeR)의 지원으로 GISTeR와 한국간호과학회가 공동 기획 · 발간하게 되었습니다. 간호학계에서 젠더감수성과 교차성 기반 간호의 토대를 마련하고자 한 첫 시도로서, 이 책이 앞으로의 교육, 연구, 정책, 실무에 이르는 다양한 현장에서 의미 있는 밑거름이 되기를 소망합니다.

이 책이 나오기까지 꼼꼼하게 챙겨주신 한국과학기술젠더혁신센터의 설재경 선생님과 도서출판 대한의학의 신은주 실장님과 서선영 과장님께도 감사드립니다.

2025년 5월

대표저자 **김증임**

추천사

건강과 간호에 있어 성별에 따른 차이를 조명하는 『생애주기별 성차간호학』의 발간을 진심으로 축하드립니다. 현대 간호학은 개인 맞춤형 의료로 발전하고 있으며, 성별에 따른 생리학적 차이는 물론, 사회적, 문화적 요인도 반영한 간호의 중요성이 점점 강조되고 있습니다. 이러한 시대적 흐름 속에서 본 저서는 성차 간호(gender-sensitive nursing)에 대한 포괄적이고 체계적인 접근을 제시하며, 간호학을 한 단계 더 도약시키는 중요한 기여를 할 것으로 기대됩니다.

건강과 질병은 생물학적 요소와 함께, 환경적 요인과 사회적 구조 또한 중요한 역할을 합니다. 특히, 남성과 여성의 신체적 차이뿐만 아니라, 각기 다른 사회적 경험과 역할이 건강결정요인으로 작용합니다. 성차가 간호에 미치는 영향을 다양한 요인들에 대하여 포괄적으로 아우르며 명확하게 조명한 이 저서는 성별에 따른 간호의 차이를 이해하고 실무 적용을 돕는 귀중한 자료가 될 것입니다.

본 저서에서는 성차의 개념과 생물학적, 사회적 요인, 데이터 분석에서의 성차를 다루며, 젠더 관점에서 간호사 역할에 대해 보다 균형 잡힌 접근법을 모색하고 있습니다. 인공지능과 성차 분석을 포함한 최신 연구 동향도 다루고 있어, 간호 실무에서 데이터에 기반하여 성별 차이를 반영하는 것이 얼마나 중요한지 강조하고 있습니다. 이는 보다 정확하고 공정한 의료 서비스 제공을 위한 필수적 요소라 할 수 있습니다.

또한, 본 저서에서는 발달 단계별로 청소년기, 중장년기, 노년기에서 나타나는 건강 문제와 성차의 영향을 구체적으로 설명하고 있습니다. 청소년기의 정신 건강 문제, 중장년기에서의 만성질환 및 수면 문제, 노년기 돌봄과 인지 기능 변화 등 생애주기별로 다르게 나타나는 건강 이슈들을 성차를 고려하여 심층적으로 분석하고, 효과적으로 간호하기 위한 실질적인 지침을 제시하고 있습니다. 이러한 내용은 임상 실무에 종사하는 간호사뿐만 아니라 정책 입안자, 연구자들에게도 매우 유용한 참고 자료가 될 것입니다.

간호학에서 성차를 고려한 접근이 단순히 학문적 논의에 그치지 않고, 실제 임상과 정책 결정 과정에도 적극적으로 반영되도록 바뀌어야 합니다. 본 저서가 이러한 변화의 촉진제가 되어 간호와 관련된 현장 의료인과 연구자들이 성차 간호에 대한 이해를 보다 높이고, 이를 바탕으로 한 차원 높은 간호서비스를 제공하여 삶의 질 향상으로 이어질 것이라 기대합니다.

다시 한번 『생애주기별 성차간호학』의 발간을 축하드리며, 이 책이 간호학 발전에 기여하는 중요한 저서로 자리매김하리라 믿습니다.

서울대학교 명예교수
(전)과학기술단체총연합회장
(전)국가과학기술자문회의 부의장
이우일

추천사

누구나 인정하는 것처럼 의사와 간호사는 불가분의 관계를 가지고 있고 노력으로 선택되는 직업이라기보다는 천성적으로 인간에 대한 애정이 있는 사람들로 공유하는 바가 큰 사이입니다. 2018년 5월 11일 개최된 "제50회 과학기술 여성리더스포럼"의 주제는 "리더가 가야 할 길 – 노블리스 오블리주"였는데 패널로 나서면서 가장 노블리스 오블리주를 실천한 사람으로 나이팅게일을 발견하고 '이분이야'라는 생각이 들었습니다.

흔히들 나이팅게일을 '백의의 천사'로 사랑과 헌신의 아이콘으로 알고 있지만 이는 남성 중심의 '희생적 여성성'을 강조하기 위한 잘못된 관념으로, 사실 플로렌스 나이팅게일은 영국의 간호사이자 작가이자 통계학자였습니다. 특히 전염병에 의한 사망자 수가 많음을 밝혀내어 전장에서의 의료시스템을 개선하는데 큰 역할을 했고 현대의 중환자실 개념을 만든 분이었습니다.

2022년 정밀의학, 맞춤의학의 기본으로 성과 젠더를 감안한 『임상영역에서의 성차의학』 책이 발간된 이후 2023년도 『성차과학과 성차약학』 책이, 그리고 이제 『생애주기별 성차간호학』이 발간되는 등 그 영역이 전 학문에 확장되는 것이 아주 기쁩니다. 특히 2025년 1월 23일 '대한성차의과학회'가 창립되어 이들 모두를 아우를 수 있는 플랫폼이 만들어졌고 이제 융합연구가 더욱 발전할 수 있는 틀이 만들어진 이 시기에 '성차간호학' 책이 발간되어 더욱 그러합니다.

『생애주기별 성차간호학』 책은 그 구성이 포괄적이면서도 전문성을 지니고 있는 것이 매우 강점으로 보입니다. 사실 환자는 남녀가 있는 것이고 다시 연령차가 있어 간호사라면 직감으로 알 수 있을 것이고 간호학에서 잘 실천해왔을 겁니다. 하지만 이렇게 총론에서 '간호학에서 성차 왜 중요한가'를 명쾌하게 정리해주고 생물학적, 사회학적 관점에서 정리하려는 노력은 매우 값진 것으로 보입니다.

최근 남성 간호사가 눈에 띄게 늘고 있는데 그들의 애환도 잘 포착하고 있고 '젠더관점에서의 변화방향'에서 UN의 "2030 지속가능한 발전 목표(SDG's)" 중 다섯 번째 목표인 성평등과 여성역량 강화를 언급하는가 하면 염색체, 유전뿐 아니라 성차와 밀접한 관련성을 가지고 있는 생애주기별 장내미생물을 강조하고 있어 그 시야가 매우 넓음을 알 수 있습니다. 특히 각 챕터마다 간호학적 적용으로 실천적 요소를 강조하고 있는 것 역시 매우 인상적입니다.

이처럼 환자들에서의 의학적 지식을 간단명료하게 정리해주고 '증상관리를 위한 내면의 힘이론'까지 간호학적 눈으로 재해석함으로써 감동을 느끼게 하는 책입니다. 건강에 관심이 있는 일반인부터 간호대학 학생, 대학원생, 간호사, 의사 모두에게 도움을 주는 이 책은 스스로 건강을 챙겨야 하는 백세시대에 꼭 필요한 책이라 생각되어 추천드립니다.

분당서울대병원 성차의학연구소 소장
대한성차의과학회 회장
김나영

프롤로그 과학기술 젠더혁신

이혜숙 한국과학기술젠더혁신센터 소장
이화여자대학교 명예교수

과학기술 분야에서의 젠더 이슈는 크게 과학기술 인력, 창출된 과학기술 콘텐츠, 그리고 관련 법 제도의 세 가지 측면으로 나눌 수 있다. 여기서 과학기술은 수학과 의학(STEMM; Science, Technology, Engineering, Mathematics and Medicine)을 포함하여 고려한다.

첫째, 여성의 참여율과 역할 확대이다. STEMM 분야에서 여성의 참여율을 높이고, 여성 리더십을 강화하는 것은 세계적인 과제이다. 여성이 STEMM 분야에서 충분히 대표되지 못하는 현상은 인적 자원의 불균형을 초래하고 나아가 창출되는 과학기술 데이터와 지식에도 영향을 미칠 수 있기 때문이다.

둘째, 연구개발 결과 도출된 데이터와 지식이 남녀 모두에게 공평하게 잘 적용될 수 있는가이다. STEMM 연구개발에서 어느 한 성별 특성이 무시되면 연구 결과의 객관성을 해치고, 특정 성별에게 편향되거나 불리한 결과를 초래할 수 있다는 과학적 증거가 다수 보고되고 있다. 따라서 연구개발의 모든 과정에서 성별 특성을 고려하여, 남녀 모두에게 유익한 데이터와 지식을 생산하는 것이 필요하다.

마지막으로 STEMM 분야에서 성평등과 연구혁신을 위한 법 제도 및 정책을 마련하고, 성평등한 연구 문화를 정착시키는 것이 중요하다. 이를 통해 인적자원 활용의 최적화 및 연구개발 콘텐츠와 데이터의 형평성을 보장할 수 있다.

이 세 가지 이슈는 서로 독립적인 것처럼 보이지만, 마치 수레바퀴처럼 서로 맞물려 돌아가며, 어느 한 부분이라도 제대로 작동하지 않으면 전체 시스템에 영향을 미칠 수 있다. 여기서는 연구개발 과정의 성별 특성 반영을 통한 혁신과 이를 위한 법 제도 정책을 소개한다.

1. 과학기술 젠더혁신은 왜 중요한가!

성/젠더 분석(sex and gender analysis)은 연구의 관점, 우선순위 설정, 연구 문제의 정의, 연구의 방법 설계, 결과 발표 등 모든 연구 과정에서 성 또는 젠더 요인을 반영하거나 통합하는 것을 의미한다.

과학기술 젠더혁신(Gendered Innovations)은 기초 · 응용 연구개발의 전 과정에서 성/젠더 특성 분석을 통하여 과학연구개발의 질(quality)을 향상시키고 지식 창출, 기술 및 디자인 등 과학기술 전반에 걸쳐 새로운 가치를 창출하는 과정을 의미한다. 넓은 의미에서 과학기술 젠더혁신은 연구개발에 젠더 포용성과 성/젠더 특성을 종합적으로 반영하여 새로운 발상, 지식의 진보, 기술 및 디자인의 개발을 통해 혁신적 가치를 창출하는 전략 또는 과정을 의미한다.

과학기술 젠더혁신의 중요성을 다음 3가지 측면에서 살펴본다.

1) 과학 연구의 수월성 증진 측면

성과 젠더 특성을 고려하지 않은 연구 결과는 재현이 어렵고, 특정 성별에 편향된 결론을 도출할 가능성이 높다. 예를 들어, 수컷동물 중심의 실험과 남성 중심의 전임상연구는 여성의 약물 반응을 예측하지 못해 여성에게 더 큰 부작용을 초래한 경우가 있었다. 레케네맙처럼 남성에게만 효과가 있는 약물도 있었고 졸피뎀처럼 남녀별 적정 복용량이 다른 약물도 밝혀졌다. 또한 최근 연구에서는 여성의 행동 및 분자적 특성이 남성보다 본질적으로 더 가변적이지 않다는 사실이 밝혀졌다. 이는 과거 동물연구에서 수컷동물을 주로 사용하고, 인체 연구에서 여성을 배제하는 것을 정당화했던 잘못된 통념을 바로잡는 결과라 할 수 있다.

2016년 미국의 국립보건원(NIH)은 연구비 지원 조건으로 성을 생물학적 변수(Sex As a Biological Variable, SABV)로 고려할 것을 의무화한 정책을 도입하였다. 이는 성별 특성의 존재가 명확해졌음에도 불구하고, 그동안 암컷 동물 대상 연구 부족, 남녀 차이에서 비롯되는 연구 결과 미흡, 후속 임상 시험과 성별 불일치 등으로 인해 약물 효과 및 치료법 전환에 어려움을 겪어온 문제를 해결하기 위한 조치였다. 성을 생물학적 변수로 사용하여 얻은 데이터와 지식은 다양한 분야에서 혁신을 이끌었다. 가장 대표적인 사례가 여성 심장병과 남성 골다공증에 대해 남녀별로 진단 및 치료법이 발견된 것이다.

2) 연구개발의 형평성 증진 측면

연구개발 성과는 남녀노소 누구에게나 공정하게 돌아가야 하며, 이는 연구의 책임성과 사회 발전에 필수적인 요소이다. 그러나 지금까지 상당수의 연구개발 결과가 특정 인구 집단에 불리하게 작용했다는 증거들이 속속 드러나고 있다. 2000년 전후 약물의 부작용에서 남녀 차이가 있다는 것이 보고된 이후 현재까지 600여 종이 넘는 약에서 부작용의 차이가 나타났으며, 이러한 현상은 의 · 생명 보건 의료 분야에서 두드러지지만, 인체에 적용되는 모든 과학기술 분야에 걸쳐 있다고 해도 과언이 아니다.

이미 자동차 안전성이 남성 기준의 충돌시험 인형으로 인해 여성에게 불리하다는 사실이 밝혀졌다. 이를 개선하기 위해 미국 상원에 공평한 충돌 법안(Fair Crash Act)이 발의되었으나 아직 통과되지 못했다. 자율주행 시대가 다가오는 가운데, 남녀가 차량 내에서 운전 대신 선호하는 활동 유형이 다르다는 점이 알려졌음에도 불구하고, 이 점을 고려한다는 소식은 들리지 않는다. 또한, 젠더 관점에서 볼 때 여성은 남성보다 가족 돌봄 부담이 크지만, 전 세계적으로 교통체계나 도시 설계는 건강한 남성 중심으로 이루어져 왔다. 더 나아가 도시, 공간, 건축 분야에서도 성별/젠더 특성이 제대로 반영되지 못한 사례들이 전 세계적으로 밝혀지고 있으며, 이에 대한 대안들이 제시되고 있다.

합성생물학을 포함한 의 · 생명, 보건 의료 분야뿐만 아니라 공학과 기술 전반에 걸쳐 성/젠더 특성 분석의 필요성이 강조되고 있다. 지구상의 모든 사람들이 과학기술의 혜택을 공평하게 누리기 위해서는 젠더 혁신이 시급히 이루어져야 한다.

3) 새로운 시장 창출 측면

2024년 1월 17일에 맥킨지 건강 연구소는 다보스에서 세계경제포럼과 협력하여 여성 건강 투자의 건강과 경제적 잠재력을 분석한 보고서, "여성 건강 격차 해소: 건강과 경제를 개선하기 위한 1조 달러의 기회"를 발표했다. 보고서에 따르면 여성은 남성보다 기대 수명이 길지만, 평균적으로 건강하지 않은 상태로 보내는 시간이 25% 더 길다고 한다. 성별 특성을 고려하여 여성 건강 격차를 해소하면 여성의 건강 악화 시간을 약 2/3 줄이고, 2040년까지 매년 1조 달러의 경제적 효과를 창출할 수 있다고 분석했다.

개인 맞춤형 치료를 위해서 AI 융합이 필수적이다. 그러나 현재 AI 시스템은 편견 감지 메커니즘이 부족하고, 의료 데이터 분석 시 성/젠더 특성을 제대로 반영하지 못하는 경우가 많다. 이는 AI 성능 최적화를 저해하는 주요 요인이다. 예를 들면, 바빌론 헬스에서 개발했던 건강 챗봇은 가상의 심혈관 질환 남녀에게 서로 다른 조언을 제공했다. 이는 챗봇이 성별 특성을 반영한 여성의 임상데이터를 충분히 학습하지 못했기 때문으로 분석할 수 있다. 반대로 우울증 진단 도구는 여성 중심 데이터에 기반하여 남성 환자를 제대로 진단하지 못하는 경우가 발생할 수 있다. 또한, 우울증은 국가별로 다른 양상을 보이므로, 젠더 요소와 더불어 교차성을 고려한 진단 도구 개발이 필요하다.

헬스케어 및 고객 서비스 분야에서 인간의 감정을 이해하고 대응하는 기술에 대한 수요가 증가하면서 감성 인공지능(emotional AI) 시장은 2034년에 178억 달러 규모로 성장할 것으로 예측된다. 감성 AI 기술의 핵심인 얼굴 및 음성 인식 AI는 정확도가 중요하지만, 기존 음성인식기술은 여성에게 불리하며 얼굴인식 알고리즘은 백인 남성에게 최적화되어 있어 유색인종 여성에게는 현저히 낮은 정확도를 보인다. 이는 감성 AI 기술이 여성과 유색인종 여성에게 큰 편향을 보일 가능성을 시사하며, 공정성 문제와 투자 손실로 이어질 수 있다.

이상의 사례를 통해서 살펴본 바와 같이 성별 특성을 고려하여 창출된 데이터나 지식이 AI 융합 기술에서 투자 손실을 막고 포용적인 새로운 시장을 창출할 수 있는 전제 조건이라고 할 수 있다.

4) 과학기술 젠더혁신 관련 자료

과학기술 젠더혁신의 중요성은 매우 중요하고 시급하지만, 그 확산 속도는 더딘 편이다. 이는 다양한 측면에서 편향된 시각이 있을 수 있고 여건이 어려워서 성/젠더 특성을 연구에 즉각 반영하기 어려운 측면도 있다. 따라서 과학기술 젠더혁신의 확산을 위해서는 전문가는 물론 대중의 과학기술 젠더혁신에 대한 이해와 역량 강화가 필요하다. 2021년 과학기술정보통신부의 승인으로 설립된 한국과학기술젠더혁신센터(GISTeR)은 젠더혁신에 대한 인식확산과 역량강화 및 정책 개발을 위해 다양한 성과를 축적해 왔다. 과학기술 분야의 젠더 혁신에 관심 있는 분들은 GISTeR의 다양한 정보를 활용하거나 관련 성과물을 참조하여 성별 등 특성 반영 연구와 교육에 동참할 수 있다.

GISTeR 홈페이지	주요 젠더혁신 관련 정보 제공: 연구 및 정책 동향, 성/젠더 특성 고려 연구를 위한 체크리스트, 가이드라인, 출판물 등 각종 자료 및 데이터베이스, 국제 협력 정보, 센터의 다양한 행사 정보 등 https://www.gister.re.kr/front/user/main.do
GISTeR YOUTUBE	젠더혁신 지식 플랫폼 https://www.youtube.com/@gister9795
젠더혁신 온라인 교육	https://www.gister.re.kr/edu/user/main.do?MenuId=6e2a10e45fc742748bfc5af798d76f02

2. 과학기술 젠더혁신 증진을 위한 법, 제도 및 정책

과학기술연구에서 젠더혁신은 새로운 패러다임으로 이를 증진하기 위해서는 체계적인 지원 정책이 필수적이다. 여기서는 젠더혁신 확산을 위한 국내외 법, 제도와 국제 저명 학술지의 성별 특성 반영 정책을 소개한다.

1) 젠더혁신 증진을 위한 국내 법, 제도, 정책

(1) 법, 제도, 정책 수립 배경

우리나라의 경우 2014년 WISET(한국여성과학기술인지원센터)의 '과학과 엔지니어링에서의 젠더를 반영한 연구개발 혁신 방안 연구'보고서 발간을 기점으로 젠더혁신 논의가 본격화되었다. 이후 2015년 서울에서 아시아 태평양 지역에서 최초로 젠더혁신을 주제로 "젠더 서밋 아시아 태평양(Gender Summit AP)"이 개최되었고 일련의 과정을 통해 성, 젠더 특성 반영 연구의 중요성에 대한 인식이 커졌다. 특히 2020년 서울에서 개최된 "Gender Summit Global for SDGs"를 통해 남녀 모두를 위한 연구개발의 포용성이 강조되면서 관련 법 개정과 제도적 장치가 가속되었다. 주요 변화로는 「과학기술기본법」, 「국가연구개발 사업 등의 성과평가 및 성과관리에 관한 법률)」, 「제5차 과학기술기본계획('23~'27)」 등에 젠더혁신 증진을 위한 내용이 포함된 것을 들 수 있다.

(2) 과학기술기본법 등에 반영된 젠더혁신

법적, 제도적 변화는 국내 과학기술 연구 환경에 젠더혁신 문화를 정착시키고, 남녀 모두에게 이로운 연구 성과를 창출하는 데 중요한 역할을 한다. 성별 등 특성 반영 연구 문화 조성을 위한 연구지원 정책의 효과적인 시행을 위해 과학기술기본법이 아래와 같이 개정되었다.

표 1-1 **성별 등 특성 반영 관련 과학기술기본법 개정 내용**

구분	조항	내용
과학기술 기본법	제7조 (과학기술기본계획)	③ 기본계획에는 다음 각 호의 사항이 포함되어야 한다. 15의 4. 성별 등 특성을 고려하고 사회적 가치를 증진하기 위한 과학기술의 구현 <개정 2021. 4. 20.>
	제14조 (기술영향평가 및 기술수준평가)	③ 정부는 기술영향평가를 실시하는 경우 대상기술의 성격을 고려하여 성별 등 특성분석이 반영될 수 있도록 하여야 한다. <신설 2021. 4. 20.>
	제26조의2 (과학기술통계와 지표의 조사·분석)	③ 정부는 제1항에 따라 과학기술통계와 지표를 조사·분석하는 경우 개별 과학기술통계와 지표의 특성을 고려하여 성별 등 특성 분석이 반영될 수 있도록 하여야 한다. <신설 2021. 4. 20.>
과학기술 기본법 시행령	제23조 (기술영향평가의 범위 및 절차)	② 기술영향평가에는 다음 각 호의 사항이 포함되어야 한다. <개정 2021. 11. 23.> 4. 해당 기술의 성격과 파급효과가 성별 등 특성에 미치는 영향
	제40조의2 (과학기술통계와 지표의 조사 · 분석)	② 법 제26조의2 제3항에 따라 성별 등 특성에 따른 차이를 분석하기 위한 과학기술통계와 지표는 다음 각 호와 같다. <신설 2021. 11. 23.> 5. 그밖에 성별 등 특성분석의 필요성이 인정되는 통계 및 지표

출처: 법제처 국가법령정보센터

성별 등 특성 반영 연구개발 성과를 평가하기 위해 국가연구개발 사업 등의 성과평가 및 성과관리에 관한 법률(연구성과평가법)에 다음과 같이 관련 내용이 반영되었다.

표 1-2 성별 등 특성 반영 관련 연구성과 평가법 개정 내용

구분		내용
연구성과 평가법	제3조 (성과평가 및 성과관리의 기본원칙)	⑦ 정부는 성과평가를 실시할 때 연구개발사업의 성격을 고려하여 성별 등 특성을 반영하였는지 여부를 고려하여야 한다. <시행 2022. 6. 29.>

출처: 법제처 국가법령정보센터

(3) 과학기술 기본계획에 반영된 젠더혁신

과학기술기본법 제7조 15의 4는 제5차 과학기술기본계획에 아래와 같이 반영되었다.

표 1-3 제5차 과학기술기본계획('23~'27)의 과학기술 젠더혁신 관련 사항

구분		내용
전략 1	과제 2	○ 성별 특성을 반영하는 연구 기반 확보 및 적용 - 성별 분석을 통해 새로운 지식 창출에 기여할 수 있는 연구 분야 지원 확대 ※ (예시) 성별에 따른 차이가 명확한 분야의 발병 및 치료법에 대한 치료 효과 상승 및 추후 치료제 개발을 위한 기초연구 지원 - 성별 특성이 반영된 연구 성과의 상용화를 위한 후속 연구지원 강화 ※ (예시) 의·생명 분야 기초연구를 대상으로 성별 특성을 반영한 연구 결과의 DB 구축·공유, 의료기기 및 의료보조기구 개발 지원 등
질적 성장을 위한 과학기술 체계 고도화	자율과 창의를 높이는 연구환경 개선	

출처: 제5차 과학기술기본계획('23~'27)

제5차 과학기술기본계획은 성별 특성 분석을 통해 새로운 지식 창출에 기여할 수 있는 연구 분야에 대한 지원을 확대하고, 성별 특성이 반영된 연구 성과의 상용화를 위해 후속 연구지원을 강화함으로써 성별 특성 분석 연구 기반을 구축하는 것을 목표로 한다. 이는 과학기술 젠더혁신 관련 정책이 국가 기본계획에 포함된 최초의 사례이다. 이전에는 '여성과학기술인 육성 · 지원 기본계획(4차, 5차)'에 일부 반영되었다.

우리나라의 젠더혁신 관련 법과 제도는 세계적인 수준이나, 유럽연합 등과 달리 성/젠더 기반 연구를 연구자의 자율에 맡기고 있어 과학자들의 적극적 참여가 필요하다. 제5차 기본계획의 실질적인 성과를 위해서는 성/젠더 특성 고려가 우선 필요한 의 · 생명 분야에 대한 '젠더 플래그십(Gender Flagship) 프로그램'과 같은 예산 사업이 효과적이라 할 수 있다.

2) 젠더혁신 확산을 위한 해외의 제도

(1) 유럽의 젠더혁신 연구 문화 조성을 위한 법 제도, 정책

유럽연합은 과학기술 젠더혁신의 중요성을 일찍이 간파하고 연구기금 프로그램 Horizon 2020 (2014–2020) 기간에 젠더혁신에 관한 보고서를 출판하는 등 많은 노력을 기울이며 성별 특성 반영을 적극 권장했다. 이후 이어진 연구기금 프로그램 Horizon Europe(2021–2027)에서는 연구 제안서 제출 시 성별 특성 반영을 의무적으로 요구하고 선정 평가에도 반영하고 있다. 구체적인 내용은 다음과 같다.

- 연구 · 혁신(R&I) 프로젝트는 기본적으로 성별 차원(Gender Dimension)을 반영해야 하며, 연구 제안서에서 이를 구체적으로 서술해야 한다.
- 성별 차원이 연구의 질적 수준과 사회적 영향력에 중요한 요소임을 평가하는 "Excellence(우수성) 평가 항목"에 포함된다.
- 연구자들은 연구 주제와 성별 간의 관련성을 분석하고, 연구 기획, 방법론, 데이터 수집 및 분석, 결과 해석 과정에서 성별 특성을 체계적으로 고려해야 한다.

유럽연합(EU)의 Horizon Europe 프로그램은 연구 및 혁신 시스템 전반에서 성 불평등과 사회경제적 불평등을 없애는 것을 목표로 하고 있다. 이러한 정책은 유럽의 연구개발(R&D) 및 과학기술 분야에서 젠더혁신의 중요성을 강조하고, 연구 과정에서의 성별 특성 반영을 장려함으로써 남녀 모두에게 유익한 연구 성과를 창출하는 데 목표를 두고 있다.

(2) 영국과 독일의 젠더혁신 전략

유럽연합 회원국들은 Horizon Europe의 연구 정책을 준수하면서도 국가별로 다양한 전략을 수립하여 지원 정책을 펴고 있다. 예를 들면, 영국의 연구혁신기구(UKRI)는 모든 사람이 참여하고 기여할 수 있는 포용적인 연구 문화를 조성하기 위해 형평성, 다양성, 포용성(EDI) 전략을 실행하고 있다. UKRI는 연구 자금 지원, 정책 개발, 연구 기관과의 협력을 통해 연구 환경에서 성별, 인종, 장애 등 다양한 요인을 고려하고 있다. 독일도 연구재단(DFG)을 통해 연구 과정에서 성별 특성, 성 정체성, 다양성을 고려하여 연구의 질을 향상시키려는 전략을 추진하고 있다. DFG는 연구 프로젝트 평가 기준에 다양성 요소를 포함하고, 관련 교육 및 훈련 프로그램을 제공하며, 연구 기관의 다양성 증진을 지원한다.

(3) 캐나다의 젠더혁신 연구 문화 조성을 위한 법 제도, 정책

캐나다는 2013년부터 국립보건연구원(CIHR) 산하 IGH(Institute of Gender Health)를 통해

서 성별 기반 분석(SGBA; Sex and Gender Based Analysis) 연구를 의무화하고 관련 방법론을 개발하여 세계적으로 확산하였다. 현재는 자연과학 및 공학 연구위원회(NSERC)를 통해 SGBA 적용 연구를 국가과학기술정책으로 전면 도입하였다. 특히 2022년부터 'NSERC 2030' EDI 전략 계획을 통해 성별 특성 기반 연구혁신을 형평성, 다양성, 포용성(EDI; Equity, Diversity, Inclusion) 정책으로 확대하여 연구팀 및 연구방법론 전반에 적용하고 있으며, 모든 연구기관에 관련 증진 프로그램 개설을 요구하고 이를 고등교육기관의 교육과정에까지 확대 적용하고 있다.

(4) 미국의 젠더혁신 연구 문화 조성을 위한 법 제도, 정책

미국 국립보건원(NIH)은 2016년부터 척추동물과 사람 대상 연구 과제 신청 시 성(sex)을 생물학적 변수(SABV; Sex as a Biological Variable)로 간주하여 연구 설계부터 연구 방법론에 이르기까지 성별 특성을 분석하도록 연구비 지원의 필수조건으로 명시하고 있다. 특히 "모든 세포는 성을 가지고 있다"는 것을 연구계에 계속 강조하며, 연구방법론 개발을 위한 교육 · 훈련에 앞장서고 있다. 이러한 노력은 바이든 행정부의 "여성건강 행정명령"으로 이어져 기초연구부터 의료산업까지 큰 혁신을 기대하게 하였다. 미국은 과학 연구에서의 성별 차이 분석을 통해 의료 분야의 혁신을 도모하고 있으며, 이는 남녀 모두에게 더 나은 건강 결과를 제공하는 데 기여할 것이라는 기대를 전 세계에 확산하였다. 그러나 최근 트럼프 정부에서 이러한 정책들을 재검토하면서 과학계는 향후 추이를 주목하고 있다.

3) 의·생명 분야 학술지의 성/젠더 등 특성 반영 정책

연구에서 성과 젠더 특성을 고려하는 것은 연구 결과의 편향을 줄이고, 모든 사람에게 유익한 지식을 생산하는 데 필수적이라는 공감대가 형성되었기 때문에 Nature, Cell 등 국제적으로 저명한 학술지들은 과학적 정확성을 높이고 혁신을 촉진하기 위하여 연구 주제 선정부터 결과 보고에 이르기까지 모든 과정에서 성 및 젠더 특성 분석을 권장하고 있다. 이러한 권고는 "성별 특성 반영 연구(SAGER)"가이드라인에 드러나 있다.

(연구 설계) 연구 질문, 방법론을 설정할 때 성과 젠더 특성을 고려해야 한다.

(데이터 분석 및 해석) 데이터는 성별로 분류하여 분석하고, 필요한 경우 성별 분석을 적용해야 하고 결과에 영향을 미칠 수 있는 성별 간 차이점과 유사점을 명확히 식별해야 한다.

(보고) 저자는 성과 젠더를 명확히 구분하여 결과를 보고해야 하며, 남성을 기본값으로 설정하는 것을 피하고, 성 및/또는 젠더 차이가 발견되지 않은 경우에도 이를 명시해야 한다.

(동료 검토 및 출판) 학술지와 심사위원은 편집 정책의 일부로 SAGER 지침을 채택하여 제출된 원고가 해당 지침을 준수하도록 관리해야 한다.

성/젠더 기반 구체적인 연구 방법론은 Nature 아티클 "Sex and gender analysis improves science and engineering"에서 찾아볼 수 있다. 또한 Nature를 포함하여 Springer Nature, Cell Press에서 출판하는 학술지들은 과학 발전과 혁신 촉진, 그리고 과학 및 사회 정의 증진을 목표로, 성 및 젠더 특성 고려를 넘어 포용성과 다양성을 핵심 가치로 강조하고 있다. 특히 Cell Press는 2021년 '포용성 및 다양성 선언문'을 발표하여 과학계 내의 대표성과 형평성 강화를 위한 노력을 명시적으로 밝혔다. 젠더혁신과 관련된 주요 활동은 첫째, '성(sex)'과 '젠더(gender)'에 대한 정확한 용어 사용을 촉구하여 독자가 연구 대상을 명확히 이해하고 보고의 정확성을 높이는 데 주력한다. 둘째, 성 및 젠더 기반 분석(SGBA) 보고 체계를 개선하여 저자에게 인간의 성 및/또는 젠더 관련 데이터를 수집하고 보고하는 방법과 잠재적 한계에 대한 논의를 요구한다. 주요 내용은 표 1-4와 같다.

표 1-4 Cell Press의 다양성 및 포용성에 대한 이니셔티브

분야	내용
기본가치	과학 발전, 혁신 촉진, 과학 커뮤니티 내외의 사회 정의 증진에 있어 다양성과 포용성을 근본적인 구성 요소로 간주함
목표	체계적인 불평등 인식 및 편견과의 싸움, 과학이 전 세계 사회의 넓은 범위의 개인을 포괄하도록 보장
현재 문제 인식	과학 기업이 완전한 포함과 다양성을 달성하는 데 현재 미치지 못함을 인정하며, 긍정적인 변화를 촉진하고자 함
연구에서의 노력 강조	세포주 또는 유전체 데이터셋의 다양성, 연구 대상자의 성/성별 균형, 연구 설문지의 포괄성, 하위 소득 또는 원주민 그룹의 자원을 적절한 참여 또는 인정 없이 사용하는 '헬리콥터 과학' 관행 피하기 등의 노력을 포함한 정보를 저자가 포함할 수 있도록 함
저자 다양성 인정	소수 민족, 성 소수자, LGBTQIA+ 커뮤니티, 장애를 가진 사람들, 과학에서의 소수자 대표성 증가를 위한 프로그램으로부터 지원을 받은 사람 등 대표되지 않은 저자를 인정하는 데 초점을 맞춤
인용 다양성 장려	참조 인용에서 성별 균형과 포함을 촉진하여 과학적 인정과 인식에서의 평등을 진행함
다양성 및 포용성 선언과 양식	투명성 증가, 학계에서의 다양성과 포용성 인식 제고, 최선의 관행 예시로서의 출판물 강조를 목적으로 함. 이 접근 방식은 Cell Press가 개별 저자들의 과학적 고려 사항에 영향을 미치지 않으면서 다양성과 포용성 노력에 대한 데이터를 집계할 수 있도록 함

출처: New at Cell Press: The Inclusion and Diversity Statement. https://www.cell.com/cell/fulltext/S0092-8674(20)31689-5

맺는 글: 과학기술 젠더혁신을 통한 간호학 발전 방향

과학기술 젠더혁신은 간호학 연구개발 및 혁신의 전 과정에서 성/젠더 특성을 심층적으로 고려하여, 남녀 모두에게 더욱 효과적이고 공정한 건강 결과와 혜택을 제공할 수 있다. 성/젠더를 고려한 연구 데이터는 기존 연구의 젠더 편향성 문제를 해결하고, 남녀노소 모두에게 최적화된 건강 관리 전략 및 맞춤형 의료 서비스를 제공하는 기반이 된다. 특히 인공지능(AI) 기반 디지털 헬스 기술 개발 시, 젠더 편향성이 최소화된 데이터 학습은 알고리즘의 형평성을 높여 특정 성별에 치우치지 않는 정확하고 신뢰할 수 있는 결과를 도출하는 데 필수적이다.

결론적으로, 과학기술 젠더혁신은 간호학 분야에서 디지털 헬스 기술이 성별에 따른 다양한 건강 요구를 충족시키고, 의료 서비스 접근성의 불평등을 해소하며, 궁극적으로 남녀 모두에게 더 나은 건강 결과를 제공하는 데 핵심적인 역할을 할 수 있다. 성별 특성을 반영한 디지털 헬스 기술의 발전과 적용은 보다 포용적이고 형평성 있는 의료시스템을 구축하는 데 필수적인 요소이며, 젠더혁신이 가져올 긍정적인 변화이다.

참고문헌

Gendered Innovations, Stanford university:
https://genderedinnovations.stanford.edu/

Gender in Science and innovation as component of inclusive socioeconomic growth, Heisook Lee & Elizabeth Pollitzer, Portia Ltd. 2016: p.2

Sex as a Biological Variable: Who, What, When, Why, and How, Bale & Epperson, Nature, Neuropsychophamarcology, 2016. Sept.
https://www.nature.com/articles/npp2016215

The Integration of Sex and Gender Considerations Into Biomedical Research: Lessons From International Funding Agencies, Jamie White et al, J Clin Endocrinol Metab, 2021 Jun 17
https://pmc.ncbi.nlm.nih.gov/articles/PMC8475217/

Sex and gender differences and biases in artificial intelligence for biomedicine and healthcare, Cirillo et al, npj digital medicine, 01 June 2020
https://www.nature.com/articles/s41746-020-0288-5

Women twice as likely to develop Alzheimer's disease as men — but scientists do not know why, Sofia Moutinho, Nature Medicine 31 704-707, 2025
https://www.nature.com/articles/s41591-025-03564-3?utm_source=Live+Audience&utm_campaign=bb666078b4-nature-briefing-daily-20250325&utm_medium=email&utm_term=0_b27a691814-bb666078b4-51789984

McKinsey Health(2024). Closing Women's Health Gap : A $1 Trillion Opportunity to Improve Lives ans Economics https://www3.weforum.org/docs/WEF_Closing_the_Women's_Health_Gap_2024.pdf

Nature Comment(2024). Neglecting sex and gender in research is public-health risk.
https://www.nature.com/articles/d41586-024-01372-2

GISTeR(2022). 연구가이드라인
https://www.gister.re.kr/front/case/caseFileListPage.do?case_gubun=2&MenuId=0a7449c4b8104aa787d2761c96b308c7
https://www.gister.re.kr/front/case/casePdfViewerPopup.do?case_file_id=7c32289d55e14a5ca551df597493d13f

과학기술기본법 국가법령정보센터

제5차 과학기술기본계획(2023-2027)
https://www.kistep.re.kr/reportDetail.es?mid=a10305030000&rpt_tp=831-002&rpt_no=RES0220230107

Gender equality in Horizon Europe(2024).
https://research-and-innovation.ec.europa.eu/strategy/strategy-research-and-innovation/democracy-and-rights/genderequality-research-and-innovation_en

NST(2024). 과학기술분야 R&D 수행에 있어서 연구 대상의 성(性)별 특성 반영을 위한 기반 검토 연구, 이혜숙 외.

Nature Comment(2024). Neglecting sex and gender in research is public-health risk.
https://www.nature.com/articles/d41586-024-01372-2

Sex and gender analysis improves science and engineering, C. Tannenbaum et al, Nature 575, 137-146(2019)
https://www.nature.com/articles/s41586-019-1657-6

Sex and gender differences and biases in artificial intelligence for biomedicine and healthcare, Cirillo et al, npj digital medicine, 01 June 2020
https://www.nature.com/articles/s41746-020-0288-5

Emotion AI Market to Achieve USD 17.8 billion by 2034
https://scoop.market.us/emotion-ai-market-news/

Emotional AI: A New Era of Interaction
https://aigptjournal.com/explore-ai/ai-use-cases/emotional-ai-examples-key-players/

Sex and Gender Equity in Research(SAGER) : rationale for the SAGER guidelines and recommended use,
https://researchintegrityjournal.biomedcentral.com/articles/10.1186/s41073-016-0007-6

Considering sex as a biological variable will require a global shift in science culture, Nature Neuroscience, perspectives, 2021.3.1
https://www.nature.com/articles/s41593-021-00806-8?fromPaywallRec=false

New at Cell Press: The Inclusion and Diversity Statement;
https://www.cell.com/cell/fulltext/S0092-8674(20)31689-5

집필진

강경화 한림대학교 간호대학 간호관리학

구현영 대구가톨릭대학교 간호대학 아동간호학

김 수 연세대학교 간호대학 여성건강간호학

김연정 경희대학교 간호과학대학 기초간호과학

김증임 순천향대학교 의과대학 간호학과 여성건강간호학

노주희 전북대학교 간호대학 여성건강간호학

류은정 중앙대학교 적십자간호대학 성인간호학

박연환 서울대학교 간호대학 성인(노인)건강간호학

박은영 가천대학교 간호대학 성인간호학

박혜자 차의과학대학교 간호대학 성인간호학

서현주 충남대학교 간호대학 간호관리학

신현숙 경희대학교 간호과학대학 아동간호학

안숙희 충남대학교 간호대학 여성건강간호학

유 미 경상국립대학교 간호대학 간호관리학

이주연 가천대학교 간호대학 여성건강간호학

이향규 연세대학교 간호대학 기초간호과학

장숙랑 중앙대학교 적십자간호대학 지역사회간호학

조선희 국립목포대학교 간호학과 정신건강간호학

주세진 남서울대학교 간호학과 정신건강간호학

홍(손)귀령 한양대학교 간호대학 노인간호학

(가나다 순)

저자 약력

대표저자

김증임

1986년 서울대학교 간호대학 졸업

1999년 도쿄대학 대학원 의학계연구과 건강과학간호학 박사

현재 순천향대학교 교수

학회활동:

전) 한국여성건강간호학회장, KJWHN편집위원장, ANR 편집위원장, JKAN 편집위원장, 한국간호대학(과)장협의회 감사

현) 한국간호과학회장, 한국모자보건학회이사장, 대한성차의과학회 기획이사

집필진 (가나다순)

강경화

1991년 연세대학교 간호대학 졸업

2003년 연세대학교 대학원 간호학 박사

현재 한림대학교 교수

학회활동:

전) Asian Nursing Research 부편집장

현) 한국간호행정학회 회장, 한국간호과학회 이사

구현영

1993년 가톨릭대학교 간호대학 졸업

1999년 가톨릭대학교 대학원 간호학 박사

현재 대구가톨릭대학교 교수

학회활동:

전) 한국아동간호학회 편집위원장

현) 한국아동간호학회장, 한국간호과학회 이사, 한국모자보건학회 윤리위원장

김 수
1991년 이화여자대학교 간호대학 졸업
2001년 UCLA 박사
현재 연세대학교 교수
학회활동:
전) 부모자녀건강학회장
현) 한국여성건강간호학회 편집위원장, 한국과학학술지편집인협의회 기획운영위원장

김연정
1995년 동덕여자대학교 이과대학 졸업
2002년 경희대학교 의과대학 생리학 박사
현재 경희대학교 교수
학회활동:
전) 한국기초간호학회장, 한국간호과학회 이사
현) 한국기초간호학회 감사, 한국간호과학회 감사

노주희
2001년 전북대학교 간호대학 졸업
2013년 서울대학교 간호학 박사
현재 전북대학교 교수
학회활동:
현) 한국여성건강간호학회 부편집위원장, 지역이사
현) 대한라이프스타일의학회 학술위원장

류은정
1992년 중앙대학교 의과대학 간호학과 졸업
1999년 중앙대학교 간호학 박사
2000년 Columbia University 박사후 연구원
현재 중앙대학교 교수
학회활동:
현) 한국성인간호학회장, 한국간호과학회 이사, 대한종양간호학회 부회장

박연환

1991년 서울대학교 간호대학 학사

1999년 서울대학교 간호학 박사

현재 서울대학교 교수

학회활동:

전) 한국간호과학회 대외협력이사, 한국성인간호학회 학술위원장

현) 한국노년학회 이사

박은영

1987년 서울대학교 간호대학 학사

2011년 서울대학교 간호학 박사

현재 가천대학교 교수

학회활동:

전) 대한종양간호학회장

현) 한국정신종양학회장

박혜자

1983년 가톨릭대학교 간호대학 학사

1996년 가톨릭대학교 간호학 박사

현재 차 의과학대학교 교수

학회활동:

전) 성인간호학회 학술위원

전) 한국간호대학(과)장협의회 이사

서현주

1999년 고려대학교 간호대학 졸업

2009년 고려대학교 보건학 박사

현재 충남대학교 교수

학회활동:

현) 한국근거기반간호학회 연구이사

현) 한국보건의료기술평가학회 학술이사

현) 한국지역사회간호학회 편집위원

신현숙

1994년 연세대학교 간호대학 졸업

2002년 연세대학교 간호학 박사

현재 경희대학교 교수

학회활동:

Fellow, American Academy of Nursing

전) 한국간호과학회 교육위원장

현) 한국의료시뮬레이션학회 연구이사

현) 한국모자보건학회 정보통신위원장

안숙희

1988년 서울대학교 간호대학 졸업

2000년 Case Western Reserve University 간호학 박사

현재 충남대학교 교수

학회활동:

전) 한국여성건강간호학회장, 한국간호과학회 기획법제위원장

현) 한국여성건강간호학회 감사

현) 한국모자보건학회 감사

유 미

1991년 서울대학교 간호대학 졸업

2006년 서울대학교 간호학 박사

현재 경상국립대학교 교수

학회활동:

현) 한국간호과학회 총무이사

현) 한국간호대학(과)장협의회장, 국립대간호대학(과)장협의회장

이주연

2005년 서울대학교 간호대학 졸업

2017년 서울대학교 간호학 박사

현재 가천대학교 교수

학회활동:

현) 대한의료정보학회 교육이사

현) 한국여성건강간호학회 홍보위원장, 한국모자보건학회 법제위원장

이향규

1989년 이화여대 간호대학 졸업

2002년 알버트 아인쉬타인 의과대학 기초의학부 박사

현재 연세대학교 교수

학회활동:

전) 한국간호과학회 교육위원장, 대한종양간호학회 연구이사

현) 한국기초간호학회 부회장

장숙랑

1996년 서울대학교 간호대학 학사

2004년 서울대학교 보건대학원 박사

현재 중앙대학교 교수

학회활동:

전) 한국건강형평성학회장

전) 한국일차보건의료학회장, 한국간호대학(과)장협의회장

현) 비판과 대안을 위한 건강정책학회 부회장

조선희

1997년 서울대학교 간호대학 학사

2007년 서울대학교 간호학 박사

2011년 미국 Hunter College 정신전문간호사

현재 국립목포대학교 교수

학회활동:

전) 한국정신간호학회 편집이사, 대외협력이사

현) 한국정신간호학회 지역이사, 정신건강전문가 학교지원사업 전남서부센터장

주세진

1982년 서울대학교 간호대학 학사

2005년 서울대학교 간호학 박사

현재 남서울대학교 겸임교수

학회활동:

전) 남서울대학교 교수

전) 한국정신간호학회장, 한국중독전문가협회장

현) 도봉중독관리통합지원센터장

홍(손)귀령

1983년 한양대학교 간호학과 학사

1998년 Case Western Reserve University 간호학 박사

현재 한양대학교 교수

학회활동:

전) 한국노인간호학회장, 한국치매협회 이사, 한국장기요양학회 이사

현) 중앙치매센터 전문위원

Contents

I

총론

01 PART

간호학에서 성차 왜 중요한가?

성/젠더, 성차와 간호

김증임 순천향대학교 의과대학 간호학과 여성건강간호학

요약문

- 여성과 남성의 질병발생은 생물학적 성(sex)과 사회문화적 역할에 의해 형성되는 젠더(gender)의 차이에 의해 나타난다. 이 둘은 완전히 독립적이지 않고 질병발생에 서로 영향을 준다.
- 질병위험의 성별차이에 영향을 미치는 요인에는 생물학적 차이, 수명, 노동력 참여, 사회적 보호에 대한 접근성, 문화적 규범, 교육, 소득, 인종, 민족, 젠더 간의 상호작용 등이 포함된다.
- 간호연구 및 임상실무에서 성과 젠더가 혼용되고 있어 이에 대한 교육이 필요하다.
- 성과 젠더의 정확한 보고와 사용을 통해 개인맞춤형 간호와 건강형평성이 달성될 수 있다.

서론

성별은 생물학적으로 결정되는 변수로, 주로 유전적인 구성을 기반으로 한다. 젠더는 개인의 정체성과 표현을 포함하는 사회적으로 구성된 더 넓은 개념이다. 성별과 젠더는 서로 독립적인 변수는 아니지만, 두 개념을 오해하고 혼용하는 경우가 빈번하다. 이러한 오해를 해소하고 남성과 여성 간의 건강문제를 이해하기 위해서는 생물학적 성(sex)과 행동·사회학적 젠더(gender) 변수에 대한 정확한 이해가 필요하다.

예를 들어, 여성의 평균수명은 남성보다 6-7년 더 길지만 유병률은 오히려 더 높은 것으로 나

타났다. 이는 비만, 당뇨병, 빈혈, 호흡기질환, 퇴행성 관절염이나 류마티스 관절염, 골다공증, 치매와 같은 만성 질환의 높은 발생률과 관련이 있다. 2024년 국내 통계에 따르면, 여성은 남성과 비교하여 생식계 질환은 3.8배, 관절염은 2.6배, 정신과적 문제는 2.3배, 내분비질환(당뇨병이나 갑상선 질환)은 1.5배 더 많이 발생하는 것으로 보고되었다. 이러한 성차가 나타나는 원인과 기전에 대한 연구는 활발히 진행되고 있으며, 간호학에서도 이에 대한 탐구가 필요하다.

또한, 질병위험의 성별차이에 영향을 미치는 요인에 대한 이해도 중요하다. 건강문제는 생물학적 차이, 수명, 노동력 참여율, 사회적 보호 접근성, 문화적 규범, 교육 수준, 소득, 인종, 민족 및 민족적 배경, 젠더 간 상호작용 등 다양한 요소에 의해 차이를 나타낸다. 예를 들어 심혈관-신장-대사 증후군(cardiovascular-kidney metabolic syndrome, CKM 증후군)은 남성에서 발병률이 높다. 한편 여성은 남성과 다른 원인에 의해 건강문제가 발생한다. 즉 여성은 의료 서비스 접근성, 경제성, 사회적 제약, 정보부족, 남성중심의 의사결정구조, 성차별적 제도와 같은 요인이 관련된다.

그러므로 건강 문제와 건강 행위에서 성별 및 젠더의 차이를 탐구하는 것은 중요하다. 이에 본 장에서는 성/젠더의 개념 정의부터 심혈관질환, 대사질환, 자가면역질환, 신경퇴행성질환, 신경발달장애 등 주요 질환에서 나타나는 성차를 총괄적으로 다루었다. 이를 통해 독자들은 성차간호학의 중요성을 인식하고, 성별 및 젠더를 고려한 보다 효과적인 간호와 건강 정책의 방향성을 찾을 수 있기를 바란다.

1. 성(sex)과 젠더(gender), 성차간호학

1) 개념 정의

먼저 성(sex), 젠더(gender), 그리고 성차간호학의 개념을 정의하고자 한다.

성(sex)은 생물학적 성을 의미하며, 호르몬, 유전자, 염색체와 같은 신체적 특징을 포함한다. 젠더(gender)는 사회문화적 성을 지칭하는 개념으로, 남성과 여성에게 부여된 특성, 역할, 행동양식 등을 포괄한다. 이는 '여성성'과 '남성성'의 개념을 아우르는 문화적 구분으로, 개인의 환경과 경험에 의해 형성된 사회적 · 심리적 변수로 설명된다(그림 1A, 1B, 1C).

성차간호학은 생물학적 측면과 사회문화적 측면에서 나타나는 성/젠더 차이를 통합적으로 다루는 학문으로 정의한다. 이는 맞춤의학(personalized medicine)과 정밀의학(precision medicine)의 개념과 접목된다.

그림 1A Dimensions of sex and gender

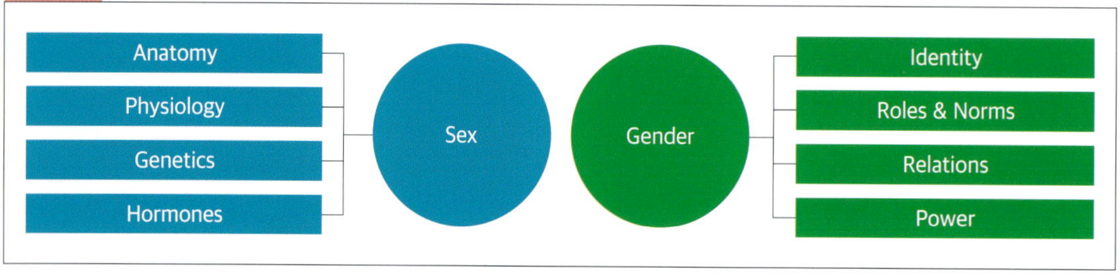

출처: Adapted from National Institute of Health Office of Research on Women's Health (https://orwh.od.nih.gov/sex-gender).

그림 1B 성과 젠더 구분

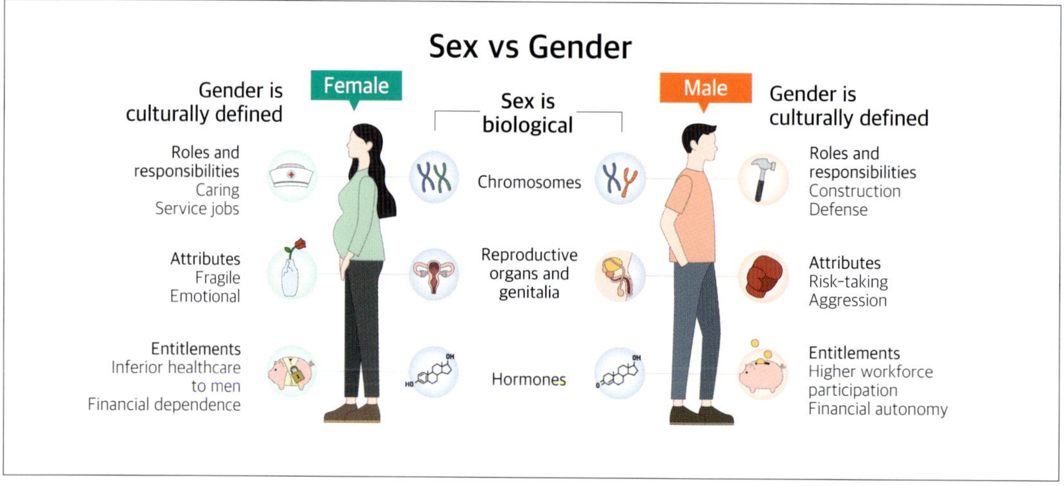

출처: Adapted from Lancet (https://www.annmurraybrown.com/single-post/sex-and-gender-are-they-the-same-thing)

그림 1C 의학에서 성과 젠더 개념

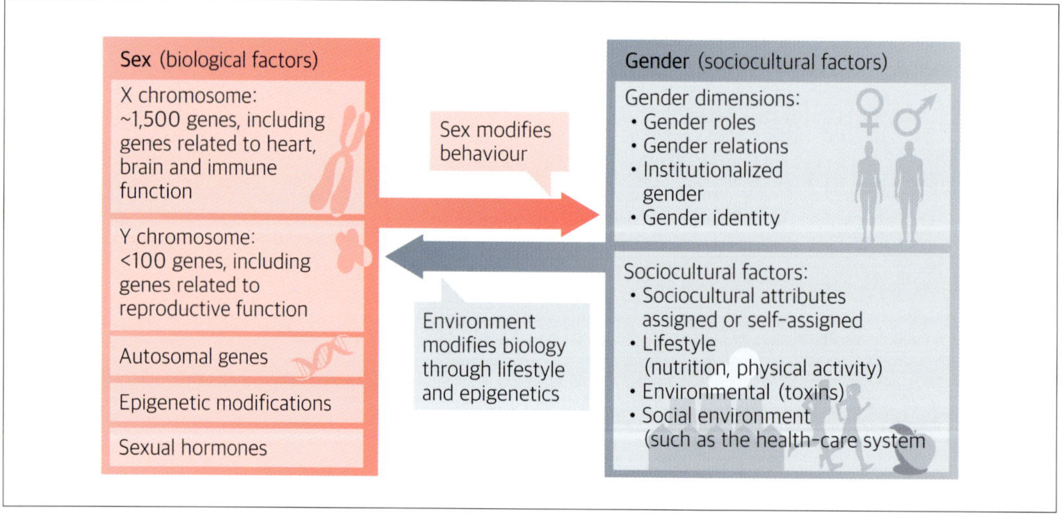

출처: Adapted from Regitz-Zagrosek & Gebhard

2) 성/젠더 혁신과 성차간호학

성/젠더혁신이란 과학기술 연구개발(R&D) 전 과정에 성별 특성을 반영하여 새로운 지식과 기술을 창출하는 젠더혁신을 의미한다. 이는 생물학적 성(sex)뿐만 아니라 사회적, 문화적으로 형성된 젠더(gender)의 특성을 함께 고려함으로써 연구와 실무의 혁신을 이끄는 접근법이다. 젠더혁신은 다양한 성별특성에 대한 분석을 기반으로 기존의 편향된 지식체계를 보완하고, 포괄적이고 실질적인 기술개발을 가능하게 한다.

성차간호학은 남성과 여성 간의 질병 발생률, 증상, 이환율, 사망률의 차이를 탐구하며, 이를 바탕으로 편향 없는 연구 설계와 객관적인 결과 분석을 수행한다. 또한, 이러한 연구 결과를 교육에 활용함으로써 남성과 여성 모두의 건강형평성을 증진하고, 나아가 전 세계인의 건강형평성 달성에 목적을 둔다.

간호학에서 젠더혁신의 필요성은 다음과 같은 사회적 및 의료적 요인에서 찾아볼 수 있다. 전통적으로 간호학은 여성 중심의 직업으로 여겨져 왔으며, 이러한 인식은 간호교육과 연구, 그리고 임상실무에 영향을 미쳐 왔다. 그러나 현대 사회에서는 남성 간호사의 비율이 증가하고 있으며, 성별에 따른 건강 격차와 젠더기반 질병 부담이 점차 두드러지고 있다. 이는 간호학이 성별 이분법적 접근을 넘어, 젠더 정체성과 건강 요구를 포괄적으로 이해하고 대응해야 하는 이유이다.

여성의 건강과 관련된 연구들은 다음 네 가지 주요 영역에서 질병을 다룰 필요가 있다.

첫째, 생물학적 성이 주요 역할을 하는 여성 특이적 질병, 예를 들어 자궁경부암과 유방암은 생물학적 특성이 강하게 작용하는 질병이다.

둘째, 생물학적 성과 젠더 모두 중요한 역할을 하는 여성이 오래 생존하는 것과 관련된 질병, 예를 들어 골다공증은 생리적 요인과 더불어 생활방식 및 사회적 요인이 영향을 미친다.

셋째, 생물학적 성과 젠더의 상호작용으로 발생하는 질병, 예를 들어 심혈관계질환은 성별에 따른 증상표현 및 치료반응이 다르게 나타난다.

넷째, 주로 젠더 기반(행동적, 사회적, 문화적 요인) 질병, 예를 들어 우울증과 같은 정신건강 문제와 과민성장증후군은 사회적 기대와 역할에 따라 발생률이 달라진다.

간호학에서 이러한 문제를 해결하기 위해서는 다음과 같은 젠더혁신적 접근이 필요하다.

- 간호 교육에서 성별 특성을 반영한 맞춤형 교육과정 개발
- 연구에서 성별과 젠더 변수에 대한 체계적 분석 및 보고 강화
- 임상실무에서 환자의 성/젠더 특성을 반영한 개인 맞춤형 간호 제공

젠더혁신은 간호학이 건강불평등을 완화하고, 보다 포괄적이며 효과적인 간호 실무와 정책을 마련하는 데 중요한 토대가 될 것으로 생각한다.

3) 정확한 측정과 보고의 필요성

성별(sex)과 젠더(gender)의 차이는 건강 문제의 발생, 치료 반응, 그리고 전반적인 건강 결과에 있어 중요한 역할을 한다. 성별은 생물학적으로 결정되며, 젠더는 사회적으로 구성된 개념이라는 점에서 명확히 구분되어야 한다. 그러나 간호 연구와 실무에서 이 두 개념은 여전히 혼용되어 사용되는 경우가 많으며, 이로 인해 건강 문제를 분석하고 해결하는 데 있어 중요한 기회를 놓치고 있다.

많은 연구에서 성별과 젠더를 동의어로 취급하거나 명확히 구분하지 않고 사용하는 문제점이 있다. 이는 간호 연구에서도 동일하게 나타난다. Polit와 Beck의 연구에 따르면, 현재 간호 연구에서는 성별이나 젠더를 기반으로 한 하위 분석이 부족하며, 여성 참여자가 과대 대표되는 경향이 확인되었다. 또한, 체계적 문헌고찰에서는 대부분의 연구가 성별과 젠더를 적절히 정의하지 않고 동의어로 취급하는 문제를 지적하였다. 이러한 혼동과 부정확한 측정은 연구의 신뢰성을 약화시키고, 연구 결과의 실질적 적용 가능성을 제한하는 요소로 작용한다.

성별과 젠더의 정확한 측정과 보고는 연구 참여자의 정체성을 존중하고, 간호 전문직의 핵심 윤리 원칙을 준수하는 데 중요한 역할을 한다. 특히, 연구 참여자의 인구통계학적 특성을 정확히 측정하고 보고하는 것은 연구의 신뢰성과 윤리성을 높이는 데 필수적이다. Kim(2024)은 간호학이 과학적 근거 기반 실무를 강화하고, 다양한 건강 요구를 충족하기 위해 반드시 필요한 과정이라고 하였다.

연구 기금 지원 기관들도 이러한 문제를 해결하기 위해 성별과 젠더 변수를 포함한 연구 지침을 제공하고 있다. SAGER (Sex and Gender Equity in Research) 가이드라인은 연구에서 성별과 젠더의 체계적 보고를 촉진하기 위해 개발되었다. 예를 들어 SAGER 지침은 연구 설계, 자료수집, 분석 및 결과 보고 단계에서 성별과 젠더를 일관되게 반영할 것을 권장한다. World Bank의 Gender Equity Model 역시 성평등을 강화하기 위해 선택 및 채용, 훈련 정책, 직업 개발, 가정-직장 균형, 성희롱 예방 및 대처 등을 포괄적으로 다룬다.

성/젠더 차원의 통합은 연구와 교육에서 생물학적 및 사회적 차이를 고려하여 연구의 질을 향상시키고, 결과의 사회적 타당성을 높이는 데 기여한다. 성평등(Gender equity)은 여성과 남성이 기회, 자원, 보상에 동등하게 접근할 수 있도록 보장하는 것을 목표로 하며, 이는 연구 및 간호 실무에서 중요한 기준으로 자리 잡고 있다. 성별과 젠더 건강 격차(Sex and gender health gap)는 치료 접근성, 질병 위험, 진단, 치료 및 건강 결과 측면에서 여성을 포함한 다양한 젠더의 사람들이 경험하는 불이익을 나타낸다. 이러한 격차를 해소하기 위해서는 정확한 측정과 보고가 필수적이다.

그러나 간호학 저널에서 성별과 젠더의 용어 사용을 분석한 결과, 많은 경우에서 용어의 의미가 명확히 구분되지 않고 혼용되는 문제가 발견되었다. 이는 우리나라에서도 유사하게 나타나고 있으며, 연구자들이 성별과 젠더 개념을 명확히 이해하고, 정확히 측정하고 보고하는 방식을 습득할 필요성이 있음을 강조한다.

결론적으로, 성별과 젠더의 정확한 측정과 보고는 간호학 연구와 실무의 신뢰성을 강화하고, 건강불평등을 해소하며, 윤리적이고 과학적인 간호를 제공함에 있어 핵심적인 역할을 한다.

2. 성/젠더 차이가 건강에 미치는 영향

성/젠더의 차이는 다양한 건강 문제에서 나타난다. 예를 들어 심혈관 질환, 당뇨병, 패혈증, 암 등의 질병에서는 성별과 젠더에 따른 차이가 발견되며(그림 2), 이는 각 질환의 진단 및 치료의

그림 2 질환, 감염, 예방접종, 환경적 요인에서의 젠더특이적 민감성

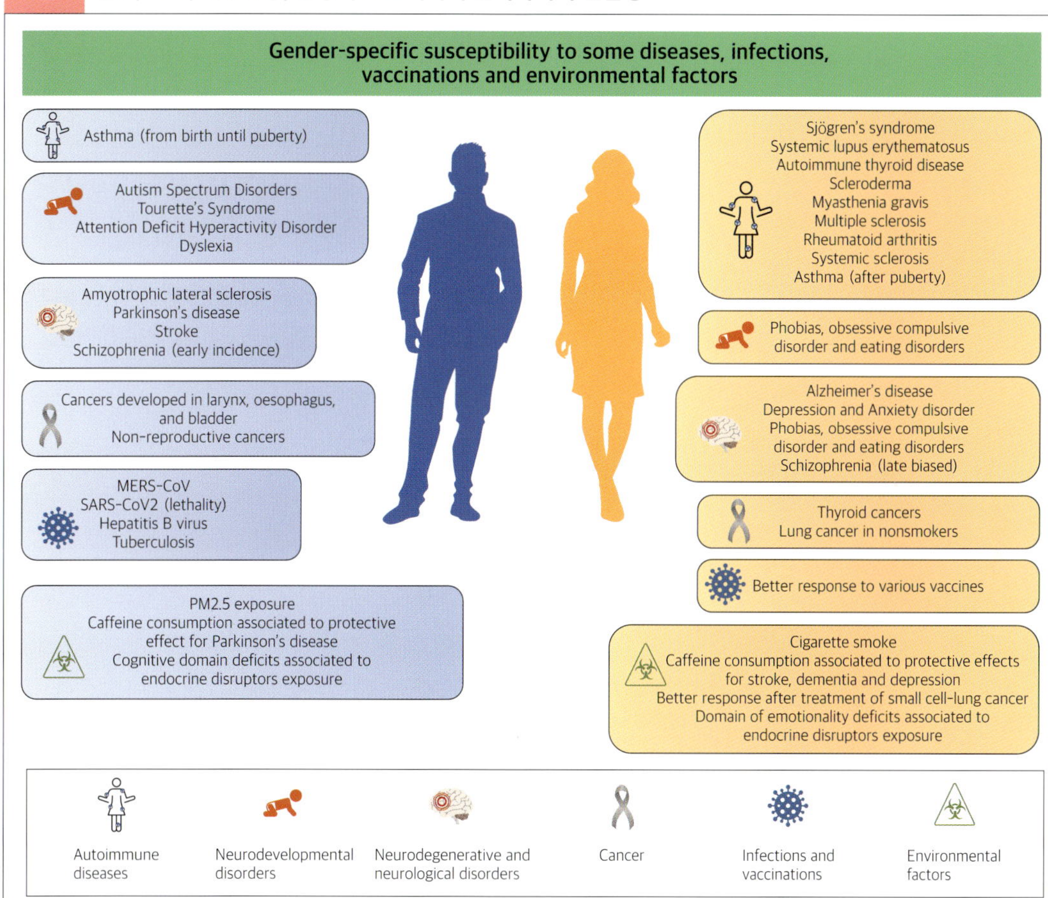

출처: Migliore L, et al. Gender Specific Differences in Disease Susceptibility: The Role of Epigenetics. Biomedicines. 2021;9(6):652.

접근 방식에 영향을 미친다. 또한, 비이성애자나 트랜스젠더 개인은 의료 접근에서 더 큰 장벽에 직면하며, 이로 인해 건강불평등이 심화되고 있다.

현대 의료와 간호학은 환자의 개인적인 특성을 고려한 맞춤형 접근을 강조하고 있으며, 성별과 젠더에 따른 건강 차이는 이를 더욱 부각시킨다. 한편 생물학적 성과 젠더를 무시한 접근은 환자 중심의 간호를 저해할 뿐만 아니라, 연구 결과의 신뢰성과 실질적 활용 가능성을 낮추는 요인이 된다.

1) 성별 차이에 따른 건강문제의 발생기전

(1) 연령별 사망률 격차

남성은 여성보다 평균 수명이 짧다. 그러나 여성은 정신적 및 신체적 이환율이 남성보다 더 높게 나타난다. 이는 면역체계의 차이와 X 염색체의 유무와 관련이 있을 수 있지만, 젠더 역설이 이러한 젠더 차이를 이해하는 데 중요한 개념이다. 예를 들어 개발도상국에서는 5-29세 여성의 질병 부담이 남성보다 더 크며, 이는 전염병 및 산모 건강 문제로 인해 발생한다. 고소득 국가에서는 남녀 모두 비전염성 질병이 질병 부담의 주된 원인이다.

(2) 장내 미생물과 대사질환

장내 미생물은 성별에 따라 구성과 역할이 다르게 나타난다. 예를 들어 남성은 여성보다 포도당 대사장애 및 제2형 당뇨병에 더 취약하며, 이는 장내 미생물의 조성 차이에 기인한다. 장내 미생물은 여러 경로를 통해 혈압에도 영향을 미친다. 고혈압에서 Lactobacillus의 감소를 보이지만 프로바이오틱스 투여를 하면 개선이 일어난다. 여성이 남성보다 Lactobacillus의 수치가 더 높아 동일 연령에서 여성의 혈압이 더 낮은 것을 볼 수 있다. 이 경우 프로바이오틱스 사용이 고혈압 및 심혈관질환 예방에 긍정적인 영향을 미칠 수 있음을 고려할 때, 간호학적 중재로 프로바이오틱스 활용이 검토될 수 있다.

(3) 임신과 장내 미생물

임부의 장내 미생물은 신생아의 성장 및 발달에 영향을 미친다. 특정 미생물 군집은 태아의 체중, 머리둘레, 키 등과 밀접한 연관이 있으며, 이는 저체중아 출생 예방을 위한 마이크로바이옴 기반 간호 중재의 가능성을 시사한다.

(4) 유전자, 호르몬과 암발생

남성과 여성은 암의 발병률, 사망률, 그리고 진행 기전에 있어 차이를 보인다. 남성은 일반적으로 암 발병 위험과 사망률이 높다. 이 차이는 흡연, 음주와 같은 생활습관, 유전자 발현의 차이,

호르몬 수준과 같은 다양한 요인의 영향을 받는다. 특정 유전자 발현의 차이로 남성에서 암세포 표면에 있는 단백질인 PD-L1 발현은 근위대장암 발병위험을 낮춘다. 여성에서 DNA오류가 복구되지 않는 MMR/MSI (MismatchrRepair/Microsatellite instability) 및 세포 성장 및 분열을 조절하는 단백질 수용체인 EGFR (Epidermal growth factor receptor) 발현의 증가는 여성의 근위대장암의 위험을 증가시킨다. 성호르몬도 암의 발생과 진행에 영향을 미친다. 여성의 경우 특정유전자의 발현 변화와 에스트로겐과 같은 성호르몬이 암 위험과 면역 반응에 영향을 미칠 수 있다(그림 3).

그림 3 암을 조절하는 성차 기전

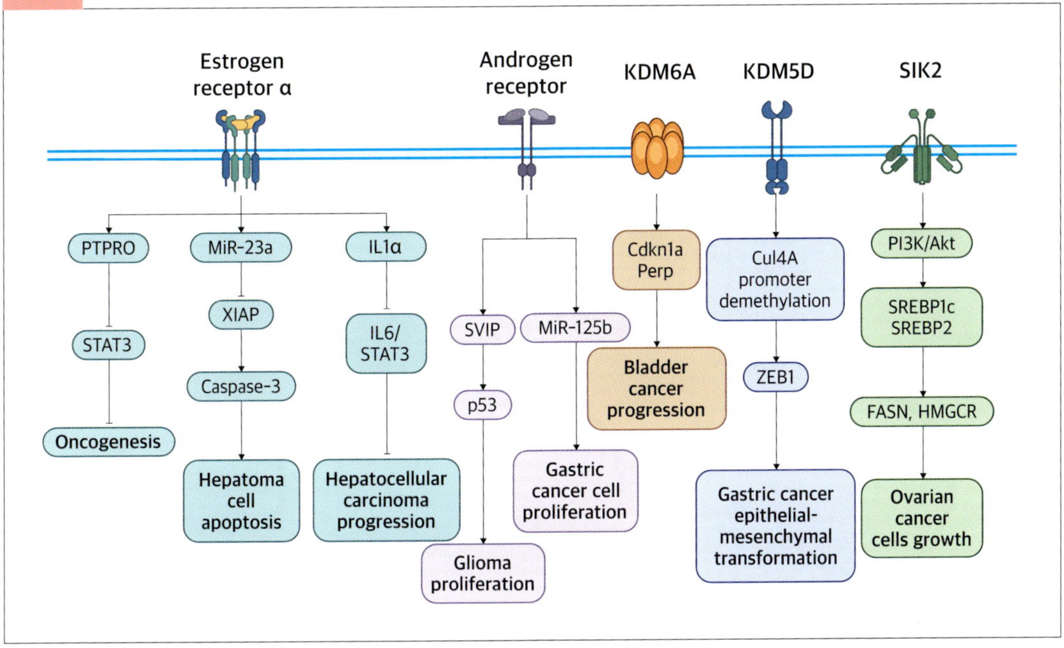

출처: Shi Y, et al. Sex difference in human diseases: mechanistic insights and clinical implications. Sig Transduct Target Ther, 2024;9:238.

2) 사회적 요인과 정신건강의 젠더 차이

건강은 생물학적 요인뿐만 아니라 사회경제적 원인에 의해서도 결정된다. 우리나라와 같은 남성 중심 사회에서는 여성들이 가사와 직장 업무를 병행하는 경우가 많아 스트레스와 정신적 부담이 높다. 이러한 요인은 여성의 우울증 및 불안증 유병률이 남성보다 높게 나타나는 이유 중 하나로 작용한다. 이러한 문제를 해결하기 위해서는 젠더 관점을 반영한 심리적 지원 및 간호 중재가 필요하다.

3) 성/젠더 차이를 반영한 간호연구와 실무의 방향

간호 연구와 실무에서 성별과 젠더의 차이를 반영하는 것은 단순히 건강 격차를 줄이는 데 그치지 않는다. 이는 환자의 개인적 요구를 충족시키고, 전반적인 건강 증진을 목표로 하는 맞춤형 간호로 이어질 수 있다. 따라서 간호학은 성별과 젠더의 차이를 명확히 이해하고, 이를 연구와 실무에 통합하여 실질적인 변화를 이끌어내야 한다.

3. 대표적인 성차 질환

우리나라 사망원인 중 1위인 암으로, 진단받은 암발생 순위를 보면 남녀 모두에서 1위는 갑상선암, 2위 대장암, 3위 폐암 순이었다. 성별로 보면, 남자는 폐암, 전립선암, 대장암 순이고, 여자는 유방암, 갑상선암, 대장암 순으로 나타나 암발생에서도 성차를 보였다(그림 4).

그림 4 우리나라 2022년 국가암등록통계(암 발생률)

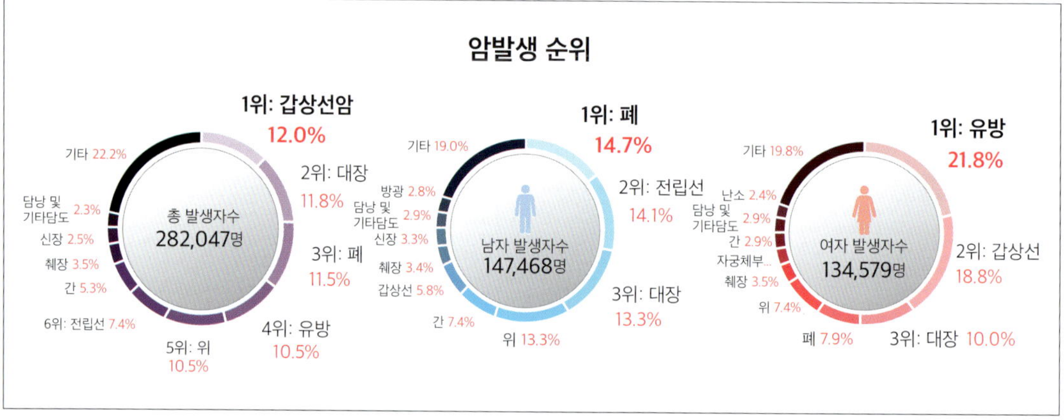

출처: 보건복지부

암으로 인한 사망률은 남성에서 더 높게 나타나며, 이는 주로 흡연, 잘못된 식습관, 생활 습관과 같은 요인에 기인한다. 남성은 사회 활동과 외부 환경에 노출되는 시간이 더 많아 사고에 의한 사망률도 높은 경향을 보인다. 사망 원인 2위와 3위는 각각 뇌혈관 질환(뇌졸중 등)과 심장 질환(심근경색 등)으로 알려져 있다. 이들 질환은 성별과 연령에 따라 발병률에서 차이를 보인다. 40대까지는 남성에서 발생 빈도가 높지만, 50대 이후에는 남녀 간 차이가 점차 줄어든다. 이러한 변화의 주요 원인 중 하나는 폐경전 여성에게서 분비되는 여성호르몬, 에스트로겐의 보호 효과이다. 또 다른 예로 성호르몬과 유전자 조절기전에서 찾아볼 수 있다. 그림 5는 성호르몬과 유전자 조절이 인슐린 감수성, 지질 대사, 포도당 항상성, 산화 스트레스 반응에 영향을 미치는 기전과 호르몬 및 유전자 신호가 대사질환 발생에 영향을 미치는 주요 조절 요인으로 작용함을 보여준다.

그림 5 호르몬과 유전자 조절 관계

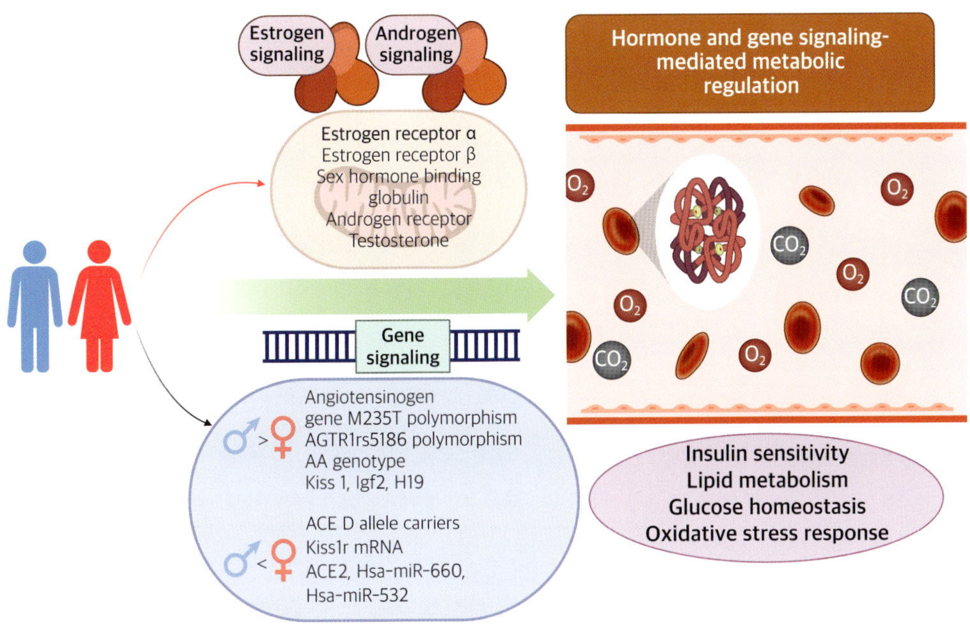

호르몬과 유전자 조절은 인슐린 감수성, 지질 대사, 포도당 항상성, 산화 스트레스 반응에 영향을 미친다. 호르몬 및 유전자 신호는 대사질환 발생에 영향을 미치는 주요 조절 요인으로 작용한다.

- 호르몬 조절
  - 에스트로겐 수용체 α, 에스트로겐 수용체 β, 성호르몬 결합 글로불린, 안드로겐 수용체, 테스토스테론을 포함한다.
- 대사질환에 영향을 미치는 유전자 신호
  - 남성에서 더 높은 발현을 보이는 유전자: Angiotensinogen 유전자 M235T 다형성, AGTR1rs5186 다형성 AA 유전자형, Kiss 1, Igf2, H19를 포함한다.
  - 여성에서 더 많이 발현하는 유전자: ACE D 대립 유전자 보유자, Kiss1r mRNA, ACE2, Hsa-miR-660, Hsa-miR-532 등이 있다.

ACE: 안지오텐신 전환 효소, AGTR1: 안지오텐신 II 유형 1 수용체 유전자

출처: Shi Y, et al. Sex difference in human diseases: mechanistic insights and clinical implications. Sig Transduct Target Ther, 2024;9:238.

국내외 연구에 따르면, 특정 질병의 발병률과 치료 반응에서 성별 차이가 관찰되며, 이는 의료 서비스 제공에 있어 성별에 따른 맞춤형 접근의 필요성을 시사한다. 대표적으로 심혈관질환, 대사장애, 심혈관-신장-대사 증후군, 자가면역질환, 신경퇴행성질환, 신경발달장애, 과민성장증후군 등에서 성차가 두드러진다. 아래에서 이러한 질환별 성차를 구체적으로 살펴보고자 한다.

1) 심혈관질환의 성차

심혈관질환(cardiovascular disease)은 역사적으로 성차가 가장 주목을 받은 질환으로, 남성과 여성에서 발생률과 유형에서의 성차가 두드러진다. 박출률보존 심부전(Heart Failure with Preserved Ejection Fraction, HFpEF)의 발생률이 남성보다 높으며, 이는 폐경 후 에스트로겐 감소와 관련이 있다. 반면, 남성은 박출률감소 심부전(Heart Failure with Reduced Ejection Fraction, HFrEF)에 더 취약하다. 이러한 차이는 심혈관 구조와 기능의 생물학적 차이, 호르몬 변화, 동맥 경직도 및 관상 미세혈관 기능 장애에서 기인한다. 또한, 성별에 따른 위험요인과 병태생리에서 차이가 있다. 여성은 임신 관련 합병증(예: 고혈압성 장애, 저체중아 출산, 조산)과 조기 폐경이 심부전 위험을 높이는 중요한 요인으로 작용한다. 이러한 여성 특유의 위험 요인은 내피 기능 장애와 관련이 있으며, 장기적인 심혈관 손상을 초래할 수 있다. 남성의 경우, 흡연, 고혈압, 당뇨병 등 전통적인 심혈관 위험 요인의 영향이 더 두드러진다. 치료 반응과 임상 결과의 성차가 보고되고 있다. 여성과 남성 모두 심부전에 대한 표준 치료를 받지만, 여성은 약물 대사와 반응에서 차이를 보이며, 일부 약물의 경우 여성에서 더 나은 치료 효과가 관찰된다. 여성, 특히 흑인 여성과 같은 소수자 집단은 심부전 발생률과 사망률이 더 높으며, 이는 사회경제적 지위, 의료 접근성, 교육 수준 등 다양한 사회적 결정요인의 영향을 받고 있음을 보여준다. 즉 성별, 인종, 사회경제적 지위 등 다양한 정체성이 상호작용하여 심부전 발생과 경과에 영향을 미치는 것으로 교차성(Intersectionality)이론의 관점에서 살펴볼 필요성이 있다. 생물학적, 사회적 힘은 심장 생리학, 유전적 및 후생적 감수성, 건강의 사회적 결정요인, 건강 행동, 치료법, 생식 요인 및 비심혈관 동반 질환의 차이를 기반으로 심부전과 관련된 발달 및 결과에 대한 성별 및 성별 기반 위험에 기여하는 것을 보여준다(그림 6).

그림 6 심부전에서 성과 젠더의 교차성

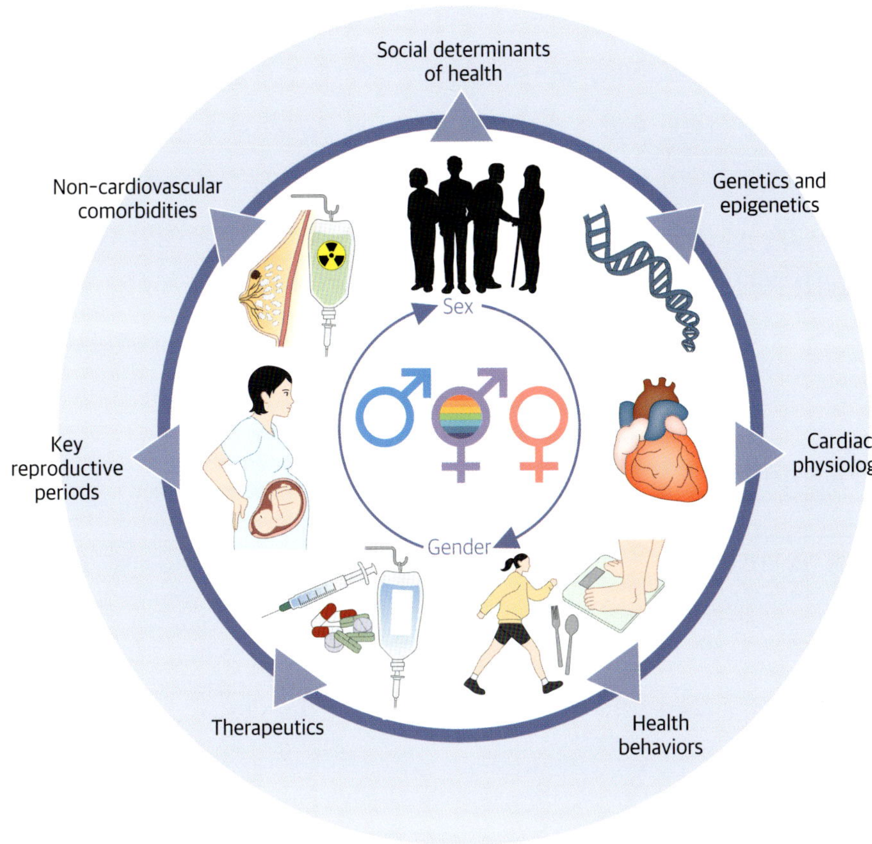

출처: Khan SS, et al. Sex-Based Differences in Heart Failure: JACC Focus Seminar 7/7. J Am Coll Cardiol. 2022;79(15):1530-1541.

2) 대사장애의 성차

대사장애는 성별에 따라 발병기전, 위험요인, 관리 전략에 있어 차이가 있다. 당뇨병의 경우, 남성과 여성 모두 대사장애의 주요 원인으로 작용하지만, 발병기전은 성별에 따라 다르다. 남성은 내장지방 축적과 관련된 인슐린 저항성이 당뇨병 발병에 중요한 역할을 하며, 이는 주로 내장지방 조직에서 분비되는 염증성 사이토카인의 증가와 관련이 있다. 반면, 여성은 에스트로겐이 인슐린 민감성에 미치는 영향을 받으며, 폐경 후 에스트로겐 농도 변화로 인해 당뇨병 위험이 증가한다. 또한, 성인의 비만 유병률은 증가하는 추세지만, 이는 연령이나 성별에 따라 다른 추이를 보인다. 여성은 임신성 당뇨병과 같은 성별 특이적 대사장애를 경험할 수 있다. 비만도 성별 연령별 발병 패턴이 다르다. 1단계 비만[체질량지수(BMI) 25 kg/m^2 이상]은 남자 35–39세가

53.4%로 가장 높았고 여자는 70–74세가 가장 높았다. 2단계 비만(BMI 30 kg/m^2 이상)은 남자 30–34세 연령에서 12.5%로 가장 높았고, 여자는 70–74세 연령에서 6.5%로 가장 높았다. 한편 저체중(BMI 18.5 kg/m^2 미만)은 남자 80세 이상 5.5%로 가장 높았고, 여자 20–24세 13.4%로 가장 높은 양상을 보였다(그림 7). 남성은 내장지방 증가로 인한 대사 증후군 위험이 크고, 여성은 피하지방 축적과 관련된 비만 형태가 주로 나타난다. 하지만 폐경 이후 여성은 내장지방이 증가하며 대사 증후군 위험이 상승한다. 대사장애와 관련된 이러한 성차는 호르몬, 유전자 발현, 환경적 요인의 상호작용에서 기인한다. 여성은 생리주기 동안 혈당 변동성이 클 수 있으며, 이는 당뇨병 관리를 복잡하게 만든다. 이러한 성별 차이는 단순히 생리학적 차이에 국한되지 않고, 약물 반응에서도 차이를 보인다. 예를 들어 여성은 특정 약물에서 저혈당 위험이 높게 나타날 수 있다.

그림 7 연령별 비만과 만성질환 유병률

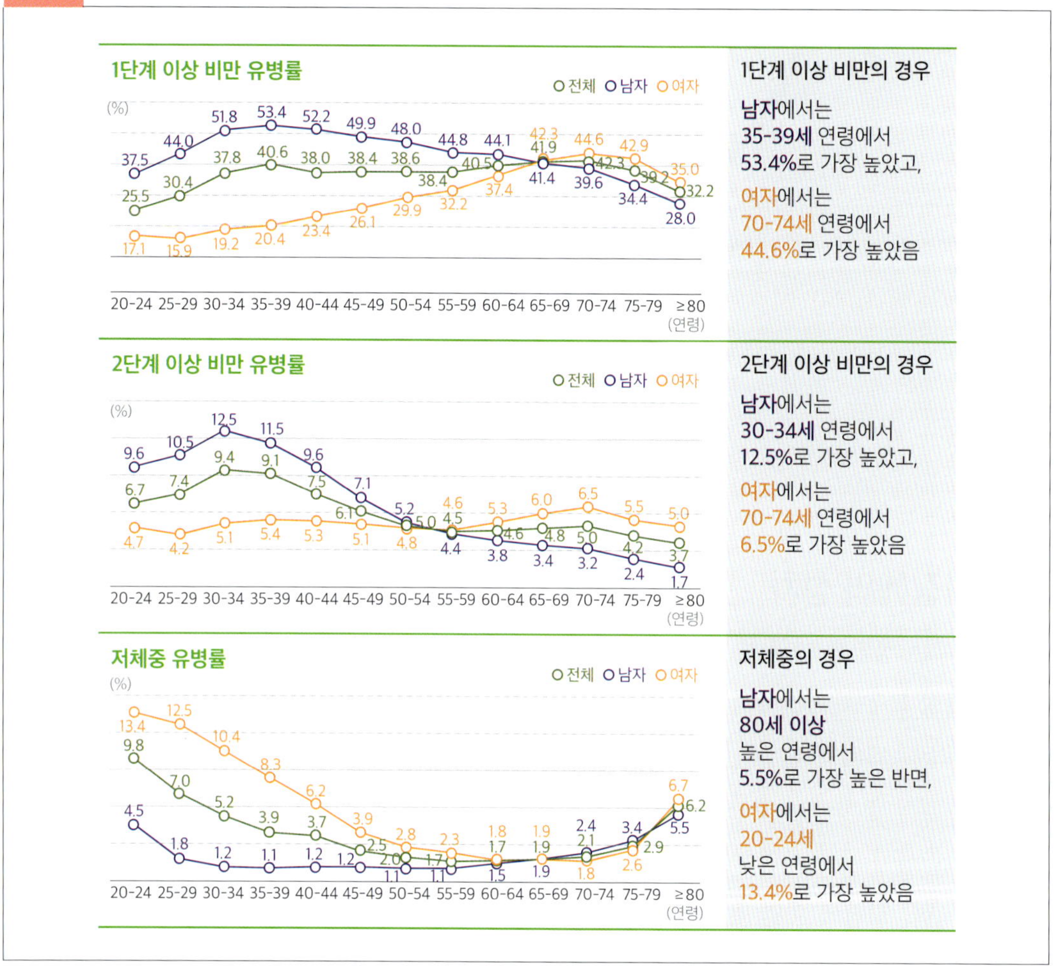

1단계 이상 비만: BMI 25 kg/m^2 이상; 2단계 이상 비만: BMI 30 kg/m^2 이상; 저체중: BMI 18.5 kg/m^2 미만
출처: 국민건강보험. 2024 Obesity Fact Sheet (비만병팩트시트 2024). 발행처 대한비만학회. www.kosso.or.kr

3) 심혈관-신장-대사 증후군의 성차

심혈관-신장-대사 증후군(CKM 증후군)의 2단계는 신장 질환(CKD) 또는 고중성지방혈증, 고혈압, 대사 증후군, 당뇨병과 같은 명확한 대사 위험 요소들이 있는 것이 특징이다. 우리나라 자료 2011-2021년 10년간 종단연구에 따르면, 남성, 노인, 농촌 거주자, 흡연자, 음주자, 비만인 사람들, 그리고 교육 수준과 소득이 낮은 사람들에서 CKM 증후군 2단계의 유병률이 더 높게 나타났다. 간호학적으로는 성별에 따른 대사 위험요인을 교육하고, 생활습관 개선을 통해 성차를 반영한 건강 증진 프로그램을 설계하는 등 맞춤형 전략이 필요하다(그림 8).

그림 8 2011-2021년 대한민국 성인의 성별에 따른 심혈관-신장-대사 증후군(CKM 증후군) 유병률의 전국 추세

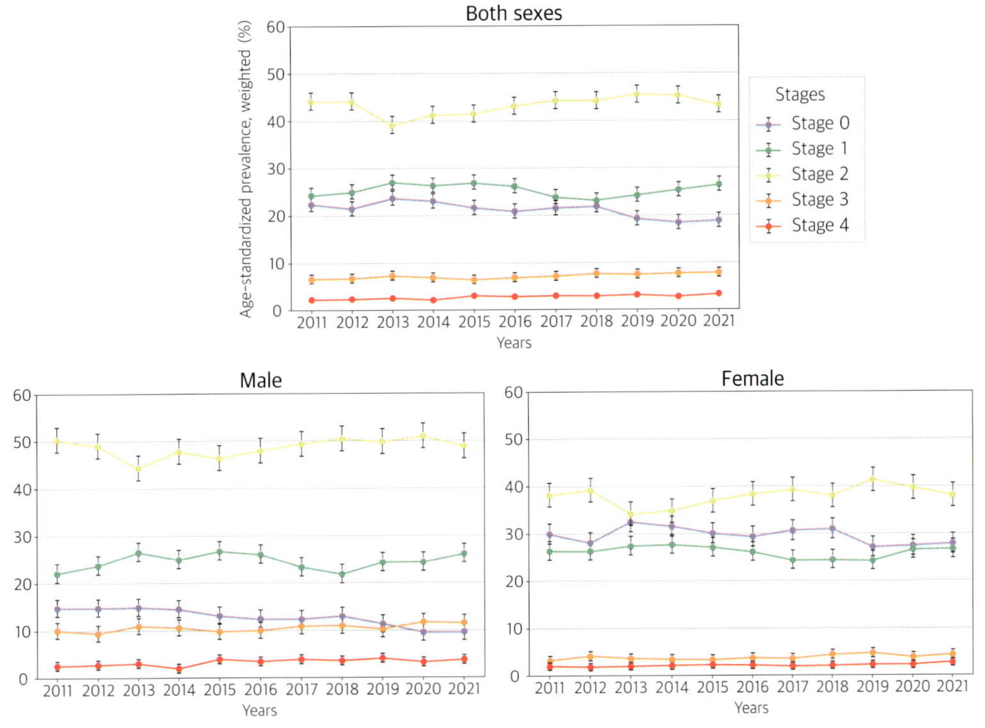

오차 막대는 설문조사 가중법으로 계산된 95% 신뢰 구간.
출처: Yim Y, et al. Long-term trends in the prevalence of cardiovascular-kidneymetabolic syndrome in South Korea, 2011-2021: A representative longitudinal serial study. Lancet Reg Health West Pac. 2025;55:101474.

4) 자가면역질환의 성차

자가면역질환(autoimmune disease)은 여성에서 더 흔하게 나타나며, 이는 주로 호르몬 및 면역체계의 성별 차이에서 기인한다. 전신홍반루푸스(SLE)는 여성에서 발병률이 남성보다 9배 이상 높다. 이는 에스트로겐이 면역 반응을 활성화하여 자가면역 반응을 유도할 가능성이 높기 때문이다. 반대로 남성 호르몬인 테스토스테론은 면역억제효과가 있어 자가면역질환 발생 위험을 감소시킬 수 있다. 호르몬뿐만 아니라 X 염색체의 유전자 발현도 자가면역질환의 성차에 기여한다. 여성은 X 염색체가 두 개 있으므로, 일부 유전적 돌연변이가 발병 위험을 증가시킬 수 있다. 또한, 환경적 요인과 유전적 요인이 상호작용하면서 성별에 따른 면역체계의 반응이 달라질 수 있다. 이러한 성차는 증상관리에서도 반영되어야 할 특성이다.

5) 신경퇴행성질환의 성차

신경퇴행성질환(neurodegenerative disease)에서도 발병률과 진행양상에서 남성과 여성 간 성차가 나타나는데 이는 에스트로겐, 성염색체 및 소교세포의 역할과 관련 있다. 에스트로겐은 신경세포의 생존을 돕고 산화 스트레스를 줄이며, 신경염증을 억제하는 보호 효과를 가진다. 이로 인해 알츠하이머병으로부터 보호 역할을 한다. 그러나 폐경 후에는 에스트로겐 감소가 일어나 여성의 알츠하이머병 발병 위험을 높이는 주요 요인으로 작용한다. 파킨슨병은 남성에서 더 높은 발병률을 보이며, 이는 도파민 신경세포의 손실과 관련된 성호르몬의 차이에 기인한다. 남성은 여성보다 도파민 신경세포의 퇴화가 빠르게 진행될 가능성이 있다. 또한, 여성은 특정 유전적 변이에 의해 신경 보호 효과가 더 강하게 나타날 수 있다.

- 신경퇴행성질환에서의 성차는 약물치료 효과와 부작용에서도 두드러진 차이를 보인다. 여성은 알츠하이머병 치료제에 대한 반응이 더 클 수 있으나, 부작용의 빈도가 높아질 가능성도 있다. 그러므로 성차를 고려한 맞춤형 치료접근이 필요하다.
- 신경발달장애는 성/젠더 분포가 불균형적으로 나타나고 있으며 이를 연구자들이 인식하기 시작하면서 성/젠더 변수가 신경발달장애에 미치는 다양한 영향에 관여하는 메커니즘이 보고되었고, 자폐증, 주의력결핍/과잉행동장애(ADHD) 및 기타 신경발달장애에 기여하는 점을 밝혔다.

간호학적으로는 환자의 성별과 관련된 생리학적 차이를 고려한 간호 중재로 여성 환자에게는 호르몬 요인과 관련된 교육과 지지를 제공하며, 남성 환자에게는 운동과 도파민 보충을 제안할 수 있다.

6) 면역 반응과 염증성질환의 성차

면역 반응(immune response)과 염증성질환(inflammatory disease)도 성별에 따라 차이가 나타나며, 이는 생애 전반에 걸쳐 다양한 면역학적 요인에서 관찰된다. 특정 요인(예: 친염증 반응)의 경우, 사춘기 동안 성별 차이가 나타나고 이후 노년기에 약화되는데, 이는 호르몬의 영향을 시사한다. 반면, 다른 요인(예: 여성에서 더 높은 $CD4^+$ T 세포 수와 CD4/CD8 T 세포 비율)의 경우, 이러한 성별 차이는 출생부터 노년기까지 일정하게 유지된다. 그러나 이 분야의 연구는 부족하며, 특히 태아기에서의 성별 차이에 대한 연구결과는 일관성이 부족한 것으로 나타났다 (그림 9).

그림 9 면역 반응과 염증성질환에서의 성별 차이

Age	*In utero*	Childhood/ pre-puberty	Post-puberty/ adulthood	Old age
Innate immunity	• Increased inflammatory responses in males	↑ Inflammation in males ↑ NK cells in males	↑ Inflammation in females ↑ NK cells in males	↑ Inflammation in males ↑ IL-10 in females ↑ NK cells in males
Adaptive immunity	• Increased IgE levels in males	• CD4/CD8 ratios and $CD4^+$ T cell numbers equal • $CD8^+$ T cell numbers equal • IgA levels in males ≥ females • IgM levels in males ≥ females • IgG and IgM levels equal • B cell numbers equal • T_{reg} cell numbers in males ≥ females	• CD4/CD8 ratios and and $CD4^+$ T cells ↑ in females • $CD8^+$ T cells ↑ in males • T cells activation/ proliferation ↑ in females • T_{reg} cells ↑ in males • B cells ↑ in females • Immunoglobulins ↑ in females	• CD4/CD8 ratios and $CD4^+$ T cells ↑ in females • $CD8^+$ T cells ↑ in males • T cells activation/ proliferation ↑ in females • T_{reg} cells ↑ in males • B cells ↑ in females • Immunoglobulins ↑ in females

IL-10: 인터루킨-10, NK: 자연 살해 세포, Treg: 조절 T 세포

출처: Adapted from Farkouh A, et al. Sex-Related Differences in Drugs with Anti-Inflammatory Properties. J Clin Med. 2021;10:1441

7) 과민성장증후군과 성차

과민성장증후군(irritable bowel syndrome)은 유년기의 학대를 포함한 과도한 스트레스와 연관이 많다. 스트레스가 과민성장증후군 증상의 시작 및 정도와 밀접한 연관이 있는데 과민성장증후군 환자의 40–90%에서 정신적 문제를 동반하고 있다. 증상에 따른 젠더차이를 보이는 데 스트레스를 주는 무보수보육이나 월급을 받는 일등의 책임감과 역할에 따라 증상이 다르게 나타나고 진료를 받는 행위가 달라진다. 여성에서 과민성장증후군 증상은 아내, 어머니로서 역할, 직장인으로서 역할에도 영향을 주며, 남성은 여성들이 과민성장증후군에 걸릴 경우 위약감을 느끼고 경제적 책임을 다하지 못할 수도 있다는 점에 위협을 느끼는 것으로 나타났다.

4. 본 책의 구성 및 의의

성과 젠더의 차이는 간호학 연구에서 중요한 변수로 인식되어 왔다. 특히, 교차성이론(Intersectionality theory)은 개인의 다양한 정체성과 사회적 위치가 어떻게 겹쳐져 특정한 특권이나 불이익을 생성하는지를 설명하는 데 유용한 분석 도구로 활용될 수 있다. 이 이론은 본래 흑인 여성주의에서 유래되어 인종과 성별이 겹쳐진 차별의 경험을 설명하기 위해 사용되었으나, 이후 다양한 소수자 집단에 적용되어 왔다. 간호학에서의 교차성이론의 도입은 환자 각각의 복잡한 정체성과 사회적 맥락을 고려한다면 보다 정밀한 건강 관리를 가능하게 할 것이다. 간호학 연구와 실무에 교차성이론을 적용하는 방법은 다음과 같다.

- 다차원적 환자 평가: 간호사는 환자의 건강 상태뿐만 아니라, 사회적 정체성과 위치(인종, 성별, 사회경제적 지위 등)가 건강에 미치는 영향을 종합적으로 평가한다. 이러한 평가를 통해 각 환자에 맞는 보다 세심한 치료 전략을 수립할 수 있다.
- 건강불평등의 해소: 간호 연구에 적용함으로써 다양한 사회적 위치와 정체성을 가진 인구집단에서 발생하는 건강불평등의 근본 원인을 식별한다. 연구 결과는 정책 입안자와 실무자들이 효과적인 개입 방안을 개발하는 데 도움을 줄 수 있다.
- 교육과 훈련 개선: 간호학 교육과정에 통합함으로써, 미래의 간호사들이 다양한 배경을 가진 환자들을 이해하고 존중하는 방법을 배울 수 있다. 이는 간호사들이 문화적 역량을 갖추고, 모든 환자에게 공정하고 포괄적인 치료를 제공하는 데 중요한 기초가 된다.
- 정책 및 프로그램 개발: 간호 연구에서 나타난 결과를 바탕으로, 건강 정책과 프로그램이 다양한 환자의 필요를 충족시킬 수 있도록 설계할 때 적용한다. 이는 특정 집단에 대한 차별이나 소외를 방지하고, 모든 환자에게 동등한 건강 기회를 제공하는 데 기여한다.

즉 교차성이론의 관점으로 인종, 성별, 이민 상태와 같이 서로 교차하는 여러 정체성을 잘 파악한다면, 환자의 건강 접근성과 결과에 영향을 미치는 사회적 결정요인을 더 깊이 이해할 수 있다. 이를 통해 간호 실무에서는 환자 맞춤형 접근 방식을 촉진하고, 건강불평등을 해소하는 데 기여할 수 있다.

한편, WHO에 따르면 개인과 지역사회의 건강과 복지는 개인의 특성과 행동, 사회경제적, 물리적 환경을 포함한 여러 요인의 영향을 받는다. 성별과 성별의 차이는 건강결정요인의 전체 스펙트럼과 상호작용한다(그림 10).

그림 10 건강의 주요 결정요인

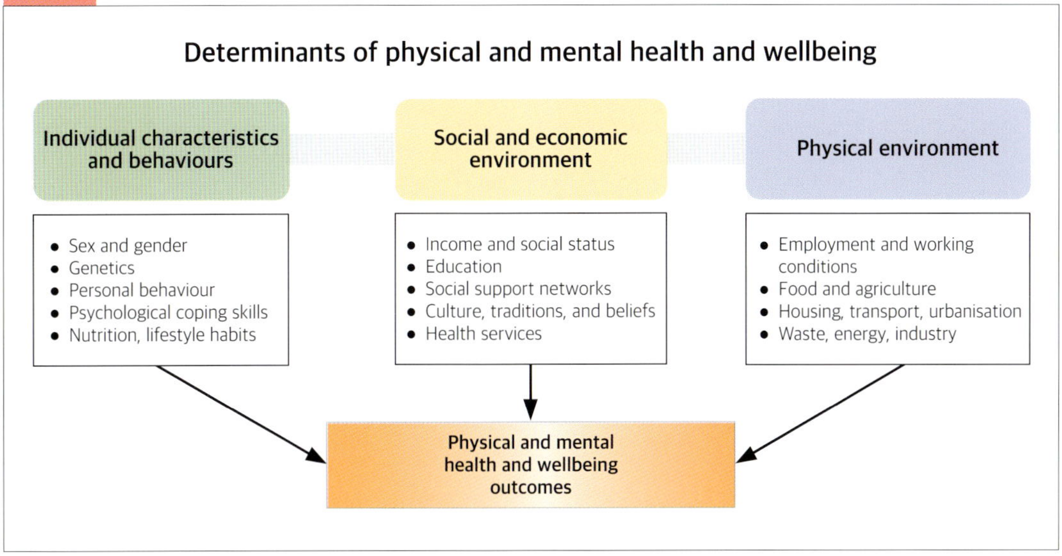

출처: www.who.int/hia/evidence/doh/en/

그리고 성호르몬의 농도 차이와 청소년기 이후의 해부학적, 생리학적 발달에 의해 성별차이가 나타난다. 테스토스테론의 높은 농도는 남성의 근육량, 적혈구 수, 심폐 기능을 강화하고, 에스트로겐은 여성의 지방 분포, 근육 유지 및 뼈 건강에 중요한 역할을 한다. 구체적으로 예를 들면, 신경은 남녀 모두 신경계가 근육을 활성화하는 능력은 유사하다. 다만 남성은 근육량이 크고 더 빠른 수축속도를 보인다. 심장은 남성이 여성보다 사이즈가 크며, 이로 인해 더 큰 심박출량(cardiac output)을 가진다. 여성은 남성보다 체지방률이 높고, 남성은 전체 근육량이 여성보다 크다. 남성은 더 높은 혈액 적혈구 수와 헤모글로빈 농도를 보유하고 있어 산소 운반 능력이 우수하다. 남성은 여성보다 더 두껍고 밀도가 높은 뼈를 가지고 있어 체중 부하 운동 시 더 큰 힘을 견딜 수 있다. 여성은 에스트로겐 감소로 인해 폐경 이후 골밀도가 급격히 감소하며, 이는 부상 위험 증가로 이어질 수 있다(그림 11). 이처럼 성별에 따른 생리학적 차이는 운동요법과 같은 간호중재의 효과에 영향을 미치므로 생리학적 차이를 숙지할 필요가 있다.

그림 11 성별에 따른 생리학적 차이

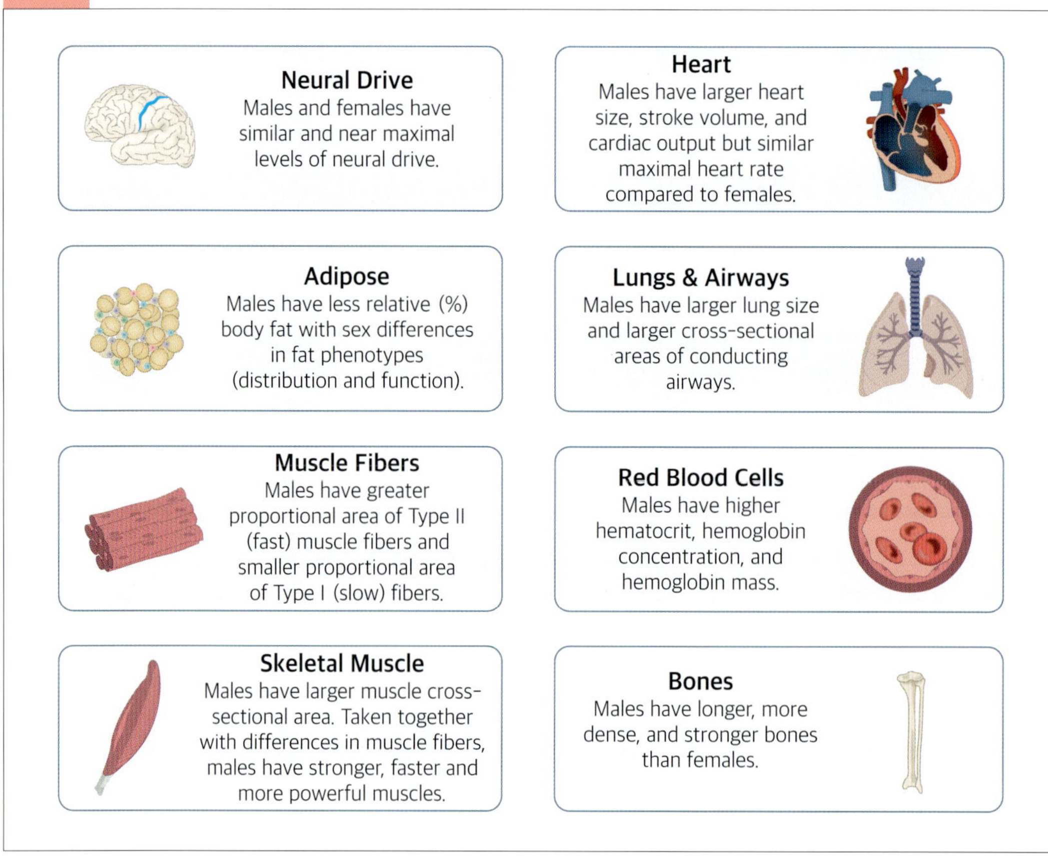

출처: Hunter SK, et al. Sex differences in human performance. J Physiol. 2024;602(17):4129-4156.

이상을 통해 간호학에서 성차연구가 왜 필요한지와 성/젠더의 차이를 반영한 교육과 연구가 중요함을 이해했을 것으로 생각한다. 본 저서는 다음과 같이 구성하였다.

1) 제1부에서는 젠더와 성차의 기본 개념을 생물학적, 사회학적 관점에서 다룬다.

먼저, 총론에서는 유전과 마이크로바이옴, 호르몬분비와 성차에 대하여 다룬다. 또한, 건강형평성을 고려한 취약계층에서의 성차, 국제 보건에서의 젠더 이슈 등 전 세계적으로 중요한 성차 관련 문제들을 다루고자 한다. 그리고 최근 주목받고 있는 인공지능의 편향성과 연구에서 근거합성 시 건강형평성을 고려해야 하는 배경을 기술하였다. 그림 12에서 보는 바와 같이 챗봇 '이루다' 및 '테이'에서 혐오발언 학습 및 산출 사건 등 알고리즘을 통해 사회에 내재되어 있는 인공지능에서 젠더 차별과 편향에 대한 관심이 필요하다(그림 12). 나아가 생성형 AI가 가져올 사회변화 속 차별과 편향을 넘어 다양성이 공존하고 사람 중심의 생태계가 구축되기를 바란다.

그림 12 **AI 젠더 편향성**

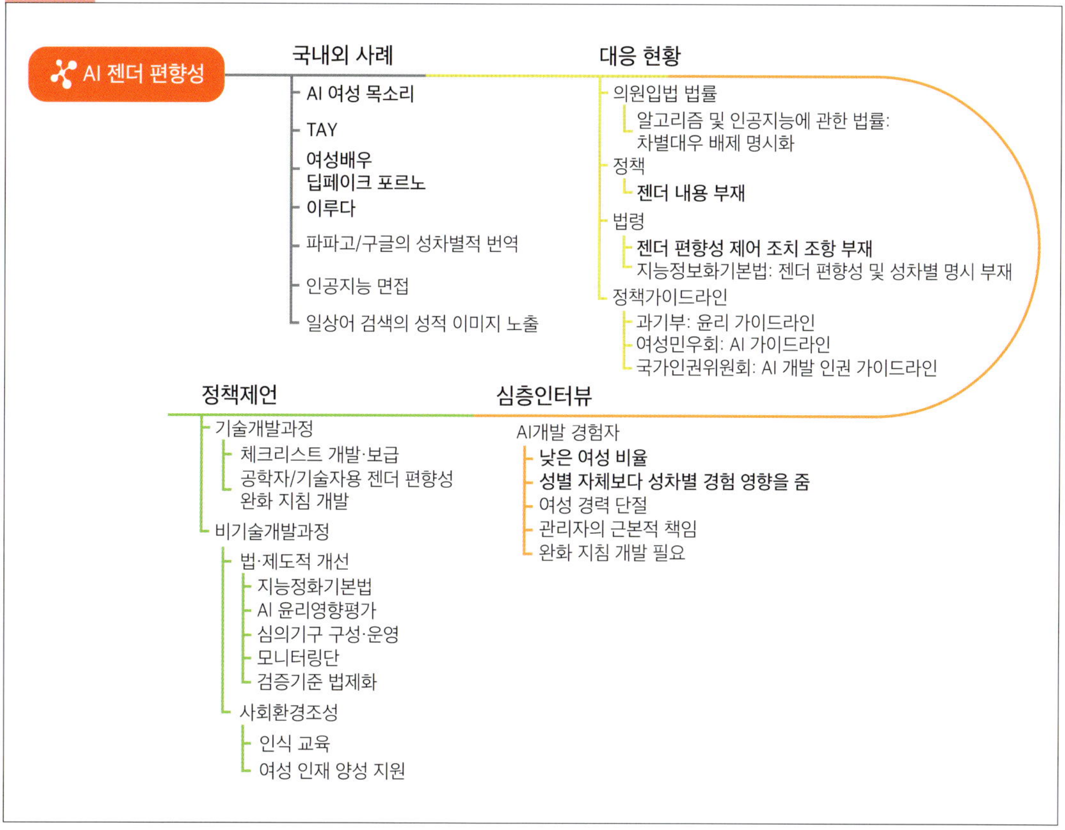

출처: 문미경. KWDI이슈페이퍼: 인공지능 속 젠더 편향성 완화를 위한 정책적 개선방안. 한국여성정책연구원. 2023;1-7.

2) 제2부에서는 생애주기별 젠더와 성차 이슈를 탐색한다.

생애주기 발달은 태아기에서 노년기에 이르기까지 각 발달 단계마다 환자의 신체적, 심리적, 사회적 요구가 변화함에 따라, 성별과 성에 따른 차별화된 간호 접근법이 필요함을 말한다. 각 발달 단계는 독립적이지 않으며, 이전 단계의 성별과 성에 따른 건강 경험이 다음 단계에 영향을 미친다. 예를 들어 아동기의 성별에 따른 건강 문제는 성인기와 노년기에 장기적인 영향을 미칠 수 있다. 그러므로 환자의 생애 전반을 고려하는 것은 간호학에서 매우 중요하며, 생애주기의 각 단계마다 다르게 나타나는 성차를 이해하는 또한 중요하다.

이 책은 이러한 성별과 성차를 고려한 간호 접근법을 다루며, 생애주기별로 성차가 어떻게 건강과 질병에 영향을 미치는지, 그리고 이를 통해 간호 실무에서 어떤 점을 고려해야 하는지를 종합적으로 탐구하고자 한다. 이에 생애주기별로 청소년기, 중장년기, 노년기로 나누어 각 단계에서 나타나는 성차와 그에 따른 간호 문제를 심도 있게 다룰 필요가 있다.

- 청소년기에서는 아동기와 청소년기 건강문제의 성별에 따른 발생 빈도와 특성의 차이를 살려보고자 한다. 또한, 성차별이 청소년의 정신 건강에 미치는 영향과 자살 · 비자살적 자해 문제를 집중적으로 살펴보고자 한다.
- 중장년기에서는 성별에 따른 암 발생률, 사망률, 생존율의 차이를 다루었다. 또한, 대표적인 심혈관질환으로 심부전증, 심근경색증, 심방세동, 고혈압을 다루면서 발생과 치료 및 관리에서의 성차를 반영하여야 함을 다루었다. 그리고 호르몬 변화에 따른 골다공증과 그에 대한 관리를 중점적으로 탐구하고자 한다. 이 과정에서 중장년기의 성차에 따른 수면장애도 함께 살펴볼 것이다.
- 노년기에서는 노년기 외로움과 돌봄 문제, 인지 및 신체 기능에서의 성차, 그리고 헬스 리터러시와 디지털 헬스 리터러시에서의 성차를 다룰 것이다. 이 단계에서는 성차가 노년기의 삶의 질과 직접적으로 어떻게 연관되는지를 분석하며, 노년기를 보다 건강하고 의미 있게 보내기 위한 성별 맞춤형 간호 전략을 제시한다.

간호학적 적용

앞서 논의한 바와 같이, 다양한 건강 문제는 생물학적, 환경적, 심리사회적 요인과 함께 성차를 포함하고 있으며, 이에 따라 간호학 분야에서도 성/젠더 관점을 도입할 필요성이 점점 커지고 있다. 간호학에서 젠더 혁신을 도입하려는 이유는 여성 환자에 대한 이해 증진을 넘어서, 남녀 환자에게 정확하고 효과적인 간호를 제공하는 근본적인 변화를 목표로 한다. 이는 성별에 대한 고정관념 없이 환자 개개인의 요구를 중심으로 최적의 건강 상태를 달성하도록 돕는 것을 의미한다. 간호학에서 젠더 혁신을 도입함으로써 보다 포괄적이고 과학적인 간호 실무가 가능해질 것이다. 이는 환자의 건강과 복지에 기여할 뿐만 아니라 간호학의 학문적 깊이를 더하고, 간호사와 의료인의 윤리적 책임을 강화하는 데도 긍정적인 영향을 미칠 것이다.

성별과 젠더를 고려한 간호 접근은 단순히 환자 결과를 개선하는 데 그치지 않는다. 이는 간호 연구, 교육, 실무, 정책 개발 등의 분야에서 지속적으로 노력해야 할 핵심 요소이다. 이러한 노력은 간호학이 과학적 근거 기반 실무를 더욱 강화하고, 다양한 건강 요구를 보다 효과적으로 충족할 수 있도록 한다. 이 책의 목적은 성별과 성차가 간호 실무에 미치는 영향을 체계적으로 정리함으로써 간호사와 의료인이 개인 맞춤형 간호를 제공할 수 있도록 돕는 데 있다. 이를 통해 성별과 성차를 고려한 균형 잡힌 간호 접근법의 확립에 기여하고자 한다.

간호학적 적용을 위한 주요 방향

• 성별과 젠더 개념의 정확한 사용 촉진

간호 연구 및 실무에서 성별과 젠더의 개념을 명확히 정의하고 올바르게 사용하는 것을 목표로 한다. 이를 통해 연구의 신뢰성과 실무의 정확성을 높인다.

• 환자 케어와 건강 결과의 개선

성별과 젠더를 고려한 간호 접근은 환자 맞춤형 간호를 가능하게 하며, 이는 궁극적으로 더 나은 환자 케어와 건강 결과로 이어질 것이다.

• 교육 자료로서의 역할 강화

본 책은 간호학에서 젠더 이해의 중요성을 인식시키는 데 필요한 교육 자료로 활용될 수 있다. 이를 통해 현재의 문제점을 파악하고 개선 방향을 도출하는 데 기여할 것이다.

• 정책 및 간호 표준 개발에 활용

간호 정책 및 표준 개발에서 성/젠더 관점을 통합하여 간호학의 발전에 기여한다.

참고문헌

김나영 등 임상영역에서의 성차의학. 2022, 도서출판 대한의학, 서울.

김혜진 외 6명. 신진학자가 여는 기초과학에서의 젠더혁신. 2023, 도서출판 대학의학, 서울.

국민건강보험. 2024 Obesity Fact Sheet(비만병팩트시트 2024). 대한비만학회/ www.kosso.or.kr

백희영, 우수정, 이혜숙. 과학기술 연구개발에서의 젠더혁신 확산방안: 성별특성분석 토대의 젠더혁신 지원정책을 중심으로. 기술혁신학회지. 2017;20(4):989-1,014.

보건복지부. 우리나라 2022년 국가암등록통계.

주혜진, 이수경. 간호대학생의 임상실습 시 성희롱 피해경험, 젠더감수성 및 간호전문직관간의 관계. Journal of the Korea Academia-Industrial cooperation Society. 2022;23(10):361-369.

Alzheimer's Association. Alzheimer's disease facts and figures. Alzheimers Dement. 2021;17(3):327-406.

Blakeman JR, Fillman VM. An analysis of the use of the terms sex and gender in research reported in nursing journals. ANS Adv Nurs Sci. 2022;45(3):E110-E126. https://doi.org/10.1097/ANS.0000000000000402 https://ir.library.illinoisstate.edu/fpnrs/29

Breslau N, Schultz L, Peterson E. Sex differences in depression: a role for preexisting anxiety. Psychiatry Res, 1995;58(1):1-12. https://doi.org/10.1016/0165-1781(95)02765-o

Bryant-Lukosius D, Carter N, Reid K, et al. Innovative nursing roles: The role of gender in shaping professional practice. Int J Nurs Stud. 2017;72:25-34.

Collins PH, Bilge S, Bonilla-Silva E. Intersectionality and health: Exploring the interaction of sex, gender, and other social determinants. Soc Sci Med. 2018;203:46-54.

Collins SM, Reid G. Gut microbiome: Influence of diet and role in disease. J Appl Microbiol. 2016;120(3):412-424.

Eliason MJ. LGBTQ cultures: What health care professionals need to know about sexual and gender diversity. Perm J. 2014;18(4):70-73. https://doi.org/10.7812/TPP/14-174

European Association of Science Editors (EASE). SAGER Guidelines: Sex and Gender Equity in Research. 2016.

Farkouh A, Baumgärtel C, Gottardi R, Hemetsberger M, Czejka M, Kautzky-Willer A. Sex-related differences in drugs with anti-inflammatory properties. J Clin Med. 2021;10:1441. https://doi.org/10.3390/jcm10071441

Gendered Innovations: https://genderedinnovations.stanford.edu

Gillies GE, Pienaar IS, Vohra S, Qamhawi Z. Sex differences in Parkinson's disease. Front Neuroendocrinol. 2014;35(3):370-384.

Hankivsky O, Springer KW. A framework for intersectionality in health research. Health Res Policy Syst. 2014;12:33. https://doi.org/10.1186/1478-4505-12-33

Heidari S, Babor TF, De Castro P, Tort S, Curno M. Sex and gender equity in research: rationale for the SAGER guidelines and recommended use. Res Integr Peer Rev. 2016;1:2. https://doi.org/10.1186/s41073-016-0007-6

Heidari S, Fernandez DG, Coates A, et al. WHO's adoption of SAGER guidelines and GATHER: setting standards for better science with sex and gender in mind. Lancet. 2024;403(10423):226-228. https://doi.org/10.1016/S0140-6736(23)02807-6

https://www.annmurraybrown.com/single-post/sex-and-gender-are-they-the-same-thing

Institute of Medicine; Board on Health Sciences Policy; Committee on Understanding the Biology of Sex and Gender Differences. Exploring the biological contributions to human health: does sex matter? Wizemann TM, Pardue ML, editors. Washington, DC: National Academies Press; 2001. https://doi.org/10.17226/10028.

International Committee of Medical Journal Editors. Recommendations for the conduct, reporting, editing, and publication of scholarly work in medical journals. Updated January 2024 [Internet]. Author; 2024 [cited 2024 Dec 9]. Available from: https://www.icmje.org/icmje-recommendations.pdf

International Society for Gender Medicine: http://www.isogem.eu/

Jolley CE, Peck LP. Diversity, equity, & inclusion policies of national nursing organizations. Online J Issues Nurs. 2022;27(2). Manuscript 2

Kim C. Menopause and diabetes. Current opinion in endocrinology. Diabetes and Obesity. 2012;19(6):512-518.

Kim JI. The importance of integrating gender differences in nursing research. Womens Health Nurs. 2024;30(4): 254-258. https://doi.org/10.4069/whn.2024.12.14

Labaka A, Zamakola A, Arrue M, Arrieta H. Evaluating gender awareness, gender-related health knowledge and patient pain legitimation among nursing students: A quasi-experimental study. Nurse Educ Pract. 2023;72:103790.

Maas AH, Appelman YE. Gender differences in coronary heart disease. Neth Heart J. 2010;18(12):598-602.

Marlene dB, Riki L, Eleanor KLM. Gender sensitivity and experiences of gender in an Australian nursing cohort: A cross-sectional, mixed-methods study. Teach Learn Nurs. 2023;18(3),24-e29, https://doi.org/10.1016/j.teln.2023.02.009

Mayra Buvinic, André Medici, Elisa Fernández, Ana Cristina Torres. Chapter 10 Gender differentials in health in disease control priorities in developing countries. pp. 195-210.

McHugh RK, Votaw VR, Sugarman DE, Greenfield SF. Sex and gender differences in substance use disorders. Clin Psychol Rev. 2018;66:12-23. https://doi.org/10.1016/j.cpr.2017.10.012

Migliore L, Nicolì V, Stoccoro A. Gender Specific Differences in Disease Susceptibility: The Role of Epigenetics. Biomedicines. 2021;9(6):652. https://doi.org/10.3390/biomedicines9060652

Ngo ST, Steyn FJ, McCombe PA. Gender differences in autoimmune disease. Front Neuroendocrinol. 2014;35(3):347-369.

National Academies of Sciences, Engineering, and Medicine; Division of Behavioral and Social Sciences and Education; Committee on National Statistics; Committee on Measuring Sex, Gender Identity, and Sexual Orientation. Measuring sex, gender identity, and sexual orientation. Bates N, Chin M, Becker T, editors. Washington, DC: National Academies Press; 2022. https://doi.org/10.17226/26424.

National Institute of Health Office of Research on Women's Health. Sex & gender: What are sex and gender? And why do they matter in health research? [Internet]. Bethesda (MD): Author; 2022 [cited 2024 Dec 9]. Available from: https://orwh.od.nih.gov/sex-gender

National Institute of Health Office of Research on Women's Health. Sex & gender: Sex & gender in research. [Internet]. Bethesda (MD): Author; 2022 [cited 2024 Dec 9]. Available from: https://orwh.od.nih.gov/sex-gender/orwh-mission-area-sex-gender-in-research

Organization for the Study of Sex Differences: https://www.ossdweb.org/

Phillips SP, Hamberg K. Sex and gender in medical education: A national review. Adv Med Educ Pract. 2016;7:229-241. https://doi.org/10.2147/AMEP.S105298

Polit DF, Beck CT. Nursing Research: Generating and Assessing Evidence for Nursing Practice. 10th ed. Wolters Kluwer. 2017.

Regitz-Zagrosek V, Gebhard C. Gender medicine: effects of sex and gender on cardiovascular disease manifestation and outcomes. Nat Rev Cardiol. 2023;20(4):236-247. https://doi.org/10.1038/s41569-022-00797-4

Ronen Shmilovltz, Michal Itzhaki, Silvia Koton. Associations between gender, sex types and caring behaviors among nurses in mental health. J Psychiatr Ment Health Nurs. 2020 https://doi.org/10.1111/jpm.12694

Shields SA, Diamond LM. Sex and gender in health and medicine: Key issues in the 21st century. Annu Rev Psychol. 2020;71:561-585.

Shi Y, Ma J, Li S, et al. Sex difference in human diseases: mechanistic insights and clinical implications. Sig Transduct Target Ther. 2024;9:238 https://doi.org/10.1038/s41392-024-01929-7

Tramunt B, Smati S, Grandgeorge N, et al. Sex differences in metabolic regulation and diabetes susceptibility. Diabetologia. 2020;63(3):453-461.

Yim Y, Lee JE, Son Y, et al. Long-term trends in the prevalence of cardiovascular-kidneymetabolic syndrome in South Korea, 2011-2021: A representative longitudinal serial study. Lancet Reg Health West Pac. 2025;55:101474. https://doi.org/10.1016/j.lanwpc.2025.101474.

White J, Tannenbaum C, Klinge I, Schiebinger L, Clayton J. The integration of sex and gender considerations into biomedical research: lessons from international funding agencies. J Clin Endocrinol Metab. 2021;106(10):3034-3048. https://doi.org/10.1210/clinem/dgab434

WHO. World health statistics: Monitoring health for the SDGs. Geneva: World Health Organization. 2021.

World Bank. Gender Equity Model (GEM). Washington, DC: World Bank. 2012.

간호사와 성차

강경화 한림대학교 간호대학 간호관리학

요약문

- 젠더 관점에서 직업으로서 간호사를 살펴보면, 여성 간호사가 남성 간호사에 비해 압도적으로 높은 비율로 활동하고 있다. 이러한 직업의 여성화는 역사적, 사회적, 문화적 배경과 경제적, 정치적 요인이 중첩되어 나타난 복합적인 현상으로 현재까지 이어지고 있다.
- 간호사가 직면하고 있는 젠더 관점의 주요 이슈는 의료체계에서의 젠더화된 역할 분업과 직무배치, 저평가된 사회적 지위와 임금, 비가시적인 감정노동, 일-가정 양립과 경력단절, 소수집단인 남성 간호사와 성소수자 간호사, 간호사의 국제적 이동 등이 있다.
- 젠더 관점에서 간호의 변화 방향은 유엔(UN), 국제노동기구(International Labour Organization, ILO), 국제간호조직(International Council of Nurses, ICN) 등 국제기구의 지향점을 함께 공유하고, 돌봄 및 간호 노동에 대한 재평가를 통해 사회적 인식을 개선, 임금격차 해소와 노동환경 변화 등 제도 개선, 젠더 포용문화 정착, 젠더 기반 교육과 연구의 축적 등을 통해 변화를 적용하고 실천해야 의료전문직으로서 사회적 지위와 공정한 대우를 확보할 수 있을 것이다.

서론

인간은 사회적 동물이며, 서로 관계를 맺고 공동체 안에서 사회적 · 문화적 규범과 질서를 지키며 삶을 살아간다. 우리 사회를 구성하는 기본 원리 중 하나가 젠더이다. 젠더(gender)는 사회적 · 문화적으로 내면화된 성별 규범이며, 생물학적 성(sex)과는 다른 의미로 쓰인다. 인간이 소속되어 있는 사회 또는 공동체가 구성원들에게 여성과 남성에게 기대하는 태도, 가치, 행동양식을 학습하게 한 결과 개별 구성원이 갖게 되는 성적 태도나 정체성을 갖게 된다. 그리하여, 우리는 젠더와 성별화된 사회 안에서 여성 또는 남성으로 불리고 행동하며 살고 있다. 즉, 젠더는 사회적 · 문화적으로 만들어진 '성적 차이'로 '사회적 · 문화적 성차(gender differences)'를 의미한다.

우리 사회 일상에 스며들어 성 역할과 규범은 구조화되고 체계화되어 인간이 사회구성원으로서 삶을 살아가는 생애 전 과정에서 영향을 주고 있고, 단순한 성차를 넘어 불평등, 차별, 불이익 등의 문제를 야기하고 있다. 인간에게 '직업'은 개인과 사회를 연결하는 중요한 요소로 생계 수단이자 정체성 형성과 자아실현 도구이며 사회적 역할을 수행하는 길이다.

전통적으로 남성은 공학, 과학, 건설, 군대, 정치 등 신체적 힘, 권력과 리더십, 기술적 사고가 강조되는 분야에 진출하였고, 여성은 교육, 간호, 보육, 서비스, 사회복지 영역 등 감성적 공감과 세심함이 요구되는 분야에 진출하였다. 최근에 젠더에 따른 직업 선택의 양상이 변화하고 있으나 여전히 젠더의 영향을 받고 있다. 전통적으로 간호도 사회적으로 여성성이 강조되었던 분야이다. 이 장에서는 젠더 관점에서 직업으로써 간호사를 성찰하여 이슈들을 점검하고 변화 방향에 논의를 살펴보고자 한다.

1. 간호직의 여성화

세계보건기구(WHO)의 보고서에 따르면, 전 세계 간호직 가운데 여성이 차지하는 비율은 89%로 대부분이 여성이고, 지역별로 간호직 여성의 비율은 서태평양 지역이 95%로 가장 높았고, 아프리카 지역은 76%로 가장 낮았다(표 1).

표 1 WHO 지역별 간호직의 여성 비율

WHO REGION	Number of countries reporting/total	Female (%)	Male (%)
Africa	30/47	76	24
Americas	26/35	87	13
South-East Asia	9/11	89	11
Europe	32/53	89	11
Eastern Mediterranean	11/21	78	22
Western Pacific	24/27	95	5
Global	**132/194**	**89**	**11**

Note: "Nursing personnel" includes nursing professionals and nursing associate professionals.
출처: WHO (2020). State of the World's Nursing 2020: Investing in education, jobs and leadership

우리나라 역시 간호직에 해당하는 간호사와 조산사의 경우, 여성 비율이 매우 높다. 보건복지부에 따르면, 2022년 현재 간호사는 480,925명 가운데 여성이 452,897명으로 94.2%를 차지하며, 조산사는 8,162명 가운데 여성이 8,160명(99.8%)으로 여성의 비율이 상당히 높았다(표 2). 보건복지부가 발표한 간호사 국가시험 응시 및 합격현황 자료에서도 합격한 간호사 가운데 여성의 비율 역시 높은 것으로 나타났다. 2022년 간호사 국가시험 합격자 23,351명 가운데 여성이 19,707명(84.4%)으로 여성 비율이 매우 높은 것을 확인하였다(표 3). 즉, 우리나라는 미래에도 간호직은 여성 비율이 상당히 높은 직업이라는 특성을 갖는다.

표 2 우리나라 간호사와 조산사 면허자 수

(단위: 명)

연도	간호사			조산사		
	계	여	남	계	여	남
2012	295,254	290,084	5,170	8,528	8,524	4
2013	307,797	301,603	6,194	8,422	8,418	4
2014	323,041	315,615	7,426	8,382	8,379	3
2015	338,629	329,862	8,767	8,387	8,384	3
2016	355,772	345,281	10,491	8,328	8,326	2
2017	374,990	362,386	12,604	8,297	8,295	2
2018	394,662	379,730	14,932	8,266	8,264	2
2019	414,983	397,235	17,748	8,247	8,245	2
2020	436,340	415,424	20,916	8,220	8,218	2
2021	457,849	433,439	24,410	8,194	8,192	2
2022	480,925	452,897	28,028	8,162	8,160	2

주: 사망자 제외
출처: 보건복지부, 「2012~2023 보건복지통계연보」

표 3 우리나라 간호사 국가시험 응시 및 합격현황

(단위: 명)

연도	접수인원	응시인원	합격인원			합격률(%)
			합계	여	남	
2011	13,516	13,357	12,518	11,681	837	93.7
2013	13,966	13,795	13,061	12,031	1,030	94.7
2015	16,436	16,274	15,735	14,372	1,363	96.7
2017	20,362	20,178	19,467	17,334	2,133	96.5
2018	20,874	20,724	19,923	17,581	2,342	96.1
2019	21,516	21,377	20,622	17,781	2,841	96.5
2020	22,596	22,422	21,571	18,395	3,176	96.2
2021	23,064	22,901	21,726	18,226	3,500	94.9
2022	24,367	24,150	23,351	19,707	3,644	96.7

출처: 한국보건의료인국가시험원, 「2011~2022 응시자 및 취득자 현황」

오늘날, 통계 또는 숫자로 확인된 간호직의 여성화 현상은 역사적으로 시간의 흐름 안에서 사회적, 경제적, 문화적 요인이 중첩되어 나타난다. 간호의 기원을 살펴보면, 원시시대 인류의 생존과 함께 본능적으로 행해진 행위인 간호는 가까운 사람 또는 약자를 돕는 정신에서 비롯되었고 '원시시대 어머니(primitive mother)'라는 개념으로 표현되었다. 간호는 가정 안에서 어머니로 대표되는 여성에 의해 자녀 양육과 가족 돌봄 그리고 가사 노동이라는 혼재된 형태로 존재하였다.

근대 의료체계가 정립되기 시작하면서 간호사는 직업으로서 사회화 과정을 거치기 시작한다. 19세기 영국의 빅토리아시대에 종합병원 형태의 의료기관에서 환자를 돌보고 의사의 진료를 보조하는 역할을 담당할 의료 보조 인력을 필요로 하였다. 이 시기는 현대간호의 창시자인 플로렌스 나이팅게일이 영국에 간호학교를 설립하고 체계화된 교육시스템에 의해 간호사를 배출하기 시작한 시기이기도 하다. 전통적으로 누군가를 돌보고 간호하는 행위는 어머니로 대표되는 여성의 역할로 간주되어 왔던 사회적 인식과 의료기관에서 의사와 행정직이 수월하게 통제하고자 하는 요구에 의해 의료 보조 인력으로 여성 간호사를 활용하였다. 우리나라에도 조선시대 의녀제도에 의해 활동했던 여성 의료인이 존재하였는데 독립적인 의료인으로서 역할을 수행하기보다 남성 의사의 보조적 역할을 수행하도록 교육을 받았다. 즉, 근대 영국의 여성 간호사, 조선시대 의녀는 돌봄과 간호 행위가 여성의 역할이라는 사회적 인식과 의료체계 안에서 기능적으로 업무가 분화하면서 남성 중심 사회의 요구에 의해 영향을 받으며 여성 중심의 직업으로 자리를 잡게 되었다고 본다.

과거 간호사는 의료전문직으로서 사회적으로 인정받기보다는 의료보조인력의 이미지가 강했다. 그러나 직업으로 간호사가 분류된 이후 현대에 이르기까지 간호사는 체계적 교육시스템과 인증제도, 국가 면허제도, 전문직단체와 학술단체 설립 등 활동을 활발히 함으로써 사회적으로 인정을 받고 있는 의료전문직이다. 그럼에도 불구하고 간호직의 여성화 그리고 의료체계의 구조적 특성으로 인해 여전히 사회적 저평가, 다양한 형태의 불평등을 경험하고 있다.

2. 젠더 관점의 간호직 이슈

1) 의료체계에서의 젠더화된 역할 분업과 직무 배치

의료체계는 다양한 직종의 사람들이 연결되어 건강, 의료와 관련된 활동을 수행하는 역동적 사회적 공간이다. 의료체계는 젠더화된 역할 분업의 특징을 보이는 대표적인 영역 중에 하나이다. 젠더화된 역할 분업은 의사와 간호사와 같이 타 직종 간에서 나타나기도 하고, 간호직 내에서 나타나기도 한다. 남성 중심의 의사는 질병과 관련하여 진단과 치료에 대한 역할과 이와 관련된 의사결정 권한이 있는 반면, 여성중심의 간호사는 환자에게 돌봄 제공과 정서적 지원 역할을 담당해 왔다. 한편, 간호직 내에서 여성 간호사는 감정노동과 돌봄 역할이 강조되며 소아청소년과, 산부인과, 일반병동에 배치되고, 남성 간호사는 체력적 노동이나 위기관리가 필요한 응급실, 중환자실, 정신과 병동으로 배치되는 경향이 있다.

Witz는 여성 전문직의 사회화 과정을 사회적이고 역사적 맥락에서 분석하였는데 전문직을 남성 중심의 가부장적 사회질서와 연계하여 설명하고 있다. 역사적으로 전문직은 남성 중심의 사회적 권력 구조를 유지하는 수단으로 기능을 하였다. 여성이 전문직으로 진입하는 것을 제한하기 위해 여성의 전문직 진입을 제도적으로 제한하고(exclusion), 여성이 진입하더라도 제한된 역할만을 허용하며(integration), 전문지식과 권한을 남성에게만 귀속시키고(exclusionary closure), 간혹 여성을 허용하더라도 남성 중심의 규칙과 구조를 유지(inclusionary closure)하는 배제 전략을 사용함으로써 여성의 전문성을 축소하고 성별에 의한 권력관계를 강화해 왔다고 비판한다. 앞서 기술한 Witz의 견해는 의료체계에도 적용하여 보았을 때, 병원은 고도로 전문성을 갖춘 분업의 형태, 젠더화된 역할 분업, 의사의 권력, 위계적 질서 등을 특징으로 하는 공간이라는 것이 확인된다.

의료체계에서 젠더화된 역할 분업은 여러 가지 문제점을 일으킨다. 간호사에 대하여 사회적으로 젠더에 대한 고정관념과 편견을 강화시키며 이로 인해 환자와의 관계에서도 신뢰와 소통의 문제 등이 발생할 수 있고, 소속되어 있는 기관 내에서 전문성 및 리더십 발휘, 승진 등에서 차별을 받고 경력개발에 제한을 받을 수 있다. 또한, 간호사는 젠더에 기반한 업무배치로 인해 업무부담, 직무스트레스, 직무불만족 등이 증가하고 소진에 이르게 한다. 이는 결국 의료서비스의 질에도 부정적인 영향을 미친다.

2) 사회적 지위와 임금

간호사는 국제 사회에서 의료전문직으로 인정받기 위해 오랜 기간 노력해 왔다. 간호사가 전문직인가에 대하여 간호사 단체는 전문직의 특성을 들어 전문직이라 선언한다. 미국간호협회는 '간호사의 사회적 정책선언: 전문직의 본질'에서 간호는 근거에 기반하여 환자안전과 간호의 질을 보장하기 위해 전문적 간호활동의 범위, 실무 표준, 간호윤리강령, 면허제도 등 제도적 정책과 절차를 기반으로 자기결정권을 가진 전문직이라고 선언하였다(American Nurses Association, 2010). 우리나라의 간호학은 이론에 기반한 특화된 지식체계를 갖추었고, 간호사를 양성하기 위한 교육체계, 정부가 관리하는 간호사 면허제도, 간호 행위의 본질은 돌봄으로 직업적 이타성을 확보, 대한간호협회의 전문직 윤리강령 제정과 공포 등, 전문직의 특성을 갖추었다고 평가한다. 그러나 간호행위의 본질은 '돌봄'이고 젠더화된 역할 분업의 특성을 가진 간호사의 사회적 지위나 전문성은 남성 중심의 직업에 비해 상대적으로 낮게 평가되고 있다.

직업에 대한 사회적 가치 평가는 노동의 대가로 지불받는 임금소득에도 영향을 미친다. 최근 여성의 학력수준이 상승하고, 사회 진출이 확대되고 있으나 성별에 따른 임금 격차가 지속적으로 나타나고 있다. OECD 회원국의 2021년 성별 임금 격차는 평균 여성이 남성보다 12.1% 적게 받았다. OECD 회원국 가운데 임금 격차가 가장 큰 우리나라는 여성이 남성에 비해 31.1% 적게 받는 것으로 나타났다(e-나라지표, 2024). 2008년 글로벌 금융위기 이후, 돌봄 노동에 대한 사회적 수요가 확대되어 보건 · 사회복지서비스업에 여성들의 진출이 눈에 띄게 늘어났다. 돌봄노동의 확대는 경제체제를 돌봄경제로 전환시키는 동인이 되기도 한다. 우리나라 각 산업별 성별에 따른 임금격차는 표 4와 같이 2023년의 경우, 전체 산업 평균 여성이 남성에 비해 73.7%로 낮았고, 간호사가 속해 있는 보건 · 사회복지업은 여성이 남성에 비해 82.2%로 낮은 것으로 나타났다.

표 4 우리나라 산업별 여성근로자 시간당 임금 및 임금 성비

(단위: 원, %)

산업별	2021년 8월		2022년 8월		2023년 8월	
	여성	임금 성비	여성	임금 성비	여성	임금 성비
전체	13,218	72.0	14,012	72.6	14,822	73.7
A 농업, 임업 및 어업	7,079	54.8	9,199	69.0	9,835	68.6
B 광업	14,839	104.7	23,014	128.3	28,422	150.8
C 제조업	13,815	69.2	14,275	68.1	15,057	68.2
D 전기, 가스, 증기 및 공기조절 공급업	14,698	51.8	18,041	61.0	19,016	67.8
E 수도, 하수 및 폐기물 처리, 원료 재생업	13,271	77.5	16,667	96.2	17,084	91.3
F 건설업	15,232	91.9	15,187	84.9	16,680	90.2
G 도매 및 소매업	11,992	73.4	12,960	76.0	13,954	76.9
H 운수 및 창고업	13,137	81.4	14,351	84.5	16,413	94.1
I 숙박 및 음식점업	9,512	84.1	10,411	86.0	11,072	84.4
J 정보통신업	15,511	65.7	17,143	71.5	18,648	74.5
K 금융 및 보험업	18,238	68.0	19,293	68.0	20,099	69.8
L 부동산업	12,997	89.5	12,823	78.7	13,250	79.4
M 전문, 과학 및 기술 서비스업	16,550	67.0	18,222	68.6	18,607	67.3
N 사업시설 관리, 사업 지원 및 임대 서비스업	11,210	80.5	11,913	81.2	13,028	83.8
O 공공행정, 국방 및 사회보장 행정	13,609	67.1	14,831	73.7	15,497	74.6
P 교육 서비스업	16,583	76.5	17,127	75.6	18,034	79.7
Q 보건업 및 사회복지 서비스업	12,159	78.9	12,854	81.4	13,672	82.2
R 예술, 스포츠 및 여가관련 서비스업	13,195	96.8	12,771	86.2	13,658	82.9
S 협회 및 단체, 수리 및 기타 개인 서비스업	11,471	82.9	12,096	83.8	12,049	80.4
T 가구 내 고용활동 및 달리 분류되지 않은 자가소비 생산활동	8,566	99.4	9,287	80.7	9,112	132.0
U 국제 및 외국기관	13,743	65.2	-	-	15,764	75.9

주: 시간당임금 = $\frac{\text{(월평균임금)}}{\text{(주평균근로시간)} \div 7 \times 365 \div 12}$, 임금성비 = $\frac{\text{(여성시간당임금)}}{\text{(남성시간당임금)}} \times 100$

출처: 통계청, 「경제활동인구조사」(근로형태별 부가조사) 원자료 분석, 각 연도.

한편, 여성들의 전문직 진출이 활성화되고 있는데 우리나라의 경우, 보건 · 사회복지업에 진출한 여성 전문가는 전문직 전체 대비 비중이 2015년 현재 39.1%에 달했다. 보건 · 사회복지업에 종사하는 전문직은 간호사, 영양사, 보건의료관련종사자, 사회복지관련 종사자 및 교육 전문가 등으로 전형적인 여성 중심 직업으로 종사자의 95% 이상이 여성이었다. 전문직의 성별 임금격차는 전체 평균 2015년 남성 대비 여성의 임금은 60.3%로 낮았고, 직종별로 여성 보건 · 사회복지 전문가 직종이 가장 낮았다.

의료전문직에 해당하는 간호사와 의사의 임금은 OECD 26개 국가에 대한 자료를 확인할 수 있었고, 한국은 해당 자료가 보고되지 않았다. 멕시코는 근로자 평균 임금 대비 간호사가 2.08배의 임금을 받고 있어 가장 높았고, 가장 적은 국가는 라트비아로 평균 임금의 0.78배의 임금을 받았다. OECD 평균은 1.13배로, 간호사 임금이 전체 근로자의 평균 임금보다 높았다. 봉직 전문의 임금 대비 간호사 임금은 OECD 평균 0.43(2010년)–0.47배(2020년)였고 한국의 경우는 0.29(2010년)–0.27배(2020년)였다. 종합해 보면, 간호사는 여성 중심의 직업이라는 이유로 '돌봄 노동'의 가치를 과소평가받아 다른 전문직에 비해 임금이 낮게 책정되는 경향이 있다(그림 1, 그림 2, 표 5).

그림 1 OECD 국가 연도별 의사(전문의) 임금소득 (단위: 1인당 US$ PPP)

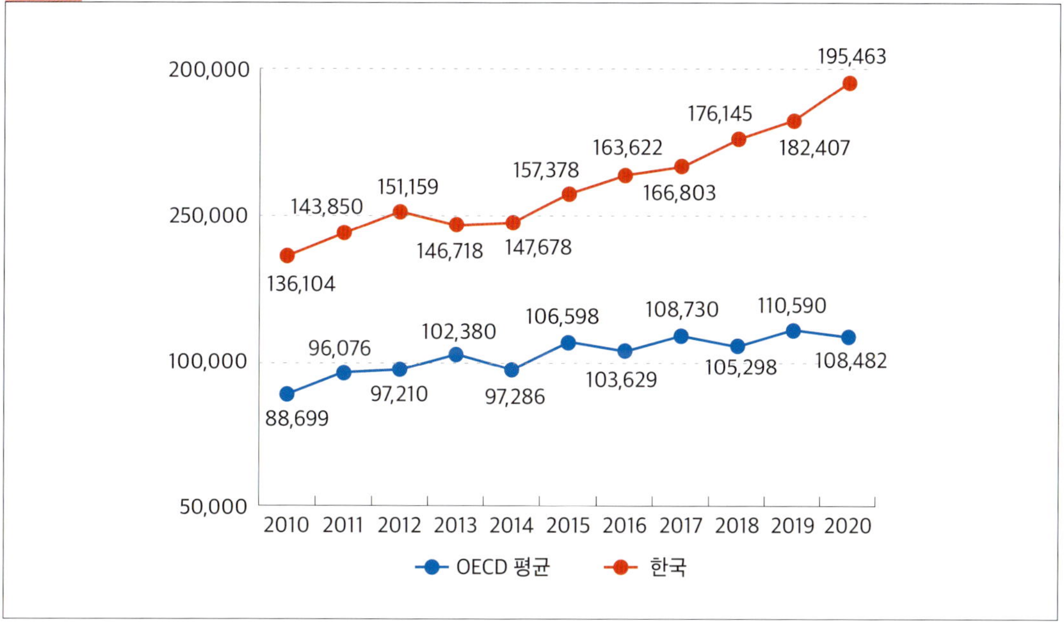

주 1) 전문의 중 봉직의 기준 임금소득 추이임
2) 2010-2019년 OECD 평균은 당해 연도 통계가 있는 회원국들의 평균이며 국가 수는 연도마다 상이함
3) 2020년 OECD 평균은 2020년(혹은 인접 과거 연도) 통계가 있는 30개국의 평균임
출처: OECD (2022) Health Statistics

그림 2 **OECD국가 연도별 간호사 임금소득**

(단위: 1인당 US$ PPP)

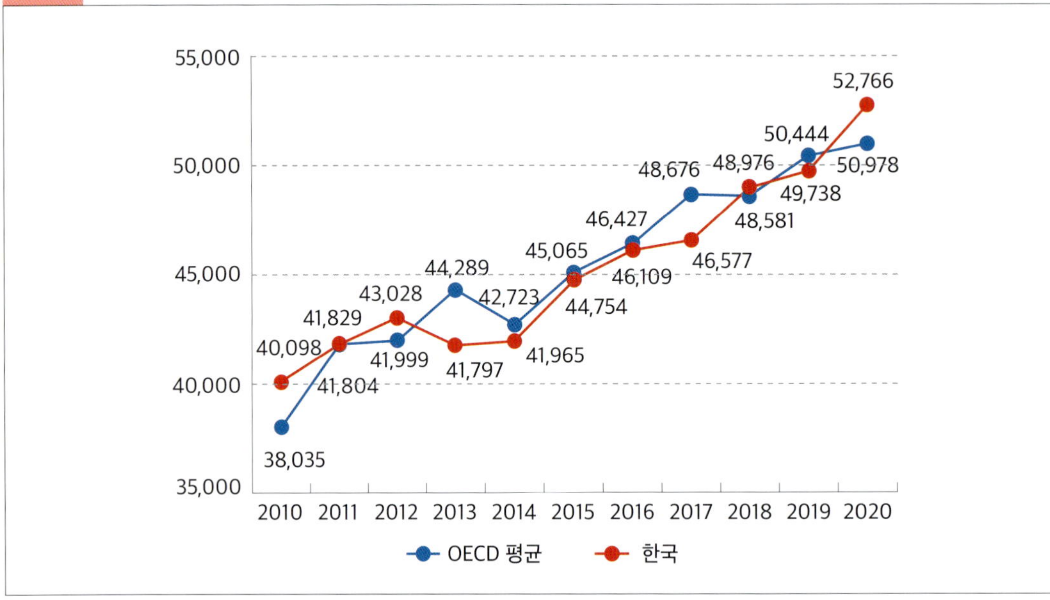

주 1) 2010-2019년 OECD 평균은 당해 연도 통계가 있는 회원국들의 평균이며 국가 수는 연도마다 상이함
2) 2020년 OECD 평균은 2020년(혹은 인접 과거 연도) 통계가 있는 35개국의 평균임
출처: OECD (2022) Health Statistics

표 5 **OECD 회원국과 한국의 의사-간호사의 임금소득**

(단위: 1인당 US$ PPP)

연도	OECD 회원국			한국		
	의사 임금소득	간호사 임금소득	간호사/의사 임금소득 비율	의사 임금소득	간호사 임금소득	간호사/의사 임금소득 비율
2010년	88,699	38,035	0.43	136,104	40,098	0.29
2011년	96,076	41,804	0.44	143,850	41,829	0.29
2012년	97,210	41,999	0.43	151,159	43.028	0.28
2013년	102,380	44,289	0.43	146,718	41,797	0.28
2014년	97,286	42,723	0.44	147,678	41,965	0.28
2015년	106,598	45,065	0.42	157,378	44,754	0.28
2016년	103,629	46,427	0.45	163,622	46,109	0.28
2017년	108,730	48,676	0.45	166,803	46,577	0.28
2018년	105,298	48,976	0.47	176,145	48,581	0.28
2019년	110,510	50,444	0.46	182,407	49,738	0.27
2020년	108,428	50,978	0.47	195,463	52,766	0.27

* OECD data를 재구성함

3) 비가시적인 감정노동

감정노동은 직무를 수행하는 과정에서 실제로 느끼는 감정 대신 사회적으로 요구되는 적절한 감정을 표현해야 하는 노동을 의미한다. 간호사는 환자와 직접 대면하여 상호작용하며, 친절, 미소, 인내심, 배려, 보살핌과 같은 여성적 특질이 노동과정에 강조된다. 1990년대 병원산업에서 의료기관 간 경쟁이 심화되고, 기업의 경영기법이 병원운영에 도입되면서 병원은 간호사에게 전통적으로 수행해 왔던 간호노동에 부가적으로 감정을 통제하여 환자를 만족시키고 고객과의 관계를 잘 유지할 것을 요구하였다.

간호사에게 여성적 특질을 강조한 감정노동은 특정 감정이 노동요소가 되는 형태로 구조화되었다. 이러한 노동과정에서 노동자는 본인의 감정과 상품화된 감정과의 괴리감으로 인해 감정소외를 경험하고, 강해진 노동강도로 인해 소진된다. 즉, 간호사에게 강요된 감정노동은 간호행위의 일부가 되었으나 가치는 제대로 평가받지 못하고 그들의 정신건강에 부정적 영향을 미친다.

4) 일-가정 양립과 경력단절

일-가정 양립(work-family balance)은 개인이 직장에서 업무와 가정에서의 역할을 균형 있게 수행하는 것을 의미한다. 그런데 여성이 다수인 간호사의 경우, 교대근무와 야간근무, 결혼과 출산, 육아부담, 가족 돌봄 등의 상황이 발생했을 때 직장을 그만두지 않는 한 일-가정을 병행하기가 매우 어려운 상황이다.

우리나라 활동간호사의 평균연령은 2020년 기준 36.2세이고, 경력 5년 미만 간호사의 이직률이 전체 이직의 약 80%로 일-가정 양립의 어려움으로 경력단절에 처하게 된다. 이는 간호실무에 숙련된 간호사가 간호실무를 떠나게 된다는 문제로써 간호대상자인 환자안전에도 부정적인 영향을 미친다.

5) 남성 간호사

남성 간호사의 유입으로 전통적인 여성 중심의 간호실무에 간호인력 수급이 다양화되고 업무분야가 확대되는 등 적지 않은 변화가 생겨났다. 여성 중심의 직업으로 인식된 시대에 간호사가 노동과정에서 여성적 특성을 사회적, 구조적으로 강요받아 왔다면, 간호직 내에서 소수인 남성 간호사는 노동과정에서 다수 여성 간호사에 의해 소외되고 사회적으로 다양한 양상의 편견과 마주하게 된다. 앞서 성별에 따른 직무배치에서 남성 간호사는 '강인함'이나 '문제 해결 능력'과 같은 전통적인 남성성을 기대하며 중환자실(ICU), 응급실, 정신과 등 육체적 노동이 많은 부서로 배치되는 경향이 있음을 기술하였다. 뿐만 아니라 남성 간호사는 사회적 편견, 직장 내 역할 갈등과 성적 차별, 직장 내 소수자로서 고립감 등을 경험한다.

6) 성소수자 간호사

성소수자(LGBTQ+)는 사회에서 다수가 아닌 성적 지향 및 성별 정체성을 지닌 사람들로 자신의 정체성으로 인해서 기본적으로 보장되어야 하는 '일할 권리'를 누리지 못하거나 일을 하기 위해 자신의 정체성을 숨기며 살아간다. 보건의료 종사자 가운데 성소수자인 레즈비언, 게이, 양성애자, 트랜스젠더, 퀴어[lesbian, gay, bisexual, transgender, queer (LGBTQ)]를 대상으로 진행한 연구에서 성소수자의 인권이 보호되어야 함에도 불구하고 그들의 직장에서 성소수자들은 환자와 동료로부터 지속적으로 차별적 공격을 경험하였고, 차별과 공격은 조직문화에 의해 강화되며 전문성을 제한한다고 보고하였다. 우리나라 국가인권위원회(2014)의 성적 지향 및 성별 정체성에 따른 차별 실태조사에 따르면, 동성애자의 27%, 트랜스젠더의 53%가 채용 과정에서 법적 성별과 다른 성별표현(외모, 복장, 행동)을 이유로 부정적인 평가를 받은 경험이 있고, 채용 이후에도 동성애자의 44%, 트랜스젠더의 64%는 직장에서 한 가지 이상의 차별 및 괴롭힘을 경험한 것으로 보고되었으며, 동성애자의 14%, 트랜스젠더의 16%는 자신의 성소수자 정체성으로 인해서 해고나 권고사직을 당한 경험이 있는 것으로 나타났다. 우리나라에서 성소수자 간호사를 대상으로 진행한 연구는 찾기 어려워 직장 내에서 경험하는 차별과 배제 등에 대한 구체적 상황을 파악하기 어려우나 여성성이 강한 간호직 내에서 성적 지향 및 성별 정체성으로 인해 이중의 고통을 감내하고 있을 것이다.

7) 간호사의 국제 이동

WHO(2020)의 '세계간호 2020'에 따르면, 전 세계에 약 2,790만 명의 간호인력이 있으며, 이 가운데 약 370만 명의 간호사(8명 중 1명)가 본인이 태어나고 교육받은 나라가 아닌 다른 국가에서 활동하고 있다. 간호사의 국제 이동의 주요 원인은 국가 간 임금 차이, 노동환경 차이, 그리고 전문성 강화와 경력 개발의 기회 등이다. 대체로 간호사의 이동은 아시아에서 유럽, 북미, 오세아니아로 이동한다.

전 세계적으로 간호사는 부족한 실정이다. 미국, 영국, 캐나다, 호주 등과 같은 선진국은 부족한 간호인력 확보를 위해 외국 간호사를 적극 유치하고 있다. 선진국으로 이동한 간호사는 상대적으로 높은 임금과 안전한 노동환경에서 근무하게 되고, 경력개발의 기회를 얻기도 한다. 그러나 개발도상국의 경우에는 자국의 간호사가 선진국으로 이동함으로써 간호사 부족의 고충을 겪고 결과적으로 의료서비스의 질이 저하된다. 그러므로 간호사의 국제적 이동은 글로벌 의료 인력의 수급 불균형, 이동한 간호사에게는 높은 임금과 전문성 개발의 기회가 주어진다. 따라서, 의료체계에 긍정적인 영향과 부정적인 영향을 동시에 미치고 있다.

3. 젠더 관점에서 변화 방향

젠더혁신 관점에서 간호직에 대한 논의를 시작할 때, 유엔(UN), 국제노동기구(International Labour Organization, ILO), 국제간호조직(International Council of Nurses, ICN) 등 국제기구의 지향점을 확인하는 것이 중요하다.

유엔(UN)은 2015년 총회에서 발표한 '2030 지속가능한 발전 목표(SDGs)' 중 5번 목표는 '성평등 달성과 여성역량 강화'였고, 세부 목표는 다음과 같다. SDGs는 전 세계 국가 단위의 큰 지향점으로 모든 사회구성원은 함께 해나가야 한다(표 6).

표 6 '2030 지속가능한 발전 목표(SDGs)' 중 5번째 세부 목표

5.1	여성 및 여아에 대한 모든 형태의 차별을 모든 곳에서 없앤다.
5.2	인신매매, 성착취 및 기타 유형의 착취를 포함하여, 공적 및 사적 영역에서 여성과 여아에 대한 모든 형태의 폭력을 철폐한다.
5.3	조혼, 아동·강제결혼 및 여성할례와 같은 모든 악습을 철폐한다.
5.4	국가별 상황에 맞춰 공공서비스, 사회기반시설, 사회보장정책 및 가정 내 공동의 책임 도모를 통해 무급 돌봄과 가사 노동에 가치를 부여하고 중요성을 인식한다.
5.5	정치, 경제, 공공부문 등 모든 차원의 의사결정 과정에 여성의 완전하고 효과적인 참여와 리더십에 대한 동등한 기회를 보장한다.
5.6	[국제인구개발회의 행동계획], [베이징행동강령] 및 검토회의의 결과 문서에 따라 합의된 대로, 성·생식 보건과 재생산권에 대한 보편적 접근을 보장한다.
5.a	여성에게 경제적 자원에 대한 권리와 더불어 토지 및 기타 유형의 자산·금융서비스·유산·천연자원에 대한 오너십과 통제권 접근에 대한 평등한 권리가 부여될 수 있도록 국내법에 따라 개혁을 시행한다.
5.b	여성의 역량 강화 촉진을 위한 구현기술, 특히 정보통신기술(ICT)의 활용을 확대한다.
5.c	모든 수준에서 여성과 여아의 역량 강화 및 성평등 촉진을 위한 견고한 정책과 시행가능한 법안을 채택하고 강화한다.

국제노동기구(International Labour Organization, ILO)는 성평등(gender equality)을 중요한 핵심가치로 하고 다음의 목표와 방향을 제시한다(표 7).

표 7 국제노동기구(International Labour Organization, ILO)의 성평등 관련 목표와 방향

1. 양질의 일자리 창출과 동등한 기회 보장
2. 성별 임금격차 해소
3. 젠더 기반 폭력 및 괴롭힘 근절: ILO협약 190조
4. 돌봄 노동 및 일-가정 양립 지원
5. 여성의 리더십과 대표성 확대

국제간호협의회(International Council of Nurses, ICN)는 간호사가 전통적으로 여성주도 직업으로 다른 직업군에 비해 사회적으로 저평가되고 낮은 임금을 받고 있어 이를 해소하기 위해 간호사의 간호행위에 대한 경제적 가치를 재평가할 것을 전 세계에 촉구하고 있고, 간호사 리더십 참여 확대를 위한 프로그램 제공과 캠페인 활동, 미래 사회의 돌봄의 가치를 강조, 간호사가 경험하고 있는 성차별 및 젠더 폭력으로부터 안전한 노동환경을 조성하도록 지침과 교육을 제공하고 있다.

간호사는 돌봄시대 필수 핵심적 인력임에도 불구하고 여전히 여성 중심 직업으로 사회적으로 인식되고 사회와 직장에서 젠더 불평등과 다양한 형태의 차별을 경험한다. 간호사의 직업적 활동에 대한 가치가 재평가되어 의료전문직으로서 사회적 지위와 공정한 대우를 받을 수 있도록 아래와 같은 변화를 시도해야 한다.

표 8 젠더 관점에서 간호의 변화 방향

1. 사회적 인식 :
   - 간호를 "여성의 본능적 역할"이 아닌 의료전문직으로 인식하도록 대중 교육과 홍보
   - 돌봄 및 간호 노동에 대한 재평가
2. 정책적 지원 :
   - 동일 노동에 대한 동일 임금(equal pay for equal work)을 보장
   - 전문직 간 임금격차 및 성별 임금격차 해소
   - 간호사의 노동환경 개선 : 젠더 기반 차별 감소를 위한 제도
평등한 승진제도와 의사결정 제도 변화
직무배치의 공정성 확보
   - 일-가정 양립 지원
3. 조직문화 :
   - 성에 대한 고정관념 변화
   - 소수자인 남성 간호사와 성소수자 간호사에 대한 포용 문화
   - 소수자인 남성 간호사와 성소수자 간호사들이 경험을 공유하고 네트워크를 구축할 수 있도록 멘토링 및 지원
4. 교육과 연구 :
   - 간호학 교육과정에서 성 다양성과 성평등의 중요성을 강조
   - 간호학 교육과정에 다양한 주체의 참여
   - 젠더 관점에서 간호사와 간호활동에 관한 연구 축적

간호학적 적용

역사적으로 간호사는 보건의료 영역에서 사회가 요구하는 헌신과 기대에 부응하며, 꾸준히 독자적인 활동 영역 확보를 위한 노력도 해왔다. 간호는 간호사와 간호대상자 관계에서 상호작용이라는 과정을 통해 실천되는 행위이다. 이 과정에서 간호사는 간호대상자를 옹호하는 것을 다른 것보다 우선하여 중시하며, 때때로 자신을 소홀히 하거나 소외시켜 왔다. 일상, 전쟁, 팬데믹 등과 같은 상황에서 이러한 헌신과 희생적 태도와 실천으로 우리 사회에서 전문직으로서 일정 정도 인정을 받게 되었다. 그러나 간호사가 일하고 있는 병원, 지역사회 등 다양한 공간에는 의료인이라는 특수성을 추가하여 젠더 성차에 의한 위계문화, 역할 분업과 차별, 자율성 제한 등이 존재한다. 이로 인해 간호사의 활동은 가치가 저평가되어 있고, 자율성에 제한을 받고 있어 의료전문직으로서 성장에 제한을 받고 있다.

따라서, 젠더관점에서 나타난 이슈들을 성찰하고 국제 사회의 변화된 환경에 부합하는 젠더혁신이 간호학 분야에도 중요한 의미를 갖는다.

참고문헌

강성례, 이혜경. 30대 기혼 여성간호사의 노동과 소진경험에 관한 현상학적 연구. 여성학논집. 2012;29(1):41-78.

김미영. 간호사의 일-가정 양립: 젠더 관점. Journal of Korean Academy Nursing Administration. 2012:18(1):87-95.

김지선, 윤효정, 신윤정, 성소수자의 직업 경험에 관한 주제 문헌 분석 연구(Scoping Review): 2017년도 이후 국외 문헌을 중심으로. 진로교육연구. 2022;35(3):29-65. https://doi.org/10.32341/JCER.2022.9.35.3.29

구미영, 이재경, 천재영, 박수경, 김진석, 최경숙, 이정민. 돌봄노동의 사회적 가치에 대한 해외정책사례 연구: 노인요양보호사를 중심으로. 연구보고서(수시과제)-7, 2018. 한국여성정책연구원.

마희경, 박미선, 김정혜, 추지현, 김경희, 문희영. 성평등 정책 환경 진단 및 정책 추진 방향연구. 연구보고서(수시과제)-4, 2023. 한국여성정책연구원.

박건. 간호노동을 둘러싼 사회적 담론과 사회적 배제구조: 위계화된 병원 공간과 간호노동의 사회적 가치평가를 중심으로. 의료와 사회. 2020;10:116-132.

박건. 젠더와 간호노동. 의료와 사회. 2018;9:6-18.

이혜진. 경력직 남자간호사의 경험에 대한 내러티브 탐구. 질적 연구. 2023;24(1):45-57.

장금성 외. 최신간호학개론, 2021. 서울: 현문사.

지표누리 e-나라지표 https://www.index.go.kr/unity/potal/main/EachDtlPageDetail.do?idx_cd=2714

최희선, 최근의 여성 전문직 증가와 노동시장 성과. ISSUE PAPER 2017-420, 2017. 산업연구원

홍경진, 조성현. OECD 국가의 간호인력 현황과 한국 간호인력의 특성 분석. Perspectives in Nursing Science. 2017;14(2):55-63. https://doi.org/10.16952/pns.2017.14.2.55

American Nurses Association. Nursing's social policy statement: The essence of the profession. Nursesbooks.org. 2010.

Bizzeth SR, Beagan BL. Ah, it's best not to mention that here: Experiences of LGBTQ+ health professionals in (heteronormative) workplaces in Canada. Front Sociol. 2023;8:1138628. https://doi.org/10.3389/fsoc.2023.1138628. eCollection 2023.

Cho MK, Kim CG, Mo HJ. Influence of interpersonal relation and job stress on nursing performance of male nurses. Journal of Muscle and Joint Health. 2015;22(3):195-204.

Delgado C, Upton D, Ranse K, Furness T, Foster K. Nurses' resilience and the emotional labour of nursing work: An integrative review of empirical literature. Int J Nurs Stud. 2017;70:71-88.

Frith H, Kitzinger C, et al. Emotion work' as a participant resource: A feminist analysis of young women's talk-in-interaction. Sociology. 1998;32(2):299-320. https://doi.org/10.1177/003803859803200

Hakim C. Key issues in women's work: Female heterogeneity and the polarisation of women's employment. Atlantic Highlands, 1996. NJ: Athlone.

Hochschild AR. The managed heart: Commercialization of human feeling, 1983. Berkeley, CA: University of California Press.

OECD http://www.oecd.org/health/health-data.htm

Porter S. Women in a woman's job: the gendered experience of nurses. Sociol Health Illn. 1992;14(4):510-527.

Witz A. Professions and patriarchy. 1992. Routledge: Lond.

WHO. State of the World's Nursing 2020: Investing in education, jobs and leadership, 2020.

02 PART

생물학적 관점에서의 성차

유전과 성차

김연정 경희대학교 간호과학대학 기초간호과학

요약문

- 인간의 생물학적 특성은 유전과 환경의 상호작용에 의해 형성되며, 성차는 본질적인 생물학적 특성을 이루는 중요한 요인 중 하나이며, 유전적 요인과 호르몬 작용을 포함한 생물학적 요소뿐만 아니라, 환경적 요인과 사회문화적 요인의 복합적 결과로 나타난다.
- 유전은 성별에 따른 생물학적 차이를 결정하는 중요한 요소로 작용한다. 단순히 성염색체(X, Y)의 차이뿐만 아니라, 유전자 발현과 조절 메커니즘 또한 성차를 형성하는 데 크게 기여한다.
- 성별차이에 따른 대표적인 문제는 X와 Y 성염색체 차이, 성염색체에 의한 유전자 발현의 차이, 염색체 불균형, 유전질환에 의한 것이 있다.
- 성차와 유전 간의 관계를 이해하는 것은 성별에 따른 생물학을 포함하여 전인적 인간이해를 기반으로 맞춤형 간호 전략을 개발하는 데 핵심적인 역할을 한다.

서론

유전(genetics)이란 부모로부터 자식에게 특성이 전달되는 과정(heredity)을 의미하고, 이 특성은 유전자(gene)라는 유전 정보를 담고 있는 물질을 통해 전달된다. 유전은 생물의 성장, 발달, 외모, 성격, 그리고 심지어 질병에 이르기까지 다양한 특성에 영향을 미치게 된다.

유전은 두 가지 방식으로 전달되는데, 상염색체 유전(autosomal inheritance)과 성염색체 유전(sex-linked inheritance) 방식이 있다. 상염색체 유전은 눈 색깔이나 키, 성격, 체력과 같은 일반적 특성뿐 아니라 질병에 대한 감수성 및 면역 반응, 치유능력과 같은 건강관련 성향 등을 포함하여 매우 다양한 형질을 전달한다. 성염색체 유전은 성염색체, 즉 X 또는 Y 염색체에 위치한 유전자가 자식에게 전달되는 방식이다. 각 염색체에 위치하는 유전자들의 종류가 다르고, 남성은 X 염색체 하나, 여성은 X 염색체 두 개가 있으므로, 성별에 따라 유전되는 질병이나 특성의 차이가 발생할 수 있다.

성별에 따른 유전적 차이는 X와 Y 염색체 같은 성염색체의 차이, 색맹이나 혈우병 같은 성염색체 유전질환, 유전자 발현정도에서 나타난다. 그리고 또 하나는 염색체 불균형이 있다. 즉 X 염색체가 두 개인 여성과 달리 남성은 X 염색체가 하나뿐이어서 보완이 불가능하므로 남성에게 더 많이 발생하거나 더 심각한 성특이적 유전질환이 있다. 그러나 실제로 자세히 들여다보면 성별에 따라 염색체, 유전자, 후성유전학적 차이가 남성과 여성 사이의 생물학적, 병태생리적, 정신사회적 표현형에서의 큰 간극과 매우 정밀하고, 밀접하게 관여되어 있음을 알 수가 있다.

이에 본 장에서는 성차와 유전의 상호작용에 대해 알아보고, 이를 통해 생물학적 다양성의 이해를 바탕으로 간호학에서의 학문적, 임상적 역량을 확장하고자 한다.

1. X 염색체, Y 염색체와 관련질환

여성은 한 쌍의 X 염색체(46, XX)를 가지고 있고, 남성은 하나의 X 염색체와 하나의 Y 염색체(46, XY)를 가지고 있으며, 23번째 염색체 쌍인 X와 Y라는 성염색체로 성별이 구별된다. Y 염색체는 X 염색체의 3분의 1 크기 정도밖에 되지 않으며, 크기가 다른 만큼 담고 있는 유전자 수에도 차이가 있다. X 염색체는 1,400개 이상의 유전자를 저장하고 있지만 Y 염색체에는 200개 정도의 유전자만 담고 있다. 아래의 그림 1에서 초록색 점들은 유전자를 의미한다. X와 Y 염색체에는 너무 많은 유전자가 존재하기 때문에, 이 책에서는 대표적인 유전자와 그에 따른 질환들을 소개하고자 한다.

그림 1 A) X 염색체의 유전자 지도, B) Y 염색체의 유전자 지도

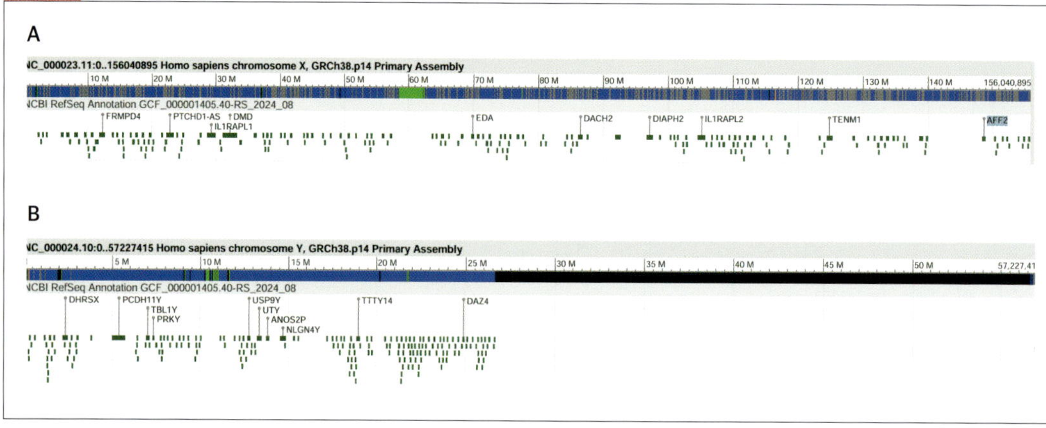

출처: https://www.ncbi.nlm.nih.gov/gdv/browser/genome/?id=GCF_000001405.40

1) Y 염색체

(1) Y 염색체의 부계유전

Y 염색체(그림 2)는 엄격히 부계유전되며, 감수분열 동안 Y 염색체 전체 길이의 약 95%가 X-Y 교차가 일어나지 않는다. 염색체 단완의 말단 영역에서만 유전자 재조합 과정이 활발히 일어난다. 따라서 아들이 가진 Y 염색체는 아버지 것과 완전히 같으며 교차가 거의 일어나지 않기 때문에 변이가 사라지거나 교환되지 않고 계속 축적된다. 조상의 Y 염색체 위에 돌연변이가 일어나면 그 후손은 모두 같은 돌연변이를 가지게 된다. 이러한 유전 패턴을 통해 여러 세대에 걸쳐 직접적인 부계 혈통을 추적하기도 한다. 다양한 개인의 Y 염색체를 분석함으로써 복잡한 가계도를 구축하고 특정 혈통의 역사를 밝힐 수 있다.

그림 2 Y 염색체

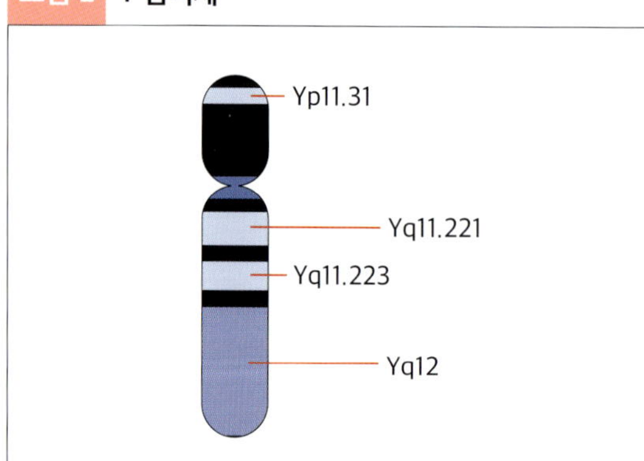

출처: https://commons.wikimedia.org/wiki/File:Chromosome_Y.svg

(2) Y 염색체의 유전질환

• SRY 유전자와 스와이어 증후군

스와이어 증후군(Swyer syndrome)은 XY 염색체를 가진 남성이 생식선 발달에 문제가 발생하는 질환으로 외형적으로 여성적인 특징이 강하기 때문에, 여아로 자라게 되며 여성 정체성을 갖게 된다. 약 80,000명 중 1명에게 발생하며 부모로부터 유전은 드물고 유전자의 새로운 변이로 인해 발생하는데 환자의 15%에서 SRY(sex-determining Region Y) 결함이 발견되었다.

SRY 유전자는 Y 염색체 단완의 끝부분에 위치하며 남성적 특성 발달에 중요한 역할을 한다. SRY 유전자 결함이 생기면, 태아의 고환이 발달하지 않으며 XY의 핵형이 있어도 여성의 성적 특징을 갖게 된다. 그래서 이들은 정상적인 고환 발달이 이루어지지 않고 여성 외부 생식기를 가지며 일부는 기능하지 않는 여성 내부 생식 구조(자궁과 나팔관)를 갖는 경우도 있다. 치료는 호르몬 대체 요법을 적용하는데 이들은 호르몬을 생성하는 난소가 없어서 사춘기 초기부터 호르몬 요법을 통해 유방과 자궁을 발달시킨다.

• AZF 영역과 Y 염색체 불임

Y 염색체 불임(Y chromosome infertility)은 정자 생성에 영향을 미쳐 남성 불임을 유발하는 질환으로 AZF(azoospermia factor) 영역의 유전자 결손으로 인해 발생한다. 이 유전자 결손은 정상적인 정자 세포 발달에 필요한 단백질생산을 못 하게 한다. 결과적으로 성숙한 정자 세포를 전혀 생성하지 못하거나(무정자증, azoospermia) 정상보다 적은 수의 정자 세포를 생성(과소정자증, oligospermia)하게 된다. 이 질환과 관련된 다른 증상은 없다. Y 염색체 불임은 일반적으로 유전되지 않지만, 의학 기술의 도움으로 아들을 낳을 경우, 아들도 Y 염색체 불임을 겪게 된다.

2) X 염색체

X 염색체(그림 3)는 크기가 크고, 900-1,400개 정도로 추정되는 많은 유전자를 포함하고 있다. 여성은 두 개의 X 염색체를 가지고 있고 남성은 하나만 가졌기 때문에 X-연관 유전은 남녀간 발현의 차이가 난다. 이러한 차이로 인해 남성은 X 염색체의 돌연변이 유전자에 대해 반접합자(hemizygous)로, 여성보다 심각한 표현형을 가지게 된다. 여성이 남성보다 X 염색체를 1개 더 가지고 있다고 해서 X-연관 유전자에 의해 암호화되는 단백질의 양이 두 배인 것은 아니다. 그 이유는 단백질의 균형을 맞추기 위해 '유전자 용량 보상(gene dosage compensation)'이 유도되는 X 염색체 불활성화 때문이다.

배아발생 초기에 두 개의 X 염색체 중 하나가 무작위로 불활성화되며, 체세포 분열 시 각각의 딸세포로 계승이 되는 것을 X 염색체 비활성화인 라이온화(lyonization)라고 한다.

라이온화는 X-연관 유전의 돌연변이 표현형의 발현 정도를 결정하는 중요한 요인이다. 여성의 경우 X-연관 유전자가 각 세포에 무작위로 활성화되어 모자이크 형태로 발현된다. X 염색체 불활성화는 배아발생 단계에 무작위적으로 선택되고, 클론(clonal, patches) 형식으로 나타난다.

이론적으로 라이온화는 무작위로 발생하며, 여성이 가진 두 개의 X 염색체 발현은 1:1로 나타난다. 그러나 특정 조건에서 X 염색체 비활성화는 편향되어 나타날 수 있고, 이형접합의 여성에서 정상 대립유전자의 X 염색체가 비활성화되는 비율이 높으면, 임상증상은 더 심하게 나타날 수 있다.

그림 3 X 염색체

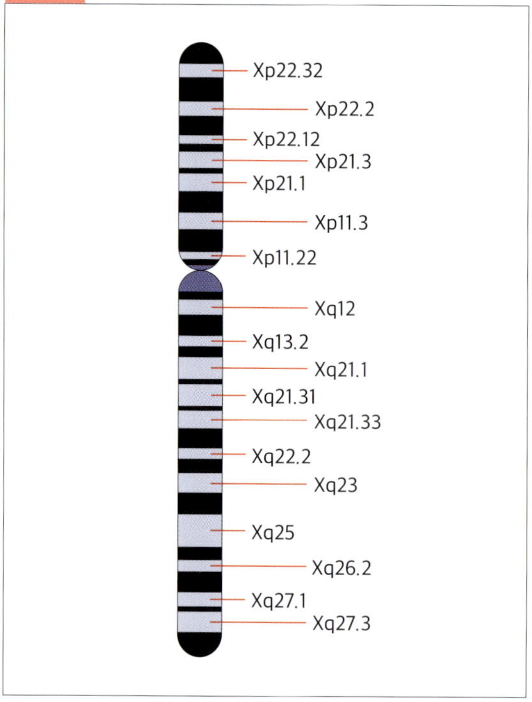

출처: https://commons.wikimedia.org/wiki/File:Chromosome_X.svg

(1) X 염색체의 유전방식

성염색체유전(sex-linked inheritance, 반성유전)은 해당 유전자가 성염색체(X 또는 Y 염색체) 자리에 있어 나타나며, 일반적으로 X 염색체에 위치한 유전질환을 의미한다. 이는 상염색체 유전과 다른 유전방식을 나타낸다. X 염색체 유전의 몇 가지 중요한 원칙이 있다. 아들에게 나타나는 X 염색체 이상은 어머니에게서 기인한다. 상염색체 형질과 마찬가지로 X-연관 유전은 열성이거나 우성일 수 있다. 만약, 가족력이 없는 X-연관 유전질환의 남성 환자인 경우, 수정 단계에서부터 난자에서 새로운 돌연변이가 발생하여 질환이 발생했을 가능성이 있고, 어머니가 돌연변이 유전자를 갖고 있지만 무증상일 가능성도 있다. 이 경우 돌연변이 발생은 어머니에서 시작했을 수 있고, 이전 세대에서 시작되었을 수도 있다. 가족 내에서 새로운 X-연관 돌연변이가 발생한 남성 환자의 경우, 어머니가 보인자일 확률이 2/3, 남성에서 새로운 돌연변이가 나타났을 확률이 1/3 정도이다.

- **X-연관 열성 유전(X-linked Recessive Inheritance)**

X-연관 열성 유전은 일반적으로 여성보다 남성에서 심각하게 발현되는 특징을 가진다. X-연관 열성 유전은 발현을 위한 역치(threshold)로 인해 이형접합인 여성에서 거의 발현되지 않지만, 남성에서 완전히 발현되어 증상이 나타난다. X-연관 열성 유전질환은 일반적으로 여성에서 증상이 나타나지 않지만, 간혹 증상이 나타나는 경우도 있다.

- **X-연관 우성 유전(X-linked Dominant Inheritance)**

X-연관 우성 유전은 남성과 여성이 모두 환자가 될 수 있다. 성별과 관계없이 동일한 빈도로 유전된다. 일반적으로 이형접합 여성에서 다양한 표현형을 보이고, 반접합체(hemizygous)인 남성에서 임상증상이 더욱 심각하게 나타나며 생존하여 태어나지 못할 수 있다.

(2) X 염색체의 유전질환

① F8, F9 유전자와 혈우병 A, B

혈우병은 X 염색체 열성 유전질환으로 응고인자 결핍으로 인한 출혈성 질환이다. 혈우병 A (hemophilia A)는 X 염색체 장완의 말단에 있는 F8 유전자의 돌연변이로 인해 혈액응고인자 VIII 결핍으로 나타난다. 혈우병 B(hemophilia B)는 X 염색체 F8 유전자 아래에 있는 F9 유전자에 돌연변이가 생겨 혈액응고인자 IX가 부족하게 되어 발생한다. 혈우병 A가 10,000명 중 1명, 혈우병 B는 30,000-50,000명 중 1명 비율로 발생한다.

X 염색체 열성 유전이기 때문에 대부분 남성에게서 발생하며, 원인이 되는 유전자는 어머니에게서 온다. 여성의 경우에는 유전자에 이상이 있어도 정상 X 염색체를 갖기 때문에 증상이 거의 나타나지 않는다(그림 4).

그림 4 혈우병의 유전

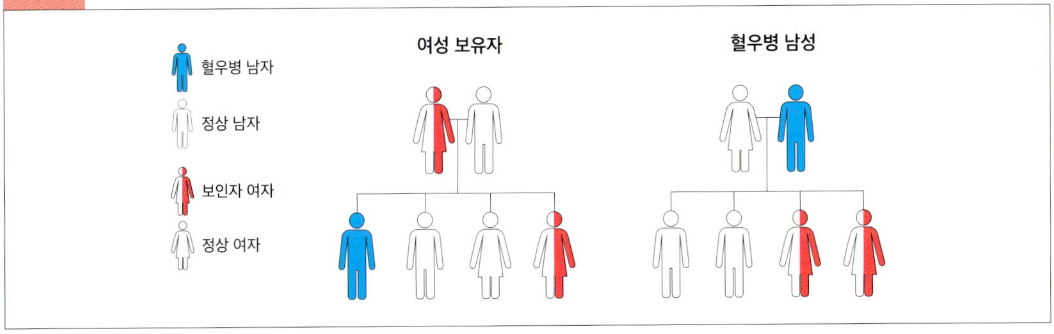

출처: 건강관리협회

② DMD 유전자와 듀센형 근이영양증

듀센형 근이영양증(Duchenne muscular dystrophy, DMD)은 X 염색체 단완(Xp21.2)에 위치한 DMD 유전자의 결함으로 발생하는 X 염색체 열성유전질환이다. 이 유전자는 79개의 엑손(exon)을 가진 가장 긴 유전자로, 디스트로핀(dystrophin)이라는 단백질을 만든다. 이 단백질은 주로 운동에 사용되는 근육(골격근)과 심장(심장) 근육에 있다. DMD 유전자의 돌연변이 형태는 다양하며 환자 대부분이 남성이며, 여성은 보인자다. 출생 남아 2,500명 중 1명 비율로 발생한다.

듀센형 근이영양증은 근육 및 근막을 유지하는 단백질의 선천적 결핍으로 인해 시간이 지남에 따라 근육조직이 파괴되는 질환이다. 가워스 징후는 그림 5와 같은 등반성 기립을 말하며 듀센형 근이영양증 환자에게 나타나는 특징적인 움직임이다. 듀센형 근이영양증은 근이영양증 중 50-80%를 차지하는 유형으로 예후가 좋지 않다.

그림 5 듀센형 근이영양증의 증상

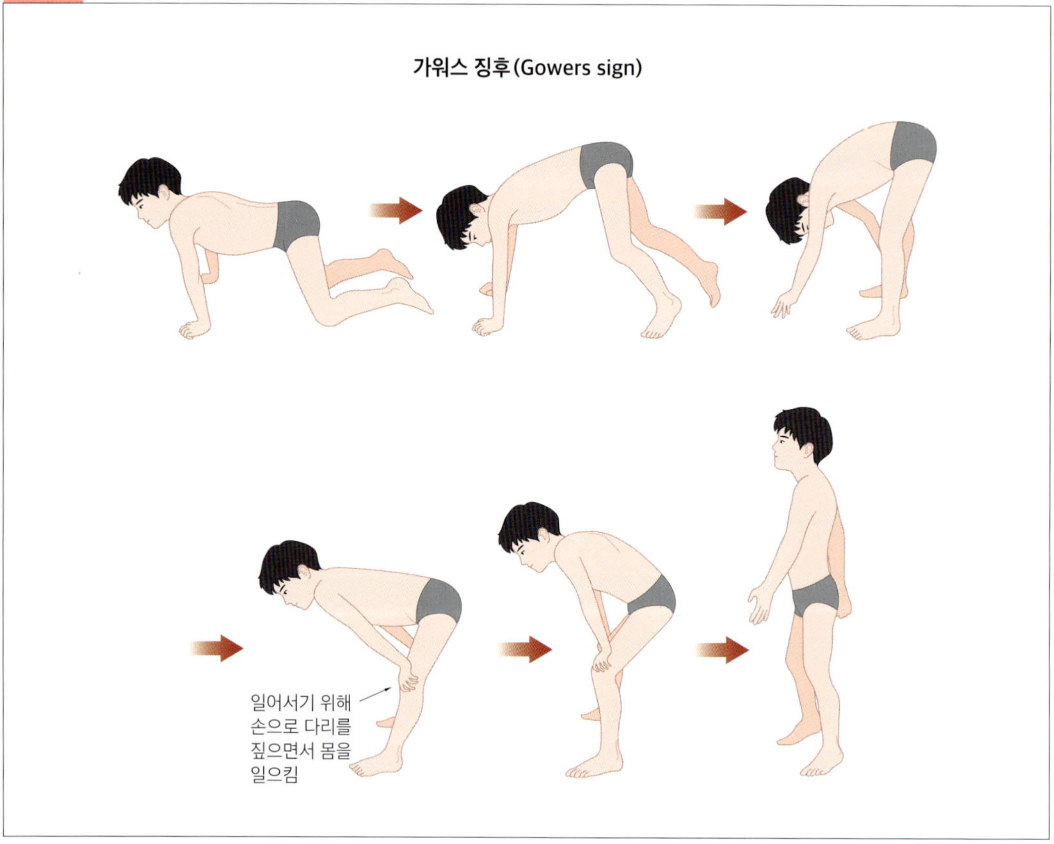

③ FMR-1 유전자와 취약성 X 증후군

X 염색체에 있는 FMR-1 유전자는 FMRP(Fragile X messenger ribonucleoprotein)라는 단백질을 만들며, 뇌, 고환, 난소를 포함한 많은 조직에 존재한다. 특히, 뇌에서는 시냅스 발달에 중요한 역할을 할 수 있으며, 학습과 기억에 중요한 시냅스 가소성을 조절하는 데 도움이 될 수 있다.

취약성 X 증후군(fragile X syndrome)은 FMR-1 유전자의 CGG의 3핵산 반복(trinucleotide repeat)이 비정상적으로 증가함으로써 FMRP 단백질이 부족해져 발생하게 된다(그림 6). FMR-1 유전자의 CGG 3핵산 반복 수는 일반인의 경우 6-44회로 유지되나 취약성 X 증후군에서는 이 3핵산 반복이 200회 이상으로 증가해 있다. 남아 2,000명 중 1명 비율로 나타나며 지능 저하 남성의 약 30%, 여성의 약 10%에서 이 증후군이 발견된다.

그림 6 취약성 X 증후군의 염색체 이상

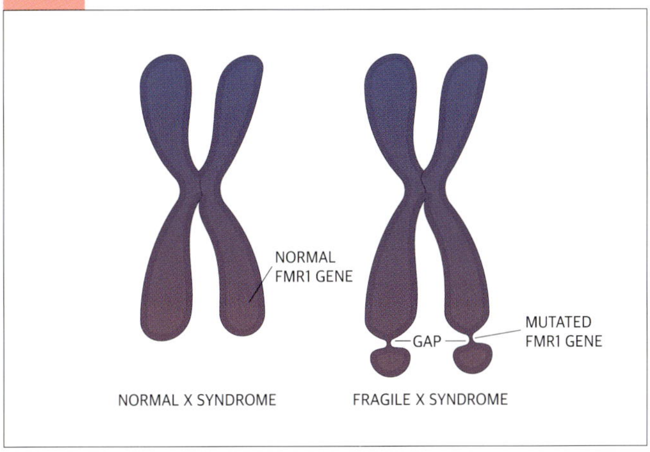

④ MECP2 유전자와 레트 증후군

레트 증후군(rett syndrome)은 1983년 처음으로 보고된 신경발달장애 질환이다. 원인은 X 염색체 장완(Xq28)에 있는 메틸-CpG 결합 단백질 2(MECP2) 유전자의 돌연변이다. MECP2 유전자는 MeCP2라는 단백질을 만들며, 이 단백질은 유전자 활성(발현)을 조절하는 데 관여한다. MeCP2 단백질은 몸 전체의 세포에 존재하지만, 특히 신경 세포에 많이 있으면서 정상적인 뇌 기능 특히 시냅스를 유지하는 역할을 한다. 레트 증후군은 X 염색체 우성 유전되기 때문에 이상을 가진 남아는 출생 시 사망하게 되고, 여아에게서만 관찰된다. 10,000-15,000명 중 1명으로 발병하며, 발생빈도가 비교적 높은 증후군이다.

MECP2 유전자에 돌연변이가 생기게 되면, 뇌의 특정 영역에서 정상적 발달에 필요한 요소들이 부족해지게 된다. 이는 감각, 감정 운동신경 및 자율신경 기능 발달에 영향을 미치는데, 영아기(early infancy)에는 뇌의 발달에 이 요소들이 필요해지기 전이기 때문에 정상적으로 발달하는 것처럼 보이지만, 일부분이 발달 미성숙으로 남게 된다. 따라서 유아기에서는 증상이 모호하지만, 청소년기에는 다른 장애에서도 이차적으로 나타날 수 있는 증상들이 나타나 오진하기 쉽다. 특히, 유아자폐증으로 오진하는 경우가 많은데, 유아자폐증의 경우 음성적(언어적) 퇴행을 보이기는 하나, 운동기능의 퇴행은 보이지 않는다. 레트 증후군에서는 두 가지 모두 동시적 퇴행이 나타난다.

⑤ ABCD1 유전자와 부신백질이영양증

부신백질이영양증(adrenoleukodystrophy, ALD)은 부신백질이영양증 '로렌조 오일'병으로도 알려져 있는데, X 염색체의 장완(Xq28)에 있는 ABCD1(ATP bindging cassette transporter superfamily D member1) 유전자의 결함으로 ALD 단백질 합성에 장애가 생겨 나타나는 질환이다.

ALD 단백질은 과산화소체(peroxisomes)의 막에 위치하며 VLCFA(very long chain fatty acids)라고 하는 지방 그룹을 과산화소체로 가져와 분해하는 역할을 한다. ALD 단백질 합성에 장애가 생기면, VLCFA가 분해되지 않아 VLCFA가 부신피질과 신경계 백질에 축적되어 증상이 나타나게 된다. 이는 싱염색체 열성질환으로, 주로 남사에서 증상이 나타나며 여성은 보인자이거나 남자에 비해 증상이 약하게 나타난다. 주 증상에는 청력/청각 기능장애, 실어증 및 실행증, 의사소통 불가, 시력 장애 및 실명, 수의운동 소실, 배뇨장애 등이 있다(그림 7).

그림 7 부신백질이영양증의 발생기전

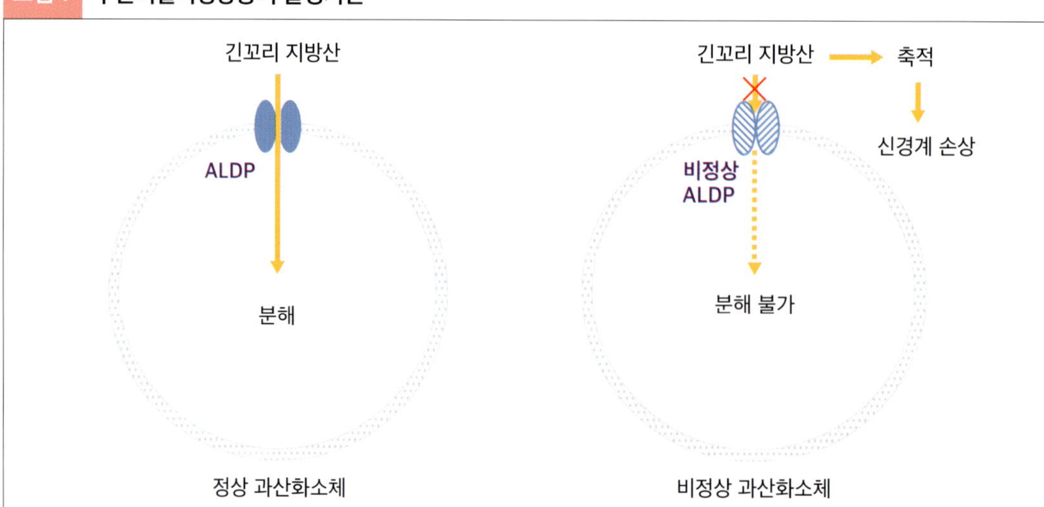

출처: 충남대학교병원(http://webzine.cnuh.co.kr/2020/06/sec1/info2)

⑥ EDA 유전자와 외배엽 이형성증

외배엽 이형성증(ectodermal dysplasia, ED) 유전자는 ectodysplasin A(EDA)라는 단백질을 만든다. 이 단백질은 외배엽(ectoderm)과 중배엽(mesoderm)의 두 배아 세포층 사이의 상호작용에 중요한 역할을 하며, 외배엽-중배엽 상호작용은 피부, 머리카락, 손톱, 치아 및 땀샘을 포함하여 외배엽에서 발생하는 여러 구조의 형성에 필수적이다(그림 8). 외배엽 이형성증은 선천적으로 외배엽으로 형성되는 구조에서 두 가지 이상의 결함이 나타나는 유전질환인데, 그 중에서도 성염색체 연관 외배엽 이형성(X-linked hypohidrotic ED)으로, X 염색체의 장완(Xq11-21.1)에 있는 EDA 유전자 돌연변이로 인해 발생한다. 이 질환은 X 염색체 열성 유전이기 때문에 90% 이상이 남아에서 발현된다.

그림 8 외배엽의 발달

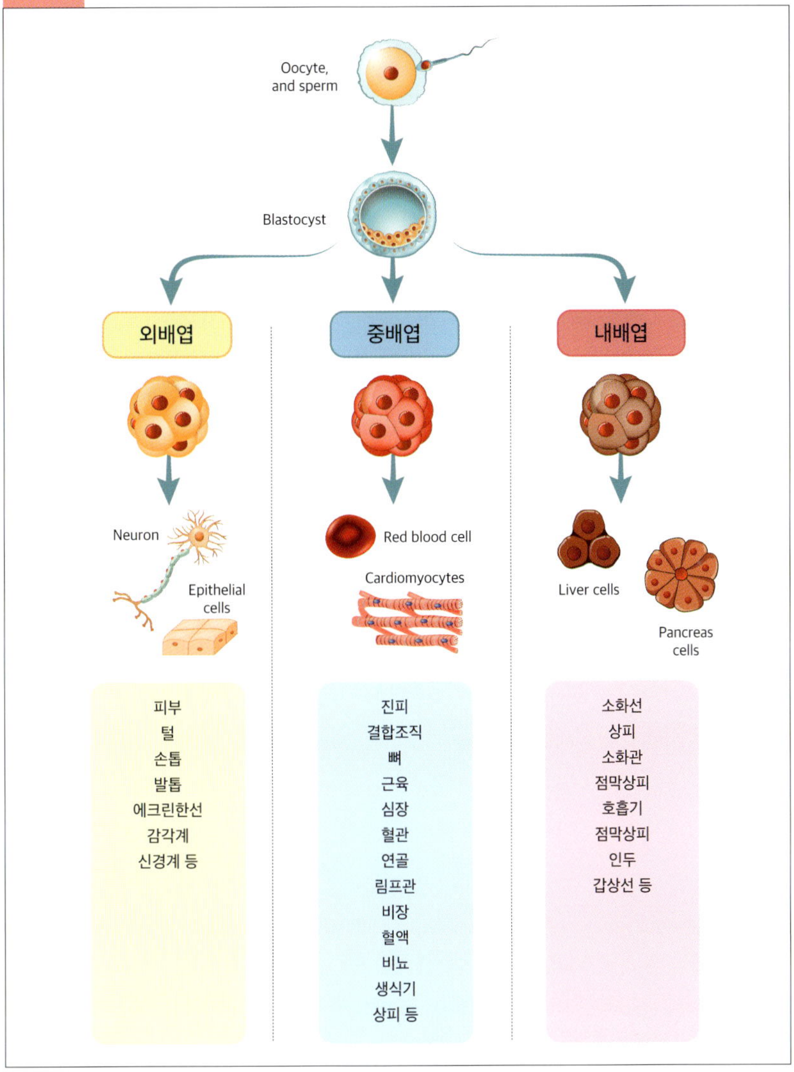

2. X, Y 염색체 질환

염색체 질환은 단일 유전자의 변화가 아니라 염색체 수준에서의 변화로, 그 염색체에 포함된 많은 유전자의 수가 많아지거나 손실됨으로써 발생하는 질환이다. 염색체 질환은 남성이나 여성의 감수분열 시기에 비분리현상으로 나타나게 된다.

1) 남성

(1) XYY 증후군

XYY 증후군(double Y syndrome)은 남성에서 존재하는 성염색체인 Y 염색체가 한 개 더 추가된 것으로 이중 Y 증후군이라고도 한다. 아버지의 생식세포 감수분열 시, Y 염색체의 비분리현상으로 인해 나타나게 된다. XXY 남성 중 96%가 겉으로 보기에 정상적으로 알려져 있으며, 출생 빈도는 남아 1,000명당 1명으로서 흔한 염색체 이상 질환 중 하나이다.

예전에는 Y 염색체가 하나 더 있어서 심각한 성격 문제를 일으키고 폭력 범죄를 일으킬 위험이 있다고 생각하였으나, 추가 연구들에 따르면 정상인보다 범죄 빈도가 높지만 대부분 비폭력적인 사소한 범죄들이라고 한다. 성장이 빨라서 대부분 큰 신장을 가지며 이차 성징의 발달에도 문제가 없고 임신도 가능하다. 지적 장애는 나타나지 않지만 말하는 것이나 읽기 등의 언어적 문제가 흔한 편이다. 따로 치료 방법은 없으며 증상에 따른 사회적인 방법이나 교육을 적용하는 추이다.

(2) XXY 증후군

XXY 증후군은 클라인펠터 증후군(Klinefelter's syndrome)이라고도 하며, 남아가 추가적인 X 염색체를 가짐으로써 야기된다. 남아의 1,000명 중 1명 정도로 흔하게 볼 수 있으며 산모의 연령 증가와도 관련이 있다.

XXY 증후군 환자들은 사춘기에 수염 성장은 드문 편이며 고환이 발달하지 않아 작고 단단하며, 무정자증, 불임증, 체모와 얼굴 털의 감소, 성욕 감퇴 등의 증상을 보인다. 이들은 매우 긴 팔과 다리, 큰 손과 발을 가지며 여성형 유방이 관찰된다. 또한 10%에서 지능 장애가 나타나며 학습이 늦은 편이다.

2) 여성

(1) 터너 증후군

터너 증후군(Turner's syndrome)은 XX 또는 XY의 형태로 정상적으로 존재해야 하는 성염색체가 X 단일 염색체(45, X) 또는 X 부분 단일 염색체로 변경되어 발생하는 질환이다. 결핍된 X

염색체는 80% 이상이 남성의 생식세포로 인한 것으로 알려져 있다. 염색체가 45, X일 경우 유산되는 빈도가 높으며 여 신생아 중 2,500명 중 1명의 확률로 태어난다.

출생 시 터너 증후군 여아는 손상된 림프액 흐름으로 인해 야기되는 손과 발의 팽창을 제외하면 정상인 것처럼 보이지만, 유년기를 거치면서 터너 증후군의 특징적인 증상들이 보이기 시작한다. 넓은 유두, 뾰족해진 손톱, 뒷목 피부의 접힘, 짧은 신장, 숱이 적은 체모 등과 같은 모습이 보인다. 또한, 터너 증후군 환자의 절반 정도가 내이의 고리 모양 결함으로 인해 청력 손상과 잦은 귀 염증이 보인다. 성인기가 되어서도 체모의 숱이 적고 배란과 월경을 하지 않으며 가슴도 발달하지 않는다. 공감각 능력이 필요한 수학 문제를 푸는 데 어려움을 겪는 일부 학습장애가 나타나기도 하지만 지능은 정상으로 지적장애는 드물게 나타난다.

터너 증후군 환자 대부분은 난소부전증이 발생하여 13-15세경에 에스트로겐 여성호르몬을 투여하여 성장 발육을 촉진하고 월경을 하도록 유도한다. 월경 시작 이후로는 에스트로겐과 프로게스테론 여성호르몬으로 일생 동안 계속 치료하며 정상적인 성인 여자와 같이 월경하도록 치료한다. 이 외에도 선천성 신장 기형, 선천성 심장 기형 등의 선천성 기형이 나타날 수 있어 정밀 검사 후 치료해야 한다.

(2) XXX 증후군

XXX 증후군(triple X syndrome)은 X 염색체가 3개 존재하는 성염색체 이상 질환으로 정상 성염색체보다 X 염색체를 하나씩 더 가지고 있다. 어머니의 감수분열 시기나 아버지의 두 번째 감수 분열시기에 비분리가 일어나서 유발된다. 발생 빈도는 여아 1,200명당 1명으로, 가장 흔하게 나타나는 염색체 질환 중 하나다.

X 염색체의 불활성화로 증상이 적게 나타나지만, 15-20%는 약간의 지적장애를 보인다. 이들은 키가 크고 마른 체형을 보이며 월경 불순의 증상이 있다. 하지만 환자의 75%는 임신이 가능하다.

근본적인 치료는 할 수 없으나 각 증상에 따른 치료는 가능하다. 거의 정상이기 때문에 특별한 차이는 없으나, 일부 조기폐경이 관찰되어 조기에 임신을 권하고 있다.

3. 성관련 유전자

X 염색체와 Y 염색체로 성별이 구분되기는 하지만, 일부 유전자들도 배아 발달 시기에 성을 결정하는 데 기여한다, 여기서 성을 결정하는 일부 유전자들을 소개한다. 또한 성별 발달에 중요한 역할을 하는 성호르몬과 관련된 유전자들도 같이 소개한다.

1) 성결정 유전자

- SRY(Sex-determining Region Y) 유전자는 Y 염색체에 있으며, 성별 결정에 중요한 역할을 한다. 주로 남성 발달에 관련된 유전자로, 고환의 발달을 유도하고 자궁과 나팔관의 발달을 막는다. SRY 유전자가 활성화되면 남성 성별로 발달한다. 또한, Y 염색체를 갖고 있다고 하더라도 SRY 유전자가 없다면 여성의 특징을 갖게 된다.
- WT1(Wilms' Tumor 1) 유전자는 11번 염색체에 존재하며, 출생 전에 신장과 생식선의 발달에 필요한 단백질을 조절한다. 여성의 경우 난소 발달에, 남성의 경우 고환 발달에 중요한 역할을 한다. 하지만 출생 후에 WT1 유전자는 신장의 사구체의 구조 조절의 역할이 제한된다. WT1 유전자로 발현되는 WT1 단백질은 전사 인자로서 세포 성장, 세포 분화 및 세포의 자가포식(세포 사멸)에 관여한다. 이 유전자는 Y 염색체의 SRY 유전자와 함께 성별 결정에 중요한 역할을 한다.
- SOX9(SRY-box transcription factor 9) 유전자는 17번 염색체에 있으며, 배아 발달 중에 필요한 단백질을 만들며, 특히 출생 전 성별 결정에 중요한 역할을 한다. SOX9 단백질은 전사 인자로서 골격 발달과 성 결정을 제어하는 유전자의 활동을 조절한다. 성 분화 동안 남성에서는 증가하고 여성 생식기 구조에서는 감소되는 양상을 보인다.
- NR5A1(Nuclear receptor subfamily 5 group A member 1) 유전자는 스테로이드 생성 인자 1이라고 하는 전사 인자를 생성한다. 스테로이드 생성 인자 1은 생식선(난소 및 고환)과 부신의 발달과 관련된 여러 유전자의 활동을 조절한다. 이 유전자에 변이가 생길 경우, 생식선과 부신의 형성에 이상이 생긴다.
- DMRT1(Doublesex and mab-3 related transcription factor 1) 유전자는 9번 염색체에 있으며, 인류 초창기부터 보존된 성별 결정 경로의 구성 요소인 DNA 결합 모티프(DM domain)를 가지고 있다. 이 유전자는 생식선 특이적 및 성적으로 이형성 발현 패턴을 나타낸다. 이 유전자에 변이가 생길 경우, 생식선과 부신의 형성 이상이 발생하고, 결함이 있는 고환 발달 및 XY 여성화가 관찰된다.
- NR0B1(Nuclear receptor subfamily 0 group B member 1) 유전자는 X 염색체에 위치하며, DAX1이라는 단백질을 만든다. DAX1 단백질은 부신, 시상하부와 뇌하수체, 난소와 고환의 발달 및 기능 유지에 중요한 역할을 한다. 출생 전에 DAX1 단백질은 이러한 조직의 형성을 지시하는 유전자를 조절하며, 내분비 조직이 형성된 후에는 호르몬 생성을 조절한다.
- WNT4(Wnt family member 4) 유전자는 1번 염색체에 있으며, 출생 전 발달에 중요한 역할을 하는 WNT 유전자 계열에 속한다. 여성 생식계가 발달하는 동안 WNT4 단백질은 뮐러관(배아에서 자궁, 나팔관, 자궁경부 및 질의 상부로 발달하는 구조)의 형성을 조절한다. 또

한 태어나기 전부터 성인이 될 때까지 난소의 발달에 관여하며 난소에서 난자(난모세포)를 발달 및 유지한다. WNT4 단백질은 남성 성호르몬(안드로겐)의 생성을 조절하기도 한다.

4. 후성유전학적 변이와 성차

후성유전학(epigenetics)이란 DNA 염기서열의 변화가 없음에도 유전자 발현의 변화가 자손 세포에 전달되는 유전 현상에 관한 학문이다. 이러한 후성유전은 발생과 분화, X 염색체의 불활성화, 유전자 각인(imprinting)에 중요한 역할을 한다. 후성유전의 대표적인 기전에는 DNA 메틸화(DNA methylation), 히스톤 수정(histone modification), 비코딩 RNA가 있다.

1) DNA 메틸화

DNA 메틸화는 DNA 분자에 메틸기가 부가되는 생물학적 과정 또는 결과를 일컫는 것으로, DNA 염기서열의 변동 없이 DNA 조각의 활성도를 변화시킬 수 있다. DNA 염기서열 4개(A, T, G, C) 중 사이토신(cytocine, C)과 아데닌(adenin, A)이 메틸화된다. DNA 메틸화는 게놈 내로 침입해 온 분자 기생체(molecular parasites)가 전사되지 않게 한다. 분자 기생체가 가지고 있는 프로모터로 인하여 보편적인 전사인자에 의해 분자 기생체 전사가 일어날 수 있기 때문에 DNA 메틸화는 원치 않는 전사를 막아준다. 또한, 게놈 전체에 퍼져 있는 반복 DNA 요소 간에 재조합(recombination)이 일어나지 않도록 하며 게놈의 안정성을 유지한다.

성별에 따라 부모에게 다르게 대우받는 것은 DNA의 후천적 변화에 기여할 수 있다. 성별에 따른 경험의 차이는 DNA 메틸화에 영향을 준다. 특히 생애 초기의 경험이 후성유전학적 변화를 일으킨다. 생애 초기에 어미와 분리된 새끼 설치류는 스트레스 조절 뇌 영역 내에서 성인기에 DNA 메틸화를 감소시키고 유전자 발현을 변화시켰다. 또한 어미가 새끼 쥐를 밟고 무시하는 초기 학대는 학습 및 세포 성장과 관련된 유전자의 DNA 메틸화뿐만 아니라 쥐 전두엽 피질에서 후성유전과 관련 효소의 발현 수준을 변화시켰다. 이와 비슷한 관찰은 인간을 대상으로도 이루어졌다. 보육원에서 자란 아이들은 생물학적 부모가 키운 아이들에 비해 면역 반응, 기분 및 사회적 행동과 관련된 유전자의 DNA 메틸화가 더 높았다. 어린 시절 학대를 경험한 사람들의 피질에서는 카파 오피오이드 수용체 유전자의 하이드록시메틸화 발현이 감소했으며, 이는 초기 학대에 의한 후성유전학적 프로그래밍을 시사한다. 또한, 이 연구는 아기의 성별이 생애 초기의 스트레스에 직면할 가능성에 대해 상당한 영향을 미칠 수 있기 때문에 성별이 뇌에 후성유전학적 흔적을 남기는 가에 관한 질문과도 관련이 있다. 예를 들어 중국에서는 '한 자녀 정책'으로 보육원 내 여아의 성비를 급격히 상승시켰으며, 중국 대기근 기간에 가족들은 제한된 자원을 남아에게 쓰는 것을 선호했다. 이는 한 세대 후 남성과 여성 간의 장애와 문맹 격차로 이어졌다. 생물학적 성별에 따라 아이들을 다르게 대하는 것은 문화적으로 나타날 수 있는 변화이며, 이 시기에 스트레스에 대한 노출이 후성유전을 변화시키고 유전자 발현에 영향을 미치는 것을 인지해야 한다.

2) 히스톤 수정

히스톤 수정은 히스톤 단백질의 특정 아미노산 잔기에 화학적 변형이 일어나는 과정이다. 히스톤 수정에는 메틸화, 아세틸화, 인산화, 유비퀴틴화 등이 있으며, 이러한 변형은 DNA와 히스톤 간의 상호작용을 변화시켜 유전자 발현을 조절한다. 히스톤 수정은 크로마틴 구조를 변화시키고 전사 인자나 다른 단백질들의 접근성을 조절함으로써 유전자 활성화 또는 억제에 중요한 역할을 한다.

히스톤 수정의 발생은 주로 특정 효소들에 의해 매개된다. 예를 들어 히스톤 메틸전이효소(histone methyltransferase, HMT)는 메틸기를 추가하고, 히스톤 아세틸전달효소(histone acetyltransferase, HAT)는 아세틸기를 추가한다. 반대로 히스톤 탈메틸화효소(histone demethlase, HDM)와 히스톤 탈아세틸화효소(histone deacetylase, HDAC)는 이러한 수정을 제거한다. 이 효소들의 활성은 세포 신호 전달 경로, 전사 인자 그리고 환경적 요인 등 다양한 요소들에 의해 조절된다. 히스톤 수정의 패턴은 세포 분열 과징에서 유지되어 후성유전학적 정보를 전달할 수 있으며, 이는 유전자 발현 프로그램의 안정성과 세포 정체성 유지에 중요한 역할을 한다.

설치류를 이용한 외상 후 스트레스 증후군(post-traumatic stress disorder, PTSD)에 관한 연구는 이 히스톤 변화가 성별에 따라 다르게 나타나는 것을 보여준다. PTSD는 여성에게 발병 위험이 두 배 높게 나타나며 남성에 비해 새로운 공포 기억을 발생시키는 경향이 높다. H2A.Z는 공포 기억을 조절하는 표준 히스톤 H2A의 변종으로 공포 연관 기억을 향상시킨다. 실제로 히스톤 변이체 H2A.Z는 암컷 쥐의 해마(hippocampus) CA1 영역에서 수컷보다 결합이 높게 나타났으며, 특히 B2m, Fkbp5, Th 유전자의 프로모터(promoter) 영역에서 암컷의 H2A.Z 결합이 유의미하게 높았다. 그러나 H2A.Z가 제거된 쥐의 경우 수컷에게서만 그 제거가 공포 기억 향상 효과를 보였다. 그러나 스트레스 관련 행동에 관해서는 H2A.Z 제거가 스트레스로 인한 학습 민감화와 통증 반응을 감소시키는 효과는 암컷 쥐에서 두드러지게 나타났다. 이처럼 히스톤 변이체 H2A.Z는 성별에 따라 다르게 작용하며 특히 공포 기억과 스트레스 관련 행동에서 성별 특이적 영향을 미친다. 많은 연구가 남성과 여성의 위험 조절자로서 독특한 분자 요인을 지적하고 있으며, 신경 형태 변화와 같은 다른 요인이 아니더라도 후성유전학적 변화가 분명히 나타나기 때문에 후성유전학적 요인이 이러한 성별 차이에 중요한 원인이 될 수 있다.

3) 비코딩 RNA

비코딩 RNA(non-coding RNA, ncRNA)는 DNA에서 전사되지만, 단백질로 번역되지 않는 기능성 RNA 분자를 말한다. 이는 단백질 코딩 유전자로 여겨지던 유전체의 1% 외에도, 전체 유전체의 약 80%가 실제로 전사되어 생물학적 기능을 수행한다는 ENCODE 프로젝트에 의해 발견되었다. 비코딩 RNA는 크게 길이에 따라 짧은 비코딩 RNA(예: miRNA, siRNA, piRNA)와 긴 비코딩 RNA(lncRNA)로 분류되며, 각각 다양한 세포 과정에 관여한다. 비코딩 RNA의 발생은 유전체 내 특정 영역의 전사 과정을 통해 이루어지며, 이는 단순한 전사 오류가 아닌 의도적인 과정이다. 이 기전은 다양하지만, 주로 유전자 발현 조절에 관여한다. 예를 들어 microRNA는 표적 mRNA의 3'-UTR 영역과 상보적으로 결합해 mRNA의 분해를 촉진하거나 번역을 억제한다. 긴 비코딩 RNA는 크로마틴 구조 변형, 전사 조절, X 염색체 불활성화 등 다양한 후성유전학적 기전에 관여한다. 이러한 비코딩 RNA의 기능은 정상적인 발달 과정뿐만 아니라 암, 신경퇴행성질환 등 다양한 질병의 발병 기전에도 중요한 역할을 하는 것으로 밝혀진다.

비코딩 RNA와 성차에 관한 최근 연구들은 유전자 발현 조절과 성별 특이적 생물학적 과정에 대한 이해를 넓힌다. 다양한 조직과 발달 단계에서 비코딩 RNA의 발현이 성별에 따라 상당한 차이를 보인다는 것이 일관적으로 나타난다. 특히 생식선 발달 과정에서 관찰된 성별 특이적 비코딩 RNA 발현 패턴은 수컷 생식선에서 특정 microRNA와 긴 비코딩 RNA의 발현이 암컷과 다르게 조절되는 것으로 나타났다. 이는 성 결정과 분화 과정에서 비코딩 RNA가 중요한 역할을 할 수 있음을 나타낸다.

골격근과 척수에서의 연구결과는 비코딩 RNA 발현의 성차가 조직 특이적이며 연령에 따라 변할 수 있다는 것을 보여준다. 특히 골격근에서 관찰된 뚜렷한 성차는 근육 관련 질환의 성별 차이를 이해하는 데 중요한 단서가 된다. 더불어 성 스테로이드 호르몬이 실험관(in vitro) 실험에서 긴 비코딩 RNA 발현을 조절하는 결과를 통해 호르몬과 비코딩 RNA의 상호작용을 알 수 있다.

암 연구 분야에서도 비코딩 RNA의 성별 차이가 관찰되었다. 폐 선암, 대장암, 신세포암 환자를 대상으로 한 연구에서 LINC00263이라는 긴 비코딩 RNA의 발현이 여성 환자보다 남성 환자에게서 더 높게 나타났다. 이는 암의 발병과 진행 과정에 있어 성별 특이적 분자 메커니즘이 존재할 수 있음을 암시한다. 태반에서의 miRNA 발현 연구는 태아의 성별에 따라 상당한 수의 miRNA가 차별적으로 발현되는 것이 나타났다. 이는 태아 발달 과정에서 성별에 따른 차이가 이미 분자 수준에서 시작될 수 있음을 시사하며, 태아 건강과 발달에 대한 새로운 통찰을 제공한다.

이러한 연구 결과들을 바탕으로 비코딩 RNA를 비롯하여 후성유전학적 요소들이 성별 특이적인 생물학적 과정과 질병 감수성에 중요한 역할을 할 수 있음을 보여준다. 후성유전학적 접근은 성차 의학의 발전과 개인 맞춤형 의료 접근법 개발에 기여할 것이다.

5. 노화와 관련된 유전자의 성차

1) 텔로미어와 성차

텔로미어(telomere)란 염색체 양 끝에 존재하는 말단 부위를 가리키며 비코딩 'TTAGGG'염기서열의 반복으로 구성되어 있다. 텔로미어는 관련 단백질과 함께 선형 염색체의 말단을 씌워 보호하며, 세포의 재조합 수선기전에 의해 서로 융합되고, 코딩 DNA 분해 및 말단이 파손되는 것을 방지하는 역할을 한다. 세포는 한 번 분열이 일어날 때마다 약 50-200개 사이의 텔로미어 뉴클레오타이드를 잃게 되기 때문에 텔로미어의 길이를 통해 세포의 나이를 알 수 있다. 텔로미어의 길이는 텔로머라제(telomerase) 효소를 통해 유지되며 이 효소는 염색체의 끝에 'TTAGGG' 텔로미어 염기서열을 계속 붙여주어 길이가 짧아지는 것을 막아준다.

여러 연구는 텔로미어 길이가 성별에 따라 다르다는 것을 보여준다. 출생 시에는 텔로미어 길이에 성별 차이가 없지만, 이후에는 남성은 여성보다 텔로미어가 짧은 경향을 보이며 남성의 텔로미어가 더 빨리 짧아진다. 이는 여성이 남성보다 더 오래 사는 것과 관련이 있을 수 있다. 이러한 텔로미어 길이에 성별 차이가 나는 것은 3가지 이유를 통해 볼 수 있다.

(1) 핵형의 차이(XX와 XY)

텔로미어 길이의 차이는 남성의 XY 핵형이 원인이 될 수 있다. Liker & Szekely(2005)의 이론에 따르면 이형접합 성염색체는 유해한 열성 대립유전자의 보호를 받지 못해 사망률이 더 높다. 동형접합 성염색체(XX)를 가진 여성의 경우에는 하나의 X 염색체가 불활성화되기는 하지만, 생존에 유리한 대립유전자를 가진 X 염색체가 활성화된다. 수명이 긴 세포의 경우 텔로미어가 긴 X 염색체가 활성화되어 있는 것을 볼 수 있다.

X 염색체에 있는 텔로미어 유지 유전자 변이와도 관련이 있으며, 남성의 경우 하나의 X 염색체를 가지고 있기 때문에 열성 텔로미어 유지 대립유전자를 갖는 경우 보호받지 못한다. 텔로머라제 기능에 관련된 유전자로는 X 염색체에 있는 DKC1이 있다. 이 유전자에 돌연변이가 생길 경우, 빠른 텔로미어 소모와 가속된 노화, 짧은 수명이 관찰된다. 또한 텔로미어 유지 유전자의 발현은 유전될 수 있으며 상대적으로 이형접합 성염색체를 가진 아버지와 자녀 간에 유전될 가능성이 높다.

(2) 성호르몬과 산화스트레스

산화스트레스로 인한 분자의 연속적인 손상은 노화와 수명을 설명하는 데 중요한 원인 중 하나로, 특히 텔로미어에 존재하는 구아닌(G) 염기는 ROS(활성 산소종, reactive oxygen species)에 의한 산화에 민감하다. 결과적으로, ROS에 의한 산화는 상당한 텔로미어 감소와 세포 노화를 유발할 수 있다. 하지만 다른 DNA와 다르게 텔로미어는 손상에 대한 복구가 느리며, 불완전하다. 성호르몬은 ROS 생성 및 관리와도 관련이 있다. 에스트로겐은 ROS 생성을 줄여주며 강력한 항산화제 역할을 하지만, 테스토스테론은 항산화 특성이 없고 산화스트레스에 대한 감수성 증가 및 면역 능력 감소와 관련이 있다. 하지만 산화스트레스와 텔로미어 단축 사이의 연관성은 여전히 모호하며 추가 연구가 필요하다.

(3) 텔로미어 유지와 성차

남성과 여성의 텔로미어 길이 차이는 여성에서 텔로미어의 길이가 더 유지되기 때문일 수 있다. 에스트로겐은 텔로머라제의 촉진인자를 직접 활성화하고 p53 경로를 통한 DNA 복구 및 PI3K/Akt 및 산화질소 경로를 통한 텔로머라제 활성화에도 간접적으로 영향을 미친다. 결과적으로, 여성의 수명이 길어지는 것은 에스트로겐의 영향으로 텔로미어가 더 많이 추가되기 때문일 수 있다. 실제로, 호르몬 대체 치료를 받는 폐경후 여성은 치료받지 않은 여성보다 백혈구 텔로미어가 더 길다. 또한, 안드로겐은 아로마타제(안드로겐을 에스트로겐으로 전환하는 효소)가 있는 경우 텔로머라제에 유사한 효과를 가질 수 있다. 하지만, 폐경 후 치료받지 않은 여성임에도 불구하고 같은 나이대의 남성보다 백혈구 텔로미어 감소가 느렸다. 이는 에스트로겐으로 인한 텔로머라제의 활성화가 여성이 텔로미어를 늘리는 유일한 메커니즘이 아닐 수 있음을 시사한다. 성호르몬이 직접적으로 텔로미어 유지를 조절하는지는 더 연구해 볼 필요가 있다.

2) 성염색체의 변화

남성과 여성의 명백한 차이점은 성염색체로, 이는 여러 가지 방식으로 노화와 장수에 영향을 미칠 수 있다.

(1) 왜곡된 X 염색체 불활성화

여성의 경우, 두 개의 X 염색체 중 하나는 초기 배아단계에서 불활성화된다. 젊은 여성의 경우 불활성화된 부분과 활성화된 X 염색체 비율은 50:50으로 정상에 가깝지만, 일부 조건에서는 이 동등한 비율에서 현저하게 벗어나게 된다. 이를 X 염색체 불활성화의 왜곡이라고 한다. 많은 연구에 따르면 노화는 왜곡된 X 염색체의 불활성화를 상당히 증가시킨다. 수명이 긴 여성은 균형 잡힌 X 염색체 불활성화를 갖는 경향이 있다. 이는 노화로 인한 비대칭적인 X 염색체 불활성화로, 유해 대립유전자의 발현을 촉진하고 결과적으로 인간의 건강에 영향을 미칠 수 있다고 생각될 수 있다. 하지만 여전히 비대칭 XCI의 역할에 관한 연구가 부족하다.

(2) Y 염색체 소실

초기 세포유전학 분석 결과 남성 림프구에서 Y 염색체 소실은 15세(0.05%)까지 매우 낮았지만 76-80세 남성에서는 지속적으로 증가하여 1.34%의 빈도를 보였다. 대규모 인간을 대상으로 한 연구의 혈액 샘플에서 Y 염색체 소실은 60세 미만 남성의 경우 2% 미만으로 관찰되었고, 70-85세 남성의 경우 15-40%로 증가하였고, 90대 남성보다 전체 사망률이 더 높았다. 이러한 연구들은 Y 염색체 소실이 노화로 인해 발생하며 연령에 따라 소실 정도가 기하급수적으로 증가한다는 것을 보여준다. Y 염색체 소실은 백혈구의 정상적인 면역기능 감소, 암 유발 등 노화 관련 질환 증가와 관련이 있다. 이처럼 Y 염색체 소실은 다양한 질병에 대한 위험 증가와 관련이 있어 남성 특정 위험 요인으로 점점 더 인식되고 있다.

3) 미토콘드리아 유전자와 성차

미토콘드리아 DNA(mtDNA)는 모계로부터 유전되며 산화적 인산화 복합체의 필수 구성 요소인 13가지 단백질과 여러 RNA의 유전 코드를 포함하고 있다. 미토콘드리아는 에너지 생산, 산화, 세포 사멸(apoptosis)과 같은 세포 과정에 중요한 역할을 하며, 이 과정은 노화의 영향을 크게 받는다. 노화가 진행되면 미토콘드리아 기능과 미토콘드리아-핵 신호 전달 경로에 변화가 발생하며 나이에 따른 질병과도 관련이 있다.

미토콘드리아는 산화스트레스에 취약하며, 이러한 손상의 축적은 mtDNA 손상의 주요 원인이다. 복제된 mtDNA 수도 노화의 주요 특징 중 하나로, 복제된 mtDNA 수가 적을수록 인지 및 신체적 쇠퇴, 사망률 증가와 관련이 있다.

미토콘드리아 기능은 앞서 설명한 것처럼 성별에 따라 차이가 있으며, 이는 노화 과정에서도 마찬가지다. 여성에서 뇌, 골격근, 심근세포와 같은 여러 조직에서 미토콘드리아 유전자 발현 수준, 단백질 함량 및 전반적인 미토콘드리아 활동이 남성보다 더 높았다. 또한, 인간 남성과 여성의 뇌 노화 전사체(transcriptome)를 비교한 연구에서 남성의 뇌에서는 미토콘드리아 유전자가 상대적으로 더 많이 하향 조절되었다. 이러한 결과들은 동물실험에서도 확인할 수 있다. 설치류 모델에서 미토콘드리아 호흡 기능을 관찰하였을 때, 에스트로겐이 미토콘드리아 기능을 보호하고 활성화하는 것으로 나타났다. 노령 쥐 대상으로 한 연구에서도, 수컷 뇌의 mtDNA 산화 수준이 암컷보다 더 높았으며, 암컷의 미토콘드리아 기능은 더 잘 보존되고 항산화 수치가 더 높았다. Yan 등의 원숭이 심장 조직의 단백질체(proteome) 분석에서는 수컷에서 미토콘드리아 대사 경로가 암컷보다 더 많이 감소하는 것으로 나타났다. 마찬가지로 쥐 심장 전사체 분석에서도 수컷에서 미토콘드리아 유전자의 감소가 암컷보다 더 컸다. 이러한 결과는 여성의 미토콘드리아가 노화로 인한 손상으로부터 남성보다 더 잘 보호될 수 있음을 보여준다.

노화와 관련된 복제된 mtDNA 수의 성별에 따른 차이에 대해서는 명확히 밝혀진 바가 많지 않다. 그러나 영국 Biobank 분석에 따르면, 폐경전 여성은 남성에 비해 복제된 mtDNA 수가 유의하게 더 높았으며, 나이, 흡연, BMI, 허약과는 반비례 관계를 보였다.

노화가 진행됨에 따라 남성에서 미토콘드리아 유전자가 여성보다 더 많이 하향 조절되는 경향이 관찰되며, 이는 여성이 미토콘드리아 기능과 유지에 있어 더 나은 조절능력이 있음을 의미한다. 이러한 차이에는 성호르몬, 특히 에스트로겐이 여성의 미토콘드리아 기능 유지에 중요한 역할을 할 가능성이 있다.

4) 후성유전의 변화와 성차

후성유전학은 유전자의 발현을 조절하는 메커니즘 중 하나로, DNA 메틸화와 같은 화학적 변화를 통해 이루어진다. DNA 메틸화는 나이가 들면서 전반적으로 감소하는 경향을 보이며, 이는 유전자 침묵의 손실과 전사 노이즈 증가로 이어질 수 있다. 성별에 따른 후성유전학적 변화에 관한 연구는 아직 많지 않지만, 현재까지의 연구들은 남성보다 여성에서 후성유전학적 변화가 더 느린 속도로 일어날 가능성을 말하고 있다.

인간을 대상으로 한 연구에서 유전자 발현은 연령에 따라 증가하는 경향이 있으며, 일반적으로 전사(transcription) 노이즈가 증가하는 것으로 생각된다. 2008년 연구에서는 정상적인 개인(20-99세)의 사후 뇌 조직 샘플의 유전자 발현을 조사한 결과, 남성은 유전자 발현이 60-70대에 급격히 변화한 반면, 여성은 80-90대에 가장 큰 변화를 보였다. 이는 전사 변화의 시점이 남성과 여성 간에 다르며, H3K36me와 같은 전사 조절 메커니즘도 성별에 따라 차별적으로 작동할 가능성을 보여준다.

노화와 관련된 후성유전학적 변화에서 나타나는 성별 차이는 복잡하고, 이는 성염색체와 관련된 메커니즘 또는 성호르몬의 생물학적 과정이 반영될 가능성이 높다. 성별 차이에 따른 후성유전학적 변화에 관한 연구가 추가적으로 필요하며, 이는 노화 및 관련 질환의 성별 맞춤형 치료 개발에 중요한 정보를 제공할 것이다.

6. 미토콘드리아 DNA의 모계유전

1) 미토콘드리아의 역할과 DNA 유전

미토콘드리아는 ATP 합성에 특화된 세포소기관으로 두 개의 막으로 구성된다. 안쪽 막의 능선(crista)에 ATP를 생성하는 효소가 있다. 이 능선 사이의 공간에 미토콘드리아 바탕질이 있으며 여기에 효소, 리보솜, 그리고 미토콘드리아 DNA(mitochondrial DNA, mtDNA)라는 작은 DNA 분자가 있다. 미토콘드리아는 과거에 독립적인 세균이었으나, 다른 원시세포에 흡수되어 숙주세포의 세포소기관이 되었기 때문에 미토콘드리아 DNA는 세균의 DNA처럼 둥근 고리 형태이다. 미토콘드리아 DNA는 유전적으로 세포핵의 DNA와 다르며 숙주(세포핵) DNA와 별도로 복제된다.

미토콘드리아 DNA는 일반적으로 난자를 통해서만 다음 세대로 전달된다. 정자는 약 100-1,000개의 미토콘드리아를 가지고 있고 주로 정자의 꼬리에 위치하지만, 난자는 약 100,000-1,000,000개의 미토콘드리아를 보유하고 있다. 수정 후 정자의 꼬리는 떨어져 나가기 때문에 상대적으로 수정란에는 난자의 미토콘드리아가 많이 남게 된다. 이후 정자의 부계 미토콘드리아 DNA가 난세포에 의해 유비퀴틴으로 표지되어 제거되며 수정란에는 모계 미토콘드리아 DNA가 남게 된다.

2) 모계유전으로 인한 성차

미토콘드리아 DNA의 모계유전은 성별에 따라 다양한 영향을 미칠 수 있다. 주로 여성에게는 중립적이거나 유익한 결과를 가져오나 남성에게는 해로운 영향을 미칠 수 있다. 구체적 영향은 다음과 같다.

(1) 질병 발생률의 성차

미토콘드리아 DNA 돌연변이가 남성에서 더 심각한 표현형을 나타낼 수 있다. Leber's heredity optic neuropathy(LHON)와 같은 미토콘드리아 관련 질환은 남성에서 더 높은 발병률을 보인다. LHON 질환에서 돌연변이 미토콘드리아 DNA를 가지고 있을 때, 여성은 약 10%만이 증상을 보이지만 남성은 약 50%가 증상을 보인다.

(2) 노화와 수명 성차

연구에 따르면 미토콘드리아 DNA 변이가 남성과 여성의 노화와 수명에 다르게 영향을 미친다. 초파리를 이용한 실험에서 미토콘드리아 DNA가 남성의 노화 패턴에 영향을 미치는 여러 변이를 포함하고 있음을 보여준다. 이러한 변이들이 남성의 생존율을 감소시키고 노화를 가속할 수 있으며 이는 여성이 일반적으로 남성보다 더 오래 사는 현상을 설명하는 데 도움이 될 수 있다.

(3) 에너지 대사의 성차

많은 종에서 남성과 여성은 에너지 생산 측면에서 차이를 보이고, 이는 역사와 생리적 기능의 차이로 인한 것일 수 있다. 연구 결과, 미토콘드리아 DNA 돌연변이 영향은 남성에서 더 강하게 나타나고, 식이의 영향은 여성에서 더 크게 나타나는 경향이 있다. 이는 여성이 남성보다 대사적 유연성이 더 높기 때문일 수 있다.

(4) 생식 기능의 성차

미토콘드리아 DNA 변이는 생식 기능에서 성별에 따라 다른 영향을 미칠 수 있다. 예를 들어 정자 생산과 관련된 미토콘드리아 DNA 변이는 남성의 생식능력에 영향을 미칠 수 있지만, 여성의 생식능력에는 영향을 미치지 않을 수 있다. 이는 정자와 난자의 생산 과정이 에너지 요구 측면에서 크게 다르기 때문이다.

간호학적 적용

유전학과 유전체학의 급속한 발전으로 의료 분야는 혁명적인 변화를 맞이하고 있으며 이에 따른 간호사의 역할도 확장되고 있다. 특히 유전상담 분야에서 간호사의 역할이 중요해지고 있으며, 환자 관리의 질 향상에 핵심적인 역할을 담당하고 있다. 본 장에서 살펴본 유전학에서의 성차를 이해하여 임상 실무에 통합될 수 있도록 할 필요가 있는데, 예를 들어 상세한 가족력을 수집하고 가계도를 작성할 때나 유전질환, 유전자 검사 및 결과 해석 등에서 유전학적 성차를 인지하고 설명할 필요가 있다. 또한, 유전질환의 성차 관련 윤리적 문제가 발생하지 않도록 주의할 필요가 있다.

마지막으로 간호학에서는 지금까지의 유전 및 교육에서 나아가 유전질환의 성차에 대한 관점을 가진 교육을 제공할 것을 제안한다. 나아가 유전학 분야의 연구와 관련 정책 개발에도 참여할 수 있도록 격려하는 시스템이 필요하다. 또한, 연구자는 유전 정보의 윤리적 사용에 관한 가이드라인 개발, 유전 간호 실무 표준 수립, 유전 간호 교육 프로그램을 개발에도 관심을 갖도록 교육이 이뤄져야겠다. 이는 임상 실무를 개선하고, 환자 간호의 질을 향상하는 데 기여할 것으로 기대한다.

참고문헌

강경훈. 후성유전학: DNA 메틸화에 대한 이해. 2nd ed. 고려의학; 2007. p.1-317

김남우 외 공역. Daniel L. Hartl. Essential genetics and genomics. 7th ed. 월드사이언스; 2020. p.1-553

오상진. 노화의 생물학: 분자생물학적 원인에 대하여. 탐구당; 2015. p.1-424

이정주 외 공역. Ricki Lewis. Human genetics : concepts and applications. 11th ed. 라이프사이언스; c2015. p.1-488

주경웅. 김윤식. 세포유전학. 고려의학; 2006. p.1-270

Barrett EL, Richardson DS. Sex differences in telomeres and lifespan. Aging cell. 2011;10(6):913-921.

Berchtold NC, Cribbs DH, Coleman PD, et al. Gene expression changes in the course of normal brain aging are sexually dimorphic. Proc Natl Acad Sci U S A. 2008;105(40):15605-15610.

Bolduc V, Chagnon P, Provost S, et al. No evidence that skewing of X chromosome inactivation patterns is transmitted to offspring in humans. J Clin Invest. 2007;118(1):333-341.

Calado RT, Yewdell WT, Wilkerson KL, et al. Sex hormones, acting on the TERT gene, increase telomerase activity in human primary hematopoietic cells. Blood. 2009;114(11):2236-2243.

Dumanski JP, Rasi C, Lönn M, et al. Smoking is associated with mosaic loss of chromosome Y. Science. 2015;347(6217):81-83.

Guttenbach M, Koschorz B, Bernthaler U, Grimm T, Schmid M. Sex chromosome loss and aging: in situ hybridization studies on human interphase nuclei. Am J Hum Genet. 1995;57(5):1143.

Guevara R, Gianotti M, Oliver J, Roca P. Age and sex-related changes in rat brain mitochondrial oxidative status. Exp Gerontol. 2011;46(11):923-928.

Fischer K. E, Riddle NC. Sex differences in aging: genomic instability. J Gerontol A Biol Sci Med Sci. 2018; 73(2):166-174.

Forsberg LA, Rasi C, Malmqvist N, et al. Mosaic loss of chromosome Y in peripheral blood is associated with shorter survival and higher risk of cancer. Nat Genet. 2014;46(6):624-628.

Hägg S, Jylhävä J. Sex differences in biological aging with a focus on human studies. Elife. 2021;10:e63425. https://doi.org/10.7554/eLife.63425

Hatakeyama C, Anderson CL, Beever CL, et al. The dynamics of X-inactivation skewing as women age. Clin Genet. 2004;66(4):327-332.

Henikoff S, Shilatifard A. Histone modification: cause or cog? Trends Genet. 2011;27(10):389-396.

Kirsch S, Weiss B, Zumbach K, Rappold G. Molecular and evolutionary analysis of the growth-controlling region on the human Y chromosome. Hum Genet. 2004;114:173-181.

Knudsen GPS, Pedersen J, Klingenberg O, Lygren I, Ørstavik KH. Increased skewing of X chromosome inactivation with age in both blood and buccal cells. Cytogenet Genome Res. 2007;116(1-2):24-28.

Kristiansen M, Knudsen GPS, Bathum L, et al. Twin study of genetic and aging effects on X chromosome inactivation. Eur J Hum Genet. 2005;13(5):599-606.

Li C, Haider S, Shiah Y, Thai K, Boutros P. Sex differences in cancer driver genes and biomarkers. Cancer Res. 2018;78(19):5527-5537.

Liker A, Székely T. Mortality costs of sexual selection and parental care in natural populations of birds. Evolution. 2005;59(4):890-897.

Lin J, Kroenke CH, Epel E, et al. Greater endogenous estrogen exposure is associated with longer telomeres in postmenopausal women at risk for cognitive decline. Brain Res. 2011;1379:224-231.

Loftfield E, Zhou W, Graubard BI, et al. Predictors of mosaic chromosome Y loss and associations with mortality in the UK Biobank. Sci Rep. 2018;8(1):12316.

López-Royo T, Moreno-Martínez L, Moreno-García L, Calvo A, Manzano R, Osta R. Sex differences on constitutive long non-coding RNA expression: Modulatory effect of estradiol and testosterone in muscle cells. Andrology. 2024;12(8):1887-1896.

Mendelsohn J, et al. The molecular basis of cancer. 3rd ed. Elsevier; 2008.

Mayer S, Brüderlein S, Perner S, et al. Sex-specific telomere length profiles and age-dependent erosion dynamics of individual chromosome arms in humans. Cytogenet Genome Res. 2006;112(3-4):194-201.

Mersh J, Jackson M, Park MJ, et al. Cancers associated with BRCA 1 and BRCA 2 mutations other than breast and ovarian. Cancer. 2015;121(2):269-275.

Musteanu M, Blaas L, Zenz R, et al. A mouse model to identify cooperating signaling pathways in cancer. Nat Methods. 2012;9(9):897-900.

Ramzan F, Creighton S, Hall M, et al. Sex-specific effects of the histone variant H2A.Z on fear memory, stress-enhanced fear learning and hypersensitivity to pain. Sci Rep. 2020;10:14331.

Sandovici I, Naumova AK, Leppert M, et al. A longitudinal study of X-inactivation ratio in human females. Hum Genet. 2004;115:387-392.

Smith C, McClive P, Wester P, Reed K, Sinclair A. Conservation of a sex-determining gene. Nature. 1999;402(6762):601-602.

Ventura-Clapier R, Moulin M, Piquereau J, et al. Mitochondria: A central target for sex differences in pathologies. Clin Sci (Lond). 2017;131(9):803-822.

Vijay V, Han T, Moland C, Kwekel J, Fuscoe J, Desai V. Sexual dimorphism in the expression of mitochondria-related genes in rat heart at different ages. PloS One. 2015;10(1):e0117047. https://doi.org/10.1371/journal.pone.011704710.0:e0117047

Yan H, Liu Q, Jiang J, Shen X, et al. Identification of sex differentiation-related micro RNA and long non-coding RNA in Takifugu rubripes gonads. Sci Rep. 2021;11(1):7459.

Zhou W, Machiela MJ, Freedman ND, et al. Mosaic loss of chromosome Y is associated with common variation near TCL1A. Nat Genet. 2016;48:563-568. https://doi.org/10.1038/ng.3545

Zink F, Stacey SN, Norddahl GL, et al. Clonal hematopoiesis, with and without candidate driver mutations, is common in the elderly. Blood. 2017;130(6):742-752.

마이크로바이옴과 성차

이향규 연세대학교 간호대학 기초간호과학

요약문

- 마이크로바이옴은 생체 환경에 존재하는 미생물의 집합과 그들의 구조, 활성에 따른 대사산물과 환경 조건을 모두 포함한다.
- 마이크로바이옴은 숙주(인간)의 출생부터 사망까지 전 생애주기와 다양한 환경적 요인에 영향을 받으며 숙주와 상호작용을 한다.
- 다양한 영향요인 중에 성호르몬에 의한 영향을 가장 크게 받으며 이는 면역체계의 변화를 일으켜 여러 면역계통의 질환을 발생시키는 요인으로 주목받고 있다.

서론

차세대 염기서열 분석(next generation sequencing, NGS), 시스템생물학과 빅데이터 분석 기술의 발전과 함께 마이크로바이옴에 관한 연구도 빠르게 발전을 이루어 왔다. 특히 피부와 장내 미생물의 다양성과 기능에 대한 이해가 깊어지면서 비만, 대사성 질환, 장 질환과 정신건강 문제와 연관성이 있음이 밝혀지고 있다. 이러한 질환은 남녀 성차에 따라 발병패턴, 병태생리학적 특성, 진행양상 등에서 상당히 다른 모습을 보이며 마이크로바이옴 역시 성차에 따른 분포와 기능의 차이를 보인다. 이는 마이크로바이옴의 특성에 따라 질병이 발생하는 메커니즘의 차이를 가져오는 것이므로 성별에 따른 마이크로바이옴의 차이를 연구하는 것이 필요하다. 성차는 의학 · 생명과학 영역에서 일반적인 인식보다 훨씬 더 깊이 고려돼야 할 중요한 변수이므로 마이크로바이옴 연구와 성차의학을 결합함으로써, 더 정밀하고 개인화된 치료 접근법을 개발할 수 있을 것으로 기대한다.

본 단원은 마이크로바이옴의 개념과 영향 요인들, 특히 장내 미생물 군집을 중심으로 성차에 따른 면역질환의 발생 기전에 대해 인간연구를 중심으로 기술하고 성차에 따른 주요 질병에 대해 소개하고자 한다.

1. 마이크로바이옴 개요

마이크로바이옴(microbiome)은 마이크로바이오타(microbiota)와 게놈(genome)의 합성어로 인체, 동물, 건축 환경을 포함한 다양한 환경에 함께 서식하는 복잡한 미생물 군집으로 박테리아, 균류, 바이러스 및 기타 미세한 생명체들을 의미한다. 마이크로바이옴은 미생물 자체뿐만 아니라 환경의 물리적 및 화학적 특성과 그 안에서 발생하는 상호작용, 유전적 정보 전체를 포함하고 있다.

미생물 군집(마이크로바이오타)은 다양한 생태계에서 중요한 역할을 하는데 주요 내용을 살펴보면, 1) 인간과 동물의 경우 소화 및 영양, 면역 조절, 병원균 차단과 같은 과정에 필수적으로 기능하고, 2) 토양에서의 미생물 군집은 질소 순환과 같은 지구적 과정에 기본이 되며, 3) 해양 미생물 군집은 매년 지구 산소 생산량의 약 절반을 차지하고 있다. 그중에서 사람 장내의 마이크로바이옴은 소화기 건강뿐만 아니라 전신 건강에 영향을 미치는 것으로 알려져 있다. 미생물 군집은 매우 역동적으로 활동하며 식단, 약물, 환경 노출과 같은 요인에 따라 변화할 수 있으므로 미생물 군집 연구는 건강, 질병 및 생태적 과정에서 미생물 군집의 중요성을 밝혀냈으며, 이는 지속적인 연구가 필요한 중요한 영역이 되었다.

2. 인간의 마이크로바이옴

1) 마이크로바이옴의 구성

마이크로바이옴의 구성과 분포는 서식 위치에 따라 크게 다르며 많은 요인에 의해 영향을 받는다. 인간의 마이크로바이옴은 소화 및 영양 흡수 개선, 면역 반응 조절, 병원균 억제, 정신건강 및 뇌 기능, 체중 및 혈당 조절 등 다양한 방식으로 인간의 건강을 유지하는 데 중요한 역할을 하고 있다. 주로 장내, 피부, 구강 내에 다양한 미생물이 서식하며 환경에 맞는 역할을 하고 있다. 인체에는 약 500–1,000종의 박테리아가 존재하는 것으로 추정되지만 고유 유전형(아형)은 훨씬 많은 수를 포함하고 있을 것으로 보인다. 각 박테리아 균주는 수천 개의 유전자를 포함하는 게놈을 가지고 있어 인간 게놈보다 많은 유전적 다양성을 가지고 있다. 그러나 사람마다 다른 미생물 군집을 가지고 있어 이러한 변이와 변이가 조절되는 것에 대하여 잘 알려져 있지 않다. 현재까지의 연구로는 시간이 지남에 따라 인간의 내부에서 또는 인간 사이의 변이가 건강의 유지, 질병의 발생이나 진행에 영향을 미친다는 것이 알려진 정도이며 이러한 미생물의 변화가 면역계, 내분비계, 신경계와 상호작용을 함으로써 염증성 질환, 암, 우울증과 같은 다양한 질병과 관련되어 있

그림 1 신체 부위에 따른 미생물군집의 분포

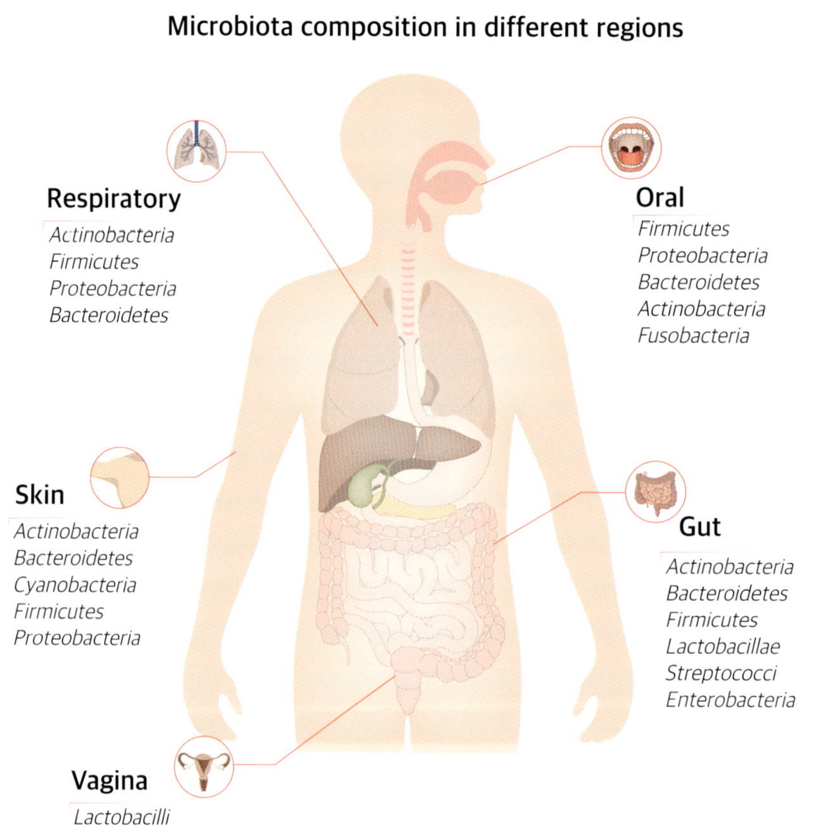

Human microbiota composition in different locations. Predominant bacterial genera in the oral cavity, respiratory tract, skin, gut, and vagina are highlighted

출처: Hou K, et. al. Microbiota in health and diseases. Signal Transduct Target Ther. 2022;7:135.

다는 것을 알고 있다.

인간 미생물 군집은 주로 장내 미생물, 피부 미생물, 구강 미생물 등으로 나눌 수 있는데, 그중 장내 미생물이 가장 큰 부분을 차지하고 있으며 가장 광범위하게 연구가 되고 사람의 건강에 중요한 역할을 하는 것으로 알려져 있다. 크게 6가지 주요 문(phyla): Firmicutes, Bacteroidetes, Actinobacteria, Proteobacteria와 Verrucomicrobia로 구성되어 있으며, 그중 Firmicutes와 Bacteroidetes가 대부분의 장내 박테리아를 차지하고 있다.

기타 신체 부위에도 미생물이 군집을 형성하고 있는데, 구강의 미생물 군집은 인간에서 두 번째로 큰 미생물 군집으로, 주로 Firmicutes, Proteobacteria, Bacteroidetes, Actinobacteria와 Fusobacteria로 구성되어 있고, 폐의 미생물 핵심 문에는 Actinobacteria, Bacteroidetes, Firmicutes와 Proteobacteria가, 피부의 미생물 군집은 Actinobacteria, Bacteroidetes, Cyanobacteria, Firmicutes와 Proteobacteria가 서식하며 각각의 환경에 맞는 기능을 한다(그림 1).

2) 장내 미생물의 분포에 영향을 미치는 요인

최근 연구에 따르면 대변 내 박테리아의 추정치를 계산하는 방식을 통해 박테리아의 세포 수가 인간 체세포의 세포 수와 비슷하다고 보고된 바 있다. 그러나 성별에 따라 비율은 차이가 있어 박테리아와 사람의 세포 비율이 남성은 1.3:1이고 여성은 2.2:1인 것으로 알려졌다.

태아의 경우 처음에는 거의 무균상태이나 자연분만 시 태아가 임부의 질을 통과하면서 Lactobacillus가 대부분을 차지하게 되고, 제왕절개로 태어난 아기의 경우 이러한 박테리아가 없는 것으로 보인다. 그러나 아기가 고형식을 하면서 종의 다양성이 증가하면서 약 3세가 되면 성인과 유사하게 된다. 장내 미생물은 출산 외에도 출생 초기의 모유 또는 분유 수유의 영향을 받는 것으로 알려졌다. 장내 미생물은 청소년기, 성인기를 거치며 안정적으로 유지가 되고 노인이 되면서 장내 생리적인 기능 변화에 따라 장내 미생물의 구성이 달라진다.

장내 미생물의 구성에 영향을 미치는 가장 큰 요인은 식단이다. 종 수준에서 장내미생물 군집은 Prevotella, Bacteroides 및 Ruminococcus의 3가지 장유형(enterotype)으로 나눌 수 있다. 3가지의 장유형과 식습관과의 관련성을 살펴보면, Prevotella 유형은 식이섬유의 섭취가 많고 지방을 적게 먹는 채식주의자들에게서 많이 나타나며 비타민 B_1과 뮤신을 생산한다. Bacteroides 유형의 경우, 식이섬유의 섭취가 적고 고지방을 섭취하는 사람들에게서 주로 나타나는 유형으로 탄수화물 소화효소를 잘 만들어내 탄수화물의 소화를 잘 시키며 비타민 B_7을 생산한다. Ruminococcus 유형은 고지방식이를 하는 사람에게 많이 나타나고 당분흡수를 잘하여 비만이 되기 쉬운 것으로 알려졌다. 그러나 미생물 군집에 있어 동서양의 차이와 성별 간 차이가 드러남에도 불구하고 결과가 집단 간에 다소 일관적이지 않으며 질병과의 상관성도 여러 추가적인 연구가 필요하다. 그러나 장내 미생물 군집은 숙주의 면역체계 활성화와 발달에 필수적인 역할을 하므로 생애주기의 초기부터 건강을 유지하는 데 중요한 부분을 차지한다.

마이크로바이옴의 변화는 감염이나 항생제 사용과 같은 스트레스 요인에 의해 일시적으로 교란될 수 있다. 또한, 생활습관, 식습관, 알코올과 같은 지속적인 요인에 의해 영구적인 변화로 이어진다. 따라서 장기적인 영향에 의한 장내 미생물 군집의 불균형은 유익하고 정상적인 기능이 상실되어 다양한 질병을 발생시킬 수 있다고 알려져 있다(그림 2).

그림 2 생애주기와 장내 미생물의 구성에 영향을 미치는 요소

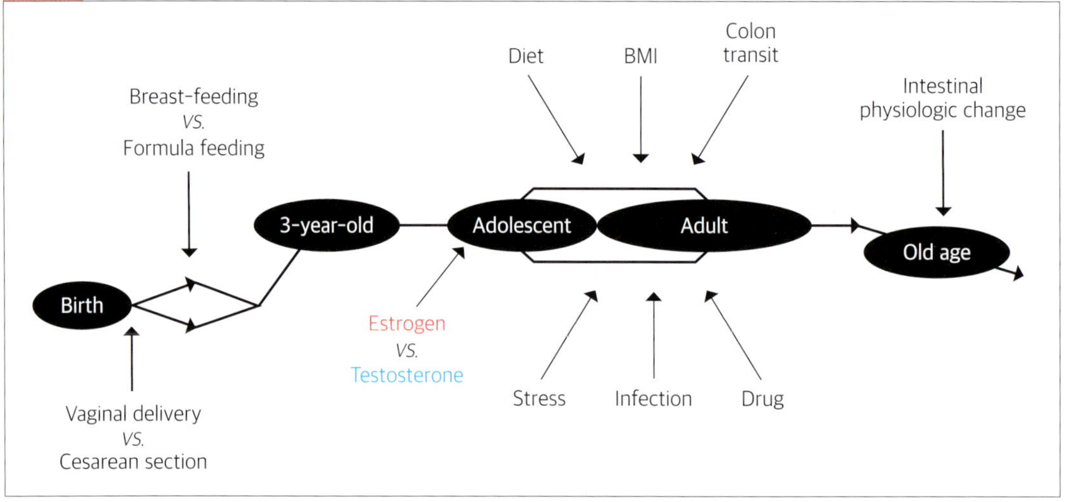

출처: Kim YS, et al. Sex differences in gut microbiota. World J Mens Health. 2020;8(1):8-60.

3) 성차에 따른 장내 미생물 군집의 구성

성차에 따른 장내 미생물의 구성은 인간과 동물 연구를 통해 밝혀졌다. 건강한 남성과 여성 사이의 장내 미생물 군집에 차이가 있는 것으로 보고되었는데 남성이 여성보다 Bacteroidetes가 풍부한 것으로 나타났다. 그러나 이는 비만의 영향을 받아 체질량지수(BMI)가 33 kg/m^2 이상인 경우에는 남성이 여성보다 낮은 것으로 보고되었다. 장내 미생물 군집의 구성에 대한 연구는 설치류 동물모델을 통해 더 많이 진행되었는데 성별 간에 미생물 군집의 풍부도에서 차이가 있는 것으로 나타났다. 인간과 마찬가지로 생쥐모델에서도 암컷에 비해 수컷에서 Bacteroidetes가 풍부하며 미생물 군집에서 유래되는 대사산물인 트리메틸아민-N-옥사이드(trimethylamine-N-oxide, TMAO)의 수치는 수컷보다 암컷에서 높은 것으로 밝혀졌다.

한편, 식단과 같은 환경적 요인이 장내 미생물 군집에 영향을 미쳐 건강한 젊은 남성과 여성 사이의 요거트 섭취와 같은 식습관이 장내 미생물 군집과 상호작용이 있음이 보고되었다. 이러한 연구들을 종합하여 볼 때, 미생물 구성과 다양성은 성별 간에 유의미하게 다르다는 것을 보여주고 있으며 남성과 여성 간의 미생물 구성과 기능의 차이가 다양한 질병들에서 보이는 성별 차이에 기여하는 요인일 수 있음을 제안하였다(표 1).

표 1 성차에 따른 장내 미생물 군집의 차이

구성원	성차
Bacteroides	healthy men > healthy women
Prevotella	healthy men > healthy women
Bacteroides	obese men < obese women
Firmicutes	obese men < obese women
Bacteroides	healthy male mice > healthy female mice
Ruminococcaceae	healthy male mice > healthy female mice
Peptostreptococcaceae	healthy male mice < healthy female mice
TMAO	healthy male mice < healthy female mice
SCFA	male > female rats fed an oligofructose-supplemented diet

SCFA, short-chain fatty acids; TMAO, trimethylamine-N-oxide.
출처: Li S, et al. Role of biological sex in the cardiovascular-gut microbiome axis. Front Cardiovasc Med. 2022:8:759735.

3. 성호르몬과 마이크로바이옴

장내 미생물 군집의 성차는 사춘기까지 나타나지 않으므로 성호르몬이 미생물 군집의 구성에 관여한다는 연구가 많이 보고되었다. 또한, 성호르몬의 수치에 의해 장내 미생물의 다양성이 조절되고 장내 미생물 또한 호르몬 수준에 영향을 주는 양방향의 상호작용을 한다는 것 역시 밝혀졌다.

1) 에스트로겐과 마이크로바이옴

에스트로겐은 대표적인 여성 호르몬으로서 난소, 부신, 지방 조직에서 생성된다. 한편, 신체에서 생성되거나 음식으로 섭취된 에스트로겐은 장내 미생물에 의해 대사되고 이러한 대사물들은 숙주에 영향을 미칠 수 있다. 에스트로겐은 에스트로겐 수용체를 통해서 박테리아의 대사를 조절하는 것으로 알려져 있다.

β-glucuronidase 효소의 활성을 지닌 장내 미생물군은 결합 에스트로겐(conjugated estrogen)의 형태로 담즙으로 배출되는 순환 에스트로겐을 분리한다. 이 분리과정은 에스트로겐의 불활성화를 감소시켜 호르몬의 재흡수를 도와 체내 에스트로겐의 수치를 증가시키는 효과를 가져와 생식기관뿐 아니라 심혈관, 골격계, 중추신경계에 영향을 미친다(그림 3). 인간을 대상으로 한 연구에서 총 에스트로겐과 에스트라디올, 에스트론 등 13종의 대사산물이 소변과 대변에서 측정되었다. 남성 또는 폐경후 여성의 소변 내 에스트로겐 수치가 대변 내 미생물의 풍부함과 알파(α)-다양성과 관련이 있으며 비난소 에스트로겐은 β-glucuronidase를 생성하는 Clostridia 군과 일부 Ruminococcaceae와 관련이 있음이 보고되었다. 이는 동물연구에서 근거를 찾을 수 있는데 나이가 들면서 암컷 생쥐의 대변 내 β-glucuronidase 활성이 감소하는 것을 확인할 수 있었다.

에스트로겐은 전사인자(transcription factor)로서 핵 내 수용체에 직접 결합하여 다양한 생명현상을 조절하는데, 장내 상피세포의 유전자 발현을 조절하거나 장벽의 투과성을 변화시켜 면역체계의 변화를 가져온다. 특히 여성에서 우세하게 발생하는 과민성 대장증후군(irritable bowel syndrome, IBS)은 월경주기와 임신 등 생식 주기에 영향을 받아 증상이 다르게 나타나는 것으로 보고되었다.

그림 3 속(genus) 수준의 장내 미생물 내 β-glucuronidase의 활성과 에스트로겐의 대사 경로

Genus	β-glucuronidase	β-galactosidase
Collinsella	+	-
Edwardsiella	+	-
Alistipes	+	+
Bacteroides	+	+
Bifidobacterium	+	+
Citrobacter	+	+
Clostridium	+	+
Dermabacter	+	+
Escherichia	+	+
Faecalibacterium	+	+
Lactobacillus	+	+
Marvinbryantia	+	+
Propionibacterium	+	+
Roseburia	+	+
Tannerella	+	+

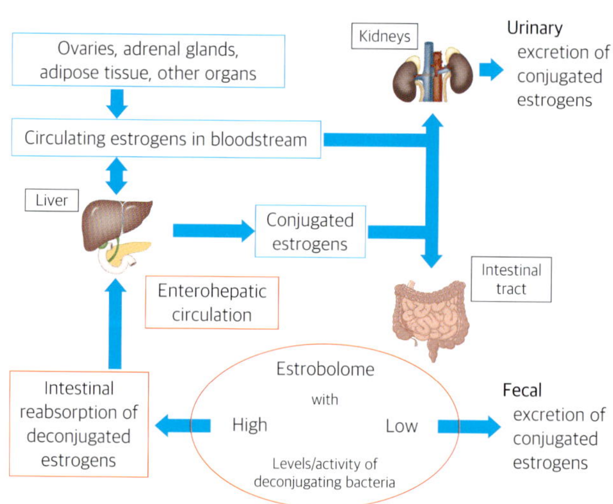

출처: Yoon K, et al. Roles of sex hormones and gender in the gut microbiota. J Neurogastroenterol Motil. 2021;27(3):314-325.

2) 안드로겐과 마이크로바이옴

안드로겐 역시 에스트로겐과 마찬가지로 장내 미생물 군집에 영향을 미치고 장내 미생물이 안드로겐에 영향을 주는 것으로 밝혀졌다. 안드로겐은 비결합 디하이드로테스토스테론(unconjugated dihydrotestosterone, DHT)과 글루큐론산형(glucuronidated form)으로 존재한다. 동물실험에 따르면 성체 수컷 생쥐의 비결합 디하이드로테스토스테론이 혈청에 비해 대변에 70배 높게 존재하고 소장과 대장에 따라 DHT와 글루큐론산, 자유 DHT의 수준이 다른 것으로 보아 장내 미생물 군집이 안드로겐의 탈글루큐론에 영향을 미치는 것으로 보인다. 남성의 테스토스테론과 여성의 에스트라디올의 혈액 내 수치를 비교하였을 때, 남성, 여성 모두 호르몬의 수치가 높을수록 장내 미생물 군집의 다양성이 높은 것을 보였다.

테스토스테론은 T세포의 증식을 억제하는 효과가 있으나 에스트라디올과 같이 장벽의 투과성을 변화시키지 않는다. 대신 심장혈관기능에 영향을 미치는 것으로 알려졌다. 한 연구에 따르면 임신 중 태아가 과도한 안드로겐에 노출되었을 경우 혈압 상승과 심박수의 감소가 일어나 심장혈관계 질환의 위험을 증가시키고 인슐린저항성이 악화되어 대사증후군 관련 질환 위험도 또한 높일 수 있다. 한편, 태아기의 안드로겐은 장내 미생물의 불균형과 단쇄지방산(short chain fatty acids, SCFAs)을 생성하는 미생물 풍부도에 영향을 미친다. 안드로겐의 증가는 월경 이상, 조모증을 유발하는데, 이러한 변화는 여성에서 테스토스테론의 증가와 인슐린저항성을 나타내는 질환인 다낭성난소증후군(polycystic ovaian syndrome, PCOS)과의 연관성이 보고되었다. PCOS 질환을 가진 여성의 딸이 어린 시기에 고안드로겐혈증(hyperandrogenemia)에 노출되면 심장혈관 기능과 장내 미생물의 변화가 일어날 수 있음을 시사한다.

4. 성차질환과 마이크로바이옴

성호르몬은 장내 미생물군의 구성과 다양성을 형성하는 데 중요한 역할을 하며, 성차에 따라 미생물 군집의 차이를 보인다. 이러한 영향은 여러 메커니즘을 통해 다양한 질환을 발생시킨다.

1) 심장혈관질환

심장혈관질환은 남녀 양성 모두에서 가장 큰 사망 원인이 되며 연령에 따른 사망률은 남성이 여성보다 높으나, 폐경후 여성에서 발생률이 높아지므로 예방과 치료에 있어 두 성별을 동등한 대상으로 해야 할 것이다. 그러나 성차에 따른 위험요소와 병태생리학의 주요 차이점이 있으므로 성차에 따른 차별적 연구가 점차 강조되고 있다.

양성 모두 이상지질혈증(dyslipidemia), 이상혈당증(dysglycemia), 고혈압, 비만은 모두 장내 미생물 군집의 변화를 일으키거나 변화에 의해 수정될 수 있다. 이에 대한 추가연구가 필요함에도 불구하고 장내 미생물 군집과 심장혈관질환의 위험요소 사이의 성차가 있다는 근거는 다양한 연구에서 발견되었다.

(1) 고혈압

다수의 연구에서 성별은 고혈압에서 장내 미생물 군집이 중요한 변수라는 인식은 있으나 연구 결과는 아직까지 제한적이다. 인간의 경우 고혈압이 있는 남녀 대상자 모두 장내 미생물 군집의 불균형이 있다는 것을 입증하였다. 한 예로 홍콩에서 진행된 연구에서 284명의 연구참여자를 대상으로 장내 미생물 군집과 24시간 혈압 측정과의 연관성을 조사하였다. 그 결과, 여성의 경우 장내 미생물 군집의 불균형과 베타(β)-다양성은 고혈압과 유의미한 차이가 있으나 남성의 고혈압과는 관련이 없다는 것을 발견하였다.

단쇄지방산(SCFAs)은 장내 미생물의 혐기성 발효에 의해 생성되는 대사물로 아세테이트(acetate), 프로피온산(propionagte)과 뷰티레이트(butyrate)가 여기에 속한다. SCFA는 에너지 공급과 대사, 장내 환경의 항상성을 조절하는 기능을 가지고 있으며, 나트륨의 감소에 의한 SCFA의 증가와 혈압의 감소가 여성에서 관련이 있고 총 혈장 SCFA와 프로피온산은 남성이 아닌 여성 혈압의 독립적인 예측인자임이 밝혀졌다. 또한 아프리카 출신의 대규모 코호트 연구에서는 미생물 군집이 당뇨병, 혈당, 고혈압, 비만과 성별을 예측할 수 있는 것으로 조사되었으나 다른 국가를 대상으로 한 연구에서 성별 예측력만이 보편적으로 적용 가능한 유일한 요인인 것으로 밝혀졌다. 아직까지 인간의 성별과 장내 미생물, 고혈압 간의 관계를 탐구하고 입증하는 연구는 제한적이나 이 분야의 연구는 점차 늘어날 것으로 보인다(표 2).

표 2 고혈압의 성차에 따른 장내 미생물 군집 연구 결과(인간대상 임상연구)

연구	주요 결과
Chen et al. (2020)	Sodium reduction sex-specifically increased plasma SCFAs, which was associated with decreased blood pressure, in women and not men
Virwani et al. (2023)	Total plasma SCFAs and propionate were independent predictors of blood pressure in women, not men
Verhaar et al. (2023)	Different plasma metabolites predict blood pressure in males versus females, with ten metabolites demonstrating explained variance by gut microbiota composition
Lv et al. (2023)	Demonstrated specific alterations in gut microbiota taxa in hypertensive females and males, respectively, in northwestern China
Ecklu-Mensah et al. (2023)	Diabetes, glucose state, hypertension,obesity,and sex could be accurately predicted from the global microbiota in an African origin cohort across five countries, but the capacity of the gut microbiota to predict sex was the only factor universally maintained by all countries

출처: Dasinger JH, et al. Microbiota-associated mechanisms underlying sexual dimorphism in hypertension. Microbiota Host. 2023;1(1):e230016.

(2) 죽상경화증

여러 연구를 통해 장내 미생물 군집이 다양한 죽상경화증 상태에 미치는 중요한 역할이 밝혀지면서 죽상경화증 발병에 대한 기전적 연관성이 확립되었다. 특히, 장내 박테리아는 식이성 포스파티딜콜린(phosphatidylcholine)을 트리메틸아민(trimethylamine)으로 대사하고, 이는 장상피 장벽을 통과한 후 간으로 운반되어 이후 동맥경화 유발 분자인 트리메틸아민-N-옥사이드(TMAO)로 대사된다. 특히 주목할 부분은 혈장 TMAO 수치가 안정된 관상동맥질환 환자와 말초동맥질환 환자의 사망률과 관련이 있으며, 이는 기존에 알려진 위험 요인과 무관한 독립적 요인인 것으로 밝혀졌다. 실험 모델을 통하여 좌심실 기능의 감소가 세포 사이의 접합단백질이 감소하고 장 투과성이 증가하여 전신적인 염증 반응이 유발되어 궁극적으로 심장혈관질환이 발생하며, 프로바이오틱스 투여가 좌심실 기능 개선을 포함한 심장 보호효과가 있음이 보고되었다.

(3) 심부전

심부전은 앞에서 언급한 고혈압, 죽상경화증을 포함한 심장질환이 지속되어 일어나는 예후가 나쁜 증후군이다. 장내 미생물 군집과 식품에서 대사된 생성물 또한 심부전과 관련성이 있는 것으로 밝혀졌다. 인간을 대상으로 한 연구에서 TMAO의 수치가 심부전 환자에서 증가하며, 그 수준은 심부전의 예후와 관련성이 있는 것으로 나타났다. 심부전 환자 또는 심장 과부하로 유도된 심부전 생쥐모델에서 장내 미생물의 풍부도가 감소하고 장 투과성이 증가된 것이 보고되었다. 특히 생쥐모델에서 TMAO를 투여하였을 때, 심근 비대, 심실이 확장되고 심실벽이 얇아지며 심근의 수축 기능 장애와 섬유증이 증가하는 비정상적 리모델링이 생기는 것으로 확인함으로써 TMAO와 심부전의 인과관계를 증명하였다.

2) 대사질환

(1) 비만

성차에 의한 장내 미생물 군집 구성의 차이는 대사질환에서 중요한 역할을 한다. 장내 미생물 군집은 에너지 발생과 소비에 영향을 미치며 동시에 비만 자체가 장내 미생물 군집의 구성을 변화시키는 상호조절관계가 있다. 식이는 장내 미생물 구성에 큰 영향을 미치나 개인마다 식이 선호가 다르고 장기적인 식습관에 영향을 받기 때문에 쉽게 특성화하기는 어렵다. 그러나 성별에 따른 식단 선호도는 비만과 기타 대사 위험 요인에 영향을 미치는 미생물군의 성별 차이에 크게 기여할 가능성이 있다. 한 예로 서양식 식단을 섭취하는 사람보다 식물성 섬유질을 더 많이 섭취하는 사람에게서 Firmicutes/Bacteroidetes(F/B) 비율이 낮고 Bacteroidetes 문이 더 높은 것으로 보고되었다. 특히 Firmicutes가 중요하여, 과체중 및 비만인 경우 F/B 비율이 더 높고

Firmicutes 문에서 속이 더 많을 뿐 아니라 높은 BMI의 여성은 남성보다 높은 F/B 비율을 보였다.

비만이 있는 사람의 장내 미생물은 마른 사람에 비해 소화되지 못한 다당류를 분해하여 더 많은 칼로리를 추출하는 효소를 증가시킨다. 이러한 메커니즘을 감안할 때, 여성이 비만일 때 증가하는 Firmicutes의 비율은 비만의 성차에 따른 미생물 군집의 가능한 메커니즘을 설명한다. 장내 미생물군에 따른 에너지 추출 능력에 대한 추가 증거는 임신 후기에 발견되는데, 이때 변형된 미생물들이 더 많은 에너지를 생성하는 공동체를 군집을 형성하여 에너지 수확 용량을 증가시킨다. 칼로리를 추출하는 효소의 증가는 LPS(lipopolysaccarides)와 같은 내독소(endotoxin)를 방출시켜 지방의 저장과 지방조직의 염증을 촉진시킨다.

한편, SCFA의 생성은 트리글리세리드(triglycerides)의 저장을 증가시키는 것으로 보고되고 있으며 여성이 남성에 비해 이 활성능력이 더 높을 수 있다. 이는 미생물군이 관여하는 경로를 통해 여성의 지방축적과 비만 위험 증가에 대한 가능한 기전을 설명한다. 그러나 일부 연구에서 SCFA의 구성요소 중 하나인 아세테이트가 비만을 촉진한다는 보고도 있고 반대로 체중 조절에도 도움이 된다는 보고도 있어 비만에서의 SCFA 역할은 아직 불분명하다.

(2) 포도당대사

장내 미생물 군집의 불균형은 2형 당뇨병과 관련이 있는 것으로 나타났다. 2형 당뇨병이 있는 사람은 장내 미생물 군집의 구성과 기능의 차이를 보일 뿐 아니라 건강한 인간 숙주에서 대사증후군이 있는 사람에게 대변 이식(Fecal Microbiota Transplantation, FMT)을 하였을 때, 장내 미생물 다양성이 증가하고 인슐린 민감도가 향상된 것을 확인하였다. 장내 미생물 군집의 불균형이 인슐린 저항성에 작용하는 여러 기전 중 가장 기본적인 것은 비만에서와 마찬가지로 저강도의 만성 전신 염증에 의한 것으로 여겨진다. LPS와 결합하여 염증반응을 활성화하는 Toll-like receptor 2(TLR2) 유전자가 제거된 생쥐 모델에서 인슐린 저항성과 포도당 불내성을 보였는데, 이는 장내 미생물군의 주요 변화와 관련이 있어 Bacteroidetes와 Firmicutes의 비율이 더 높고 Proteobacteria 문(phyla)의 비율이 더 낮은 것을 확인하였다.

혈액 내 트리글리세리드, 막 인지질, 분지형 아미노산(BCAA)은 장내 미생물에 의해 복잡한 대사경로를 경유하게 되는데 이러한 대사체들이 인슐린 민감성에 관여하는 것으로 알려졌다. 특히 특히 BCAA와 관련된 분해 산물의 대사가 성별에 따라 차이가 있었으며, 남성은 대사적으로 유사한 여성에 비해 혈청 BCAA 대사체 농도가 더 높게 나타났다. 이는 한 연구에서 인슐린 저항성은 높은 혈청 BCAA 농도와 장내 미생물 Bacteroides와 Prevotella의 비율이 높은 것으로 조사되었으며, 이는 Bacteroides-Prevotella 그룹이 여성에 비해 남성에게 더 흔하다는 것을 보여주는 데이터와 일치한다.

일반적으로 남성은 여성과 비교하여 포도당 대사장애와 2형 당뇨병에 더 취약한 것으로 알려졌다. 이러한 차이는 성호르몬, 특히 안드로겐의 영향을 받는데, 이는 장내 미생물군을 형성하고 포도당 대사의 성차 이형성에 기여하기 때문으로 보인다.

(3) 지질대사

장내 미생물 군집은 지질대사에도 영향을 미친다. 그 중 하나는 소화 불가능한 탄수화물의 혐기성 발효작용이다. 혐기성 박테리아는 복합 탄수화물 또는 식이섬유를 소화할 수 있는 고유한 능력을 갖고 있으며, 주요 생성물 중 하나는 SCFA로 그 중 부티르산, 프로피온산, 아세트산이 가장 풍부하다. 식품을 통해 섭취되고 생성된 SCFA는 지질대사, 포도당 대사를 포함한 다양한 메커니즘과 혈압 조절을 통해 심장혈관질환에 영향을 미친다. 예를 들어 프로피오네이트는 지방생성 억제, 내장 및 간 지방 감소의 효과가 있고 부티레이트와 아세테이트는 지방산과 콜레스테롤로 대사되는 것으로 알려져 SCFA가 지방산 산화를 증가시키는 것으로 보인다.

장내 미생물 군집은 담즙산 대사에도 관여하여 1차 담즙산을 2차 담즙산으로 전환하고 2차 담즙산은 답즙산 수용체인 FXR을 통해 간과 전신 지질대사를 조절한다. FXR 활성화는 혈장 지질농도를 낮추는 것으로 알려져 FXR 불활성화는 이상지질혈증과 지방간 예방에도 중요한 역할을 하는 것으로 보인다. 여성은 남성보다 2차 담즙산 농도가 높아 여성에게서 담즙산 변환이 가능한 장내 미생물을 더 많이 보유하고 있을 것으로 보인다. 장내 미생물 군집과, 담즙산, FXR 간의 성차에 따른 상호작용에 대한 중요한 근거가 보고되고 있으나 이러한 인자들이 어떻게 이후 이상지질혈증과 관련된 위험을 수정하는지 설명하기 위해서는 추가 연구가 필요할 것이다.

이외에도 장내 미생물은 콜레스테롤에서 유래한 스테로이드 호르몬의 대사에도 관여한다. 이는 장내 미생물과 성호르몬, 심장혈관질환과의 중요한 관계성을 시사한다. 특히 장내 미생물 군집은 정상적인 에스트로겐 주기와 테스토스테론 농도 유지에 중요한 역할을 한다(본 단원의 3. 성호르몬과 마이크로바이옴 참조).

생쥐 동물모델의 장내 미생물 군집을 분석하면 동일한 환경에서 암컷과 비교하여 수컷의 장내 미생물 군집의 다양성이 낮으며 인간과 마찬가지로 동물모델의 장내 미생물이 수컷과 암컷의 테스토스테론 농도, 규칙적인 에스트로겐의 주기와 생식역할을 하는 데 필수적임을 보인다. 앞에서 언급한 바와 같이 Firmicutes 문의 박테리아가 β-glucuronidase를 생성하여 에스트로겐 재흡수에 관여한다. Firmicutes 수치는 체중과 연관성이 있으나 여성은 BMI와 관계없이 남성에 비해 장내 Firmicutes가 더 많을 수 있으므로 장내 미생물 군집이 심혈관질환 위험의 원인이 되는 주요 스테로이드 호르몬의 변화, 예를 들어 폐경 후 에스트로겐 감소와 이와 관련된 혈액 내 지질 수치들의 변화에 중요한 역할을 할 것으로 보인다.

3) 면역질환

(1) 마이크로바이오옴과 면역계 조절

인간의 면역체계는 선천면역과 후천면역으로 구성되어 있으며 미생물 군집의 두 면역 반응에 광범위하게 상호작용을 하고 있다. 선천면역은 병원성 박테리아를 인식하고 반응하여 병원균의 제거와 항상성 유지에 중요한 역할을 한다. 이러한 효과는 주로 분비되어 순환하는 IgA(secretory IgA, sIgA), 수용체 TLR5, 자가포식과 같은 요인에 의해 매개된다. 특히 sIgA는 공생하는 박테리아와 결합하여 복합체를 형성하고 과도한 박테리아 침입에 의한 염증반응을 줄이는 역할을 하는데 동물실험에서 미생물 군집에 특이적인 sIgA 반응이 있음을 보여주었다. 이는 미생물과 면역체계 사이의 교차통신이 있음을 시사한다.

한편 후천면역은 건강한 미생물 군집과 면역체계의 균형을 유지하는 부분으로 T세포와 B세포의 분화와 성숙, 미생물 군집에 대한 면역 내성의 확립이 후천면역반응의 학습에 의해 이루어진다. 여러 연구들에서 박테리아 종류에 따라 CD4 T세포의 반응이 다르며 이러한 반응을 하위 집단으로 분화가 되고 이후 인터페론 감마(IFNγ), 인터루킨-17A(IL-17A)와 같은 염증 사이토카인의 분비를 유도한다. 특히 위장관 내에는 많은 면역세포가 존재하여 장내 미생물 군집과 소통을 한다. 장내 미생물이 면역계에 영향을 미치는 주요 기전은 중성구의 이동을 매개하고 T 림프구가 도움 T세포(helper T cells, Th1, Th2, Th17)와 조절 T세포(regulatory T cells)로 분화하는 데 영향을 미친다. 이러한 면역체계 성숙과정에서 장애가 일어나면 면역 내성이 악화되고 자가면역이 발생할 수 있다.

과거에 면역질환이라 하면 결핵, 홍역, 콜레라, 장티푸스와 같은 세균에 의한 고전적인 1차 감염성 질환을 떠올렸을 것이지만 지난 50년간 서구세계에서는 항생제 사용, 위생 개선과 예방접종으로 자가면역질환의 발생이 더 많았으며 이러한 추세는 계속될 것으로 보인다.

'오랜 친구 가설(old friend hypothesis)'에 따르면, 특정 미생물에 대한 제한적인 노출(오랜 친구)은 면역체계가 내성 미세 환경을 형성하는 것을 방지한다. 특히 출생 시 정상분만(질분만)을 하고 모유 수유를 하는 영아는 알레르기 부담이 낮지만 항생제와 제산제에 노출이 많이 된 영아는 알레르기 부담이 증가하여 미생물군이 과도한 자가면역 반응에 저항하는 데 중요하다는 것을 알려준다. 따라서 상주 미생물 군집의 기능장애는 면역결핍이나 자가면역질환에 미치는 잠재적 영향으로 인해 가장 중요하다.

장내세균총불균형(Dysbiosis)이라는 용어는 특정 신체 영역 내 미생물군의 구성 또는 활동의 교란이 일어난 것을 말한다. 여기에는 α-다양성(alpha diversity)과 β-다양성(beta diversity) 모두의 변화를 포함한다. α-다양성은 특정 환경 안의 한 개체에서 발견되는 서로 다른 미생물 수와 분포를 말하는 것으로 한 사람의 장내 미생물 군집에서 발견되는 다양한 박테리아 종의 수를 측정하는 것을 말한다. β-다양성은 서로 다른 개체 사이의 미생물 군집의 차이를 말하는 것으로 두 사람의 장내 미생물 군집을 비교하여 그 차이를 측정하는 것을 말한다. 미생물 군집의 변화가 면역질환의 염증 증가와 관련이 있다는 연구들이 발표되면서 점점 관심이 증가되고 있다.

(2) 성차에 따른 면역질환 발생 기전

장내 미생물 군집은 성별에 따라 다양성의 차이를 보인다. 장내 면역체계는 주로 혐기성 박테리아가 사람이 지니고 있는 효소로 대사가 불가능한 복합 탄수화물의 발효를 담당한다. 장내 미생물들은 장의 상피세포를 통해 거대분자와 항원을 촉진하는데, 이 내강 기질을 놓고 병원성 박테리아와 경쟁을 하여 유해한 박테리아의 성장을 막고 숙주를 병원성 감염으로부터 보호하는 기능을 한다.

성별의 차이를 살펴보면 인간대상연구 또는 설치류 동물모델 연구 모두 여성(암컷)이 남성(수컷)과 비교하여 미생물 군집의 다양성이 더 높고 성별에 따른 특정 박테리아 종이 다르게 발견되었다(표 1). 따라서 미생물 군집의 다양성 차이는 면역 반응의 강도와 유형에 영향을 주는 것으로 보인다. 또한, 특정 박테리아 종이 비만도에 따라 미생물 군집에도 차이를 보여 남성은 Bacteroides와 Campylobacter가, 여성은 Prevotella의 수치가 높을 때 비만과 밀접한 상관관계가 있음을 보고하였다. 성별에 따라, 비만도에 따라 차이를 보이는 미생물 군집의 구성은 대사관련 질환뿐 아니라 이로 기인한 면역질환의 발병 위험에도 영향을 준다. 단순한 군집의 구성 차이는 미생물이 생성하는 대사산물의 종류와 양에도 차이를 가져오므로 이에 의한 면역세포의 기능과 활성화에도 영향을 미친다.

위에서 기술한 성호르몬이 장내 미생물 군집의 구성에 차이를 보이는 것 이외에도 면역세포의 분포에 차이도 보이는 것으로 조사되었다. 여성의 경우 에스트로겐은 B 림프구의 에스트로겐 수용체(ER)의 발현 패턴을 변화시켜 체액성 면역반응(후천면역)의 기능을 조절하는 것으로 알려졌는데 이는 B 림프구가 생산하는 항체와 관련이 있을 것으로 보인다. 남성의 테스토스테론은 전반적으로 T 림프구의 활성을 줄이고 면역반응을 억제한다. 테스토스테론이 T 림프구에 미치는 영향에 대한 직접적인 정보는 부족하나 일반적으로 면역 억제 경향이 있는 것을 볼 때 림프구의 증식과 분화, T 림프구에서 생성, 분비하는 사이토카인의 종류의 변화를 유도할 것으로 보인다. 이는 남성이 여성에 비해 자가면역질환에 걸릴 확률이 상대적으로 낮은 이유 중 하나로 여겨진다.

그림 4 성 호르몬과 장내 미생물 군집의 상호작용에 의한 면역발생 기전의 모델

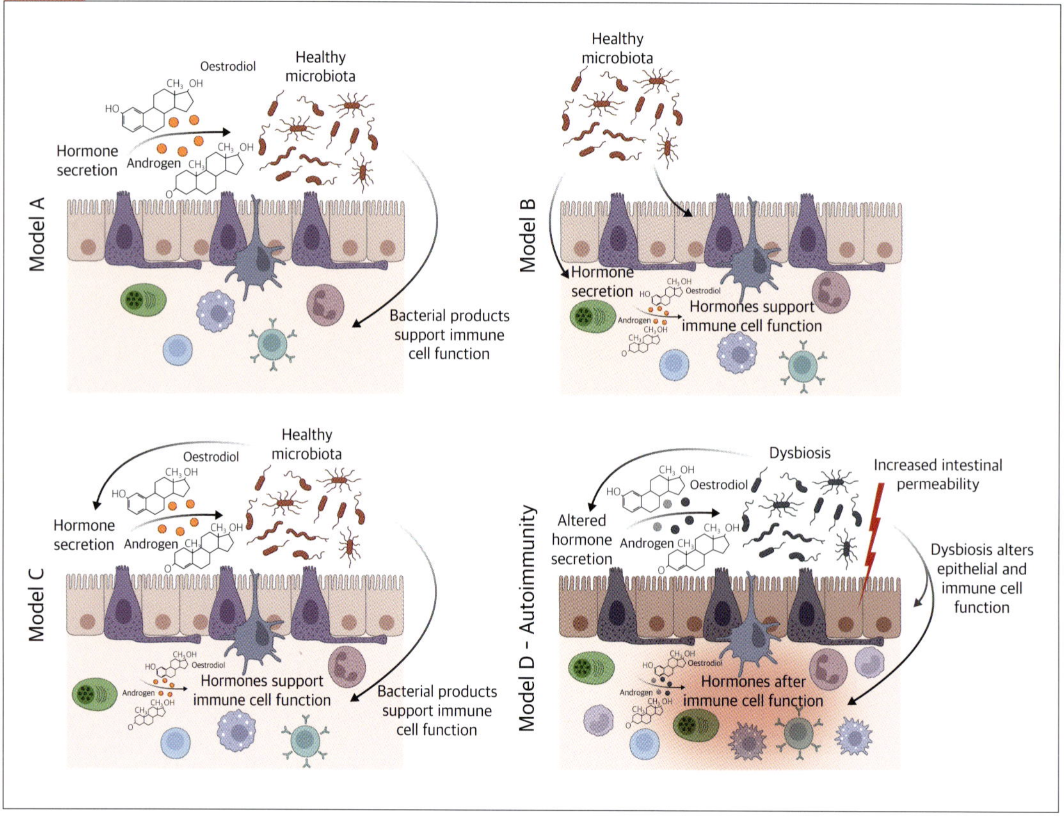

출처: Rosser EC, et al. Gut-Microbiota and the Sex-Bias in Autoimmunity - Lessons Learnt From Animal Models. Front Med. 2022;9:Article 910561.

그렇다면 장내 미생물 군집의 변화가 어떻게 면역질환을 발생시키는가? Yurkovetskiy 등의 선구적 연구는 면역체계 기능에 영향을 미칠 수 있는 세 가지의 모델을 제안하였다. 모델 A에서는 성호르몬이 장내 미생물의 면역 또는 대사 메커니즘을 조절한 후, 장내 미생물 자체가 특정 면역 효과기를 활성화시킨다. 모델 B에서 장내 미생물은 성호르몬 대사의 조절자로 작용하고 성호르몬이 면역 반응에 대한 실제 효과기로 작용한다. 모델 C는 미생물과 호르몬 모두가 효과기로 영향을 미치는 데 추가 방식으로 기여한다. Rosser 등의 연구팀은 여기에 자가면역질환에 대한 추가 모델(모델 D)을 추가하였다. 이 모델은 항상성이 상실되어 미생물 불균형, 장 투과성 증가, 성호르몬 생성 조절의 잠재적 변화, 그리고 면역 세포 구획의 기능 변화 및 만성 염증이 발생하는 것으로 설명하고 있다(그림 4).

(3) 자가면역질환

자가면역질환(Autoimmune Disease)에 대한 발병기전은 완전히 밝혀지지는 않았으나 장내 미생물 구성의 변화로 인해 면역 내성의 교란에 의해 숙주에서 면역 반응이 유발되는 것으로 보인다. 한 예로 매우 흔하게 공생하는 효모인 Saccharomyce cerevisiae의 세포벽 mannan에 대한 자가항체가 류마티스 관절염, 전신홍반루푸스, 항인지질 신드롬과 같은 자가면역 질환에서 검출되는 것이 알려졌다. 항-Saccharomyce cerevisiae 항체(ASCA)는 크론병의 혈액마커이기도 하다.

위에서 언급한 과민성장증후군과 같이 크론병이나 궤양성 대장염과 같은 염증성 장질환에서도 미생물 군집의 다양성이 감소하고 구성의 불균형이 관련성이 있음이 보고되고 있다.

중추신경계의 자가면역질환인 다발성 경화증의 경우도 장내 미생물 군집과 관련성이 있다고 보고되어 있다. 다발성 경화증 환자들은 정상인과 비교하여 Bacteroidetes, Faecalibacterium과 SCAAF를 생성하는 박테리아의 비율이 감소하고 Methanobrevibacter, Enterobacteriaceae 및 Akkermansia가 증가되어 있었고 반대로 약물치료를 하면 Prevotella가 증가한다.

많은 연구에서 장내 미생물 군집의 불균형은 1형 당뇨병의 병인과도 상관이 있는 것으로 보고되었다. 중국에서 진행되었던 연구에서는 1형 당뇨병 환아의 대변 샘플은 건강한 대조군보다 박테리아의 풍부함이 낮았는데, 특히 부티르산을 생성하는 그람 양성 및 혐기성 박테리아인 Intestinimonas가 적다고 보고하였다.

이 밖에도 전신홍반루푸스, 류마티스관절염, 건선 등이 여성에서 흔하게 나타나는 자가면역질환으로 여성 환자가 80%를 차지한다. 여성에서 발병이 높은 이유는 이 장에서 설명한 호르몬에 의한 영향과 장내 미생물 군집의 차이가 큰 것으로 설명할 수 있으며 그 외에도 성차에 따른 유전자 발현의 차이, X 염색체의 영향, 특정 단백질의 활성화와 같은 추가적 요인으로 설명할 수 있을 것이다.

(4) 과민성장증후군

과민성장증후군(Irritable Bowel Syndrome, IBS)은 배변습관과 변의 형태 변화와 함께 복부 불편감, 복통이 반복되는 만성 위장장애이다. 과민성장증후군은 장 증상뿐 아니라 편두통과 근육통을 자주 동반하고 남성보다 여성에서 발병률이 더 높은 질환이다. 미주신경, 면역계의 연결로 구성된 장-뇌 축(gut-brain axis)이라 불리는 신경계와 위장관의 양방향 신호 경로 네트워크는 장내 박테리아의 대사산물과 마이크로바이옴이 IBS와 같은 소화기 질환에 영향을 미친다는 연구 결과뿐 아니라 미생물이 뇌와 장 사이에 직접적으로 기여하는 신경활성물질을 생성한다는 점에서 직접적인 요인임이 분명해지고 있다. 장-뇌 축의 상호작용은 유전, 식이, 약물, 환경 요인, 스트레스와도 밀접한 관련성이 있어 이러한 요인에 의해 마이크로바이옴의 불균형을 일으키기도 한다.

앞에서 언급한 바와 같이 대변에 있는 문 수준(2-1. 인간 마이크로바이옴의 구성 참조)의 미생물 군집의 구성은 Firmicutes, Bacteroidetes, Actinobacteria, Verrucomicrobia의 순으로 분포하는데 IBS 환자군에서 Firmicutes는 감소하고, Bacteroidetes가 거의 두 배, Proteobacteria와 Fusobacteria는 증가하는 양상을 보였다. 이러한 미생물 군집 분포의 변화는 장-뇌 축의 평형이 깨지면 염증 유발 환경을 증가시키고 장벽(barrier)의 항상성을 파괴하게 된다. 또한 특정 미생물이 가스 등의 화학물질을 생성하여 장내 분비, 내장통, 장운동의 변화로 장내 불편 증상을 유발하는 것으로 보인다.

간호학적 적용

본 장에서 기술한 바와 같이 미생물 군집은 성별, 나이, 인종, 식이, 약물과 스트레스 등 환경적 요인에 크게 영향을 받으며 특히 성호르몬과 밀접한 연관성이 있다. 마이크로바이옴의 불균형이 다양한 질병과 관련이 있다는 국내외 연구가 증가하면서 이를 타깃으로 하는 치료제 개발에도 관심이 높아지고 있다. 마이크로바이옴 치료제는 기존의 화학적 약물과는 달리 자연적으로 존재하는 미생물을 이용하는 것이므로 부작용이 적고 안전하다는 장점이 있다. 마이크로바이옴 치료제는 우리 몸에 유익한 미생물과 미생물의 성장을 촉진하거나 억제하는 물질을 포함하며 프리바이오틱스 프로바이오틱스, 신바이오틱스, 포스트바이오틱스 등 다양한 유형으로 존재한다. 그러나 아직 각 영역에 대한 연구는 현재 진행형이며 다양한 연구가 계속될 필요가 있다. 이러한 문제 해결을 위하여 이를 기반으로 하는 마이크로바이옴이 추가적인 탐색과 데이터베이스의 구축, 연구기반의 마련 등 여러 차원의 투자와 연구가 필요할 것이다.

간호사는 사람의 건강문제를 인식하고 관리하며 교육하는 네비게이터의 역할을 수행한다. 마이크로바이옴의 연구에서는 임상 정보의 수집과 관리, 연구참여자 또는 환자의 교육과 상담을 담당하며 임상 중재 과정에서 대상자의 건강상태를 지속적으로 추적, 관찰함으로써 후속 관리를 제공할 수 있다. 이를 통해 간호사는 마이크로바이옴 연구의 질적 향상과 성공적인 수행에 중요한 역할을 담당할 수 있으며 성차와 개인별 특성에 따른 맞춤형 치료를 제공하고 미래 의학의 발전에 기여할 수 있을 것이다.

참고문헌

Antman EM, Braunwald E. Acute myocardial infarction. N Engl J Med. 2002;347(13):911-920. https://doi.org/10.1056/NEJMra022597

Arumugam M, Raes J, Pelletier E, et al. Enterotypes of the human gut microbiome. Nature. 2011;473(7346):174-180. https://doi.org/10.1038/nature09944

Camilleri M, Andreasen A. The role of gut microbiota in gastrointestinal motility disorders. Neurogastroenterol Motil. 2016;8(4):463-486. https://doi.org/10.1111/nmo.12737

Chung WK, Park HS. Gut microbiota and metabolic diseases. Gut Liver. 2021;15(2):253-261. https://doi.org/10.5009/gnl20081

Davis CD. Role of dietary fiber in the prevention of colon cancer. Nutrients. 2013;5(3):829-851. https://doi.org/10.3390/nu5030829

De Luca F, Shoenfeld Y. The microbiome in autoimmune diseases. Clin Exp Immunol. 2019;195(1):74-85. https://doi.org/10.1111/cei.13158

Dasinger JH, Joe B, Abais-Battad JM. Microbiota-associated mechanisms underlying sexual dimorphism in hypertension. Microbiota Host. 2023;1(1):Article e230016. https://doi.org/10.1530/MAH-23-0016

Gilbert JA, Blaser MJ, Caporaso JG, Jansson JK, Lynch SV, Knight R. Current understanding of the human microbiome. Nat Med. 2018;24(4):392-400. https://doi.org/10.1038/nm.4517

Gilbert JA, Steele JA, Temperton B, et al. Defining a healthy human gut microbiome: Insights from the Human Microbiome Project. PLoS Biol. 2011;9(12):e1001212. https://doi.org/10.1371/journal.pbio.1001212

Gomez A, Luckey D, Taneja V. The gut microbiome in autoimmunity: Sex matters. Clin Immunol. 2015;159(2):154-162. https://doi.org/10.1016/j.clim.2015.04.016

Gottfried MI, Quigley EM. Microbial patterns and immune regulation. Science. 2013;339(6123):1084-1088. https://doi.org/10.1126/science.1224850

Hernandez R, Greenberg A. Immunological responses in autoimmune diseases. J Exp Med. 2004;199(7):971-979. https://doi.org/10.1084/jem.20031829

Hou K. Wu ZX, Chen XY, et al. Microbiota in health and diseases. Signal Transduct Target Ther. 2022;7:135. https://doi.org/10.1038/s41392-022-00974-4

Kim N. Sex- and gender-related issues of gut microbiota in gastrointestinal tract diseases. Korean J Gastroenterol. 2021;78(1):9-23. https://doi.org/10.4166/kjg.2021.409

Kim YS, Unno T, Kim BY, Park MS. Sex differences in gut microbiota. World J Mens Health. 2020;38(1):48-60. https://doi.org/10.5534/wjmh.190009

Li J, Wang Y, Zhang X. The role of gut microbiota in metabolic disorders. Chin Med J (Engl). 2016;129(11):1298-1305. https://doi.org/10.4103/0366-6999.187413

Li S, Kararigas G. Role of biological sex in the cardiovascular-gut microbiome axis. Front Cardiovasc Med. 2022;8:Article 759735. https://doi.org/10.3389/fcvm.2021.759735

Miele L, Valenza V, La Torre GL, et al. Alterations of the gut-liver axis in chronic liver disease: The role of intestinal microbiota and its impact on liver function. Hepatol Int. 2010;4(4):741-748. https://doi.org/10.1007/s12072-010-9245-4

Miller SS, McDonald RI. Metabolic effects of hypoglycemia in the human body. Metabolism. 1978;27(8):961-969. https://doi.org/10.1016/0026-0495(78)90123-1

Razavi A., Potts K., Kelly TN, Bazzano LA, Joe B. Sex, gut microbiome, and cardiovascular disease risk. Biol Sex Differ. 2019;10(1):29. https://doi.org/10.1186/s13293-019-0240-z

Rooks MG, Garrett WS. Gut microbiota, metabolites and host immunity. Immunity. 2013;39(2):400-412. https://doi.org/10.1016/j.immuni.2013.07.006

Rutsch A, Kantsjö JB, Ronchi F. The gut-brain axis: How microbiota and host inflammasome influence brain physiology and pathology. Front Immunol. 2020:11:604179. https://doi.org/10.3389/fimmu.2020.604179

Rosser EC, de Gruijter NM, Matei DE. Mini-Review: Gut-microbiota and the sex-bias in autoimmunity - lessons learnt from animal models. Front Med (Lausanne). 2022:9:910561.

호르몬 분비와 성차

노주희 전북대학교 간호대학 여성건강간호학

요약문

- 호르몬과 내분비 질환 및 호르몬과 관련된 증상은 젠더와 성차에 따른 특성을 나타낸다.
- 대표적인 내분비 질환인 갑상선질환, 당뇨에서의 성차를 확인하고, 비만, 근감소증, 통증에서 호르몬의 성차로 인해 특징적으로 나타나는 특성이 있다.
- 당뇨병은 사춘기 이전에는 남성에게 더 많이 발생하고, 폐경 이후와 노년기에는 여성에게 더 많이 발생한다.
- 여성은 체지방 비율이 남성보다 높으며, 하체와 피부밑 지방에 지방을 더 많이 축적하는 반면, 남성은 복부에 내장지방을 더 많이 축적하는 경향이 있다. 특히, 폐경후 여성은 내장지방축적이 증가되어 비만 위험이 높다.
- 근감소증은 테스토스테론이 감소된 남성, 에스트로겐이 감소된 여성에게 주로 발생 위험이 높다.
- 통증 인식과 통증 완화 · 억제에도 성호르몬이 관여하여 통증의 정도에 성차가 발생한다.
- 호르몬 분비와 관련된 성차를 이해하고 이를 고려한 간호학적 접근이 필요하다.

서론

호르몬은 실제로 성을 결정짓는 중요한 요소이며, 호르몬 구조와 사회적, 경제적, 문화적 요인들이 상호작용을 통해 건강에 영향을 미친다. 성별 및 성 특성 간의 상호작용은 분자나 세포 과정뿐만 아니라 임상적 특징, 건강 및 질병 결과에 영향을 미친다.

여성과 남성을 구별 짓는 핵심요소는 성호르몬으로, 에스트로겐, 테스토스테론이 있다. 성호르몬이 활성화하는 생리학적 메커니즘에 대한 이해를 하고, 호르몬과 관련한 대사와 질환에 있어 성별에 따른 차이는 어떻게 나타나는지를 확인하고자 한다. 여성과 남성의 성호르몬은 체지방 분포, 체액, 근육 및 뼈 질량 유지, 간에서 여러 효소의 합성, 트리글리세리드와 HDL 합성, 그리고 포도당 대사에 영향을 미치는 방식이 다르다. 이로 인해, 인슐린 저항성에 차이가 나타나 당뇨병 발생에 성별 차이가 나타난다. 또한, 체지방 비율의 분포에도 차이가 있고 특히 여성은 폐경 후 감소된 에스트로겐으로 인해 비만, 근감소증 등의 발생 위험이 더 높다. 이를 통해, 호르몬의 성차 특성을 파악하여, 발달단계, 성호르몬의 차이를 고려하여 대상자별 특성에 맞는 적절한 간호학적 접근을 하는 것이 필요하다.

1. 호르몬 작용 기전

호르몬은 신체의 내분비기관에서 분비되는 화학물질로, 혈액 혹은 간질액으로 분비되어 인체의 변화를 조절한다. 주요 조절작용은 생식, 성장 발달, 스트레스에 대항한 신체 방어, 혈중 수분, 전해질 및 영양소 간의 균형 유지, 세포대사, 에너지의 균형 등이 있다. 특정 표적기관의 수용체에 결합하여 반응하며, 신체적 · 정신적으로 영향을 미친다.

특히 성호르몬은 남성과 여성에게 다른 비율로 분비되어 남녀 간의 성적 차이를 만들고 생식기관뿐만 아니라 거의 모든 신체 부위에서 변화가 생긴다. 성호르몬은 시상하부–뇌하수체–성선축의 피드백 작용을 통해 생성과 분비가 조절된다. 시상하부의 성선자극호르몬방출호르몬(gonadotropin-releasing hormone, GnRH)이 분비되면, 이에 반응하여 뇌하수체의 난포자극호르몬과 황체형성호르몬이 분비된다. 이 두 호르몬이 고환의 테스토스테론, 난소의 에스트로겐 생성을 자극한다. 음성 피드백 기전에 의해 성호르몬의 항상성이 유지된다.

2. 성호르몬의 기능과 성차

1) 남성호르몬

대표적인 남성호르몬(안드로겐)인 테스토스테론은 대부분 고환의 라이디히 세포에서 생성되고, 일부는 부신에서 생성된다. 테스토스테론은 스테로이드 호르몬으로서, 콜레스테롤이 라이디히 세포의 미토콘드리아로 들어가 프레그네놀론이 되고, 프레그네놀론이 무과립세포질세망으로 이동하면 데스토스테론으로 합성된다.

대부분의 혈중 테스토스테론은 성호르몬 결합단백질과 같은 단백질이나 알부민에 결합하여 존재하고, 1-4%의 테스토스테론만이 단백질과 결합되지 않은 유리 테스토스테론으로 존재한다. 일부 테스토스테론은 난소, 지방세포, 태반, 피부, 뇌 등에서 발현하는 방향화효소에 의해 에스트라디올(17β-estradiol)로 전환되기도 한다. 모낭과 전립선의 5α-환원효소에 의해 테스토스테론보다 강력한 대사물인 디하이드로테스토스테론으로 전환되면 테스토스테론과는 다른 역할을 한다.

테스토스테론은 남자 생식기의 형성 및 생식 기능 유지에 중요한 역할을 한다. 남성의 이차 성징을 유도하며, 불안이나 우울의 정도를 줄인다. 일부 보고에서는 폭력성과도 관련이 있다고 한다. 뿐만 아니라, 진피유두의 반응으로 피부 표면 털의 성장에 영향을 미친다. 대사적 역할로는 뼈와 근육의 성장을 촉진한다. 남성의 혈중 테스토스테론 수치는 골밀도와 연관성이 크다. 65세 이상의 테스토스테론 수치가 낮은 남성들에게 시행한 1년간의 테스토스테론 치료는 골밀도를 증가시켰고, 4개월간의 테스토스테론 치료는 근육량을 늘릴 뿐만 아니라 지방축적을 시켰다. 테스토스테론 수치가 낮은 남성의 경우, 근육량이 감소하고 체지방은 증가할 수 있다. 인슐린 저항성, 이상지질혈증 등이 증가하면 당뇨병의 유병률 또한 증가될 수 있다. 테스토스테론 저하는 심혈관질환에 의한 사망을 늘린다는 사실 또한 보고되었다. 테스토스테론 수치가 높은 여성의 경우, 인슐린 저항성이 증가하며 당뇨병 및 심혈관질환의 위험도가 증가할 수 있다.

2) 여성호르몬

대표적인 여성호르몬인 에스트로겐은 대부분이 난소에서 생성되고, 일부의 경우 부신의 대사에 의해 생성된다. 자연적으로 생성되는 에스트로겐은 에스트론(E1, estrone), 에스트라디올(E2, estradiol), 에스트리올(E3, estriol)과 같은 세 종류가 있다. 폐경 전까지의 주요 여성호르몬은 에스트라디올, 폐경 후에는 에스트론의 비율이 더 높아진다. 에스트로겐은 스테로이드 호르몬으로서, 콜레스테롤이 디히드로에피안드로스테론을 거치거나, 프로게스테론을 거쳐 과립막세포의 방향화효소를 만나면 에스트론 혹은 에스트라디올로 합성된다. 대부분의 혈중 에스트로겐은 성호르몬 결합 글로불린이나 알부민에 결합하여 이동하고, 1%의 에스트로겐만이 유리된 형태로 존재한다. 생물학적 활성을 가진 유리 에스트라디올이다. 성호르몬 결합 글로불린이 변화할 경우 유리 에스트로겐의 양에 변화가 생겨 에스트로겐의 작용에 영향을 주기도 한다.

에스트로겐은 여성의 정상적인 성적 성숙에 중요한 역할을 한다. 여성 생식기인 질, 자궁, 난관을 성장시키고 유방과 유관의 성장도 촉진시킨다. 2차 성징의 발현뿐 아니라 사춘기의 가속성장기와 골단의 폐쇄, 지방 분포에 영향을 미친다. 남녀의 체형과 피하지방 분포의 차이를 나타낸다. 대사 작용으로, 간의 여러 단백질 합성을 촉진시키는 역할을 하며, 혈액응고인자를 증가시켜 혈액의 응고성을 높이기도 한다. 또, 혈중 고밀도지단백질과 트리글리세라이드는 증가시키고, 저밀도지단백질은 감소시킨다. 에스트로겐은 뼈에 대한 작용에도 큰 영향을 주어, 급속한 에스트로겐 저하가 나타나는 여성은 남성보다 골다공증 발생이 6–10배 많은 것으로 나타났다. 에스트로겐은 파골세포의 세포사는 촉진시키고 분화는 억제시켜, 골흡수를 억제한다. 이에, 폐경 후에는 에스트로겐 분비가 급격하게 줄면서 골흡수가 촉진되고, 여성에게 골다공증이 쉽게 발생한다.

이처럼 여성과 남성의 성호르몬은 체지방 분포, 체액, 근육 및 뼈 질량 유지, 간에서 여러 효소의 합성, 트리글리세리드와 HDL 합성, 그리고 포도당 대사에 영향을 미치는 방식이 다르다. 이로 인해 성별에 의한 전형적인 차이 외에도, 약물 투여 시 말초 분포와 변환 경로를 고려해야 한다. 특히 간과 신장에서의 변환 경로가 약물의 효과 감소 혹은 증가의 원인이 되거나, 잘못된 용량이나 투여 방식에 의한 부작용의 원인이 될 수 있다.

3. 내분비질환과 성차

1) 갑상선 질환과 성차

갑상선 질환은 여성에서 남성보다 58배 더 흔하다. 이러한 데이터는 임상적 또는 무증상 갑상선기능저하증 및 갑상선기능항진증뿐 아니라 결절성 갑상선 질환과 같은 자가면역 질환, 예를 들어 하시모토 갑상선염과 그레이브스병에서도 마찬가지이다. 여성 호르몬(에스트로겐, 프로게스테론)과 그 특유의 패턴이 여성에서 갑상선 질환의 유병률이 더 높은 것의 원인이 될 수 있다. 분화된 갑상선암(differentiated thyroid cancer)은 가장 흔한 내분비 종양으로 남성보다 여성에서 더 유병률이 높다. 최근 데이터에 따르면, 2021년 갑상선암의 연령 표준화 발생률은 여성 104/100,000명, 남성 33.9/100,000명으로, 여성 대 남성 비율은 약 3:1이었다. 생존율은 여성이 남성들보다 더 높다. 따라서 갑상선암은 여성에서 더 흔하지만, 남성에게 더 공격적이라고 볼 수 있다.

이러한 차이를 설명할 수 있는 병태생리학적 이유는 알려져 있지 않으나, 에스트로겐이 중요한 역할을 할 수 있다는 가설이 제기되었다. 이는 갑상선암이 가임기 여성에서 더 높은 발생률을 보인다는 연구에 의해 지지받고 있다. 출산 수, 첫 번째 임신 나이, 폐경 시작 나이, 자궁 적출술 등이 원인으로 제시된다. 최근 메타분석에 따르면, 출산한 여성은 자녀가 없는 여성보다 갑상선암 발생 위험이 증가한 것으로 나타났으나(상대위험도 1.09), 자녀 수와 증가하는 위험 간의 선형 관계는 입증되지 않았다. 그럼에도 불구하고, 2015년에 발표된 American Association of Clinical Endocrinologists와 American College of Endocrinologists의 최신 지침에서는 현재 에스트로겐이 갑상선암 발생의 위험 인자로 작용한다는 임상시험 결과는 없다고 언급하고 있다.

2) 당뇨병과 성차

최근 당뇨병도 성별에 따라 특정한 특성을 가질 수 있다는 보고가 있다. 일부 연구에서 여성들이 남성보다 더 오래 질병을 겪으며, 체질량지수(BMI)가 더 높았다는 점을 강조한다. 여성에서 당뇨병은 각 대사 요소를 고려했을 때 남성보다 덜 조절되는 경향이 있다. 이탈리아 당뇨학회에서 발표한 자료에 따르면, 당뇨병 여성은 인슐린 치료 여부와 관계없이 HbA1c 수치가 9% 이상일 확률이 14% 더 높고, LDL 콜레스테롤 수치가 130 mg/dL 이상일 확률이 42% 더 높으며, BMI가 30 kg/m^2 이상일 확률이 50% 더 높다고 하였다. 이러한 결과는 제1형 당뇨병 환자에서도 일부 확인되었으며, 여성은 대사 조절이 덜되고, 남성은 혈압이 더 높게 나타났다.

또한, 당뇨병 여성은 폐경 상태와 관계없이 당뇨병 남성보다 허혈성 심근병증에 걸릴 위험이 훨씬 높다. 당뇨병 여성은 심근경색 후 예후가 더 나쁘고, 심혈관질환으로 인한 사망률도 남성보다 높다. 캐나다의 한 연구에 따르면, 장기적인 스타틴 치료가 심근경색 후 총사망률과 심혈관질환 사망률을 감소시키며, 이 효과는 시간에 따라 두 성별 모두에서 두드러지지만, 여성에서는 남성보다 위험 감소가 적게 나타나 성별에 따라 다른 접근이 필요함을 나타냈다.

대사 측면에서, 여성은 남성과 인슐린 반응이 다르다. 실제로 인슐린 저항성 발달에 대한 민감도와 인슐린 민감도를 개선하거나 저하시킬 수 있는 자극에 대한 인슐린 반응은 성별에 따라 다르게 나타났다. 여성은 일반적으로 남성보다 인슐린 민감도가 낮지만, 정상 혈당을 유지하기 위해 인슐린 반응을 증가시킨다. 이는 여성이 당뇨 전 상태에서 공복 혈당 장애가 발생하기보다, 당불내성을 더 잘 나타내는 경향을 설명한다. 이와 같은 성별에 따른 생리학적 차이는, 여성에게서 더 나은 치료 결과를 보인 엑세나타이드와 메트포르민의 복합 요법에서 나타나는 차이를 설명할 수 있다.

발달단계에 따라서도 성별에 따른 당뇨병의 유병률에 차이를 보인다. 사춘기 이전에는 남성에게 당뇨병이 더 많이 발생하나 폐경 이후와 노년기에는 여성에게 더 많이 발생한다. 최근 연구에 따르면, 청소년기 여성에서 제2형 당뇨병(T2 DM) 유병률이 남성보다 더 높으며, 사춘기 동안 여성은 남성보다 더 큰 인슐린 저항성을 보인다. 사춘기를 지나면 제2형 당뇨병은 중년 남성에서 더 흔하다. 여성이 더 많은 피하지방을 축적하고, 더 높은 인슐린 민감도를 보이는 것이 이유일 수 있다. 폐경후 여성에서 제2형 당뇨병 위험이 증가하는 이유로 폐경에 따른 에스트로겐 결핍을 이유로 보는 연구가 많다. 에스트로겐은 생리적 범위 내에서 포도당 항상성에 긍정적인 영향을 미치지만, 폐경이나 경구 피임약과 같은 생리적 범위를 벗어난 변화는 인슐린 저항성의 위험 요소가 될 수 있다. 당뇨병에서 여성은 인슐린 사용 시 저혈당을 경험할 위험이 더 크며, 글리플로

진 약물을 사용할 때 요로 및 생식기 감염에 걸릴 위험이 더 높다. 또한, 티아졸리디네디온의 사용은 폐경후 여성에서 골절 위험을 증가시킨다.

마지막으로, 최근 연구들은 사회경제적 및 심리사회적 요인이 당뇨병의 혈당 건강 조절에 미치는 중요한 영향을 확인하였으며, 사회인구학적 특성과 제1형 당뇨병 위험 요소 간에 중요한 연관이 있음을 확인하였다. 또한, 제2형 당뇨병 여성과 남성은 낮은 소득과 교육 수준을 가진 경우, 더 많은 탄수화물과 더 적은 지방 섭취를 하였고, 성별에 따른 인슐린 민감도의 차이를 고려할 때, 사회경제적 요인이 생물학적 특성과 상호작용하는 점이 확인되었다. 이는 임산부에게서도 관찰되고, 임신성 당뇨병 예방 및 관리에서도 여성의 소득과 교육 수준이 영향을 미칠 수 있음을 확인하였다. '젠더'라는 용어가 남성과 여성 간의 사회적, 심리적 차이를 나타낸다는 점을 감안할 때, 젠더가 혈당 건강에 미치는 영향과 생물학적 차이와의 상호작용을 명확히 하기 위한 추가 연구가 필요하다.

3) 비만과 성차

여성과 남성은 비만의 유병률, 지방축적 패턴 및 지방 대사에서 뚜렷한 차이를 보인다. 일반적으로 여성은 체지방 비율이 남성보다 높으며, 하체와 피부 밑 지방조직에 지방을 더 많이 축적하는 성향이 있다. 반면, 남성은 복부에 내상 지방을 더 많이 축적하는 경향이 있다. 지방 조직은 사춘기와 초기 임신에서 증가하는데 이는 성선호르몬이 체지방에 영향을 미친다는 것을 시사한다.

폐경으로 인한 에스트로겐 감소 후, 내장지방축적이 증가하는 경향을 보이는 것은 에스트로겐이 피부 밑 지방 축적에 중요한 역할을 한다는 점을 보여주는 것으로 호르몬요법으로 연결된다. 폐경후 여성에서 에스트로겐 감소는 내장지방축적을 증가시켜, 남성에서와 유사한 대사 위험을 초래할 수 있다. 에스트로겐은 또한 식사 후 지방산 산화 감소를 통해 비만을 방지하는 역할을 한다. 이는 여성에서 더 많은 체지방이 축적되는 이유일 수 있다. 또한, 운동 중 여성은 남성보다 더 많은 지방 산화를 보이며, 이는 에스트로겐의 영향을 받을 수 있다. 에스트로겐은 골격근에서 에너지 대사를 조절하고, 지방세포에서 지방 분해를 촉진하는 단백질의 유전자 발현을 자극하는 등 여러 방식으로 작용할 수 있다.

4) 근감소증과 성차

근감소증은 나이가 들면서 근육량과 힘, 혹은 성능이 감소하는 증후군으로, 만성 질환, 비만 및 장기간 움직이지 않음과 관련이 있다. 그러나 근감소증은 노화 과정에서 발생하는 생리학적인 현상이기도 하다. 근감소증의 여러 원인 중 테스토스테론의 감소가 노인 남성의 중요한 원인으로 본다. 저테스토스테론 환자에게 테스토스테론을 투여하면 근육량과 힘이 증가할 수 있다. 이는 운동 자극 없이도 테스토스테론이 근육량과 지방량에 긍정적인 영향을 미친다는 것을 보여준다.

근감소증을 평가할 때는 운동, 영양 및 호르몬 균형을 신중하게 고려해야 한다. 테스토스테론 수치가 충분하지 않으면 근력 훈련은 효과적이지 않을 수 있다. 여성의 경우, 폐경 후 에스트로겐 급감은 근육량과 힘에 영향을 미치지만, 호르몬 대체 요법(hormone replacement therapy, HRT)을 받는 여성에서는 이와 같은 변화가 덜 나타난다. HRT를 받은 여성은 그렇지 않은 여성보다 근력이 더 강했고, HRT는 근육 성장과 수축 특성을 개선하는 여러 가지 기전을 통해 근력을 증가시킬 수 있다. 최근 연구에서는 HRT를 받은 여성의 허벅지 근육 단면적이 더 큰 경향이 있다고 보고되었다. 도시 지역 한국 성인 300,090명을 대상으로 조사한 결과 근감소증 유병률은 연령이 증가할수록 높아졌고 80-89세 연령대에서 가장 높았다. 근감소증과 대사증후군의 연관성은 남성보다 여성에서 더 강하게 나타났다(그림 1).

그림 1 나이와 성차에 따른 근감소증 빈도

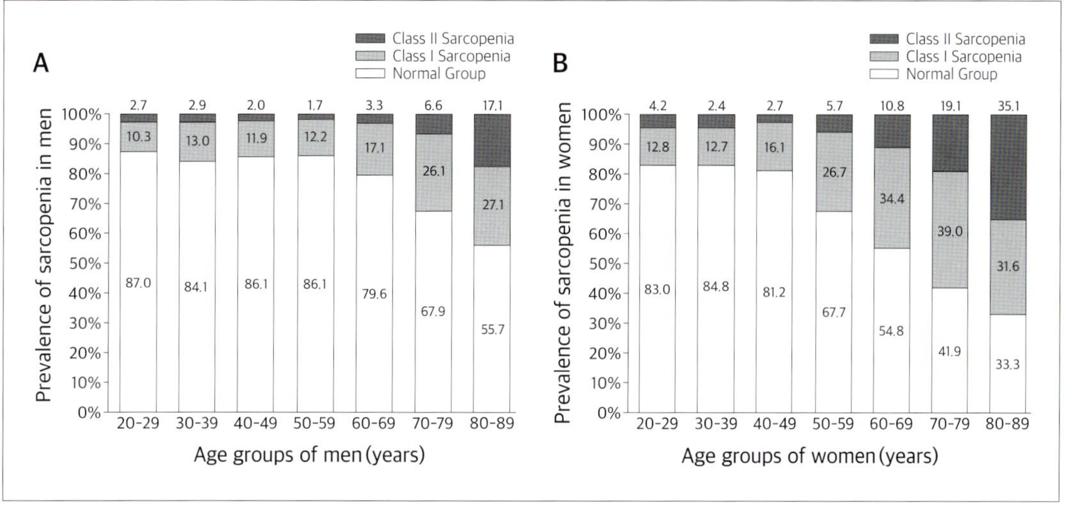

20-29, 30-39, 40-49, 50-59, 60-69, 70-79, 80-89 years for (**A**) men and (**B**) women.

출처: Park CH, et al. Sex difference in cutoff and prevalence of sarcopenia among 300,090 urban Korean population: Association with metabolic syndrome. Medicina (Kaunas). 2022;58(10):1361.

5) 통증과 성차

남성과 여성은 통증의 경로가 다를 수 있다. 심한 스트레스 요인이 있을 경우 시상하부-뇌하수체-부신 축의 활동과 교감신경계 활동의 반응 패턴이 남성과 여성에서 다르게 나타났다. 통증은 통증을 인식하는 감각신경인 통증 수용체에 자극이 전달되고, 통증 수용체가 통증 신호를 중추신경계로 보내어 반응을 형성하여 발생한다. 통증이 인식되고 통증에 반응하는 것에는 성호르몬의 영향이 있다.

통증 인식과 통증 완화 · 억제를 담당하는 뇌의 영역에는 에스트로겐과 안드로겐의 수용체가 존재한다. 에스트로겐의 일종인 에스트라디올은 신호전달과 관련된 단백질을 조절하므로 중추신경계에 중요한 영향을 미친다. 혈중 에스트로겐은 도파민이나 세로토닌 같은 신경전달물질에 영향을 준다. 혈중 에스트로겐 수치가 줄어들면 세로토닌 감수성도 줄어들어 월경주기 중 편두통이 심해지는 것이 그 예시이다. 성호르몬은 뇌, 척추, 전신 말단의 신경 수용체와 결합할 수 있기 때문에 통증의 인식과 반응에 관여할 수밖에 없다.

통증은 통증 신호가 전달되며 반응이 형성된다. 이때, 신호가 전달되며 개입되는 몇몇의 요인들은 이 신호를 강화하기도 하고 완화하기도 한다. 진통제는 신호를 가로채거나 완화함으로써 작용한다. 통증 수용체가 뇌로 보내는 신호가 진통제의 작용으로 완화되면 통증은 줄어들게 된다. 하지만 성호르몬이 통증을 받아들이고 인식하는 데에 큰 영향을 끼치기 때문에 남녀 간의 차이가 생긴다.

여성의 세포와 남성의 세포가 중추신경계에 통증을 전달하는 방식에도 차이가 있다. 남성에게 효과가 있는 방식이 여성에겐 효과를 보이지 못할 수 있다. 한 연구에서, 통증이 있는 생쥐들에게 미세아교세포의 기능을 억제하는 세 종류의 약을 각각 주사했을 때, 수컷 생쥐의 경우 세 가지 약 모두 통증 민감성을 줄였지만 암컷 생쥐의 경우 아무 효과도 발견할 수 없었다. 또한, 전이성 척추 종양이 척수신경절을 누르고 있는 환자들을 대상으로 연구에서, 환자들의 종양을 제거한 후에 통증에 대한 염증반응을 관찰한 결과, 남성과 여성의 유전자 발현에 차이가 있음을 보였다. 이는 만성적인 신경성 통증에 남성과 여성에게 다른 반응이 나타난다는 것을 보여준다.

간호학적 적용

성호르몬은 남성과 여성에게 다른 비율로 분비되어 남녀 간의 성차를 보이고 생식기관뿐만 아니라 거의 모든 신체 부위의 변화를 만든다. 성호르몬은 시상하부–뇌하수체–성선축의 피드백 작용을 통해 생성과 분비가 조절되고, 뇌하수체의 난포자극호르몬과 황체형성호르몬이 분비된다. 이 두 호르몬이 고환의 테스토스테론, 난소의 에스트로겐 생성을 자극하여 남녀의 주요 차이를 나타낸다. 호르몬의 분비뿐 아니라, 체지방 분포, 체액, 근육 및 뼈 질량 유지, 여러 효소 및 트리글리세리드와 HDL 합성, 그리고 포도당 대사에 영향을 미치는 방식 또한 성차를 나타낸다.

당뇨병의 경우, 사춘기 이전에는 남성에게 더 많이 발생하고, 폐경 이후와 노년기에는 여성에게 더 많이 발생한다. 또한, 여성은 체지방 비율이 남성보다 높고, 지방 축적 부위가 하체와 피부 밑 부위로 복부에 내장 지방을 축적하는 남성과 다른 특성을 보인다. 특히, 폐경 이후 에스트로겐 감소로 인해 비만 위험이 높고 근감소증의 위험이 높아지는 특성이 있다. 또한, 통증 인식과 통증 완화 · 억제에도 성호르몬이 관여하는 것으로 나타나, 통증의 정도와 조절에도 성차가 발생하는 것을 알 수 있다.

이처럼, 호르몬 분비와 관련하여 남성과 여성의 차이는 분명 존재한다. 또한 호르몬 분비 차이로 인해 남녀에게 나타나는 질환과 증상의 차이 또한 다르다. 그럼에도 불구하고, 호르몬 분비에 따른 차이와 그에 따른 접근 및 간호에 대해서는 충분한 평가가 되고 있지 않다. 추후 질환과 증상의 원인부터 치료 및 간호에 이르는 과정에서 성차의 특성을 고려한 포괄적인 접근이 필요할 것이다. 이를 통해 평균 대상자들에게 제공되는 일률적인 간호가 아닌, 개인의 특성과 성차를 고려한 개별화된 간호를 제공할 수 있는 기틀을 마련하는 지속적인 관심과 연구가 필요하다.

참고문헌

김나영. 임상영역에서의 성차의학. 2022. 한국과학기술젠더혁신센터. 도서출판 대한의학.

엘리슨 맥그리거. 여자에게도 최고의 의학이 필요하다. 2022. 지식서가.

통계청. 2024 암종별 발생률. Retrieved from https://kosis.kr/statHtml/statHtml.do?orgId=117&tblId=DT_117N_A00124&vw_cd=MT_ZTITLE&list_id=F_35&scrId=&seqNo=&lang_mode=ko&obj_var_id=&itm_id=&conn_path=MT_ZTITLE&path=%252FstatisticsList%252FstatisticsListIndex.do

Bartley EJ, Fillingim RB. Sex differences in pain: A brief review of clinical and experimental findings. Br J Anaesth. 2013;111(1):52-8. https://doi.org/10.1093/bja/aet127

Burks ML, Cozzi GD, Wang L, Jagasia SM, Chakkalakal RJ. Socioeconomic status and care metrics for women diagnosed with gestational diabetes mellitus. Clin Diabetes. 2017;35(4):217-226. https://doi.org/10.2337/cd16-0064

Caini S, Gibelli B, Palli D, Saieva C, Ruscica M, Gandini S. Menstrual and reproductive history and use of exogenous sex hormones and risk of thyroid cancer among women: A meta-analysis of prospective studies. Cancer Causes Control. 2015;26(4):511-518. https://doi.org/10.1007/s10552-015-0546-z

Cruz-Jentoft AJ, Baeyens JP, Bauer JM, et al. Sarcopenia: European consensus on definition and diagnosis: report of the European working group on sarcopenia in older people. Age Ageing. 2010;39(4):412-423. https://doi.org/10.1093/ageing/afq034

Cruz-Jentoft AJ, Landi F, Schneider SM, et al. Prevalence of and interventions for sarcopenia in ageing adults: A systematic review. Report of the International Sarcopenia Initiative (EWGSOP and IWGS) Age Ageing. 2014;43(6):748-759. https://doi.org/10.1093/ageing/afu115

Derwahl M, Nicula D. Estrogen and its role in thyroid cancer. Endocr Relat Cancer. 2014;21(5):T273-83.

Goedecke JH, George C, Veras K, et al. Sex differences in insulin sensitivity and insulin response with increasing age in black South African men and women. Diabetes Res Clin Pract. 2016;122:207-214. https://doi.org/10.1016/j.diabres.2016.11.005.

Guastamacchia E, Triggiani V, Aglialoro A, et al. Italian Association of Clinical Endocrinologists (AME) & Italian Association of Clinical Diabetologists (AMD) position statement: Diabetes mellitus and thyroid disorders: recommendations for clinical practice. Endocrine. 2015;49(2):339-352. https://doi.org/10.1007/s12020-014-0474-9

Karp I, Chen SF, Pilote L. Sex differences in the effectiveness of statins after myocardial infarction. CMAJ. 2007;176(3):333-338. https://doi.org/10.1503/cmaj.060627

Kautzky-Willer A, Harreiter J, Pacini G. Sex and gender differences in risk, pathophysiology and complications of type 2 diabetes mellitus. Endocr Rev. 2016;37(3):278-316. https://doi.org/10.1210/er.2015-1137.

Kim SH, Lee SY. Kim CW, et al. Impact of socioeconomic status on health behaviors, metabolic control, and chronic complications in type 2 diabetes mellitus. Diabetes Metab J. 2018;42(5):380-393. https://doi.org/10.4093/dmj.2017.0102

Lauretta R, Sansone M, Sansone A, Romanelli F, Appetecchia M. Gender in endocrine diseases: Role of sex gonadal hormones. Int J Endocrinol. 2018:4847376. https://doi.org/10.1155/2018/4847376

Li H, Li J. Thyroid disorders in women. Minerva Med. 2015;106(2):109-114.

Lowry E, Rautio N, Karhunen V, et al. Understanding the complexity of glycaemic health: systematic bio-psychosocial modelling of fasting glucose in middle-age adults: A DynaHEALTH study. Int J Obes (Lond). 2019;43(6):1181-1192. https://doi.org/10.1038/s41366-018-0175-1

Male & female sex hormones-definition & functions. Certified medical magazine, retrieved from https://www.invitra.com/en/sex-hormones/

Manicardi V, Russo G, Napoli A, et al. Gender-disparities in adults with type 1 diabetes: more than a quality of care issue. A cross-sectional observational study from the AMD Annals initiative. PLoS One. 2016;11(10):e0162960. https://doi.org/10.1371/journal.pone.0162960

Mauvais-Jarvis F. Gender differences in glucose homeostasis and diabetes. Physiol Behav. 2018;187:20-23. https://doi.org/10.1016/j.physbeh.2017.08.016

Mayes JS, Watson GH. Direct effects of sex steroid hormones on adipose tissues and obesity. Obes Rev. 2004;5(4):197-216. https://doi.org/10.1111/j.1467-789X.2004.00152.x.

Merrill SJ, Mu Y. Thyroid autoimmunity as a window to autoimmunity: an explanation for sex differences in the prevalence of thyroid autoimmunity. J Theor Biol. 2015;375:95-100. https://doi.org/10.1016/j.jtbi.2014.12.015

Meyer MR, Clegg DJ. Prossnitz ER, Barton M. Obesity, insulin resistance and diabetes: sex differences and role of estrogen receptors. Acta Physiologica. 2011;203(1):259-269. https://doi.org/10.1111/j.1748-1716.2010.02237.x

Mittendorfer B. Insulin resistance: sex matters. Curr Opin Clin Nutr Metab Care. 2005;8(4):367-372. https://doi.org/10.1097/01.mco.0000172574.64019.98

Park CH, Do JG, Lee YT, Yoon KJ. Sex difference in cutoff and prevalence of sarcopenia among 300,090 urban Korean population: Association with metabolic syndrome. Medicina (Kaunas). 2022;58(10):1361. https://doi.org/10.3390/medicina58101361

Quan H, Zhang H, Wei W, Fang T. Gender-related different effects of a combined therapy of exenatide and metformin on overweight or obesity patients with type 2 diabetes mellitus. J Diabetes Complications. 2016;30(4):686-692. https://doi.org/10.1016/j.jdiacomp.2016.01.013

Rahbari R, Zhang L, Kebebew E. Thyroid cancer gender disparity. Future Oncol. 2010;6(11):1771-1779. https://doi.org/10.2217/fon.10.127

Rossi MC, Cristofaro MR, Gentile S, et al. Sex disparities in the quality of diabetes care: Biological and cultural factors may play a different role for different outcomes: a cross-sectional observational study from the AMD Annals initiative. Diabetes Care. 2013;36(10):3162-3168. https://doi.org/10.2337/dc13-0184

Sattar N. Gender aspects in type 2 diabetes mellitus and cardiometabolic risk. Best Pract Res Clin Endocrinol Metab. 2013;27(4):501-507. https://doi.org/10.1016/j.beem.2013.05.006

Tiidus PM, Lowe DA, Brown M. Estrogen replacement and skeletal muscle: mechanisms and population health. J Appl Physiol. 2013;115(5):569-578. https://doi.org/10.1152/japplphysiol.00629.2013

Zhu J, Zhu X, Tu C, et al. Parity and thyroid cancer risk: A meta-analysis of epidemiological studies. Cancer Med. 2016;5(4):739-752. https://doi.org/10.1002/cam4.604

03 PART

사회학적 관점에서의 성차

CHAPTER 1

취약계층의 건강서비스 접근과 성차

유미 경상국립대학교 간호대학 간호관리학

요약문

- 취약계층은 사회적, 경제적으로 불리한 위치에 있는 사람들로, 건강서비스 접근에서 차별을 받을 가능성이 크다. 이러한 취약계층에는 여성, 아동, 노인, 장애인, 정신질환자, 이민자, 성소수자 등이 포함된다.
- 건강불평등은 인구 집단 내에서 건강 결과의 차이를 의미하고, 건강 불형평은 불공정하고 부당한 건강 격차를 말한다. 이는 사회적 해결이 가능함에도 개선되지 않는 불평등을 지칭한다.
- 건강서비스 접근성은 지리적 접근성, 경제적 접근성, 서비스 수용성, 서비스 품질, 정보 접근성 등의 요소로 구성된다. 각 요소가 제대로 충족되지 않으면 서비스 접근에 장애가 생기며, 특히 취약계층이 큰 어려움을 겪는다.
- 젠더는 건강서비스 접근과 이용에 중요한 요인으로 작용한다. 예를 들어 개발도상국에서 여성은 남성보다 의료서비스 접근에서 불리하며, 특히 조기 결혼, 경제적 종속 등이 문제로 작용한다. 또한, 여성들은 경제적 불평등, 가족 돌봄 책임 증가 등으로 인해 자신의 건강을 돌보지 못하는 경우가 많다.
- 여성 의료인들의 승진과 고용 실태, 환자 치료 시 성별 편향에서 의료시스템 내 젠더 불평등이 존재한다. 여성은 남성과 달리 건강 불만이 과장되거나 심리적 원인으로 해석되는 경우가 많으며, 특히 심혈관 치료에서 두드러진다.

서론

현대 사회에서 건강은 단순한 개인의 문제가 아니라 사회적, 경제적, 문화적 요인과 밀접한 관련이 있다. 건강불평등과 건강 불형평은 사회적 불공정성과 구조적 문제를 반영하며, 단순한 개인의 건강 상태를 넘어 정책적 개입이 필요한 영역이다. 특히 취약계층은 경제적 어려움, 사회적 차별, 정보 부족 등의 이유로 의료서비스에 대한 접근성이 제한될 가능성이 크다. 특히 여성은 경제적 종속, 전통문화와 사회적 문제로 의료서비스 접근에서 불리한 것으로 알려져 있다. 성차(gender gap)는 건강서비스 접근성과 이용에 있어 크게 영향을 미친다. 많은 국가에서 여성은 남성보다 의료서비스 접근에서 불리하며, 이는 경제적 종속, 가족 돌봄 책임, 전통적 성역할 등의 문제와 연관되어 있다. 개발도상국에서는 조혼, 교육 기회 부족, 가정 내 의사결정권 제한 등이 여성의 건강을 위협하는 주요 요인으로 작용한다. 뿐만 아니라 의료시스템 내에서도 성별에 따른 차별이 존재한다. 여성의 건강 문제는 종종 과소평가되거나 심리적 요인으로 치부되며, 의료 연구와 정책에서 남성 중심적인 기준이 적용되는 경우가 많다. 심혈관 질환 치료와 같은 분야에서는 이러한 차이가 더욱 두드러진다.

본 장에서는 취약계층의 건강서비스 접근성과 성차의 문제를 중심으로 주요 장벽을 분석하고, 간호학적 관점에서 문제개선을 위한 방안을 살펴보겠다. 이를 통해 의료서비스의 형평성을 높이고, 취약계층과 성별에 따른 건강불평등을 해소하는 데 기여할 수 있는 간호학적 관점을 제시하고자 한다.

1. 취약계층과 건강서비스 접근의 형평성

본 장에서는 취약계층을 중심으로 건강서비스 접근에 있어 문제점과 차이를 설명하고, 젠더 불평등과 제한된 젠더 규범이 건강서비스 접근성에 차이를 초래하고 궁극적으로 개인의 건강에 영향을 미치는 요인으로 작용하는 사례를 설명한다.

1) 취약계층

취약성(vulnerability)은 라틴어 상처(wound)라는 의미로부터 유래된 단어로 '대다수에 비하여 정신적, 신체적, 사회적으로 피해를 입어 상처받기 쉬운 약한 상태'라고 볼 수 있다. 취약계층은 사회경제적으로 약자 위치에 있거나, 예기치 않은 사고, 어쩔 수 없는 사회적 위험(노령)으로 인하여 발생하는 계층으로, 개인적 속성, 사회적 위치, 생애 과정이 병행적으로 적용한다. 사회적 약자에는 장애인, 이민자, 편부모 가정이, 생애 과정에는 출산 여성, 고령층 등이 포함된다.

국제간호협의회(international council of nurses, ICN)의 'The ICN Code of Ethics'와 한국 간호사 윤리강령에서는 간호사와 대상자와의 관계에 있어 '간호사는 취약한 환경에 처해 있는 간호대상자를 보호하고 돌볼 것'을 명시하고 있으며, 간호사는 자신의 권익을 위한 주장과 의사결정이 어려운 취약한 대상자의 인권을 옹호해야 한다고 기술하고 있다. 취약한 간호대상자는 노인, 여성, 아동, 정신질환자, 장애인, 소수인종(다문화 가정), 불법체류자, 난민, 시설수감자, 노숙자, 성소수자, 극빈자 등이 포함된다. 또한, 간호사는 취약한 환경에 있는 간호대상자들이 의료자원의 분배나 진료 및 간호 우선순위 결정에서 불이익을 받지 않도록 그들의 권익을 대변하고, 신체적, 정신적, 성적 학대를 받지 않도록 감시, 보호해야 한다고 하고 있다.

취약계층은 그 자체로 상실, 고난, 고통의 가능성이 있으면서 동시에 사회에서 낙인, 차별, 하찮은 존재로 인식되는 이중적 위험에 노출되어 있다. 특히 다문화가정, 경제적 취약계층(기초생활 수급자, 차상위계층, 노숙자), 사회규정에 벗어난 이들(성매개질환자, 마약중독자, 알코올중독자)의 경우 그들에 대한 낙인과 차별 및 불명예로 인해 사회로부터 버림받을 수 있는 위험에 노출되어 있다.

이러한 이중적 위험을 설명하는 이론은 그림 1과 같이 제시될 수 있다.

그림 1 이중적 위험에 대한 이론의 예시

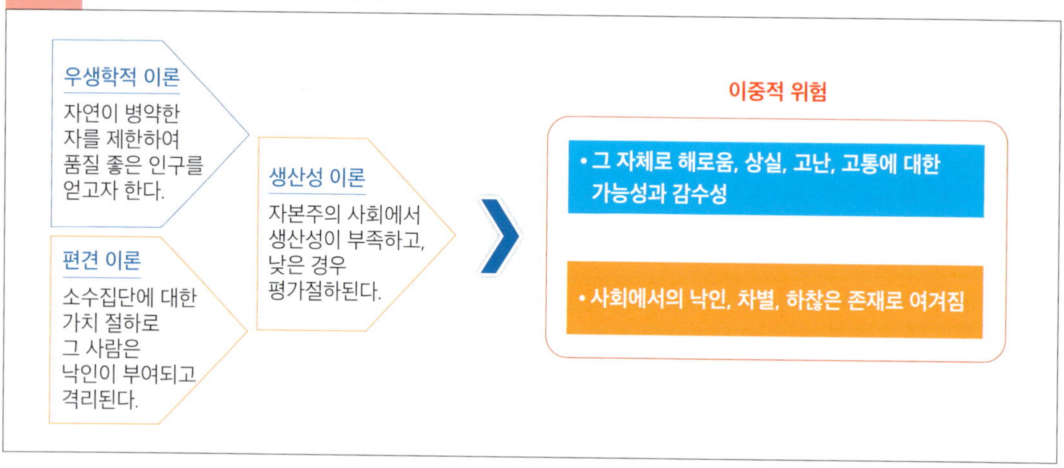

이처럼 사람들이 도덕적 사회로부터 개인 혹은 일개 집단에 대해 하찮은 존재로 여겨지고 배제될 때, 공평한 기회가 박탈당하게 되며 이러한 과정들은 공정한 경쟁을 방해한다.

2) 건강불평등·건강불형평 개념

Daniels가 건강은 '정상적 기회 범위(normal opportunity range)를 가능하게 하는 기초'라고 하였듯이 건강은 가치 있는 인간생활을 가능하게 하는 필수적인 전제조건이다. 따라서 건강에 있어 불평등은 정의에 어긋남을 의미한다. 건강불평등과 건강불형평의 관계는 그림 2와 같이 나타낼 수 있다.

건강불평등(health inequality)이란 개인들이나 집단들 사이에 보이는 건강수준의 차이(difference), 변이(variation), 격차(disparities)를 지칭하는 용어로, 인구 집단 내에서 건강 결과가 불평등하게 분포되어 있음을 의미한다. 이는 소득, 교육, 인종 등의 다양한 요인에 따라 그룹 간의 건강 격차를 반영하는 기술적인 용어이다.

건강불형평(health inequity)은 건강형평성(health equity)에 반하는 개념으로 불공정이나 부당함에서 비롯된 피할 수 있는 불평등이라는 의미이다. 건강불평등이 측정 가능한 양적 차이를 나타내는 수량적 개념이라면, 건강불형평은 사회적 조치로 해결할 수 있으나 해결되지 못한 경우 발생하는 건강 격차에 대한 가치판단을 내포한 윤리적, 도덕적 개념이다.

그림 2 건강불평등, 건강불형평의 개념

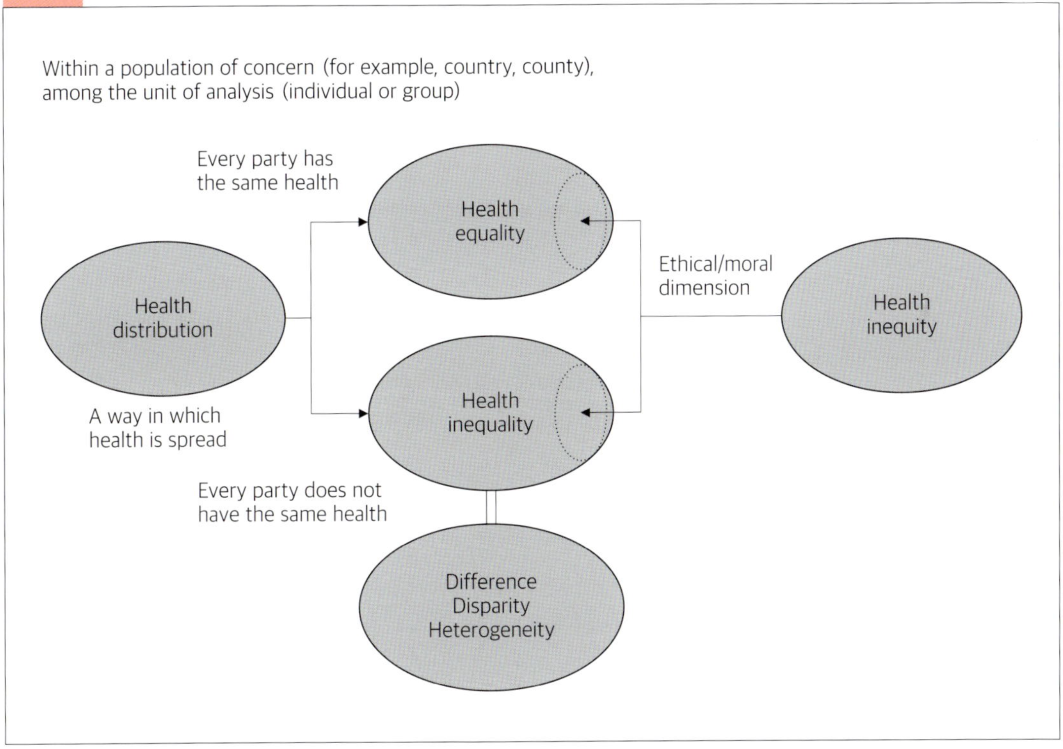

출처: Asada Y. A Framework for Measuring Health Inequity. J Epidemiol Community Health. 2005;59(8):700-705.

건강에서 개인 간 변이가 아닌 사회경제적 위치 지표에 따른 건강수준의 차이는 사회경제적 건강불평등으로 표현할 수 있으며 건강형평성은 '사회경제적 건강불평등'을 의미한다고 볼 수 있다.

건강은 개인의 문제가 아닌 사회적 산물의 결과이며, 개인의 건강수준은 계층별 · 지역별로 다를 수 있으며 건강불평등은 사회경제적 구조가 변화하면서 악화되거나 완화된다. Whitehead (1992)는 사회경제적 상태에 따른 건강불평등은 개인의 선택에 의해서가 아니라 사회적으로 주어진 것으로 보았다.

우리나라에서 조사한 1992년에서 2010년 사이 성별에 따른 건강에 관한 자가평가(self-rated health) 유병률 자료를 보면(표 1) 시간이 지날수록 성별 격차가 줄어드는 모습을 보여주지만, 여성의 경우 건강에 관한 자가평가에서 유병률이 남성보다 일관되게 높은 패턴을 보였다. 1992년 자신의 건강이 나쁘다고 평가하는 비율이 남성은 연령대에 따라 6.7-29.6%이고 여성은 13.7-41.3%로 남성보다 높았고, 2010년도에도 남성은 5.5-19.9%이나 여성은 6.3-31.5%로 남성보다 높게 나타났다. 성별간 발생률 차이를 비교한 결과, 1992년 11.8%인 것에 비해 2010년 4.3%로 감소하였지만, 연령 외에 교육수준, 직업, 고용상태 지표에서도 남성이 여성보다 일관되게 더 나은 건강상태를 보였다.

표 1 Subgroup specific age-adjusted prevalence[1] (%) of poor self-rated health and 95% confidence intervals by gender and year: prevalence based on subgroup numbers from the 1992, 1995, 1999, 2003, 2006, and 2010 Social Statistics Surveys (SSS) of Korea

	1992	1995	1999	2003	2006	2010
Men						
Age (y)						
25-34	6.7 (6.1, 7.2)	8.8 (8.2, 9.4)	7.1 (6.5, 7.7)	5.6 (5.0, 6.1)	4.3 (3.8, 4.9)	5.5 (4.6, 6.4)
35-44	11.1 (10.3, 11.8)	12.9 (12.2, 13.7)	10.5 (9.7, 11.2)	8.3 (7.7, 9.0)	7.0 (6.4, 7.7)	7.5 (6.6, 8.4)
45-54	17.6 (16.5, 18.6)	20.1 (18.9, 21.2)	18.2 (17.0, 19.3)	15.8 (14.8, 16.9)	12.9 (12.0, 13.7)	12.1 (10.9, 13.2)
55-64	29.6 (27.9, 31.3)	28.5 (26.8, 30.1)	27.9 (26.3, 29.6)	26.5 (24.9, 28.1)	23.0 (21.4, 24.5)	19.9 (18.1, 21.7)
Education						
Tertiary	8.0 (71, 8.8)	10.4 (9.5, 11.2)	8.7 (7.9, 9.5)	6.6 (5.9, 7.2)	6.3 (5.7, 6.9)	6.7 (5.9, 7.4)
Secondary	11.7 (10.9, 12.5)	14.1 (13.3, 14.8)	13.1 (12.3, 13.8)	11.3 (10.6,1 1.9)	10.0 (9.3, 10.6)	10.6 (9.6, 11.7)
Primary	18.6 (17.7, 19.4)	21.5 (20.4, 22.7)	20.5 (18.9, 22.1)	22.4 (19.7, 25.1)	19.0 (15.7, 22.2)	20.9 (15.9, 26.1)
Occupation						
Professional	6.7 (5.5, 7.8)	9.2 (8.1, 10.4)	6.3 (5.1, 7.4)	5.3 (4.2, 6.4)	4.8 (3.9, 5.8)	6.4 (3.5, 9.3)[2]
Non-manual	10.8 (9.8, 11.8)	9.9 (8.8, 11.0)	8.8 (7.6, 10.0)	6.4 (5.5, 7.4)	5.7 (4.7, 6.7)	5.3 (4.4, 6.1)[2]
Manual	13.8 (13.2, 14.3)	15.3 (14.7, 15.9)	13.1 (12.5, 13.7)	11.3 (10.7, 11.8)	9.0 (8.5, 9.5)	8.8 (8.0, 9.6)
Others	30.8 (28.5, 33.1)	37.8 (34.9, 40.7)	28.2 (26.2, 30.3)	29.0 (26.9, 31.0)	25.0 (23.1, 26.9)	17.7 (16.1, 19.3)
Employment status						
Full-time	8.8 (8.2, 9.4)	11.1 (10.5, 11.7)	8.3 (7.6, 9.0)	6.6 (6.1, 7.2)	5.9 (5.4, 6.5)	7.5 (6.8, 8.1)[3]
Part-time	15.7 (14.5, 16.9)	18.0 (16.7, 19.3)	15.1 (13.9, 16.3)	12.8 (11.7, 13.8)	10.3 (9.3, 11.2)	,
Self-employed	13.8 (12.9, 14.7)	15.0 (14.0, 16.0)	13.0 (12.1, 13.9)	11.7 (10.6, 12.8)	8.5 (7.6, 9.4)	9.4 (7.7, 11.0)
Unpaid-employed	23.9 (17.7, 30.0)	17.0 (9.6, 24.4)	20.2 (13.0, 27.4)	17.6 (10.1, 25.2)	17.5 (11.4, 23.5)	12.9 (5.0, 20.7)
Others	38.6 (35.5, 41.7)	39.1 (36.0, 42.2)	28.8 (26.7, 30.8)	29.4 (27.3, 31.5)	25.6 (23.6, 27.6)	21.0 (18.8, 23.2)

(계속)

Women						
Age (y)						
25-34	13.7 (13.0, 14.4)	12.7 (12.0, 13.4)	11.8 (11.0, 12.6)	7.0 (6.4, 7.7)	5.3 (4.8, 5.9)	6.3 (5.4, 7.2)
35-44	23.5 (22.4, 24.6)	23.4 (22.3, 24.4)	20.8 (19.8, 21.8)	12.6 (11.9, 13.4)	9.0 (8.3, 9.7)	9.5 (8.5, 10.5)
45-54	33.1 (31.7, 34.6)	33.8 (32.3, 35.3)	34.2 (32.6, 35.8)	27.2 (25.9, 28.5)	20.0 (18.9, 21.1)	17.3 (16.0, 18.6)
55-64	41.3 (39.5, 43.1)	44.8 (42.9, 46.7)	46.3 (44.3, 48.4)	45.2 (43.2, 47.2)	37.5 (35.6, 39.3)	31.5 (29.3, 33.8)
Education						
Tertiary	17.2 (14.5, 19.9)	16.8 (14.3, 19.3)	18.0 (15.4, 20.6)	10.3 (8.8, 11.9)	7.8 (6.7, 9.0)	7.9 (6.8, 9.1)
Secondary	21.1 (19.5, 22.7)	21.5 (20.1, 22.9)	21.3 (19.9, 22.6)	15.6 (14.6, 16.6)	13.3 (12.4, 14.2)	12.2 (11.1, 13.2)
Primary	28.2 (27.4, 29.0)	28.8 (27.8, 29.8)	29.6 (28.1, 31.0)	27.7 (24.9, 30.4)	19.6 (17.3, 21.9)	21.9 (17.8, 25.9)
Occupation						
Professional	21.2 (16.7, 25.8)	11.9 (9.1, 14.7)	11.9 (8.2, 15.6)	8.2 (5.5, 10.9)	5.3 (3.1, 7.5)	11.6 (4.5, 18.7)[2]
Non-manual	22.9 (21.2, 24.6)	21.0 (16.0, 25.9)	16.3 (11.7, 20.9)	9.9 (7.1, 12.7)	8.1 (5.6, 10.7)	8.8 (6.4, 11.3)[2]
Manual	23.2 (22.3, 24.1)	24.5 (23.6, 25.3)	24.3 (23.3, 25.2)	19.3 (18.4, 20.1)	14.8 (14.0, 15.6)	13.8 (12.5, 15.2)
Others	29.9 (28.9, 30.9)	29.8 (28.7, 30.8)	28.7 (27.7, 29.8)	22.5 (21.6, 23.3)	17.7 (17.0, 18.5)	15.5 (14.6, 16.4)
Employment status						
Full-time	18.1 (16.0, 20.2)	19.1 (17.3, 20.9)	17.7 (15.3, 20.1)	13.1 (11.3, 14.8)	10.0 (8.3, 11.6)	12.8 (11.7, 13.9)[3]
Part-time	26.0 (24.4, 27.5)	25.8 (24.4, 27.2)	24.3 (22.9, 25.6)	18.8 (17.6, 20.0)	14.6 (13.6, 15.7)	,
Self-employed	23.9 (22.2, 25.6)	25.2 (23.4, 26.9)	24.8 (22.7, 26.8)	18.4 (16.7, 20.1)	15.3 (13.6, 17.0)	15.2 (12.4, 18.0)
Unpaid-employed	22.1 (20.8, 23.4)	23.5 (22.1, 24.9)	25.0 (23.2, 26.7)	19.5 (17.5, 21.4)	13.1 (11.9, 14.5)	12.3 (9.7, 15.0)
Others	30.0 (29.0, 31.0)	29.7 (28.7, 30.8)	28.7 (27.7, 29.8)	22.4 (21.6, 23.3)	17.7 (17.0, 18.5)	15.4 (14.5, 16.4)
Gender gap						
Men	14.2 (13.8, 14.7)	15.9 (15.4, 16.4)	14.1 (13.6, 14.6)	12.2 (11.7, 12.6)	10.2 (9.7, 10.6)	9.9 (9.4, 10.5)
Women	26.0 (25.4, 26.6)	26.4 (25.8, 27.0)	25.8 (25.1, 26.4)	20.0 (19.5, 20.6)	15.4 (14.9, 15.9)	14.2 (13.6, 14.8)
Prevalence difference (women-men)	11.8	10.5	11.7	7.8	5.2	4.3

[1] Age adjusted prevalence rates were calculated with age adjustments based on one-year age groups using the direct method of standardization to the age distribution in the 2000 census.

[2] In contrast with other years' SSS samples, in the 2010 SSS sample, the age adjusted prevalence rates were calculated for the professional occupation group that only included legislators, senior managers, and administrators, and for the non-manual occupational group that included professionals, technicians, paraprofessionals, and office workers.

[3] The age adjusted prevalence rates were calculated for workers who combine the numbers of full-time and part-time workers.

출처: Chun H, et al. Trends in gender-based health inequality in a transitional society: A historical hnalysis of South Korea. J Prev Med Public Health. 2012;45(2):113-121.

3) 건강서비스 접근의 개념과 건강결정요인

양질의 예방적 및 치료적 의료서비스에 신속하게 접근하는 것은 건강 유지에 중요한 역할을 한다. 의료서비스 접근성은 중요한 사회적 건강결정요인으로 간주된다. 유럽연합(EU)에서도 건강서비스 접근이 하나의 권리이며, European Pillar of Social Rights의 주요 원칙에 해당된다.

WHO의 건강불평등 설명모델에 따르면 건강결정요인(determinants of health)은 '개인이나 인구집단의 건강상태를 결정하는 개인적, 사회적, 경제적, 환경적 요인들의 범위'로 정의되며 주로 개인적 특성, 사회적 지지체계, 소득, 취업상태, 교육수준, 건강행태, 보건의료체계, 사회경제적 지위(계층) 등이 관여된다(그림 3).

그림 3 WHO. 건강의 사회적 결정요인 및 건강불평등 설명 모형

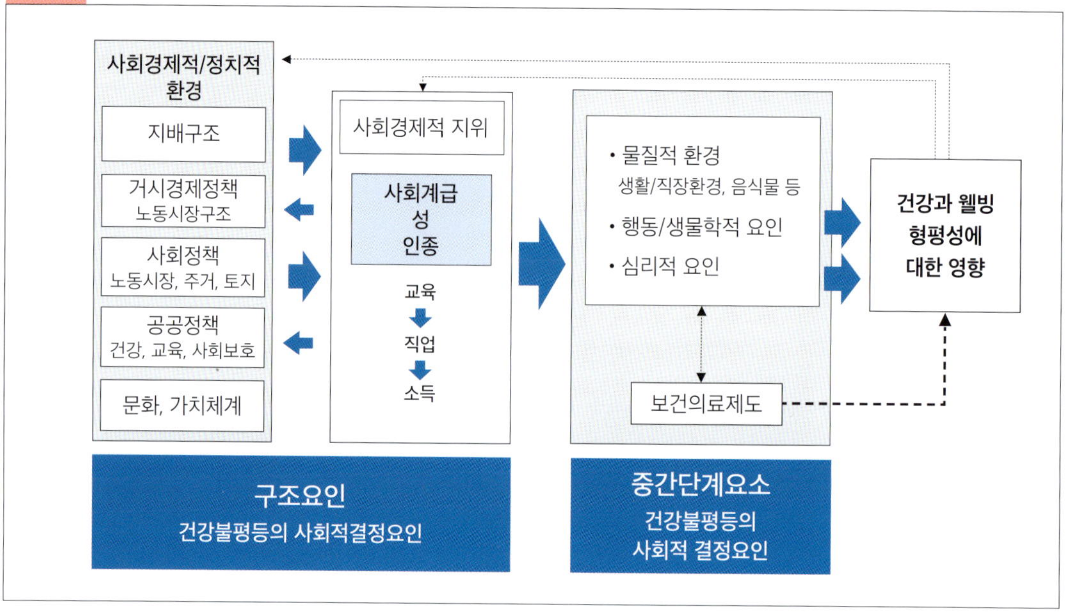

출처: Asada Y. A Framework for Measuring Health Inequity. J Epidemiol Community Health. 2005;59(8):700-705.

건강서비스 접근(healthcare service access)이란 사람들이 필요할 때 적절한 건강관리 서비스를 이용할 수 있는 능력으로, 의료서비스를 이용하기 위한 다양한 요소 즉, 물리적, 경제적, 사회적 장벽을 모두 포함한다. 여기에는 건강 보장, 질병 예방 서비스, 적시의 의료서비스 이용, 유능한 의료인력 확보가 포함되어 있다.

건강서비스 접근에 장애가 되는 요인은 비용 문제, 차별 경험, 문화적 민감성 및 성별 민감성 부족과 관련되어 있다. 따라서 건강서비스 미충족의 이유 혹은 필요한 건강서비스를 이용하지 못하는 이유를 탐구하면, 특정 집단에 영향을 미치는 중요한 결정요인과 불평등을 확인할 수 있으며 다음과 같은 요소가 있다.

- 지리적 접근성(geographical access): 의료서비스의 물리적 거리 또는 위치와 관련된 개념으로, 사람들이 의료 시설에 쉽게 접근할 수 있는지를 의미한다. 교통수단, 인프라 등이 중요한 요소로 작용한다.
- 경제적 접근성(economic access): 의료서비스 비용 부담 능력을 의미하며, 사람들이 의료서비스에 대해 지불할 수 있는 경제적 여건이 되는지를 판단하며, 건강보험의 유무, 의료서비스 비용, 소득 수준 등이 포함된다.
- 서비스의 수용 가능성(acceptability of services): 제공되는 의료서비스가 지역 사회의 문

화적, 사회적 규범과 얼마나 부합하는지를 의미한다. 성별, 연령, 인종, 종교 등의 이유로 차별이나 편견의 존재 여부가 중요한 요소이다.

- 서비스 품질(quality of services): 단순히 의료서비스에 접근할 수 있는 것뿐만 아니라 그 서비스가 효과적이고 안전하며 환자의 필요를 충족시키는지를 의미한다.
- 정보 접근성(informational access): 사람들이 필요한 건강 정보에 쉽게 접근할 수 있는 능력을 의미한다. 이는 건강 교육, 건강 정보의 전달 방식, 그리고 의료 결정에 대한 충분한 이해를 포함한다.

이러한 요소들은 상호작용하여 건강서비스 접근성을 형성하며, 각 요소가 제대로 충족되지 않으면 서비스 접근성에 장애가 발생할 수 있다.

구체적으로 경제적 상태, 연령, 결혼 상태, 교육 수준, 민족, 종교, 신분 제도, 장애, 노숙 상태 및 이주 신분 등은 사회적 낙인과 차별을 유발할 수 있으며, 이는 건강서비스 접근과 이용에 영향을 미친다.

2. 젠더 불평등과 건강 문제

1) 건강서비스 접근에서의 젠더 불평등 현황과 건강문제

젠더는 전통적인 남성과 여성이라는 이분법적 성별로 정확히 표현되지 않는다. 오히려, 젠더는 모든 인간의 삶의 경험을 구조화하는 복잡한 사회적 체계이다.

젠더 불평등은 다른 사회적 지위와 교차하여 건강서비스 접근에 장애를 일으킨다. 젠더 불평등과 규범(gender inequalities and norms)은 사회경제적, 지리적, 문화적 요인과 교차하여 건강서비스 접근 시 구조적 장애물을 만든다(WHO, 2019). 특히, 독신 부모, 노인, 이주민, 장애인과 같은 다양한 인구집단 및 여성들은 취약한 집단으로 건강서비스 요구를 충족하지 못할 가능성이 크다. 성별은 건강서비스 접근 및 이용, 건강불평등을 결정하는 주요 구조적 요인 혹은 결정요인으로 간주된다.

개발도상국가인 파키스탄에서는 여성으로 태어난 순간부터 차별을 경험하며, 이는 평생 이어진다. 남성들에 비해 여성은 교육, 고용 기회뿐만 아니라 건강서비스 접근성에서 불리한 위치에 있고 이는 건강 결과에 악영향을 미치게 된다. 여성은 어린 시절부터 충분한 영양과 의료서비스를 받지 못하고, 교육 기회에서도 남성보다 적어 글을 읽는 비율이 남성의 2/3 수준이다. 이로 인해 여성들은 성인이 되어서도 경제적, 사회적으로 종속적인 위치에 놓이게 되며, 특히, 조혼 관행이 여전히 만연해 있어 42% 정도가 20세 이전에 조기임신을 하며, 이와 관련된 건강 문제와 가정 내에서 폭력에 노출될 가능성을 높이는 요인으로 작용한다.

중국의 경우 사회주의 계획경제에서 시장경제로 전환하면서 젠더불평등이 더욱 심화되었다. 중국 여성들은 가정 내 돌봄과 같은 사적 영역에서의 책임을 더 많이 떠맡게 되었다. 즉, 여성의 고용 기회와 소득에서의 불평등이 커졌고 여성들은 건강 관리에 필요한 자원에 대한 접근이 제한되었으며, 특히 취약계층의 여성들이 더욱 불리한 상황에 놓이게 되었다. 또한, 중국의 전통적인 성 역할에 따른 고정관념은 여성들이 건강관리 서비스에 접근하는 데 있어 걸림돌이 되고 있는데, 특히 가정 내 돌봄 책임이 여성에게 집중되면서, 여성들은 자신의 건강보다는 가족의 건강을 우선시하는 경향이 있다. 결과적으로 중국의 건강서비스와 젠더 불평등은 시장화와 전통적인 성 역할의 지속으로 인해 악화되고 있으며, 여성들의 건강관리에 대한 접근이 제한되고 있다.

이러한 사회체제에서 드러나는 문제는 성차별과 가부장제가 인종차별, 계급주의와 같은 다른 형태의 차별과 교차하여 건강에 나쁜 영향을 미치는 경로를 형성한다. 다시 말해 젠더 불평등과 제한적인 젠더 규범이 건강에 영향을 미치는데, 특히 차별적 노출, 건강 관련 행동, 그리고 의료 접근성 차이를 통해 건강에 영향을 미친다는 점이다.

Heise 등(2019)은 성별은 건강 결과를 결정짓는 가장 중요한 사회적 요인 중 하나임에도 불구하고, 전 세계적으로 건강 공동체는 이러한 성별 문제를 제대로 인식하지 못하고 있다고 지적하였다. 그림 4는 젠더시스템과 건강과의 관련성을 보여준다. 즉, 신생아는 남성 또는 여성의 유전적 특성, 신체적 특징, 성기, 호르몬과 같은 특정 생물학적 속성을 가지고 세상에 태어난다. 태어난 아동은 곧바로 젠더 시스템에 들어가게 되는데, 이 시스템은 가족, 지역사회, 기관, 구조 및 정책의 영역으로 구성된 일련의 상호 연동하는 톱니바퀴로 묘사된다. 이 시스템 안에서 권력이 분배되고 규범이 창조, 주입, 그리고 강화되는 방식으로 작용하며, 다른 권력 및 특권 축과 상호작용하여 개인의 사회적 위치를 형성한다. 젠더 불평등과 제한적인 젠더 규범은 다양한 경로를 통해 사람들의 건강과 웰빙에 차별적인 패턴을 만들어내며, 건강 결과는 성별 그 자체의 기능이기도 하고 젠더 시스템을 통해 매개되지 않는 경우도 물론 있다(점선 화살표로 표시됨). 사회적 과정이 건강 결과에 영향을 미치는 두 가지 직접적인 경로는 구조적 · 사회적 건강결정요인(상단 막대)과 구현 및 누적 부담(하단 막대)이다. 이러한 설명은 젠더가 단순히 생물학적인 성별 이상의 사회적, 구조적 요인과 복합적으로 작용하여 개인의 삶 전반에 걸쳐 건강에 영향을 미친다는 것을 시사한다(그림 4).

그림 4 젠더 시스템과 건강과 개념적 틀

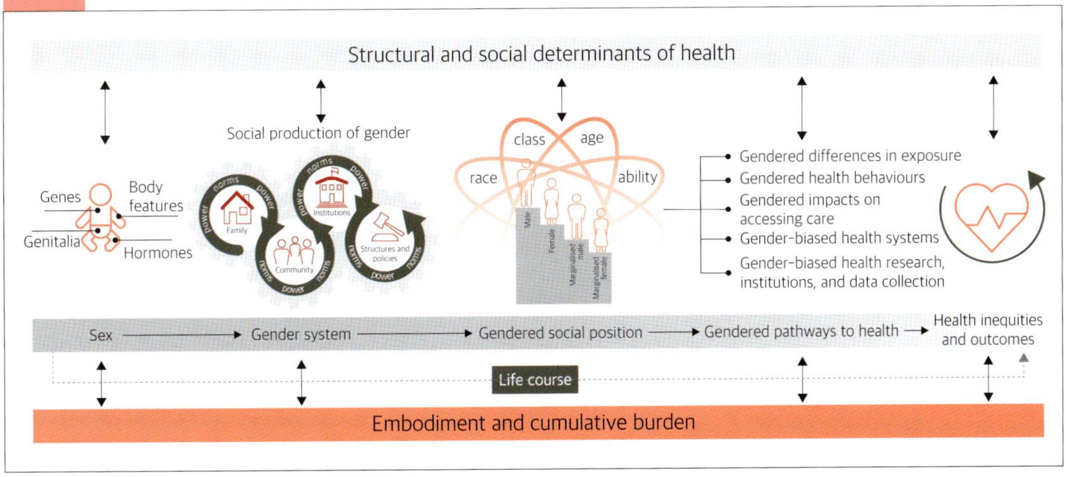

출처: Heise L, et al. Gender inequality and restrictive gender norms: framing the challenges to health. Lancet. 2019;393:2440-2454.

젠더 규범은 평생 건강에 영향을 미치게 되는데 이는 건강서비스 접근성에 영향을 미치기 때문이다. 예를 들어 '진정한 남성'은 아플 때 강인함을 보여야 한다는 기대가 있으며, '좋은 여성'은 자신의 건강을 희생하면서 가족의 필요를 돌보고 우선시해야 한다는 사회적 규범이 있다. 이러한 젠더 규범은 남성들이 모성 및 아동 건강관리에서 배제되는 방식으로 작용하며, 이는 일부 지역에서는 남성이 돌봄 같은 분야에 관여하지 않도록 만든다.

건강 관련 행동에 대한 젠더 규범은 개인의 자원, 시간, 권한 또는 허가 여부와 결합하여 의료서비스 이용 능력에 영향을 미친다. 65개 개발도상국을 대상으로 한 연구에서는 비용이 여성들의 의료서비스 접근을 방해하는 주요 요인으로 반복적으로 확인되었다. 재정적 자율성이 부족한 여성들은 교통비나 치료비를 충당하기 위해 남성에게 의존해야 한다. 저소득 환경에서는 여성들이 비공식 의료 제공자에게 의존하거나 저렴한 약을 사용하는 반면, 남성들은 자신의 건강에 더 많은 자원을 할애한다. 여성이 의료서비스를 받고자 할 때 남성이나 시어머니, 나이 든 가족 구성원이 결정하며, 남편의 동의를 받아야만 하는 경우도 있다.

그러나 여성의 의사결정 자율성과 경제적 자원 접근성이 증가하면 의료서비스 이용이 더 활발해지는 경향이 있다. 예를 들어 사하라 이남 아프리카 국가들에서는 여성의 의사결정 권한이 증가할수록 의료서비스 이용률이 증가하는 것으로 나타났다. 파키스탄의 경우, 여성의 의사결정 권한이 1% 증가하면 모성의 건강서비스 이용이 거의 10% 증가하는 것으로 나타났다.

2011/2012 캐나다 커뮤니티 건강 설문조사(Canadian Community Health Survey) 데이터를

사용하여, 인식된 건강서비스 요구의 불충족과 성별의 관련성을 분석한 연구에서 인식된 건강서비스 요구에 대한 불충족 정도가 여성 13.7%, 남성 10.1%(p <.001)로 여성이 유의하게 높았다(오즈비, 1.37; 95% 신뢰구간, 1.11-1.68). 즉, 여성들은 남성보다 의료서비스를 제대로 받지 못한 경험이 더 많았음을 의미한다. 이러한 결과는 캐나다의 보편적 건강 시스템 내에서도 성별이 사회경제적 불평등을 넘어 건강서비스 접근성의 차이가 있음을 시사한다. 그 이유로 가사노동 및 돌봄 책임이 주로 여성에게 주어진 사회적 역할로 인해 여성들이 건강관리에 접근하기 어려웠기 때문으로 보고되었다.

캐나다 연구에서 나타난 심질환과 젠더 불평등 사례를 보면, 심장질환자 중 여성들이 남성보다 심장질환의 진단과 치료를 받는 비율이 낮았으며, 심각한 심장질환이 발견될 때까지 진단이 늦어지는 경향이 있었다. 이로 인해 여성들은 진단이 늦어져 더 심각한 상태에서 치료를 받게 되고, 이는 심장질환 관련 사망률에도 영향을 미치게 된다. 이러한 젠더 차이는 의료시스템 내에서의 성별 편향과도 연관이 있다.

건강 위기 상황에서는 여러 병리적 상태와 사회적, 구조적 조건 간에 복잡한 관계가 형성되어, 사회적 건강불평등이 촉진되고 강화된다. 특히, 위기 상황에서 성별에 따른 질병 취약성과 사망률의 차이가 뚜렷하게 나타난다. 이러한 불평등은 질병에 걸릴 위험뿐만 아니라 의료서비스 접근 및 이용에서도 발생한다. 코로나19 팬데믹 동안 여성들은 경제적 불평등, 돌봄 역할의 증가, 의료서비스에 대한 접근성 제한으로 인해 남성보다 더 큰 영향을 받았다. 특히 저소득층 여성들이 비용, 시간 부족, 돌봄 책임 등의 이유로 의료서비스를 받지 못하는 경우가 많음이 지적되었다. 여성들은 비공식적인 가족 돌봄을 대부분 담당하면서 병리적 상태에 노출될 확률이 높아졌고 이로 인해 여성들은 근로 제약과 소득 감소를 더 자주 경험했으며, 이는 젠더의 이유로 여성들이 더 큰 질병 부담을 지게 되는 결과를 초래했다. 이로 인해 남성과 여성 간의 취약성 차이가 발생하고, 이러한 상황은 의사결정의 자유를 제한하며, 팬데믹과 관련된 건강실천과 의료서비스 이용에도 영향을 미치게 된다.

유럽연합보고에 따르면, 건강서비스 미충족 요구를 보고한 사람들 중 약 4분의 1은 너무 비싸서 감당할 수 없음과 같은 비용 문제가 주요 원인이었다. 다른 이유로는 '증상이 스스로 좋아지기를 기다리기 위해', '일, 자녀 돌봄 또는 다른 이들을 돌보느라 시간이 없어서' 등이 건강서비스 미충족의 원인이었다. 여기에서 여성은 남성보다 '비용(cost)'을 주요 이유로 더 많이 언급하는 경향이 있었으며, 이들은 재정적으로 불안정한 상황에 있는 여성들이었다. 특히 65세 이상 여성이 다른 연령집단의 여성보다 건강서비스 미충족 요구를 더 경험할 가능성이 높게 나타나 경제적 불평등의 축적과 관련이 있음을 보여주었다. 유럽연합국가 조사결과, 65세 이상인 여성의 4%, 남성의 3%가 의료서비스에 대한 미충족 요구가 있다는 점에 비추어볼 때 고령층이 의료서비스 접근성 문제를 더 많이 경험한다는 점과 여성들이 더 많은 영향을 받는다는 점을 보여주었다.

독신 여성, 특히 노년기에 접어든 여성들은 빈곤 위험이 가장 높다. 2019년 유럽연합(EU)의 자료에 따르면, 가구 구성, 나이, 교육 수준, 이주 신분 및 장애 여부가 여성과 남성 간 소득 격차에 영향을 미치며, 특히 독신 여성과 한부모 가정이 젠더 불평등을 크게 겪는다. 한부모 가정의 여성은 남성보다 구매력표준(purchasing power standard, PPS)이 2,125 PPS 적고, 독신 여성은 독신 남성보다 2,706 PPS 적게 번다. 평생에 걸쳐 이러한 소득 불평등은 더 증가되며 특히 노년층에서 성별 격차가 가장 크게 보인다. 65세 이상의 여성은 남성보다 1,934 PPS 적게 받고 있으며, 이는 성별 연금격차로 불리며, 연금에서의 성별 격차는 여성들이 연금수령 연령에 도달했을 때 빈곤 위험을 높이는 주요 원인으로 작용한다. 이러한 연금격차의 원인에는 출산으로 인한 여성의 경력 단절, 직업 분리, 연금 제도 차이, 그리고 평생 동안의 근로 강도와 임금 차이 등이 요인으로 작용한다.

다시 말해 대부분의 여성은 여전히 문화적 규범에 따라 돌봄 요구를 충족하기 위해 직업을 떠나거나 유급 근로 시간을 크게 줄여야 하는 상황에 처하는 경우가 많다. 이는 개인 소득, 교육 기회 및 재훈련 기회에 영향을 미치게 된다. 직업의 질은 개인 건강과 관련이 있으며, 불안정한 고용은 나쁜 건강 결과와 연관된다. 다시 말해 노동시장에서의 젠더 불평등이 건강에서의 불평등으로 이어질 수 있음을 시사한다. 일반적으로 고용 촉진과 더 나은 근로 조건을 장려하는 정책은 인구 건강을 개선하고 성별에 따른 건강불평등을 줄이는 데 기여한다.

한편 여러 연구는 다른 국가로의 이주민들의 건강 격차와 건강 요구가 일반인과 다를 수 있음을 말하고 있다. 이주민 여성들은 가족계획, 피임, 성적 및 생식 건강(Sexual and reproductive health, SRH) 서비스 접근이 더 제한적이다. 또한, 젠더, 사회경제적 지위, 이주 신분이 섞여 장애물로 작용하여 의료서비스 접근에 어려움을 겪을 수 있는데 이러한 장애물에는 건강 정보 부족, 문화적 및 종교적 신념, 사회적 · 노동적 · 행정적 상황에 대한 두려움, 주거 문제 및 긴급 경제적 요구, 부족하거나 전혀 없는 사회적 · 가족적 지원 네트워크가 포함된다. 더욱이 장애가 있는 경우 여성의 약 7%, 남성의 6%가 의료서비스 미충족을 보고하고 있다.

한편 트랜스 혹은 인터섹스 대상자나 LGBTQI[lesbian, gay, bisexual, transgender, queer/questioning(one's sexual or gender identity), and intersex]들은 의료서비스 기관의 직원으로부터 성적 지향 또는 성 정체성으로 인해 차별을 경험하기도 한다. 성별 편향은 의료 제공자가 빈곤층, 소외된 민족 또는 인종 그룹, 성적 또는 젠더 소수자를 대할 때 더욱 악화될 수 있다. 한 미국 연구에 따르면, 6,450명의 트랜스젠더 성인을 대상으로 한 조사에서 28%가 의료 환경에서 괴롭힘을 경험했으며, 19%는 치료를 거부당했고, 2%는 의사의 진료실에서 폭력을 경험했다고 한다. 이성애주의(heterosexism), 트랜스젠더 혐오(transphobia), 그리고 동성애 혐오

(homophobia)는 보건의료 서비스 접근에 있어 중요한 장벽이 될 수 있다. 즉, 개인적인 편견을 넘어 보건의료기관과 사회적 규범에 내재된 가치관에 따라 성소수자들은 의료 환경에서 소외감, 불편함, 두려움을 느끼게 되며, 결국 의료 서비스를 아예 피하는 경우가 많다. 따라서 성소수자들에 대한 인식과 태도, 사회적 규범 등은 이들의 건강서비스 접근에 영향을 미치게 된다.

2) 의료자원의 분배, 의료인의 편견과 젠더 불평등

의료시스템 자체도 성별에 의해 크게 영향을 받는다. 예를 들어 여성 중심의 직업(간호사, 조산사 등)은 남성 중심의 직업(의사, 외과의 등)보다 낮은 위상을 부여받는 경향이 있으며, 같은 직업 내에서도 여성은 남성보다 낮은 임금을 받는다. 의료 전반에서 여성들은 승진과 지속적인 고용에 어려움을 겪으며, 동료 및 환자로부터 괴롭힘과 폭행을 당하는 경우가 흔하다. 이는 여성들이 직업의 상위 계층에 충분히 대표되지 못하는 주요 요인으로 작용한다. 이 문제는 저소득 국가에만 국한되지 않는다. 최근 3년간, 일본의 주요 의과대학이 여성 입학을 제한하기 위해 시험 결과를 조작한 사실이 밝혀졌으며, 미국과 영국의 여성 의사들은 남성 동료들보다 20-40% 적은 임금을 받고 있다.

또한, 건강관련 연구에 있어서도 젠더 편향적인 연구와 남성 편향적인 의료시스템은 환자 치료에 있어 무의식적인 성별 편향, 성별 고정관념에 기초한 추론, 그리고 명백한 성차별로 인해 남성, 여성, 젠더 소수자 간의 건강 결과에 차이를 초래할 수 있다. 여성들은 종종 취약하고 감정적이라는 고정관념 때문에, 건강 관련 불만이 과장된 것으로 해석되고, 신체 증상이 심리적 원인으로 치부되는 경우가 많다. 심지어 고소득 국가에서도 여성들은 남성보다 열악한 치료를 받는 경우가 많은데, 예를 들어 여성은 남성보다 질병 검사를 덜 받으며, 더 소극적인 치료를 받고, 추적 관찰이 부실한 경우가 흔하다. 특히 심혈관 치료에서 이런 차별이 두드러지는데, 미국에서는 특히 아프리카계 미국인 여성들이 유사한 조건에 있는 남성보다 심장병으로 더 많이 사망하고 있으며, 심혈관 치료 전반에 걸쳐 성별 편향이 나타나고 있다. 나아가 가부장적인 여성에 대한 인식(예: 여성은 출산 중 고통을 견뎌야 한다는 인식)은 분만 중 의료진의 방치, 학대, 부당한 대우로 이어질 수 있다. 저소득 환경에서는 이러한 학대에 대한 두려움이 여성들이 시설 출산을 피하는 주요 이유로 꼽히며, 이는 산모와 신생아 사망률을 줄이기 위한 중요한 전략을 저해한다.

이 외에 병원 외 심정지가 발생했을 경우 생존 입원까지는 여성이 남성보다 높으나, 생존해서 퇴원하는 비율은 역전되는 결과가 보고되었다. 즉, 여성이 남성보다 심정지 후 병원에 도착할 때까지 생존할 확률은 비슷하지만 병원에서 퇴원할 때까지 생존할 확률이 더 낮다는 것을 말한다. 이는 여성의 경우 심폐소생술금지(Do-Not-Resuscitate, DNAR) 혹은 연명치료중단 결정 비율이 높기 때문으로 여성 자신의 결정과 가족에 의해 쉽게 그리고 더 일찍 심폐소생술금지 결정이

내려진 것으로 보고하였다. 또 병원 외 심정지의 경우, 여성이 남성보다 구급대원이나 일반인으로부터 심폐소생술을 덜 받는 경향이 있으며, 이는 사회적 성 역할, 성적 접촉에 대한 두려움 등이 그 원인으로 지적되었다.

3. 건강서비스접근에서 성차 해소를 위한 전략

1) WHO와 UN의 활동

세계보건기구(WHO)와 국제연합(UN)은 모든 공공 정책에 성별 관점을 도입하여 건강불평등을 해소할 것을 촉구하였으며, 특히 성 주류화(gender main streaming)라는 개념을 제시하였다. 성 주류화란 '모든 정치 · 경제 · 사회적 영역에서 정책의 전 과정-정책개발, 연구, 법제화, 예산 할당, 계획 수립, 실행 및 감시 등-에서 성인지적 관점을 취하여 결과적으로 성평등을 달성하기 위한 전략(UN, 2002)'으로 이는 정치, 경제 및 사회의 모든 영역에서 여성과 남성의 관심사와 경험을 정책 및 프로그램의 설계, 실행, 모니터링, 평가에 통합하여, 여성과 남성이 동등하게 혜택을 받고 불평등이 지속되지 않도록 하는 전략. 궁극적인 목표는 성평등을 달성하는 것을 의미한다.

이에 1990년대 이래로 국제 협약 및 다양한 수준의 건강 시스템과 건강정책에서 변화를 위한 제안이 많아졌다. 성평등을 증진하기 위한 국제적 노력은 일부 영역에서 개선을 가져왔는데 최근 몇 년간 아동 결혼 및 여성 성기 훼손이 감소했으며, 여성의 정치 영역 및 관리직 진출도 증가했다. 이러한 성 주류화의 기조가 국제적으로 확산되고 있음에도 불구하고, 건강 정책에서 성평등을 실현하는 데 지속적인 장벽은 여전히 존재한다.

특히 의료종사자들은 성 주류화에 관한 지침을 해석하고 실행하는 데 중요한 역할을 할 수 있음에도, 많은 경우 의료종사자들은 성 주류화의 필요성에 대해 확신을 갖지 못하고 있음이 지적된다. 또한, 많은 국가에서 의료 직종 내 남성의 지속적인 우위를 차지하고 있는 것은 의료종사자들이 성 주류화를 촉진하기보다는 성평등 교육의 주요 대상으로 주목받는 상황을 초래한다고 지적하고 있다. 나아가 성주류화가 보통 여성의 건강 요구로 해석되고, 이러한 건강 요구가 주로 모성 건강으로 축소되는 경향이 있으며 성별과 건강 간 관계를 설명할 기회의 제한, 치료 접근성, 의료 비용 부담 능력, 성인지적 서비스 제공과 개입, 그리고 의료 교육 및 연구에서 성별에 대한 고려와 같은 다양한 불평등 문제는 여전히 존재한다. 따라서 성 주류화는 단순히 남녀의 건강 요구를 충족시키는 것을 넘어 근본적인 성별 권력관계를 변화시키는 것이며, 이러한 장벽을 해결하기 위한 보다 구체적이고 체계적인 접근이 필요하다.

2) 취약계층을 위한 건강정책 마련

취약계층이 건강서비스에 접근이 용이하도록 하기 위한 전략으로 다음과 같은 사항이 마련되어야 할 것이다.

- 취약계층을 위한 사회적 보호망을 강화하고, 지역사회 기반의 건강 프로그램을 확충하여 취약계층에게 필요한 맞춤형 지원을 제공해야 한다. 의료서비스 이용에 있어 비용이 주요 장벽인 만큼, 저소득층과 취약계층을 위한 건강보험 혜택 확대, 진료비 보조, 교통비 지원 등의 경제적 부담 완화 방안을 마련해야 한다.
- 법적 보장: 의료서비스의 질과 접근성은 광범위한 지리적 분포에 걸쳐 중요한 요소이다. 접근성은 다양한 요소에 의해 정의되며, 다양한 요소 중 하나는 광범위한 지리적 분포에 걸친 의료 시설의 가용성을 말한다. 이는 사람들이 적시에 필요한 치료를 받을 수 있는지를 결정하는 중요한 요인 중 하나이다. 사우디아라비아는 법(사우디 기본법 제27조, 제31조)으로 모든 국민이 위기, 질병, 장애, 고령일 경우 의료서비스를 받을 권리를 보호하고 있다. 따라서 우리나라도 의료서비스 접근의 형평성을 보장하기 위한 법적 근거 마련도 매우 중요하다.
- 의료 접근성 향상을 위한 정책적 고려: 서비스의 이용 가능성과 접근성은 사회적, 문화적 맥락과 그룹별 건강 요구에 따라 달라지므로 다각적인 평가가 필요하다. 효율적인 건강 시스템은 단순히 인구 건강을 증진하는 것뿐만 아니라 형평성을 달성하는 것을 목표로 해야 할 것이다. 특히 성소수자와 이주민을 위한 의료 지원을 강화할 필요가 있다. 성소수자와 이주민이 차별 없이 건강서비스를 이용할 수 있도록 사회적 인식 개선과 함께 의료기관에서의 성소수자 친화적인 정책을 강화해야 한다. 이주민의 경우 언어적 · 문화적 장벽을 해결하기 위한 통역 서비스와 문화적 교육도 필요하다.

3) 여성 건강권의 강화

젠더 불평등은 여성의 의료서비스 접근성에 중요한 영향을 미치며, 특히 재생산 건강관리에서 두드러진다. 여성의 지위, 결혼 연령, 교육 수준, 가정 내 의사결정 자율성 등은 모두 여성의 의료서비스 이용에 중요한 요인으로 작용한다. 젠더 불평등은 각 지역과 사회적 맥락에 따라 다르게 나타나며, 일부 국가나 지역에서는 젠더 불평등이 더 심각하게 나타난다. 여러 국가(인도, 네팔, 케냐, 나미비아)에서는 교육 수준이 낮거나 가정 내에서 의사결정 권한이 적은 여성들이 의료서비스 접근에서 불이익을 겪는 경향이 있었다. 이를 해결하기 위해서는 여성의 지위를 개선하고, 가정과 사회에서 자율성을 증대시키는 정책적 접근이 필요하다.

특히 가난한 가정에 속한 여성들은 재정적 제약으로 인해 필요한 의료서비스를 받지 못하는 경우가 많으며, 남편이나 시어머니의 허락 없이는 의료서비스를 이용할 수 없는 사례도 존재하였다. 이는 여성의 자율성뿐만 아니라 건강 상태에도 부정적인 영향을 미치며, 더 넓은 사회적 불평등과 맞물려 있다. 따라서 여성의 건강서비스 접근을 방해하는 주요 요인 중 하나인 경제적 어려움을 해소하기 위해, 여성의 경제적 자율성을 높이고 소득 불평등을 줄이기 위한 정책을 도입해야 한다. 이를 위해 고용 기회 확대와 여성의 직업 안전망을 강화해야 한다.

여성은 돌봄 역할 때문에 자신의 건강을 우선시하지 않는 경향이 있으며, 반면 남성은 문화적 요인으로 인해 진단 및 치료를 받는 데 소극적일 수 있다. 의료시스템이 이러한 성별 차이를 반영하지 않으면 건강불평등은 더욱 심화될 수 있으며, 이를 해결하기 위해서는 성별에 민감한 정책과 의료 제공이 필수적이다.

남성의 건강 무관심과 여성의 건강 희생을 부추기는 젠더 규범을 개선하기 위한 교육과 인식 개선 활동이 필요하다. 이를 통해 성별에 따른 건강 관리의 차별을 줄이고, 남성과 여성이 모두 자신의 건강을 적극적으로 관리할 수 있는 사회적 환경을 조성해야 할 것이다.

4) 의료시스템의 성평등 강화

공공 기관과 의료기관은 성별과 관계없이 공평한 접근성과 치료를 제공해야 하며, 이를 통해 건강불평등을 예방해야 한다. 의료시스템 전반에서 젠더 불평등을 줄이기 위해 성별에 따른 의료 접근성과 치료 결과의 차이를 분석하고, 의료진이 성별 편향 없이 진료할 수 있도록 성인지 교육을 강화해야 한다. 특히 여성과 성소수자를 위한 의료서비스 개선이 필요하다.

5) 젠더에 민감한 건강 연구와 가이드라인 필요성

건강의 사회적 결정요인이 남성과 여성의 사회경제적 지위와 교육 수준, 출신과 어떻게 상호작용하는지를 교차적인 관점에서 연구할 필요가 있다. 이를 통해 여성들이 더 이상 취약한 상황에 처하지 않도록 해야 한다. 또한, 성별에 따른 질병 정의와 정보 분리가 필요하며, 이를 통해 공평하고 질 높은 의료서비스가 보장될 수 있다.

6) 지속 가능한 경제 성장과 의료시스템 접근성

의료시스템 접근성을 향상시키는 것은 경제적 문제와도 관련이 있으며, 지속 가능한 경제 성장을 달성하기 위해서는 성별 격차 없이 인구에게 평등한 의료시스템 접근성을 제공하는 것이 중요하다.

간호학적 적용

간호사는 취약계층의 건강서비스 접근성을 높이고 성별에 따른 건강불평등을 줄이기 위해 중요한 역할을 해야 한다. 우선, 간호사는 의료서비스 이용이 어려운 취약계층을 적극적으로 식별하고, 이들이 적절한 진료를 받을 수 있도록 돕는 역할을 해야 한다. 이를 위해 지역사회 기반의 방문 간호, 상담 서비스, 건강 교육을 강화할 필요가 있다.

또한, 간호사는 젠더 민감성을 갖춘 의료 서비스를 제공해야 한다. 여성 환자의 건강 문제가 과소평가되거나 심리적 요인으로 치부되지 않도록 근거 기반의 간호를 수행해야 하며, 성소수자나 이민자와 같은 집단에 대한 편견 없는 돌봄이 필요하다.

경제적 어려움으로 의료기관을 방문하지 못하는 환자를 위해 건강보험 지원 제도를 안내하고, 무료 건강검진 및 예방 접종과 같은 공공보건 프로그램을 연계하는 역할도 중요하다. 의료기관 내에서 환자의 권리를 보호하고, 젠더에 따른 차별적 의료 관행을 개선하기 위해 의료진 교육과 인식 개선 활동에도 참여해야 한다.

특히 응급상황에서는 성별이나 사회적 지위와 관계없이 모든 환자가 동등한 치료를 받을 수 있도록 신속하고 공정한 간호를 제공해야 한다. 심정지 환자의 심폐소생술 수행에서 성별에 따른 차이가 발생하지 않도록 훈련하ㄱ, 간호사들이 무의식적인 싱별 편향을 인식하도록 교육하는 것도 필요하다.

나아가, 간호학 연구에서는 젠더와 사회적 요인을 고려한 건강 연구가 확대될 필요가 있다. 성별에 따른 질병 양상의 차이를 반영한 치료 지침을 마련하고, 성평등한 의료 환경을 조성하기 위한 정책연구를 수행해야 한다. 이를 통해 간호사는 의료 형평성을 높이고, 보다 포괄적인 건강 돌봄을 실현하는 데 기여할 수 있다.

참고문헌

고유경, 문인오, 유소영, 이영진, 박희옥, 김명자, 최은희, 안은경, 장영미. 인간존중과 윤리. 서울: 수문사; 2020. p.109-126.

김동진, 이소영, 기명, 김명희, 김승섭, 김유미, 윤태호, 장숙랑, 최경희, 채희란, 이정아. 한국의 건강불평등지표와 정책과제, 한국보건사회연구원; 2013. 연구보고서 2013-10.

신호성, 이수형, 박봉희. 건강형평성 강화를 위한 의료서비스 전달체계 개선방안. 한국보건사회연구원; 2012. 연구보고서 2012-08.

Aguilar-Palacio I, Obon-Azuara B, Castel-Feced S, Malo S, Teresa J, Rabanaque MJ. Gender health care inequalities in health crisis: when uncertainty can lead to inequality. Archives of Public Health. 2024;82:46. https://doi.org/10.1186/s13690-024-01276-7

Asada Y. A Framework for Measuring Health Inequity. J Epidemiol Community Health. 2005;59(8):700-705. https://doi.org/10.1136/jech.2004.031054

Chun H, Cho SI, Khang YH, Kang M, Kim IH. Trends in gender-based health inequality in a transitional society: A historical analysis of South Korea. J Prev Med Public Health. 2012;45(2):113-121.

European institute for gender equality. Gender Equality Index 2021. [internet]. Available from: Healthhttps://eige.europa.eu/publications-resources/toolkits-guides/gender-equality-index-2021-report/gender-and-intersecting-inequalities-access-health?language_content_entity=en

Gulliford M, Figueroa-Munoz J, Morgan M, et al. What does access to health care mean? J Health Serv Res Policy. 2002;7(3):186-188.

Habib S, Khan MA, Hamadneh NN. Gender sensitivity in accessing healthcare services: Evidence from Saudi Arabia. Sustainability. 2022;14:14690. https://doi.org/10.3390/su142214690

Levesque JF, Harris MF, Russell G. Patient-centred access to health care: Conceptualising access at the interface of health systems and populations. Int J Equity Health. 2013;12(18):1-9. https://doi.org/10.1186/1475-9276-12-18

Lori M, Greene E, Opper N, et al. Gender inequality and restrictive gender norms: Framing the challenges to health. Lancet. 2019;393:2440-2454. https://doi.org/10.1016/S0140-6736(19)30652-X

McGregor AJ. Sex and gender differences in cardiovascular resuscitation, recovery, and survival. Clin Ther. 2019;41(6):1010-1012. https://doi.org/10.1016/j.clinthera.2019.05.005

Penchansky R, Thomas JW. The concept of access: Definition and relationship to consumer satisfaction. Med Care. 1981;19(2):127-140.

Perman SM, Siry BJ, Ginde AA, et al. Sex differences in "Do not attempt resuscitation" orders after out-of-hospital cardiac arrest and the relationship to critical hospital interventions. Clin Ther. 2019;41(6):1029-1037. https://doi.org/10.1016/j.clinthera.2019.03.017

Socias ME, Koehoorn M, Shoveller J. Gender inequalities in access to health care among adults living in British Columbia, Canada. Womens Health Issues. 2016;26(1):74-79. https://doi.org/10.1016/j.whi.2015.08.001

World Health Organization (WHO). Health systems strengthening: Current trends and challenges. Executive Board 128th Session Provisional agenda item 4.5. 2010. [internet]. Available from: https://apps.who.int/gb/ebwha/pdf_files/WHA56/ea5621.pdf

CHAPTER 2

중독과 성차

주세진 남서울대학교 간호학과 정신건강간호학

요약문

- 중독(Addiction)은 특정 행동이나 물질 사용에 대한 강박적이고 통제할 수 없는 반복적인 의존 상태로 신체적, 정신적 건강에 해로운 영향을 미칠 수 있다.
- 중독의 주요 특징으로는 강박성, 통제력 상실, 의존성을 보인다.
- 중독에서 성차가 나타나는 이유는 생물학적, 심리적, 사회적 요인들이 복합적으로 작용하기 때문으로 여성은 남성보다 특정 약물에 더 민감하게 반응한다.
- 중독 문제를 해결하는 과정에서 성차를 보이는 생물학적, 심리적, 사회적 요인을 통합적으로 고려하여 성별에 맞춘 개별화된 접근법을 설계해야 한다.

서론

현대는 중독 홍수의 시대이다. 알코올 중독이나 마약 중독, 성 중독, 도박 중독처럼 사회병리성이 두드러진 중독은 물론이고 SNS, 숏폼, 일, 운동, 쇼핑, 성형, 다이어트처럼 일상생활 속에 만연해 있는 중독성 활동이 심각하다. 통계로 보았을 때 우리나라 국민 8명 중 1명, 즉 약 600만 명이 중독자인 시대인 것이다. 심지어 제랄드 메이는 『중독과 은혜』에서 '모든 사람이 중독에 빠져 있다'고 하였다. 우리는 왜 중독에 빠질까? 현대 과학에서 밝혀낸 중독의 주요 원인은 뇌의 보상 시스템 과잉 활성화로 인해 도파민 과다 분비에 따른 뇌의 구조 변화이다. 그래서 현대를 도파민

과잉 시대라고도 한다. 이외에도 유전적 소인과 같은 생물학적 요인뿐 아니라 스트레스, 우울, 외로움, 낮은 자존감과 같은 심리적 요인, 생활환경이나 또래 집단, 가정 문제 등과 같은 사회적 요인 등이 복합적으로 관련되어 있다.

최근 한국 여성의 알코올 중독 문제가 심각하게 증가하고 있다. 특히 20-30대 여성들은 사회적 압박과 직장 스트레스 등으로 음주율이 높아지고 있으며, 전체 여성 중 약 11%가 고위험 음주자로 분류되고 있다. OECD에 따르면 한국 여성의 과도한 음주 비율은 OECD 평균보다 높아 공중보건 문제로 주목받고 있다. 게다가 우리나라에서 여성 마약중독자의 증가 추세도 가파르다. 대검찰청이 발간한 『2023년 마약류 범죄백서』에 따르면, 2023년 전체 마약사범 27,611명 중 여성은 8,910명으로 이는 전년 대비 79.4% 증가한 수치이다. 또한 여성 마약사범의 비율은 32.3%로, 처음으로 30%를 넘어섰다. 연령별로는 20대 여성 마약중독자가 7,029명으로 가장 많았으며, 이어 30대 5,841명, 10대 2,391명 순으로 나타났다. 이러한 증가 추세는 여성 마약중독자에 대한 사회적 낙인과 치료 시설의 부족 등으로 인해 더욱 심각해질 것으로 우려된다.

중독은 생물학적, 심리적, 사회적 요인들의 복합적 작용으로 인해 성별에 따라 현저한 차이를 보이고 있음에도 불구하고 그동안 중독 문제를 해결하는 과정에서 성차를 고려하지 않았고 여성 중독에 대해 지속적으로 간과한 결과 다양한 부작용과 치료 실패로 이어져 왔다. 이에 본 장에서는 중독 유형별 성차의 의미와 치료에서 성차를 고려해야 할 필요성을 검토하였다.

1. 중독과 성차 요인

중독에서 성차가 나타나는 이유는 생물학적, 심리적, 사회적 요인들이 복합적으로 작용하기 때문이며 이러한 차이를 설명하는 주요 요인들은 다음과 같다.

1) 생물학적 요인

중독의 생물학적요인 중 남녀의 차이를 보이는 것은 호르몬, 뇌 구조 및 기능, 약물대사이다. 많은 호르몬 중 성호르몬이 중독 행동과 뇌의 보상 시스템에 영향을 미치는 것으로 밝혀졌다. 예를 들어 여성은 에스트로겐의 영향으로 특정 약물(예: 코카인)에 더 민감하게 반응할 수 있다. 남성과 여성의 뇌는 구조적 및 기능적 차이가 있으며, 이는 약물의 효과와 보상 시스템에 대한 반응 차이를 야기할 수 있다. 남성과 여성은 약물 대사와 반응에서도 차이를 보인다. 여성은 남성보다 체지방 비율이 더 높고 물 분포가 더 적기 때문에 알코올이나 약물 대사가 다르게 진행된다. 같은 양을 섭취하더라도 여성이 더 강한 영향을 받는 것이다. 이것은 여성이 동일한 용량의 약물이나 알코올에 더 민감하다는 것으로 이를 고려하지 않으면 약물 과다 복용이나 신체 손상

위험이 증가할 수 있음을 의미한다. 요약하자면 이러한 생물학적 성별의 차이를 고려하지 않은 치료 계획은 효과가 떨어질 수 있다.

2) 심리적 요인

중독에서 성차를 보이는 것과 관련된 심리적 특성은 감정적 스트레스 대처 방식과 중독 경로에서의 차이를 말한다. 남성은 중독을 스트레스 해소의 수단으로 사용할 가능성이 높은 반면, 여성은 우울증, 불안 등 정서적 고통을 해소하기 위해 약물이나 알코올에 의존할 가능성이 더 크다. 또한 성호르몬이 중독 행동과 뇌의 보상 시스템에 영향을 주어 정서적 변화를 보인다. 예를 들어 여성은 에스트로겐의 영향으로 특정 약물(예: 코카인)에 더 민감하게 반응할 수 있다. 중독 경로의 차이를 보면, 여성은 종종 관계와 감정적 문제를 통해 중독될 때가 더 많은 반면 남성은 사회적 환경(예: 친구, 동료)에서 시작되는 경우가 많다.

3) 사회적 요인

중독에서 성차가 나타나는 사회적 요인 중 가장 중요한 두 가지는 중독 행위에 대한 인식의 차이와 중독 치료에 대한 차별성이다. 중독 행위에 대한 인식 차이란 한국사회는 남성의 중독적 행동, 예를 들어 과음이나 흡연에 대해 관대한 반면 여성은 가족이나 사회적 책임을 강조하며 여성의 중독적 행위를 비난한다. 이로 인해 여성은 중독 상황을 숨기게 되므로 드러내고 도움을 구하는 것이 매우 어려운 실정이다. 중독 치료에 대한 차별성이란 한국 사회의 이중적 잣대, 이율배반적 태도와 관련이 있다. 남성은 중독에 대한 사회적 허용이 높은 것처럼 치료에 대한 배려도 높은 편이다. 대부분의 중독 치료 시설이 남성을 위한 것이어서 치료를 선택하느냐 선택하지 않느냐, 즉 선택의 문제이지만 여성의 경우 중독 치료 시설도 거의 없고, 치료를 선택하고 싶어도 사회적 낙인으로 숨기며 지내는 동안 중독이 더 심해질 뿐 아니라, 가족 돌봄이나 양육에 대한 책임감 때문에 치료를 미루게 되어 중독 치료의 시작이나 유지가 결코 쉽지 않다.

4) 중독 유형의 성차

중독 유형에서도 성차를 보인다. 오랫동안 남성은 알코올, 니코틴, 마약 등의 물질 사용 장애에서 높은 비율을 보이는 반면 여성은 진통제, 항우울제 등의 처방약 남용과 음식과 관련된 행위 중독이 더 흔한 편이었다. 그러나 최근 여성의 물질 남용 및 중독이 높아지고 있어 중독 유형의 성차를 단순 비교하는 것은 위험하다. 실제로 우리나라의 물질 중독에 대한 남성과 여성의 비율은 2022년 6월부터 2023년 5월까지 14개 시 · 도에서 실시한 중독 실태조사에서 전체 중독 환자 중 여성이 56.2%로 남성보다 많았다. 또한 질병관리청 자료에 따르면, 전체 중독 환자 중 여성이 55.4%, 남성이 44.6%를 차지하였다.

2. 성차를 고려한 중독치료 접근의 필요성

지금까지 중독치료는 거의 성차를 고려하지 않은 채 남성 위주로 치료 프로그램이 운영되고 있는 실정이다. 이러한 남성 위주의 접근 방식은 오히려 중독치료 효과를 떨어뜨리고 중독 문제를 악화시킬 수 있으므로 중독치료에서 성차를 고려한 접근이 필요하다.

1) 성차를 고려한 중독치료 접근

성별 특성을 반영하지 않은 표준화된 치료는 남성과 여성 모두에게 적절하지 않을 수 있다. 여성은 종종 트라우마, 성폭력, 우울증, 불안 등의 요인이 중독의 주요 원인인 반면 남성은 경쟁, 사회적 압박, 모험적 행동이 주요 요인일 가능성이 높다. 이처럼 사회적 원인은 성별에 따라 다를 수 있으므로 중독 원인을 찾을 때 성차를 고려해야 한다. 치료 프로그램의 경우에도 여성의 요구를 충분히 반영하지 못한 남성 중심 치료 프로그램이거나, 반대로 남성의 요구를 고려하지 못한 여성 중심의 치료 프로그램일 경우 모두 치료 중단으로 이어질 수 있다. 여성 중독자는 보육, 가족 문제 등으로 인해 치료 참여가 제한될 수 있으므로 이를 지원할 수 있도록 치료 프로그램을 설계해야 한다. 남성은 감정 표현이 제한된 치료 환경에서 어려움을 겪을 수 있으므로 항상 그런 것은 아니지만 대부분의 경우 스트레스나 관계 문제를 해결하는 데 집중해야 하며 남성은 사회적 압력과 행동 요인을 더 깊이 다룰 필요가 있기 때문에 이러한 차이를 고려하여 접근하면 재발을 막는 데 도움이 된다. 역으로 정서적 지지와 공감을 필요로 하는 여성 중독자들에게 이를 제공하지 않으면 치료효과가 떨어져 재발할 수 있다.

한 가지 중독 문제만 가지고 있는 경우도 있지만 시간이 지나면서 복합 중독으로 넘어가는 경우가 흔하다. 예를 들어 필로폰사용은 다이어트 중독, 성(性) 중독 등과 관여되어 있는 경우가 많은데도 물질 사용 장애에만 초점을 맞추면 치료효과가 떨어지고 특정 중독 유형은 방치될 위험이 있다. 일반적으로 여성은 폭식이나 극단적 절식, 스마트폰 중독 등 행위 중독에서 더 높은 비율을 보일 수 있지만, 중독 치료가 물질 사용 장애에만 초점을 맞추면 통합적인 지원을 받지 못하게 되고 결국 비효율적 접근이 된다. 그 외 처방약 남용이 무시되는 경우가 있는데, 특히 여성은 진통제나 항우울제 남용에 더 취약하며 이러한 문제를 간과하면 치료에서 중요한 요인을 놓칠 수 있다.

2) 성별에 따른 사회적 낙인과 편견

우리나라에서는 여성에게 주어진 가족 및 사회적 책임 때문에 여성 중독자에게 지나친 사회적 낙인을 주곤 한다. 여성 중독자에게 씌우는 '나쁜 어머니' 또는 '무책임한 아내'로 간주하는 편견이 치료를 더 어렵게 만든다. 이는 결국 여성 중독자가 자신의 중독 문제를 감추고 심지어 도망가 숨어있게 만들기 때문에 이로 인해 치료 시기를 놓치게 된다. 또한 여성 중독자는 남성 중독자에 비해 종종 더 큰 사회적 비난을 받고 있으며, 심지어 같은 중독자 집단에서도 남성 중독자들로부터 비난과 무시, 성폭행 등이 행하여지고 있으므로 이러한 현상은 여성 중독자들로 하여금 치료 참여를 주저하게 만드는 방해 요인이다. 결국 낙인을 고려한 접근을 제공하지 않으면 치료 동기를 잃거나 사회적 고립이 심화되는 위험이 있다.

남성의 경우도 사회적으로 강인함과 자제력을 가져야 한다는 편향된 인식에 따라 중독 문제를 가진 남성은 가족을 부양하고 책임을 져야 할 역할에서 벗어난 존재로 간주하고 비난하는 경향이 있다. 이런 이유로 남성 중독자에게는 '가장으로서의 책임을 다하지 못한 실패자'라는 이미지를 부여하여, 자신과 사회적 관계에서의 소외감을 심화시킬 수 있다. 더욱이 남성 중독자가 자신의 중독 문제를 인정하거나 도움을 요청하면 '의지가 약하다'거나 '책임감이 부족하다'고 말하는 등 비판적으로 질타한다. 또한 남성 중독자는 종종 폭력, 범죄, 반사회적 행동과 연관 지어지는 경우가 많아 실제로 범죄와 연결되지 않은 경우에도 중독 문제를 가진 남성에 대해 지나치게 부정적이고 두려운 시선을 갖기도 한다. 그 외에도 남성의 회복 가능성과 관련하여 남성 중독자는 '변하지 않을 사람'이라고 낙인화되는 경우가 많은데, 이는 중독과 관련된 행동을 '남성의 본능' 또는 '습관화된 행동'으로 치부하는 사회적 편견에서 비롯된다. 이러한 모든 선입견이나 편견은 중독자들로 하여금 재활 프로그램 참여와 사회 복귀를 어렵게 만든다.

요약하자면 중독 문제 해결 과정에서 성차를 간과하면 환자의 개별적인 필요를 다룰 수 없게 하고, 치료 효과를 저하시킬 뿐만 아니라 재발 위험을 증가시키고 사회적 낙인이 강화될 수 있다. 그러므로 이를 방지하려면 생물학적, 심리적, 사회적 요인을 통합적으로 고려하여 성별에 맞춘 개별화된 접근법을 설계해야 하며 중독 치료는 생물학적, 심리적, 사회적 차이를 반영한 맞춤형 접근이 필수적이다.

3) 중독의 트리거와 중독 진행 속도

중독의 트리거는 두 가지 요인에 따라 구분하고 있다. 첫째, 남성은 사회적 요인이나 또래 압력의 영향을 더 많이 받을 수 있는 반면 여성은 스트레스, 외상 또는 정서적 고통에 대처하기 위해 중독 물질을 사용하거나 중독적 행위를 할 가능성이 더 높다. 둘째, 중독 관련 물질이나 행위의 선택에서도 성별 차이를 보이는데 여성은 남성보다 처방약과 알코올을 더 자주 남용하는 경향이 있는 반면, 남성은 코카인이나 헤로인과 같은 불법 약물을 사용할 가능성이 더 높다. 특히 알코올이나 약물 의존성에 있어서 여성은 다양한 생리적, 생화학적, 심리적 요소들이 복합적으로 작용한 결과 남성보다 더 빨리 심각한 결과를 초래하는 특징이 있고 약물 남용으로 인해 간 손상, 심장 질환, 노화 가속화 등 더 심각한 신체 건강 문제를 경험한다. 또한 우울증이나 불안과 같은 정신 건강 문제의 위험도 높다.

여성은 남성보다 같은 물질을 사용했을 때 더 빨리 중독 상태로 진행하는 경향이 있고, 심각한 중독으로 더 빨리 진행될 수도 있는데 이 현상을 '텔레스코핑 효과(telescoping effect)'라고 한다.

텔레스코핑 현상은 여러 요인에 의해 발생하며, 그 중 대표적인 원인은 호르몬 변화이다. 에스트로겐은 특히 도파민과 같은 신경전달물질의 활성화를 촉진하므로 약물 대사와 뇌의 보상 체계에 영향을 미쳐 약물의 보상 효과를 증대시키고, 약물 사용 초기 단계에서부터 중독 위험을 높이는 식으로 더 빠르게 중독시킨다. 일반적으로 남성에 비해 에스트로겐이 높은 여성은 체내 수분 함량이 낮고 지방 함량이 높아 알코올이나 약물의 흡수와 분포 방식에 차이가 있다. 예를 들어 알코올 중독의 경우 여성은 적은 양을 마셔도 간 손상이나 뇌 변화가 더 빠르게 나타나고, 중독 상태에 이르는 시간이 남성보다 짧으며, 금단 증상을 더 강하게 경험할 수 있다.

다시 말해 동일한 양의 알코올을 섭취하더라도 여성이 체내에서 더 높은 농도로 남아 더 큰 생리적 영향을 받는 것이다. 또한 간 대사 효소의 차이로 인해 여성은 특정 약물의 대사가 남성보다 천천히 이루어지거나, 반대로 특정 약물에 대해 더 높은 민감도를 보이는 경우가 있어 중독의 진행 속도가 빨라질 수 있다.

3. 중독성 발현에 영향을 미치는 특정 유전자형

중독에 대한 유전적 소인이 여성에게 더 강하게 작용한다고 단정하기는 어렵지만, 일부 연구에서는 여성이 남성보다 약물에 대한 유전적 감수성이 더 클 가능성이 있다고 제시하였다. 주로 도파민 그리고 세로토닌과 관련된 특정 유전자형에 대한 연구가 활발하다. 이들 유전자들은 보상 시스템에 작용해 중독성과 연관된 신경전달물질의 조절에 영향을 미친다. 또한 유전자와 환경의 상호작용에 따라 중독의 정도와 속도가 달라질 수 있다. 특히 여성은 이러한 유전자적 요인에 더 민감하게 반응하는 경우가 많아 중독성 발현과 진행 속도가 남성보다 빠르게 나타난다.

DRD2 유전자(Dopamine receptor D2)는 도파민 D2 수용체를 코딩하며, 이 수용체는 도파민과 결합하여 신경전달을 조절한다. 도파민은 뇌의 보상 및 쾌락 시스템에 중요한 역할을 하며 중독 행동과 관련이 깊다. DRD2 유전자 변이가 있는 경우 도파민 수치가 낮아져 쾌락을 덜 느끼게 되고, 이를 보상하기 위해 더 자극적인 경험이나 약물 사용을 추구하게 될 가능성이 커진다. 일부 연구에서는 여성의 경우 A1 대립 유전자가 알코올 중독 및 다른 중독성 행동에 더욱 강하게 연관되어 있다고 보고하고 있다.

SLC6A4 유전자는 세로토닌 수송체를 코딩하며, 세로토닌의 재흡수를 조절해 기분 안정에 중요한 역할을 한다. SLC6A4 유전자에는 길이가 다른 두 가지의 대립 유전자(롱형, 쇼트형)가 있으며, 쇼트형 대립 유전자를 가진 경우 스트레스 반응이 높고 우울증이나 불안 증세가 나타날 가능성이 크다. 특히 여성의 경우 이러한 불안정한 세로토닌 시스템이 약물 의존성 증가에 더 큰 영향을 미칠 수 있으며, 스트레스를 해소하고자 약물을 사용하는 경향이 있다.

COMT 유전자는 도파민 대사에 관여하는 효소를 코딩하며, 주로 충동 조절과 의사결정 과정에서 중요한 역할을 하는 전두엽에서 도파민을 분해하는 역할을 한다. COMT 유전자는 catechol-O-methyltransferase라는 효소를 만드는 유전자로 주로 도파민, 에피네프린(아드레날린), 노르에피네프린(노르아드레날린)과 같은 카테콜아민 신경전달물질을 분해하는 역할을 한다. 이 유전자의 발현 및 효소 활성이 성호르몬, 특히 에스트로겐과 관련되어 성별에 따른 차이가 나타난다.

Met 대립 유전자를 가진 경우, 도파민 분해가 느려져 도파민의 농도가 높게 유지되면서 보상 시스템이 더 자극될 수 있다. 이는 충동성 및 중독성 행동을 유발할 가능성을 높이며, 특히 여성은 이러한 변이의 영향을 더 크게 받을 수 있다.

OPRM1 유전자(μ-오피오이드 수용체 유전자)는 μ-오피오이드 수용체를 코딩하며, 이 수용체는 신경계에서 통증을 조절하고 보상 반응에 관여하는데 A118G 변이가 있는 경우, 이 수용체의 활성화 정도가 달라져 오피오이드와 같은 약물에 대한 감수성이 증가할 수 있다. 연구에 따르면, A118G 변이가 있는 여성은 오피오이드에 대한 반응이 더 강할 수 있으며 이로 인해 중독 가능성이 높아질 수 있다.

4. 중독 유형에서 보이는 성차

1) 알코올 중독

알코올은 여성의 경우 텔레스코핑 효과로 알코올 의존으로 가는 과정이 남성보다 빠르며, 남성이 중독에 도달하기까지 걸리는 시간에 비해 여성은 더 짧은 시간 안에 동일하거나 더 심각한 중독 상태에 이르는 경향이 있다. 에스트로겐은 알코올 대사에 영향을 주어 생리 주기 중 특정 시기(예: 배란기)에는 알코올의 효과가 더 강하다. 또한 알코올이 뇌의 도파민 시스템에 미치는 영향을 증가시켜 빠르게 중독되게 한다.

여성은 체내 수분 함량이 남성보다 적어 똑같은 조건으로 알코올을 섭취했는데도 혈액에 더 높은 농도로 남아있게 된다. 또한 여성은 간에서 알코올을 분해하는 알코올 탈수소효소(ADH) 활성도가 낮아 같은 양의 술을 마셔도 남성에 비해 혈중알코올 농도가 더 높아지고 더 큰 생리적 영향을 받는다. 이러한 이유로 인해 여성은 알코올에 대한 급성 독성 반응이 남성보다 빠르고 강하게 나타나며 짧은 시간 안에 중독 증세가 더 심화될 수 있다.

알코올 중독 여성은 알코올 중독 남성보다 더 큰 사회적 낙인을 경험할 수 있으며, 이는 중독을 숨기고 치료를 받지 않으려는 경향을 강화시킬 수 있다. 또한 사회적 낙인으로 인해 가족이나 친구와의 관계에서 고립감을 느낄 경우 오히려 더욱 알코올에 의존할 위험이 있다. 특히 돌봄 역할을 수행해야 하는 여성은 가사나 자녀 돌봄에 대한 책임을 지고 있는 경우가 많기 때문에 치료 과정에서 지속적인 사회적 지원이 필요한데 이를 충분히 받지 못하면 회복이 어려워질 수 있다. 한 연구에서는 남성에 비해 여성이 스트레스 유발 알코올 갈망과 불안의 영향에 훨씬 더 민감하게 반응한다는 성별-조절 스트레스 반응성(sex moderated stress reactivity)이 있음이 발견되었다.

2) 마약 중독

약물 사용은 주로 남성의 문제로 여겨졌으며 많은 약물 남용 연구가 남성 참가자들을 중심으로 진행되고 있다. 그러나 최근 연구에 따르면 약물 관련 역학, 사회적 요인 및 특성, 생물학적 반응, 의존으로의 진행, 의학적 결과, 동시 발생하는 정신 질환, 치료 진입, 유지 및 완료 장벽에서 상당한 성별 차이가 있는 것으로 나타났다. 여성의 약물 사용 역학은 남성의 약물 사용으로 인해 제기된 문제와는 별개의 도전 과제를 제시하고 있으며, 약물 사용 장애가 있는 여성은 남성보다 약물 남용 치료에 대한 접근과 진입에 영향을 미치는 여러 장벽에 직면할 가능성이 더 높다. 또한 성별에 따른 의료문제는 약물사용 패턴과 성 관련 위험 행동의 상호작용과 관련하여 여성이 남성보다 인간 면역 결핍 바이러스에 더 취약한 환경을 조성한다.

2013년 1,407명이었던 여성 마약사범 수가 2023년에는 8,910명으로 한국 여성의 마약중독 문제가 급격히 증가하고 있다. 특히, 20대와 30대 여성들의 마약 관련 범죄가 늘어나고 있으며 최근 10대 여성의 마약 투약도 증가하고 있다. 여성의 마약 사용에 대한 분석에서도 2022년 약물 사용 인구 중 여성 비율은 오피에이트(opiates) 16%, 코카인(cocaine) 24%, 카나비스(cannabis) 24%, 엑스터시(ecstasy) 28%, 암페타민(amphetamine) 25%, 의약품 오피오이드의 비의료적 사용 43%로 여성의 마약 사용 위험도는 높은 편이었다.

오피오이드 중독에서도 여성은 남성보다 빠르게 중독 단계에 도달하는 텔레스코핑 효과를 보인다. 남성보다 더 짧은 기간 내에 중독 수준에 도달하는 이유 중 하나는 여성의 생리적 차이와 더불어 심리적 요인들 때문이다. 약물 남용 여성은 약물 남용 남성보다 스트레스와 약물 신호에 대한 반응에서 더 높은 수준의 불안, 스트레스, 부정적인 영향을 보이며 동시에 코카인, 알코올, 니코틴과 같은 약물에 대한 갈망을 증가시키고 재발의 원인이 되는 것으로 나타났다.

여성은 남성에 비해 오피오이드 의존성과 관련해 더 빠르게 중독에 이르며, 중독 경험이나 치료 반응에서도 차이를 보이는 특이성을 보이고 있다. 특히 에스트로겐은 오피오이드에 대한 감수성을 높이는 역할을 하는데 예를 들어 월경 주기 중 에스트로겐 수치가 높은 시기에는 오피오이드의 통증 완화 효과와 보상 효과가 더욱 강하게 느껴질 수 있다.

그림 1 **국내 여성 마약 사범 증가 현황**

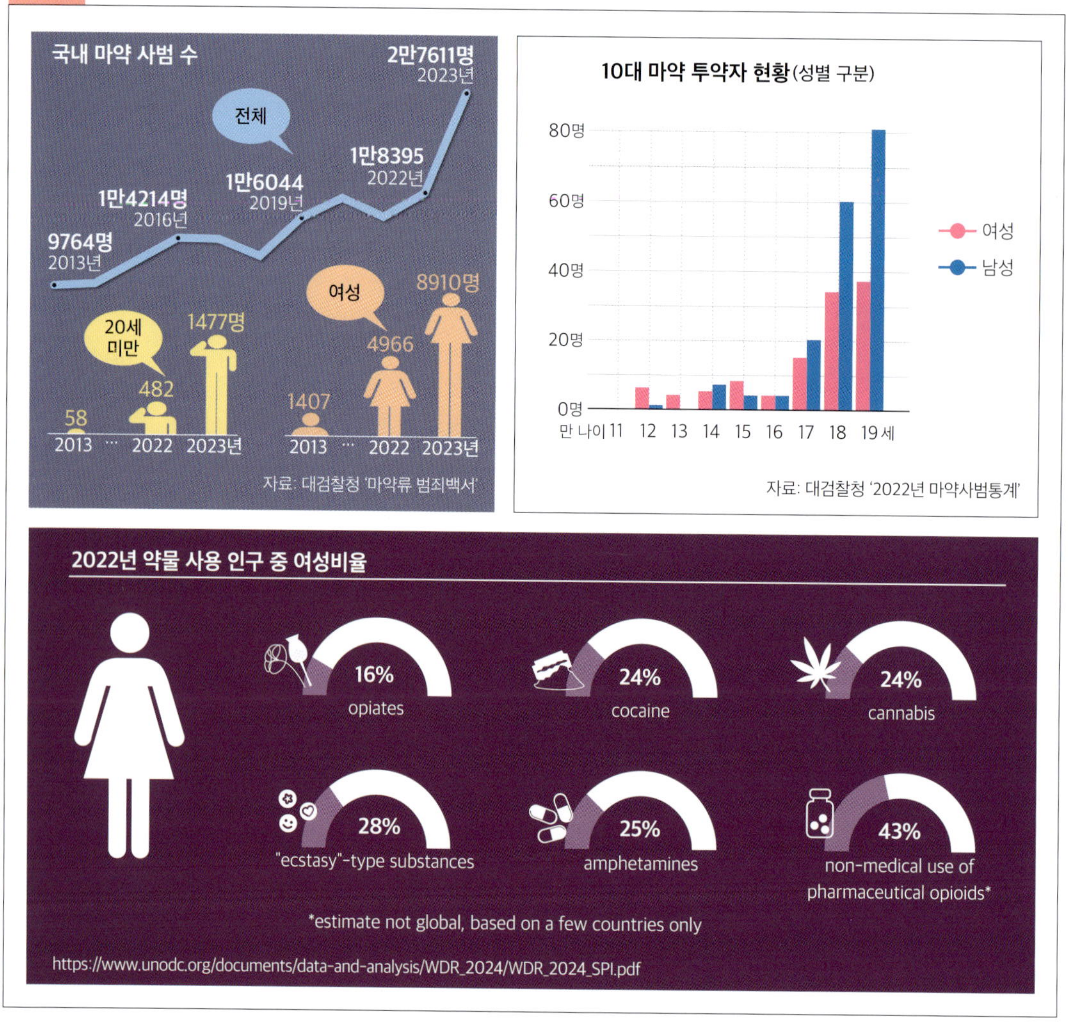

오피오이드 사용 시작 연령은 여성이 남성에 비해 약간 더 늦게 시작하는 경향이 있지만, 시작한 후에는 더 빠르게 중독에 빠지며 더 높은 용량을 필요로 하는 단계에 빨리 도달한다.

3) 마약성 진통제 사용과 중독

마약성 진통제는 대부분의 국가에서 마약으로 분류하여 엄격하게 사용을 통제하고 규제하는 약물이다. 특히 마약성 진통제는 천장효과(ceiling effect)가 없기 때문에 통증조절을 위해 용량의 제한 없이 증량할 수 있으며, 용량의 증량이 마약중독을 의미하지는 않지만 장기간 사용 시 중독상태로 넘어갈 수 있어 주의해야 한다.

여성의 출산 과정에서 정상 분만과 제왕절개 분만에 따라 마약성 진통제(특히 오피오이드) 사용에 차이가 있으며, 이로 인해 오피오이드 중독 위험도도 다르다는 연구보고가 있다. 미국 밴더빌트대학 메디컬 센터 사라 오스문드손 교수 연구팀은 출산 전 180일 이내 마약성 진통제를 처방받은 일이 없는 여성 16만여 명을 대상으로 추적 조사한 결과, 특히 제왕절개 출산 후 마약성 진통제를 사용한 여성은 출산 후 1년 사이에 마약성 약물의 지속적 사용, 마약성 약물 사용 장애(opioid use disorder)와 같은 심각한 중독 증상이 나타날 수 있다고 보고하였다.

정상 분만의 경우 출산 후 비마약성 진통제(예: 이부프로펜, 아세트아미노펜)가 먼저 권장되며 오피오이드를 사용 시 짧은 기간 동안 저용량으로 사용하므로 오피오이드 의존성이나 중독 위험은 비교적 낮은 것으로 알려져 있다. 반면 제왕절개 분만 후 통증 관리를 위해 수술 직후부터 오피오이드를 투여하며 이후 며칠 동안 지속되는 경우가 많은데 그중 일부 여성은 출산 후 몇 주 동안 오피오이드를 복용하는 등 오피오이드 사용 기간이 길어질 수 있고 이에 따라 오피오이드 의존성과 중독 위험도 상대적으로 더 높아지기 때문이다.

이에 따라 의료계에서는 제왕절개 분만 후 비마약성 진통제와 국소 마취제를 우선적으로 처방하여 오피오이드 사용을 최소화하는 방식이 권장되고 있다.

4) 도박 중독

도박 중독(Gambling Disorder)은 뇌의 보상 시스템과 관련된 여러 부위가 활성화되는 복잡한 신경 과정에 의해 영향을 받는다. 도박에서 승리하거나 잭팟을 경험할 때 뇌 각 부위는 강한 반응과 중독적 행동을 형성하게 된다.

뇌의 전두엽(prefrontal cortex)은 충동 조절과 의사 결정에 중요한 역할을 담당하는데 도박 중독 상태에서는 이 부위의 기능이 저하되어 이성적 판단과 자제력이 약화된다. 잭팟이나 큰 승리 후 전두엽의 기능 저하로 인해 과도한 도박 충동을 억제하기 어려워지며 이로 인해 반복적인 도박 행동으로 이어질 수 있다. 측좌핵(nucleus accumbens)은 뇌의 보상시스템에서 핵심적인 역할을 하는 구조로 도파민 분비를 증가시켜 보상을 느끼게 하는 주요 부위이다. 도박에서 이길 때 측좌핵에서 도파민 분출로 강한 보상 경험을 하게 되므로 도박을 반복할수록 뇌가 보상에 대한 민감성을 조절하여 더 많은 자극을 원하게 되며 시간이 지나면서 도박에 대한 갈망(craving)이 강화되는 방식으로, 약물 중독과 매우 유사한 신경생리학적 메커니즘을 가지고 있다. 특히 '거의 이길 뻔한 경험(near-miss)'이 도파민 분비를 촉진하여 계속 도박을 하게 만드는 요인으로 작용한다. 편도체(amygdala)는 감정 처리와 위험 감지를 담당하는 뇌 구조로 손실을 경험해도 '위험 신호'를 제대로 감지하지 못해 계속 도박을 하고, 감정 조절이 어려워 스트레스를 받을 때 도박에 의존하는 경향이 있다. 섬엽(insula)은 위험 감지와 중독 행동의 강화를 돕는 역할을 하며 특히 패배 후에도 도박을 이어가고자 하는 '잘못된 확신(bias)'을 강화하게 되므로 이를 통해 승리에 대한 집착을 형성한다. 즉 도박중독으로 섬엽이 과도하게 활성화되면 큰 손실 후에도 도박을 반복하게 된다.

도박 중독에서도 남녀 간 차이가 뚜렷하게 나타나 여성은 도박 중독에 빠지는 양상과 원인에서 남성과 다른 특이성을 보이고 있다. 남성은 도박을 '기술적 도전' 요소가 있는 도박(포커, 스포츠 도박 등)을 선호하며 '이길 수 있다'는 인식을 갖고 도박을 하는 반면, 여성은 감정적 이유로 도박에 빠지는 경우가 많고 일상 스트레스에서 벗어나기 위해 단순하고 반복적인 도박(슬롯머신, 빙고, 로또 등)을 더 자주 하는 편이다.

도박 중독의 진행, 동기, 감정적 요인, 그리고 회복 과정에서도 성차가 있는데 여성은 도박을 시작한 후 남성보다 더 빠른 속도로 중독 단계에 도달하는 텔레스코핑 효과를 보여, 도박에 진입 후 더 짧은 시간 안에 심각한 중독 상태에 빠지는 경우가 많다. 이는 여성이 우울증, 불안, 외로움 등 감정적 고통을 해소하기 위해 도박에 의존하는 경향이 강한데 이러한 감정적 이유로 도박을 시작할 경우 중독이 더 급격히 진행될 수 있기 때문이다.

여성은 스트레스에 대해 더 민감하게 반응하므로 코티졸과 같은 스트레스 호르몬 분비가 증가할 가능성이 높다. 지속적인 긴장상태로 인해 신체 내 분비된 코티졸의 잔존이 지속되며, 게다가 도박에서 승리하거나 위험을 감수할 때 발생하는 흥분이 스트레스 해소의 일환으로 작용해 더 자주, 더 오래 도박을 하게 만드는 기전이 될 수 있다.

여성의 도박 중독 치료는 도박을 유발한 근본적인 정서적 요인을 다루는 것이 회복을 위해 필수적이므로 회복 과정에서 정서적 지원과 심리치료가 특히 중요하다. 즉 여성은 정서적 요인이 크게 작용하므로 회복 과정에서 남성보다 더 강한 사회적 지지 네트워크가 중요한데도 오히려 낙인과 비난이 두려워 가족이나 친구에게 이를 털어놓지 못하는 등의 문제가 있으므로 관계 형성을 통한 정서적 지원이 우선되어야 한다.

요약하면, 여성의 도박 중독은 감정적 문제로부터 시작되는 경우가 많고, 빠르게 중독으로 진행되며 사회적 낙인으로 인해 회복이 어려울 수 있다. 여성의 이러한 특징을 고려한 도박 중독 치료와 심리적 지원을 통해 감정적 회복을 돕고 재발을 방지한다.

5. 중독치료시설

음주 여성 중 알코올 의존자가 1998년 3.1%에서 2001년 10.5%로 3배 이상 늘어서 약 55만 명에 이르렀고, 이후 2024년에는 대한민국 10대 이상의 전체 여성인구의 수 약 2,628만 명 중 약 6%의 여성 알코올 중독자(약 157만 6,800명)로 증가하였으니 더욱 심각한 상황이다. 이렇게 여성 알코올 중독자 수가 폭증하게 된 이면에는 그동안 중독 치료와 교육에서 여성이 얼마나 소외되어 왔는지 반증한 것으로 해석할 수 있다. 더 심각한 것은 현재 우리나라 여성 알코올 중독자 150만 시대에 여성 특화 알코올 중독 치료시설은 카프성모병원과 향나무집(서울 마포구) 단 두 곳이라는 것이다.

식품의약품안전처와 한국마약퇴치운동본부는 우리나라의 심각해지고 있는 마약문제를 해결하기 위해 체계적인 예방 교육과 재활센터를 설치하고자 기존 3개소로 거의 명맥만 유지하였던 재활센터 '함께 한걸음센터(구, 마약류중독재활센터)'를 올해 17개소로 확대하였다. 또한 보건복지부도 알코올 · 마약 · 도박 · 인터넷 중독 회복을 지원하기 위해 전국에 61개의 광역형, 기초형 중독관리통합지원센터를 운영하고 있다. 그러나 간과할 수 없는 것은 이러한 치료시설들이 사실상 남성 중독자 중심으로 운영되고 있다는 것이다.

그나마 다행스러운 일은 국내 최초 여성 마약중독 재활치유센터 '새빛터'가 2023년 6월 9일 경기도 남양주시에 개소한 것이다. 새빛터는 민간 남성 마약중독 재활치유센터인 경기도 다르크(DARC · Drug Addiction Rehabilitation Center)가 여성 마약 중독자의 치료 재활을 위해 마련한 시설로 가뭄에 단비와 같은 역할을 하고 있다. 그럼에도 불구하고 입소 정원은 총 4명에 불과해 2024년 대한민국 여성 마약중독자의 수 약 2,628만 명에 비교하면 턱없이 부족한 실정이다. 그러므로 여성 중독자 이용률을 확대하기 위한 구체적인 정책을 수립하고 여성 중독자 치료시설을 확대하고 정착시키는 것이 시급한 과제이다.

간호학적 적용

2022년 전 세계 약물사용 인구는 6,400만 명으로 이 중 11명 중 1명이 치료받는 것으로 나타났다. 이를 성별에 따라 구분한 결과 남성은 치료를 받는 비율이 7명 중 한 명인 것에 반해 여성은 18명 중 한 명으로 현격한 차이를 보였다. 이처럼 여성은 약물 치료 서비스 접근에 치료 장벽이 높고 성 불평등과 같은 많은 한계를 가지고 있으므로 이러한 여성 특이성을 고려한 맞춤형 간호중재 모형을 개발하고 적용해야 할 필요가 있다.

근본적으로 중독 현황을 제대로 측정하기란 쉽지 않다. 측정 시점의 무작위 오류(random error)뿐 아니라, 사회문화적 기준에 의한 체계적 오류(systemic error)의 가능성에서 결코 자유로울 수 없으며 각 중독 영역의 표본과 척도가 다르기 때문이다. 그럼에도 이러한 통계들은 중독 문제가 사회적으로 다양한 연령대와 성별에 걸쳐 영향을 미치고 있고, 무엇보다 정신건강과 직업, 경제적 상태 등 삶의 질 전반에 끼치는 영향이 크므로 간호학적 접근을 통해 문제를 단계적으로 해결해나가야 한다. 첫째, 중독 분야 간호 전문가는 중독자의 해독 과정에 일차적으로 투입하여 간호중재를 시행하고 둘째, 초기 평가를 통해 치료 프로그램을 수립하여 적용하는 역할에 최선을 다해야 한다. 셋째, 여성 중독자에 대한 맞춤형 치료 프로그램과 지원 체계의 확충이 시급하므로 성차를 고려한 간호중재를 계획하고 적용한다.

그림 2 약물사용장애: 전 세계적 성별 차이

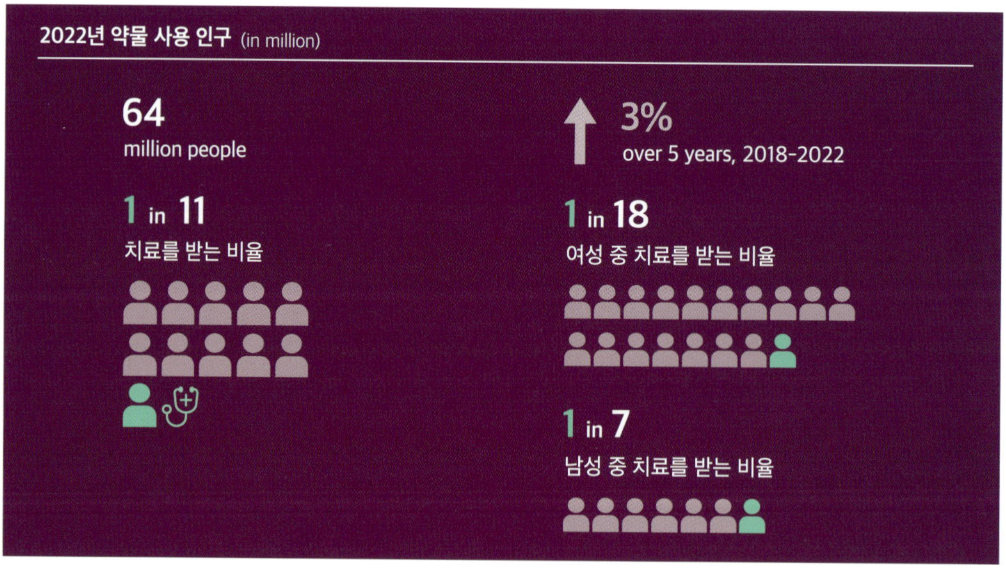

출처: https://www.unodc.org/documents/data-and-analysis/WDR_2024/WDR_2024_SPI.pdf

참고문헌

국립정신건강센터. 2024년 11월 등록, 중독 주요 지표 모음집

질병관리청, 2023년 9월 28일, 응급실 기반 중독 심층 실태조사 결과 발표

질병관리청, 2024년 3월 18일 보도자료: 10대, 치료 약물로 인한 중독 발생의 비중 가장 높아.

김용석·장정연. 보호관찰 여성의 약물남용 재발예방을 위한 집단개입프로그램의 개발 및 효과분석. 한국사회복지학. 2005, 57(2):321-350.

김정숙, 전아영, 김정희, 김계순, 김명찬, 금창민. 여성 알코올 중독자의 중독과 회복과정 경험에 대한 내러티브 탐구: 사회적 낙인과 지지를 중심으로. 한국열린교육학회. 2021;29(5):132-141. DOI : 10.18230/tjye.2021.29.5.117

김진숙. 여성마약중독자의 회복과 재발경험에 대한 연구, 한국콘텐츠학회 한국콘텐츠학회논문지. 2020;20(4):673-685. DOI : 10.5392/JKCA.2020.20.04.673

박성수. 마약류 예방, 사회 재활의 이해2 식품의약안전처 인증 교재 2024. 중독의 보건, 사회적 폐해. p408-409, 마약퇴치활동 p420.

김성재, 알코올중독여성의 음주 경험: 여성주의적 접근, 한국정신간호학회. 2006;15(4):362-374.

장정연. 여성 마약사범의 경험에 관한 연구 교정연구. 2013;59:207-241. UCI :G704-000776.2013.59.004.

정주연. 여성마약중독자의 회복과정에 대한 근거이론연구, 인제대학교 일반대학원, 2024. 박사학위논문, 14-25.

주세진. 의료환경에서의 마약류 중독. 한국마약퇴치운동본부 식약처인증 교재. 2024

조명숙,나은하. 여성알코올중독자의 중독 이전의 삶의 경험에 대한 주제중심 내용분석,한국엔터테인먼트산업학회논문지. 2024;18(3):261-273. DOI: 10.21184/jkeia.2024.4.18.3.261

제랄드 메이, 이지영(번역), 중독과 은혜: 중독에 대한 심리학적, 영적 이해와 그 치유. IVP 2005.

Beckman LJ. Women alcoholics: A review of social and psychological studies. J Stud Alcohol. 1975;36:797-824.

Clark L, Boileau I, Zack M. Neuroimaging of reward mechanisms in gambling disorder: An integrative review. Mol Psychiatry. 2019;24:674-693.

Ellen T. Women and addiction: The importance of gender issues in substance abuse research. J Addict Dis 2010;29(2):127-138.

Francesca D, David G. The genetic basis of addictive disorders. Psychiatr Clin North Am. 2012;35(2):495-519.

Greenfield SF, Back SE Lawson K, Brady KT. Substance abuse in women. Psychiatr Clin North Am. 2010;33(2): 339-355.

Emily E. Hartwell A, Lara AR. Sex moderates stress reactivity in heavy drinkers. Addict Behav. 2013;38(11): 2643-2646.

Kathryn Polak BS, Nancy A, Haug HD, Dace SS. Gender considerations in addiction: implications for treatment. Curr Treat Options Psychiatry. 2015;2:326-338.

Meyers SA, Earnshaw VAD, Ambrosio B, Courchesne N, Werb D, Smith LR. The intersection of gender and drug use-related stigma: A mixed methods systematic review and synthesis of the literature. Drug Alcohol Depend. 2021:223:108706.

Nora DV. Muenke M. The genetics of addiction. Hum Genet. 2012;131:773-777. DOI 10.1007/s00439-012-1173-3.

Sarah SO, Min JY, Wiese AD, et al. Opioid prescribing after childbirth and risk for serious opioid-related events: A cohort study. Ann Intern Med. 2020;173(5):412-414. https://doi.org10.7326/M19-3805

CHAPTER 3

국제보건과 젠더

신현숙 경희대학교 간호과학대학 아동간호학

요약문

- 국제보건은 전 지구적 협력을 통해 인구집단 간 건강불평등을 해소하고, 불평등을 유발하는 구조를 개선하기 위한 책무성 측면 등 다양한 시각에서 출발한다.
- 성평등은 여성의 인권보장을 넘어서 보건의료분야 개발협력의 성패를 결정하는 필수요소이며, '누구도 소외되지 않는 세상(Leave no one behind)'의 달성을 위한 핵심사항이다. 특히 성주류화는 다양한 분야에서 성평등을 촉진하기 위한 구체적 조치로 제시되었다.
- 건강형평 정책은 사회정의와 공평성의 실현이라는 관점에서 젠더 포용성을 포함한 포괄적인 사회정책적 접근이 필요하다.
- 국제보건에서 젠더 이슈를 고려할 때 우선적인 부분은 여성아동청소년건강과 의료접근성이다. 특히 아동청소년 건강에서 젠더 이슈는 발달, 건강, 안녕에 장기적 영향을 미치기 때문에 더 심각하게 다루어져야 한다.
- 디지털화에서의 남녀 격차는 새로운 차원의 불평등으로, 디지털 환경 속에서 다각적으로 발생하는 젠더 이슈에 대응하기 위해서는 기후, 경제, 교육, 젠더 등 포괄적인 접근이 필요하다.
- 개발협력에서 범분야이슈로 젠더 문제를 다룰 필요가 있으며 젠더 인식 증진을 통한 통합적 접근이 국제보건에서 특히 중요하다.

서론

계속되는 전쟁과 재난으로 취약계층이 더욱 큰 타격을 입고 있는 상황에서, 건강형평성 문제는 더욱 해결해야 할 중요한 사회적 과제로 부상하고 있다. 건강형평성 확보를 위해서는 국가정책의 변화와 국제적 협력이 필수적이며, 젠더 포용성과 사회정의 실현을 위한 포괄적인 접근이 필요하다. 이를 통해 모든 인류가 공정한 건강권을 누릴 수 있도록 힘쓰는 것이 전쟁과 재난을 목도하고 있는 오늘 우리의 과제로 다가온다. 건강형평성 추구에 있어서 젠더 혁신, 젠더 포용성이 중요하고, 건강형평성 기본가치를 추구하는 국제보건에서 젠더 이슈를 이해하는 것이 무엇보다 필요하다.

이 장에서는 국제보건과 개발협력, 개발협력에서 젠더인식의 중요성, 국제보건과 젠더 이슈에 대한 기본적인 이해를 바탕으로, 국제보건에서의 젠더 이슈에 대한 접근 전략을 다루고자 한다. 결론적으로 국제보건과 젠더에 대한 통찰을 통해 간호학에서 국제보건을 접근하는 균형 잡힌 시각으로 논의해 보고자 한다.

1. 국제보건과 개발협력

국제보건은 전 세계 사람들의 건강을 증진하고 건강형평성을 달성하는 것을 우선적으로 하는 연구 및 학습, 실천 분야를 말하며, 국경을 초월한 건강 문제나, 초국적 결정요인에 의해 영향을 받는 건강문제를 포괄하는 영역이다. 국제보건에서는 지구 세계시민의 건강과 건강불평등 해소에 관심을 가지고 전 지구적 협력과 부문 간 협력을 통해 취약인구 및 집단의 건강향상 실천, 사회정의와 형평을 목표로 하며 건강을 내재적 가치가 있는 공공선으로 간주한다. 국제보건에서는 건강결정요인, 건강 상태의 측정, 건강에 대한 문화의 중요성, 질병 부담, 다양한 건강 상태의 주요 위험 요인, 인구학적 및 역학적 전환, 보건 시스템의 조직과 기능, 환경 건강, 영양, 생식 건강, 아동 건강, 감염병, 비감염병, 그리고 상해 등의 개념이 주로 다루어진다. 국제보건은 교육, 농업, 경제 등과 함께 공적개발원조(Official Development Assistance, ODA)나 민간자원에 의한 국제개발의 한 영역에 해당한다.

보건분야가 국제개발, 특히 공적개발원조의 주요 영역으로 추진되어야 한다는 데 대해서는 다양한 시각이 존재한다. 여기에서는 보건분야 개발협력의 필요성에 대해 인적자본(human capital) 접근과 거시경제적(macroeconomics) 관점, 역량(capabilities) 접근 등의 시각과 함께 세계시민주의(cosmopolitanism)적 관점을 중심으로 살펴보고자 한다.

1) 공적개발원조로서 보건분야 개발협력 필요성에 대한 시각

(1) 인적자본 접근과 거시경제적 관점

국제보건이 국제개발협력의 주요 분야로 자리매김된 데에는 건강이 경제 발전과 사회 발전에 중요한 영향을 미치기 때문이다. 따라서 특히 인적자본 접근 관점이 강조되는데, 인적자본 접근은 교육과 건강이 개인의 생산성 향상과 경제성장에 기여한다고 바라보는 관점이다. 즉 건강한 인구는 노동생산성이 높아지고, 이는 경제성장에 긍정적인 영향을 미치며, 질병예방과 건강증진은 노동력의 질을 높여 경제발전을 촉진한다는 것이다. 또한, 건강은 교육성취도에도 영향을 미친다. 건강상태가 좋을수록 학습능력이 향상되어 더 높은 수준의 교육을 받을 가능성이 커진다. 교육은 다시 건강을 개선하는 데 기여하며, 이는 다시 경제적 이익으로 이어진다.

따라서 국제개발협력에서 건강과 보건 분야에 대한 투자는 인적 자본을 강화하는 데 필수적이며, 이는 장기적으로 지속 가능한 개발 목표를 달성하는 데 역할을 할 것이라고 받아들이는 것이다. 거시경제와 건강위원회에서 건강에 대한 투자가 결과적으로 커다란 경제적 이익산출로 귀결된다는 WHO(2001) 분석보고서는 사망률이 높은 저소득 국가의 건강에 투자하는 것이 수백만조 달러의 소득 증대로 이어질 수 있고, 이렇게 증가한 부가 고소득 국가에도 도움이 될 것이기에 원조국들은 합리적으로 저소득 국가의 가난한 사람들이 적절한 의료 서비스를 이용할 수 있도록 원조를 늘리고 효율화해야 한다고 밝히고 있다. 즉 건강과 교육이 경제 발전에 미치는 영향을 분석하여 국제보건이 국제개발협력의 중요한 영역이라는 시각이다.

(2) 역량접근적 관점

역량접근적 관점은 빈곤을 젠더 관점에서 접근하는 새로운 분석 관점으로 도입되어 여러 분야에서 적용하게 되었다. 이들은 전통적인 경제적 지표보다 개인의 자유와 능력에 초점을 맞춘 역량접근을 통해 인간의 자유, 선택, 삶의 질을 중심으로, 정책과 사회구조가 개인의 역량을 어떻게 확장하거나 제한하는지에 대한 분석을 제시하였다. 역량접근은 모든 사람이 인간다운 역량을 누릴 수 있는 조건을 만들어 나가는 것이 사회 정의에 부합하는 개발의 목표여야 한다는 관점이다. 여기에서 역량은 인간 번영을 가능하게 하는 다양한 기능을 가리키며, 여기에는 적절한 영양섭취와 건강을 유지할 수 있는 조건들, 조기 사망에서 벗어나는 것과 같은 기본적인 사항에서부터 행복한 생활과 자기 존중, 공동체 생활에 대한 참여와 같이 좀 더 복잡한 기능들까지 다양한 요소들이 좋은 삶을 이루는 기능에 포함된다고 본다. 역량은 개인이 할 수 있는 다양한 기능과 활동을 의미하며, 이는 단순한 자원의 소유 여부보다 중요한 것으로 간주된다.

이러한 관점에서 인간의 기본적 권리를 보장하기 위한 구체적인 역량목록이 제시되고, 이러한 역량이 법적 및 제도적으로 지원되어야 한다고 본다. 인간의 존엄한 삶을 위해 사회가 우선적으로 보장해야 할 기본역량으로 생명, 신체건강, 신체보전, 감각 · 상상력 · 사고, 감정, 실천이성, 소속감, 인간 외의 종, 놀이, 자신이 속한 환경에 대한 정치적 물리적 통제가 포함되었다. 건강은 사람들이 자신이 어떤 삶을 살아갈 것인지에 대해 기획하고 가족 · 직업 · 사회적 지위 등을 성취하는 데에 필요한 핵심 기능이자 개인의 자유를 위한 필수 조건으로서 내재적 가치를 가지는 것으로 간주할 수 있다. 이와 같은 관점에서 국제보건은 인간의 자유를 확장시켜나가는 국제개발의 한 분야, 개인의 기본역량이자 사회적 가치를 가지는 건강을 중심에 두고 이루어지는 활동과 지식을 포괄하는 영역으로 정의할 수 있다.

(3) 세계시민주의적 관점

세계시민주의적 관점은 공리주의적 논거와 자유주의적 세계시민주의적 논거에 기반을 두고 개발협력에서 국제보건이 당위성이 있음을 설명하고 있다.

공리주의적 관점은 행동의 도덕성을 그 결과로 판단하며, 최대한 많은 사람들에게 최대한의 행복을 가져오는 것이 도덕적으로 옳다고 보는 것이다. 즉 국제보건에 대한 투자는 사람들의 건강과 복지의 향상을 통해 결과적으로 전 세계적인 행복을 증가시킨다고 여긴다. 이 관점에서는 부유한 국가나 개인이 상대적으로 적은 비용으로 저소득국가의 건강문제를 해결할 수 있다고 보는데, 이는 한정된 자원을 가장 효율적으로 사용하여 가장 큰 영향을 이끌어낼 수 있는 방법이라고 간주된다. 또한, 인간은 불필요한 고통과 죽음을 예방할 수 있다면 그렇게 해야 할 도덕적 의무가 있다고 주장하는데, 국제보건은 전 세계적으로 예방가능한 질병과 사망을 줄이는 데 기여할 수 있으며 이는 인간의 도덕적 책임으로 간주될 수 있다는 입장이다. 이러한 공리주의적 논거는 국제보건의 중요성을 부각시키며, 개인과 국가가 전 지구적 건강문제 해결에 적극적으로 참여해야 하는 이유로 제시되고 있다. 공리주의적 관점은 건강개선을 위한 개입에서 가성비(비용-효과성)를 높일 수 있는 개입대상과 내용에 우선순위를 부여하며, 이미 건강 수준이 높은 고소득 국가보다 적은 비용으로 사망과 질병을 줄일 수 있는 건강 수준이 나쁜 저소득 국가에 대한 투자를 하는 것이 정당하다고 여긴다.

자유주의적 세계시민주의는 지구에 있는 사람이라면 누구나 정치적 소속과 무관하게 인류라는 유일무이한 공동체에 소속되어 있으며 인류의 진보를 위해 공동의 책무를 진다는 정치철학적 입장이다. 국제보건의 철학적 논거로 가장 많이 인용되는 세계시민주의 관점은 동시대 지구에 살아가는 전 인류가, 인간으로서 기본적인 권리를 보장받을 수 있도록, 우리 모두가 이를 실현하기 위한 의무를 진다고 본다. 이는 단순히 의무를 이행하기 위해 노력하려는 입장보다는 국제보건을 통해 인류의 건강이라는 효용을 극대화하는 것을 목표로 하고 있다. 이 관점에서는 글로벌 정의와 연대와 책임, 제도적 개혁 관점에서 국제보건의 당위성을 바라본다. 이 관점에서는 세계 경제

질서가 부유한 국가의 이익을 위해 불공정하게 설계되어 있다고 바라본다. 이러한 불공정한 구조는 개발도상국의 빈곤과 건강불평등을 초래하기 때문에, 부유한 국가들은 이를 개선할 도덕적 의무가 있다는 것이다. 국제보건은 이러한 불평등을 완화하고 글로벌 정의를 실현하기 위한 중요 수단이 될 수 있다. 또한, 세계시민주의는 모든 인류가 서로 연결되어 있으며, 글로벌 커뮤니티의 일원으로서 개인은 타인의 고통과 불평등을 해결할 책임이 있다고 간주한다. 국제보건에 대한 투자는 이러한 연대와 책임의 표현으로, 글로벌 차원에서 인간의 기본권을 증진시키는 노력이라고 할 수 있다. 불공정한 글로벌 제도를 개선하여 빈곤과 건강불평등을 해결해야 한다는 세계시민주의적 관점에서 국제보건 분야에 투자하는 것은 이런 제도적 개혁의 일환으로 더 공정하고 지속가능한 세계를 구축하는 데 기여할 수 있다는 것이다.

(4) 사회적 연결 모델

세계시민주의적 공리주의 모델의 한계를 극복하기 위한 사회적 연결 모델은 전통적인 책임 개념을 확장하여, 구조적 불평등과 부정의에 대한 책임을 개인이 아닌 집단과 사회적 구조에 두는 접근법이다. 이 모델에서는 불평등과 부정의는 복잡한 사회적 구조와 제도의 결과이므로, 이를 해결하기 위한 책임은 특정 개인이나 단체에 국한되지 않고, 사회구성원 전체가 공유해야 한다고 보고 있다. 사회적 연결모델은 불평등이 개인의 행동보다는 사회적, 경제적, 정치적 구조에서 야기된다는 점을 강조한다. 그러므로 이런 구조를 이해하고 변화시키는 것이 중요하다고 본다. 모든 사회 구성원은 불평등 구조에 참여하고 영향을 미치는 만큼, 이를 개선하기 위한 집단적 노력과 연대가 필요하다. 이는 개인의 도덕적 책임을 넘어서 사회적, 정치적 책임으로 확장하게 된다. 이 모델에서는 책임이 법적이나 도덕적 비난을 피하는 것이 아니라, 불평등을 지속시키는 구조를 인식하고 그것을 변화시키기 위한 적극적인 행동을 촉구하는 것이라고 바라본다. 즉 사회적 연결모델은 개인과 집단이 불평등 문제를 해결하기 위한 공동의 책임을 인식하고, 더 정의롭고 평등한 사회를 만들기 위해 협력해야 함을 강조하고 있고 이러한 집합적 노력이 있어야 한다는 관점에서 국제보건이 개발협력의 대상이라는 정당성을 가진다는 것이다. 사회적 연결모델 관점에서 현재의 국제 구조하에서 많은 사람들이 딱히 의도하지 않으면서도 구조적 부정의를 야기하는 집단적 행위에 가담하게 된다고 간주한다. 실례로 보다 나은 삶의 기회를 찾아 자신이 태어나고 훈련받은 국가를 떠나 더 잘 사는 나라로 이주하는 의료인들의 경우에, 떠나는 의료인도, 의료인 이민을 제도화한 정부도 의도한 것은 아니지만 이는 국가 간 의료자원 불평등을 심화하고, 국제적 건강불평등을 야기하는 구조라는 것이다. 지구적 부정의를 양산하는 구조적 과정에 참여한 모든 행위자들에게 부정의를 바로 잡을 정치적 책임이 있다고 보고, 이런 의미에서 세계화 시대의 건강불평등에 대한 인식과 대처방안을 판단하는 준거가 될 수 있다고 제시하고 있다.

이러한 관점에서 볼 때 양호한 사회경제적 조건의 혜택을 누리며 살아가는 선진국 국민들이 저개발국가에 만연한 빈곤과 영양실조, 폐렴과 설사병 같은 감염병으로 인한 아동사망, 기본적인 산전검진과 처치로 예방할 수 있는 산모사망 등의 현실에 대해 단순히 불편함을 느끼는 데에서 그치지 않아야 한다. 고소득국가가 빈곤과 불건강을 해결해 나갔던 과정에서 획득한 역량, 급격한 경제성장을 가능하게 해주었던 국제 질서와 그 과정에서 그 사회가 누린 특권, 현재의 국제질서에서 누리고 있는 이익과 권력을 고려했을 때 국제적 건강불평등에 대해 고소득국가가 일련의 정치적 책임을 져야 한다는 사회적 의식이 필요하다. 국제 경제구조가 선진국 국민들의 일상활동과 선택에 의해 정해지고 이것이 중저소득 국가 사람들의 삶과 건강에 영향을 미치고 있다. 이에 국제보건은 인도주의적 원조, 인구집단에 대한 자선을 넘어서 전 지구적 협력을 통해 인구집단 간 건강불평등을 해소하고, 불평등을 유발하는 부정한 구조를 개선하기 위한 책무성을 다하고자 하는 집단적 노력을 해야 한다는 데 그 당위성이 있다.

2. 개발협력과 젠더

건강 분야에서의 성평등은 모든 사람이 건강한 삶을 영위하고, 건강 발전에 기여하며, 그 발전의 결과로부터 혜택을 받을 수 있는 권리를 가진다는 것을 의미한다. 건강 분야에서의 성 형평성은 성별에 따라 사람들의 다양한 건강요구를 공정하게 다루는 것을 의미하고, 성별에 기반한 불공정한 건강 결과는 피할 수 있으며 허용되어서는 안 된다는 것이다. 공정성의 개념은 성별 간의 차이가 존재함을 인식하고, 불공정한 격차를 해결하기 위해 자원이 차등적으로 할당되어야 한다는 것을 의미한다. 2015년 유엔이 채택한 지속가능한 개발목표(SDGs) 17개 중 개별 목표이자 모든 분야를 관통하는 범분야 이슈로 '성평등'이 제시되었다. 성평등은 여성의 인권보장을 넘어서 보건의료분야 개발협력의 성패를 결정하는 필수요소이며, '누구도 소외되지 않는 세상'을 달성시키는 핵심사항으로 작동할 수 있다. 그러나 2024년 현재 보고된 성과는 미흡한 상태이다.

국제보건 분야에서는 성별, 권력, 정치, 규범, 접근성, 취약성, 폭력 등의 문제가 건강에 미치는 영향을 충분히 다루지 못하고 있다. 이러한 무대응의 결과는 심각하여, 2017년에 태어난 여아는 남아보다 평균 4년 더 오래 살고, 일부 국가에서는 기대 수명 격차가 11.7년 이상으로 나타나고 있다. 남성의 기대 수명이 짧은 것은 높은 흡연율 및 음주율, 폭력 사망률, 도로 사고 사망률, 자살률 등에 기인한 것으로 보고 있다. 반면, 소녀와 여성은 더 오래 살지만 만성 질환으로 고통받고 있고, 임신 합병증과 안전하지 않은 낙태가 주요 사망 원인이 되고 있다. 소녀의 3분의 1이 18세 이전에 결혼하며, 27개국에서는 기혼 여성이 피임약 사용 시 남편의 동의가 필요한 것으로 보고되고 있다. 국제보건 조직 내에서도 성별 불평등이 경력개발과 기회를 좌우하는 것으로 나타나며, 보건인력의 75%가 여성임에도 불구하고 지도부 및 고위층에서의 성별 차이가 크게 나타나고 있다. 전 세계 국가의 보건부 장관의 27%만이 여성이며, 국제 공공-민간 건강 파트너십 이사회에서 남성이 여성을 2대 1로 압도하는 것으로 나타난다. 경제적 성 격차 해소에는 217년이 더 걸릴 것으로 전망되고 있기도 하다. 지난 10년 동안 긍정적인 사례들이 등장하며 진전이 이루어지기도 했지만, 이러한 긍정적 사례들이 긴급히 확대될 필요가 있는 것으로 보인다.

1) 국제협약

국제사회는 젠더포용을 위해 개발과 평화, 안보 영역에서 여성의 특수한 경험과 요구, 역할을 반영하기 위해 노력해 왔고, 유엔 등의 국제기구를 중심으로 이를 확산시키기 위한 다양한 전략을 수행해 오고 있다. 유엔은 오랜 기간 여성의 권리에 대한 아젠다를 이끌어 왔고, 지속가능한 개발목표에서 범분야를 아우르는 중요 목표인 양성평등은 국제사회에서 빈곤감소, 지속가능한 개발, 평화 및 안보에 성평등을 연결하고 있다.

1990년대 이전 국제기구에서 여성차별철폐협약과 베이징 행동강령 등 여성의 인권과 빈곤감소, 지속가능한 개발, 평화를 다루는 국제회의가 개최되고 관련 결의안이 채택되어 왔다. 이를 통해 국제사회에 성평등에 대한 담론을 의제화하고 국제개발을 통한 성평등 실현 전략을 마련하는 계기가 되었다.

유엔의 제1차 여성회의는 1975년 멕시코시티에서 개최되었으며, 이는 유엔이 지정한 '세계여성의 해'의 일환으로 열리게 되었다. 이 회의는 여성의 권리와 평등을 증진시키기 위한 국제적 노력의 시작을 알리는 중요한 행사였다. 회의에서 여성의 권리증진을 위한 '세계행동계획'이 채택되었고, 이 계획에는 여성의 교육, 고용, 건강, 정치 참여 등 다양한 분야에서의 개선을 목표로 하였다. 멕시코시티 회의는 여성의 권리를 국제적 의제로 부각시키고, 개발에서의 여성통합, 여성과 개발을 연계하는 논의가 진행됨으로써 개발과정에서 여성의 역할을 인정하고 여성이 개발과정에 중요 주체로 참여하게 하는 등 성평등을 향한 글로벌 행동을 촉진하는 중요한 전환점이 되었다. 2000년 유엔 안전보장이사회는 여성, 평화, 안보에 대한 결의안을 채택하고 여성의 권리, 참여, 보호, 요구가 보장되어야 함을 약속하였다.

경제협력개발기구(OECD)는 2019년에 '페미니스트 외교정책'을 도입하여, 성불평등 해결을 위해 외교정책에서도 체계적인 접근 방식으로 전환하며, 전 세계 여성과 여아의 권리, 대표성, 자원을 향상시키는 데 초점을 두고 성불평등을 해결하기 위해 모든 외교정책 도구를 사용하고자 하였다. 이는 모든 외교정책과 개발 협력 프로그램에 성평등 관점을 통합하여, 여성과 소녀의 권리를 보호하고 증진하는 것을 목표로 하였다. 여성의 권리와 성평등을 인권의 핵심요소로 인식하고, 이를 국제협력과 정책의 중심으로 삼게 되었다.

국제사회의 성 불평등 극복을 위한 노력과 함께 여성의 특수한 경험, 요구, 역할을 반영하는 국제규범 설정 및 국제합의가 유엔을 중심으로 진행되었다. UN여성지위위원회와 OECD 개발원조위원회(DAC) 성평등네트워크(젠더넷)가 대표적인 젠더분야 개발협력 관련 주체로 활동해 오고 있는 단체이다.

UN여성지위위원회(CSW)는 유엔의 기능위원회 중 하나로, 성평등과 여성의 권리증진을 주요 목표로 1946년에 설립되었다. 이는 관련 정책개발, 모니터링과 평가, 베이징 선언 및 행동강령과 같은 주요 국제협약과 결의안의 이행을 촉진하고 지원한다. 매년 열리는 회의에는 전 세계 정부 대표, 시민사회, 유엔 기구 등이 모여 여성의 지위와 관련된 다양한 주제를 논의하고 정책권고안을 채택한다.

OECD DAC 젠더넷은 성평등과 여성의 권리를 개발 협력의 핵심요소로 통합하기 위해 설립된 전문 네트워크로, 국제사회 공여국들 간 성평등 개발협력에 관한 글로벌 담론을 주도하는 주요 플랫폼으로 자리매김해 왔다. 젠더넷은 매년 1회 이상 정례회의를 가지고, 관련 정책 개발을 지원하고, OECD 회원국 및 개발 파트너들에게 필요한 전문조언을 제공한다. 또한, 회원국 간 지식 공유와 협력, 개발협력 프로그램과 정책에서 성평등 통합을 모니터링하고 평가하며, 정책의 효과성을 높이기 위한 개선방안을 제안한다. 아울러 관련 역량강화활동을 통해, 개발협력분야에서 성평등 인식을 제고하고, 국제적으로 합의된 성평등 목표, 특히 유엔의 지속가능한 발전목표 내 성평등 목표를 지원하고 그 이행을 촉진한다.

젠더넷에서 다루어진 주요 아젠다 중 개발협력 현장에서 벌어지는 성착취에 대한 구조적 대응방안을 마련한 것이 일례로 볼 수 있다. 2018년 중반부터 영국을 중심으로 성착취 · 학대 · 희롱의 예방을 위한 협의 그룹을 구성하여 대응 방안을 논의하기 시작하였고, 그 결과, 각국에 관련 이슈에 대한 대응책을 마련할 것을 요청하는 권고안이 작성되었고 2019년 공식적으로 채택되어 현재까지 개발협력에서 공급자 측과 수혜자 측 간의 관계형성 시 준수해야 할 주요 지침이 되고 있다.

코로나 19 확산 이후 국제사회 젠더 이슈는 더 나빠졌고 이에 국제사회는 그 시급함을 인지하고 전 부문에 걸쳐 젠더 이슈에 대응하기 위한 다양한 전략을 제시하고 있다. 세계무역기구(WTO) 사무국은 2021년 5월 무역과 여성 및 성평등 관계를 이해하기 위해 WTO 젠더연구허브를 세우고 관련 연구를 수행하고 있다. 또한, 무역과 젠더에 관한 '젠더 세계무역총회'를 2022년 12월 개최하고, 주요 의제로 지속가능한 성평등을 제시하고, 성인지적 무역협정, 코로나 19가 여성에게 미친 영향을 완화하는 방안, 여성 기업가를 위한 무역촉진 방안 등의 세부 주제를 논의하였다.

국제통화기금(IMF)은 2022년 젠더 주류화 전략을 설정하고 회원국의 성 격차 해소 지원을 목표로 한 IMF 역할 방향을 설정하였고, 2022년 7월 집행이사회에서 핵심활동으로 젠더 주류화 전략을 승인하여 성평등 달성에 적극적으로 대응하고 있다. UN여성지위위원회에서는 2023년 3월 '디지털 시대의 성평등을 위한 혁신과 기술'을 제67차 회의의 우선 의제로 상정하였고, 개발협력과제로 디지털화, 특히 독일의 경우 국제전기통신연합과 디지털 환경 속 여성의 리더십 강화로 남녀 디지털 격차 해소를 위한 공동행동계획을 제시하였다.

1990년에 대두된 성 주류화(gender mainstreaming) 개념은 정책과 계획, 프로그램의 설계, 실행, 모니터링, 평가의 모든 단계에서 성평등 관점을 통합하여 여성과 남성 모두에게 동등한 혜택을 제공하는 것을 목표로 한다. 성주류화는 성평등을 위한 전략적 접근법으로, 정책 결정과정에서 성별 고려를 중심에 두고 지속가능한 발전을 촉진하였다. Sen은 이 개념을 학문적으로 뒷받침하고 국제적 담론으로 발전시키는데 중요한 역할을 하였다. UNDP 1995년 인간개발 보고서에서는 빈곤은 여성의 얼굴을 가지고 있다고 분석하며 세계적 빈곤의 여성화(feminization of poverty) 현상을 이슈로 제기하였다. 1995년 베이징 세계여성대회(제4차 세계여성회의)는 성주류화를 국제적 성평등 전략으로 공식화하는데 중요한 전환점이 되었다. 대회에서 채택된 베이징 선언 및 행동강령은 성 주류화를 모든 정책과 프로그램에 통합해야 한다고 명시하였다. 이는 성평등을 달성하기 위한 포괄적이고 체계적인 접근법을 제시한 것으로 평가된다.

3. 국제보건과 건강형평성, 젠더

1) 국제보건과 건강형평성

공평한 건강과 삶의 질이 중요한 사회적 목표로 자리잡은 현대사회에서 반복되는 팬데믹, 기후위기로 인한 재해, 전쟁으로 인류의 건강불평등(사회적, 인구학적, 경제적, 지역적 요인에 따른 인구집단 사이에 건강수준의 차이가 나타나는 것)은 그 어느 때보다 두드러지고 있다. 세계보건기구는 인구집단 간에 불공평한, 피하거나 고칠 수 있는 건강 격차가 존재하지 않는 상태를 건강형평성으로 정의하고 있다. 세계 곳곳에서 건강형평성 확보가 되지 못함으로써 건강에서의 사회정의와 공평성이 실현되지 못하고 있으며, 이는 빈곤층 및 여성과 어린이 등 취약계층의 보건의료서비스 접근성이 제한될 뿐만 아니라 전체 인구집단에 불평등 격차가 심화되고 있는 것으로 나타나고 있다.

건강 형평정책은 단순한 보건의료서비스 제공전략이나 자원배분의 관점을 넘어서 사회정의와 공평성의 실현이라는 관점에서 젠더 포용성을 포함한 포괄적인 사회정책적 접근을 할 필요가 있다. 매년 보고되는 건강지표에 나타나는 건강의 사회적 결정인자들, 즉 성별 및 경제력, 학력, 거주지 등이 점점 더 주요한 결정요소로 확인되고 있고, 다양한 결정인자들에 대한 깊이 있는 이해가 없이는 건강형평성 추구는 효과적으로 이루어지기 어려울 수 있다. 특히 효과적인 건강 형평 추구를 위해서는 남성과 여성을 분리해서 고려해야 할 필요가 있다. UN 지속가능한 개발을 위한 2030 의제인 '누구도 소외되지 않는 세상' 실현을 위해 이러한 다양성을 깊이 있게 이해하는 것과 함께 특히 젠더 포용성 구현이 중요할 것으로 보고하고 있다.

건강의 사회적 결정요인에 대한 자각으로, 건강은 개인의 행태 변화보다 건강형평 정책의 중요성이 강조되고 있고, 개선을 위한 노력에는 보건분야뿐만 아니라 다양한 부문의 협력이 필수적이며, 보건의료자원은 인구집단의 건강요구에 비례해 배분해야 한다는 데에는 이견이 없는 것으로 보인다. 건강형평 정책에서 젠더 포용성이 특히 중요하다고 할 수 있는데, 지난 10여 년간 건강형평성 추구를 포함한 공적개발원조 사업에서 성평등 등 젠더 이슈를 담고 있는 사업의 규모와 비중이 꾸준히 증가해 온 반면, 성차를 반영한 젠더 포용성을 수용한 사업은 드물었다. 전문가들은 젠더 포용성을 고려한 건강형평 정책과 프로그램이 필요하고, 민감성 있는 데이터 및 모델링 도구 개발과, 관련 거버넌스 프레임워크 구축, 젠더관련 자원을 활용하는 조직의 효율성을 높일 필요가 있으며, 관련 연구 필요성을 강조하고 있다.

2) 국제보건과 건강형평성으로서 젠더 이슈

전 지구적으로 건강요구가 높은 군은 대체로 여성이다. UN Women(2020) 보고서에서 코로나 19를 포함한 재난이 남녀에게 차별적인 영향을 미치고 있고, 이는 재난대응에 있어서 적극적으로 고려될 필요가 있음이 보고되었다. 특히 코로나 19를 통해 성 불평등과 여성에 대한 차별이 빈곤의 주요요인이 되며, 특히 빈곤지역이나 빈곤국가의 여성에게 더 심하게 나타나는 것을 확인할 수 있었다. 이는 코로나 19로 인한 경기침체가 남성보다 여성에게 더 큰 타격을 주었음을 알 수 있다.

최근, 자연적인 남녀 출생 성비를 기준으로 삼았을 때 아시아에서만 1억 여 명의 여성이 실종되었다는 추정이 보고되었다. 일부 지역에서 부자연스러운 성비 불균형이 나타나는 이유로 여아 선택 낙태와 여아 살해, 여아에 대한 가정 내 자원 배분의 불평등으로 인한 영양 부족과 제한된 보건의료 서비스 접근 때문으로 보고되었다. 이는 특히 인도, 방글라데시 같은 나라에서 두드러지는데 이들 나라에서 여성들은 성인에서도 남성보다 높은 사망률을 보였다. 국제보건이 취약인구의 삶과 건강을 개선하고자 하는 것이기에 국제보건은 자연스럽게 취약한 여성들의 충족되지 않는 건강요구를 고려하게 되고, 이는 상대적으로 자원이 부족한 국가에서 건강과 삶의 절대적 필요를 충족시키지 못하고 있는 이들의 다수가 여성이기 때문이다.

보건분야 국제개발, 즉 국제보건사업은 모성사망률을 감소시키고, 질병과 사망을 줄이며, 아동들에게 충분한 영양을 공급하고 적절한 교육을 받을 수 있도록 다양한 사업이 기획수행되고 있다. 그 과정에서 많은 국제보건 사업에서 소녀와 여성 임파워먼트를 중요한 전략이자 목표로 설정하고 있다. 소녀와 여성의 임파워먼트는 그 자체로 마땅히 추구해야 할 목표인 동시에 국제보건 사업의 성공과 지속가능성을 담보하는 데 중요한 요소이다. 여성들이 교육을 받고, 가정 내에서 소득과 자원을 통제하며, 중요한 의사결정에 개입할 권력을 가지는 것은 모성과 아동의 건강, 영양, 가족계획, 위생 사업 등에서 다양한 건강 관련 성과를 향상시키는 결과를 가져온다. 여성들이 가정에서 보다 평등한 관계를 형성하고, 더 많은 정보에 접근하고, 공동체와 집단의 활동에 참여하고, 유급 노동에 참여하는 것 역시 여성의 건강, 더 나아가 아동의 건강에 긍정적인 영향을 미친다. 나의 선택과 무관하게 주어진 주권 국가의 국민으로서가 아니라, 사람이라면 누구나 소속되어 있는 지구라는 단일한 공동체에 대한 소속을 정체성으로 삼는 관점에서 모두의 건강할 권리를 옹호하는 것이 국제보건의 목적이자 실천의 당위성이다. 국제보건에서 젠더 이슈는 젠더 체계가 국제보건에서 활용되는 각종 지식(의학 및 보건학 등)부터 보건의료인의 직종, 국제기구의 구성과 인식, 국제 원조 및 활동을 결정하는 정치세계까지 다양한 부분에서 작동되고 있고, 궁극적으로 국제보건과 젠더 이슈는 서로 교차하고 얽혀 있는 형국이다.

국제보건에서 젠더 이슈를 고려할 때 우선적인 부분이 의료접근성에 대한 부분이다. 의료접근성은 경제적 장벽, 문화적 사회적 규준, 의료인프라 관점에서 생각해 볼 수 있다. 보건인력이 코로나 19 대응에 집중적으로 재배치되면서 인력 부족 등으로 인한 모자보건 시비스에 대한 접근성이 하락하면서 여성 건강에 대한 위협이 높아진 상황이 전형적인 접근성의 문제로 볼 수 있다. 코로나 19 이전에도 모자보건 서비스 접근성 문제는 존재하였고, 매일 810명의 여성이 예방가능한 임신 · 출산 문제로 사망하고 있으며, 사하라 이남 아프리카의 경우 숙련된 의료인력이 참여한 출산율이 60%에 불과하였다. 코로나 19로 인해 모자보건 서비스 접근성 문제가 더욱 심각해졌으며, 이는 산모 사망률에 직 · 간접적인 영향을 미친 것으로 파악된다. 유엔여성기구의 긴급 설문조사에 따르면 유럽과 중앙아시아의 경우 여성의 절반 이상이 '가족계획 서비스에 대한 접근성 부족'을 어려움으로 호소하였고, 아제르바이잔과 튀르키예의 경우에도 여성 60%가 산부인과 진료를 받는 데 어려움을 겪었고 최대 56,700명의 산모가 추가 사망했고, 가정폭력, 여성 의료 종사자에 대한 폭력, 온라인 폭력, 여성 살해 등 여성을 대상으로 한 물리적 또는 성적 폭력이 증가하였으며, 이는 1조 5천억 달러에 달하는 막대한 경제적 비용을 발생시킨 것으로 추산되기도 했다.

3) 여성아동청소년 건강과 젠더 관련 주요이슈

여성아동청소년 건강에서 젠더 이슈는 아동청소년 발달, 건강, 안녕에 장기적 영향을 미치기 때문에 더 심각하게 다루어진다.

(1) 조혼 및 할례, 납치결혼

매년 1,200만 명의 소녀들이 18세 이전에 결혼하고, 전 세계 소녀 5명 중 1명은 18세 이전에 결혼하는 것으로 보고되고 있다. 오늘날 살아있는 여성 중 6억 5천만 명 이상이 어린 시절에 결혼한 것으로 볼 수 있다. 조혼은 서아프리카와 중앙아프리카에서 가장 빈번하고, 동아프리카 및 남아프리카, 남아시아에서도 보고되고 있다. 인도는 1,500만 명에 이르는 여성이 18세 이전 결혼한 것으로 보고되어 조혼이 극도로 성행되는 곳으로 보고되고 있다. 중남미에 위치한 도미니카공화국에서는 조혼이 36%로 가장 높았는데 여기에서는 2021년까지 조혼이 불법으로 간주되지 않았다. 조혼을 금지하는 법은 대부분의 국가에 존재하지만, 사회는 여전히 취약한 아동들을 결혼으로 내몰아 학대와 생식기 질환의 위험증가뿐만 아니라 장기적인 부정적 영향을 초래하고 있다. 특히 조혼은 저소득국가에서 두드러지게 나타나고 있는데 이들 국가에서는 문화와 관습이라는 이유로 아동의 안전을 위협하는 관행을 이어가고 있다. 국제기구 보고에 따르면 아세안 회원국 중 일부 국가에서는 18세 미만에 결혼하는 여성 비율이 33%에 달하는 것으로 나타났다.

조혼은 본질적으로 성불평등 현상으로 여성과 소녀들이 이등 시민으로 여겨지고, 인권을 박탈당하며, 여성이라는 이유로 덜 가치 있는 인간으로 여겨지는 것을 의미한다고 할 수 있다. 여성의 처녀성을 기준으로 여성의 가치를 매기는 가부장적 체계에서 여성의 성적 생식 선택을 제한하고, 어린 소녀가 어떻게 행동하고 옷을 입고, 어디를 가고, 누구를 만나며, 누구와 결혼할지 등을 통제하는 것을 포함하고 있다. 이런 체계에서는 여성성을 범죄화하고 여성의 돌봄과 정보에 대한 접근을 차단하는 경향이 있다. 소녀들은 혼외 관계를 맺거나 임신을 하게 되어 가족의 명예를 더럽혔다고 취급되어 부끄러움을 당하거나 학교에 가지 못하게 된다. 부모들은 조기 결혼을 시키는 것으로 딸과 가족을 보호하고자 하고 소녀들도 아기를 낳고 부모가 되는 것을 받아들이는 것으로 나타나고 있다.

더 심각한 것은 해로운 관행들이 때로 연관되는 경향이 있다는 것이다. 일부 지역에서는 조혼과 여성 성기 절제(할례)가 함께 일어나는 것으로 보고되고 있다. 할례는 소녀들에게 여성이 되는 통과의례로 간주하며 결혼 가능성을 높이는 방법으로 사용되기도 한다. 이런 관행은 특히 극심한 빈곤을 겪을 때 가족들과 소녀 자신도 결혼을 가족 생활비를 줄이고 경제적 안정을 확보하는 방법으로, 특히 가부장적 규범 아래 대안으로 생각되기도 한다. 소녀들의 교육접근성이 낮고, 사회정치적 경제적 지위가 낮아서 남성에게 경제적으로 의존하게 되어 결혼을 유일한 선택으로 여기게 되기도 한다. 조혼율이 높은 국가들을 보면, 대부분 상당히 취약한 상태의 국가들로, 위기 상황에서는 특히 조혼율이 높아지는데, 이는 예멘과 남수단에서 분쟁으로 조혼이 20% 증가한 것에서 확인할 수 있다. 이런 지역에서 가족들은 아동 결혼을 경제적 어려움에 대한 대책으로 보기도 하고, 부모들은 딸을 결혼시키면 성폭력 등 폭력으로부터 보호할 수 있다고 생각하며, 이주

등으로 사회적 네트워크와 보호시스템이 붕괴되면 소녀들이 결혼으로 내몰리는 것으로 나타났다. 또한 조혼을 전쟁의 무기로 사용하며 인신매매와 성적학대를 숨기는 수단으로 사용하기도 한다. 이런 상황에서는 교육접근성이 감소되고 학교와 아동들이 무장단체에 의해 타겟이 되거나 모집되기도 하고 있다. 이로 인해 소녀들이 착취와 학대, 노예제, 조혼의 위험에 더 많이 노출되고 있는 것으로 나타나고 있다. 어린 신부들은 조기 임신의 위험이 더 높으며, 이는 난산, 조산, 저체중 출생과 같은 합병증이 초래될 수 있다. 이러한 건강 위험은 산전 및 산후 관리에 대한 접근이 제한되어 더욱 악화되게 된다. 또한 조기 결혼은 교육 및 사회적 기회의 박탈로 이어져 우울증과 불안과 같은 정신 건강 문제를 야기하기도 한다.

한편 여성 성기 절제/할례는 극심한 통증, 감염, 출산 합병증 및 장기적인 생식 건강 문제를 초래할 수 있다. 이 관행은 성별 규범에 깊이 뿌리박혀 있으며 전 세계 수백만 명의 소녀들에게 영향을 미치고 있다. 여성 성기 절제/할례와 관련된 트라우마는 외상후 스트레스장애, 불안 및 우울증을 포함한 지속적인 심리적 영향을 미칠 수 있다. 조혼을 없애는 것은 SDGs 하나인 성평등 목표이자 다른 9가지 목표를 달성하는 데 핵심적인 요소이기도 하다.

납치결혼은 여성의 동의 없이 여성을 납치하여 납치범 중 한 명과 결혼하도록 강요하는 행위를 가리킨다. 중앙아시아 키르기스스탄과 카자흐스탄, 베트남 일부 부족 등에서 오랜 관습으로 보고되고 있고 현재는 이들 국가에서도 불법으로 금하고 있으나 관습적으로 허용되며 여성의 권리를 일상적으로 침범하는 것으로 보고되고 있다. 가해자들은 여성을 결혼시키기 위해 심리적 강요나 신체적 폭력, 심지어 강간까지 사용했던 것으로 알려져 있고, 최근에도 이들 국가에서 납치결혼의 피해자 여성이 살해된 사례가 보고되기도 하였다. 다른 형태의 강제 결혼과 같이 납치결혼의 핵심요소는 여성이나 소녀의 납치, 그들의 동의의 부재, 결혼을 목적으로 하는 것 등이다.

유엔여성기구(2018) 보고에 의하면 키르기스스탄의 24세 미만 여성의 13.8%가 여러 형태의 강압으로 결혼한 것으로 나타났다. UN에서는 키르기스스탄 정부로 하여금 2021년까지 이러한 불법 관행을 근절하는 것을 최우선 과제로 지원하였으나 여전히 남아 있는 것으로 보고되고 있다. 조혼이나 강제결혼은 근본적으로는 인권침해이며, 피해 당사자뿐만 아니라 전체 사회복지에 광범위한 영향을 미치고 있다. 키르기스스탄 정부는 신부납치, 강제결혼, 알라카추와 같은 관행은 그들의 문화나 전통에 속하는 것이 아니고, 취약한 사람들의 인권을 침해하는 행위로 명시하고 이를 법적으로 강화하는 조치를 하고 있다. 그러나 잘못된 관행에 대한 사회인식 개선 등 가해자 예방 및 처벌과 피해자 보호를 강화하는 노력이 더 필요하다고 본다. 유엔 기구는 이러한 관행이 중단되도록 국내 법률 및 국제 조약 이행을 위한 적절한 조치를 취할 것을 키르기스스탄 정부에 요청하고 있다.

이런 국가들에서 오래된 전통으로 여겨지는 관행이 바뀌려면 시간이 걸리지만 새로운 세대 사이에서 납치결혼과 강제결혼에 반대하는 목소리가 높아지고 있어 유엔 여성기구가 지원하는 시민사회가 어느 정도 작동하기 시작한 것으로 평가되고 있다. 2021년 키르기스스탄 수도 비슈케크에서 일어난 여성납치 관행에 저항하는 시위로, 키르기스 대통령은 납치로 살해된 여성이 '역사상 마지막으로 납치된 신부'로 삼아야 한다고 공언하며 국가가 주도해서 관행을 바로잡을 것을 약속하였다. 납치결혼 인식개선 및 패러다임 전환을 촉구하는 젊은 키르기스 여성지도자는 다양한 방면으로 홍보 및 교육 등 인식개선 활동을 주도하면서 사회적 문제에 대한 다양한 해결책을 함께 모색해야 한다고 목소리를 내고 있다.

(2) 생리건강과 위생

많은 저소득 및 중간 소득 국가에서 소녀들은 저렴하고 위생적인 생리용품을 접하지 못하여 이로 인해 감염과 같은 건강 문제를 초래하고 학교 결석의 원인이 될 수 있다. 또한 월경이 종종 낙인으로 여겨지며, 이는 청소년 소녀들에게 사회적 배제와 수치심을 유발하여 그들의 정신 건강과 일상 활동 참여에 영향을 미치고 있다.

차우파디(Chhaupadi)는 네팔의 일부 농촌 지역에서 행해지는 고대 전통으로, 여성 및 소녀의 월경 기간 동안, 때로는 그보다 더 긴 기간 동안 사람들, 특히 어린 소녀들을 진흙 오두막이나 헛간으로 추방하는데 그렇지 않으면 가족에게 불운이나 질병을 가져올 것이라고 믿는 것에 기인한다. 월경하는 사람들은 집을 떠나 있는 동안 거의 또는 전혀 생리용품이나 세면 시설을 제공받지 못해서, 이로 인해 다양한 건강 문제가 초래되기도 하고, 육체적 · 정신적 고통을 호소하고 있다. 또한 차우파디 오두막에서 질식, 화재, 폐렴 및 동물 공격으로 인한 사망 보고가 여러 차례 보고되기도 하였다. 차우파디는 2005년에 네팔 정부에 의해 법적으로 폐지되었고 2017년에 범죄로 규정되었지만, 일부 지역에서는 여전히 널리 시행되고 있으며, 월경 중인 여성들은 매달 약 7일 동안 일상 생활공간에서 제한된다. 지역 주민들은 이 전통을 중단하는 것이 신들에게 불쾌감을 주고 불운과 불행을 가져올 것이라고 믿기도 하는 것으로 보고되고 있다. 네팔의 문화적 및 사회 인구학적 특성으로 소녀들은 월경에 대한 정보, 안전한 물, 깨끗하고 사적인 화장실 부족, 월경 용품에 대한 접근 부족 등의 이유로 월경 위생을 충분하게 지키지 못하는 것이 관행이 되어 있다. 네팔의 열악한 경제 상황이 교육, 건강 및 통신 인프라의 질적 저하를 야기하고, 종교적, 문화적, 사회적 규범이라는 이름으로 성 차별이 빈번히 행해지고 있다. 여성들조차도 가정 문제에 대한 의사결정에 참여하지 않으며, 해로운 문화적 및 종교적 관행에 도전하지 못하고 있다. 월경 기간 동안 여성과 소녀들에게 부과되는 제한은 주로 네팔의 농촌 및 외딴 지역에서 더 많이 시행된다. 네팔은 주로 힌두교 국가로, 비록 힌두교 경전에 명시되어 있지는 않지만, 많은 힌두교인들은 월경 중인 여성과 소녀들이 불결하다고 믿고, 월경 기간 동안 여성의 불결함에 대한 종교적 신념 때문에 많은 여성과 소녀들이 월경 중에 일상 및 공동체 활동에 참여하는 것이 제한된다. 열 명 중 아홉 명의 여성과 소녀들이 월경 기간 동안 제한을 받는다고 보고되고 있다. 이러한 관행 중 가장 극단적인 것은 '차우파디 프라타'(차우파디)로, 이는 네팔 서부 및 중서부 일부 지역에서 나타나고 있다. 2022년 체계적 고찰 연구에서 네팔 여성의 생식건강문제와 월경 위생 실천에 대한 문제제기가 있었다. 월경 건강 및 위생에 대한 인식 부족, 충분하지 않은 위생시설, 성교육 부재 및 문화적으로 제한적인 관행 등으로 네팔 여성들에게 월경은 생리현상이 아니라 도전과제로 나타나고 있다. 이로 인해 여성과 소녀들이 부정적인 생식건강 및 정신건강, 청소년 소녀들이 학교 출석에 장애를 겪고 있다. UN에서는 '생리 위생의 날 5월 28일'을 제정하고 월경건강과 위생의 중요성을 강조하고, '월경친화적세계(Period Friendly World)'캠페인 등을 통해 월경에 대한 낙인과 미신을 없애기 위한 노력을 하고 있다.

(3) 모자보건의 성차

예방접종, 정신건강, 교육에 대한 접근성 측면, 영양, 청소년 임신, HIV/AIDS 등에서도 젠더 관련 이슈가 제기되고 있다. 문화적 및 사회적 규범은 예방 접종률에 영향을 미칠 수 있는데, 일부 공동체에서는 소녀들보다 소년들이 예방 접종에서 우선시되어, 백신으로 예방 가능한 질병에 대한 격차가 발생되는 것으로 나타났다. 여성 청소년은 성별 기대, 신체 이미지, 사회적 압력과 관련된 고유한 스트레스 요인에 직면할 수 있으며, 이는 섭식 장애, 우울증, 불안과 같은 정신건강 문제의 높은 비율로 이어질 수 있다. 한편, 세계의 많은 지역에서 소녀들은 남자아이보다 학교에 다닐 가능성이 적다. 이러한 격차는 그들의 미래 경제적 기회를 제한하고 건강 문해력에 영향을 미친다. 또한 교육을 받은 소녀들은 결혼과 출산을 늦추고, 의료 서비스를 찾으며, 더 건강한 아이를 가질 가능성이 높다.

일부 문화에서는 식량 배분에 있어 소녀들보다 소년들에게 우선권을 준다. 이는 소녀들 사이에서 영양실조와 발육 부진의 비율을 높여 그들의 신체적 및 인지적 발달에 영향을 미칠 수 있다. 또한, 청소년기에 소녀들은 월경으로 인해 영양 요구량이 증가하는 반면, 성별 편견은 중요한 성장기 동안 불충분한 영양 섭취를 초래할 수 있다. 청소년 어머니들은 임신과 출산 중 합병증의 위험이 더 높고, 그들의 아기들도 저체중 출생 및 건강 문제를 겪을 가능성이 더 크다. 청소년 임신은 종종 학교 중퇴로 이어져 미래의 취업 기회를 제한하고 빈곤의 악순환을 지속시키기도 한다. 여성 청소년은 생물학적, 사회경제적, 문화적 요인으로 인해 HIV에 감염될 위험이 더 높다. 성별 규범과 권력 불균형은 그들이 안전한 성관계를 협상하거나 예방 조치에 접근하는 능력을 제한할 수 있다. HIV에 감염된 소녀들과 젊은 여성들은 상당한 낙인과 차별에 직면하며, 이는 치료와 지원에 대한 접근성을 낮출 수 있다.

4) 국제보건 의료인력내 젠더 이슈

코로나 19로 보건인력이 감염병 대응에 집중적으로 배치되면서 인력부족 문제가 특히 모자보건 서비스에 대한 접근성의 하락으로 이어져 여성 건강이 위협받는 상황에 이르게 되었다. 매일 810명의 여성이 예방 가능한 임신출산문제로 사망하고 있고, 사하라 이남 아프리카의 경우 숙련된 의료인력이 참여한 출산율이 60%에 그치는 것으로 보고되었다. WHO 보고서에서 주요 국제보건 관련 국제기구에서 의사결정을 하는 지도자 위치에 여성이 극히 적은 것이 사회경제적 요소가 국제보건에서 지도력을 결정한다는 것에 대해 성불형평이 존재함을 시인하며 이에 대해 시급한 개입이 필요함을 제기하고 있다. 국제보건 현장에서 의료인력 내 젠더 이슈는 다음과 같다.

국제보건 현장에서 여성 의료인력은 67.2% 정도를 차지하지만 25% 여성만이 고위직으로 일하고 있다는 것은 여성은 국제보건을 수행하고 남성은 이를 이끌고 있다고 볼 수 있다. 젠더 리더십에 나타나는 이런 격차는 고정관념과 배척, 힘의 불균형 등에서 기인했다고 볼 수 있다. 의료인력에서 성 불형평은 국제보건에서 보다 광범위한 문제가 있음을 나타낸다. 국제보건조직의 69%의 수장이 남성이고 경영진 80%가 남성이며 20% 정도만이 여성으로 국제보건은 남성에 의해 주도적으로 이끌어지고 있는 것으로 볼 수 있다.

직업에서 젠더 규준과 전형이 여성이 가질 수 있는 역할에 영향을 미칠 수 있다. '남성의 또는 여성의' 같은 문화적 라벨링이 여성이 리더십 수준에 도달하는 것을 제한하고 있다. 이런 고정관념은 급여의 성별 격차에서 중요한 기여요인이 되고 있다. 급여의 성별격차는 25% 정도로 다른 부문의 평균보다 더 높게 나타난다. 여성 의료인력은 하급자 지위와 저임금 역할에 묶여 있는 경향이 있다. 여성 의료인력은 성적 학대뿐만 아니라 편견과 배척 등에 당면하는 경우가 많다. 이는 여성의 경력에 영향을 미칠 수 있고 극심한 스트레스와 사기를 떨어뜨린다. 많은 나라에서 직장내 성평등 기초가 될 수 있는 법적 사회적 보호장치가 부족하고, 남성 의료인력은 여성보다 자신들의 권리를 지켜줄 노조에 가입되어 활동할 가능성이 더 높다. 성불형평은 건강서비스 전달체계를 위협하고 있기도 하다. 4천만 개의 새로운 직업이 2030년까지 국제보건에 필요한 것으로 추산되며, 중저소득국가에서 우선적으로 1,800만 의료인력이 부족한 것으로 추산되고 있다. 성균형이 저절로 달성되도록 두는 것은 이제는 더 이상 선택이 될 수 없다. 특수하게 목표를 가진 조처가 취해지지 않는다면 직장내 성평등은 적어도 202년은 걸릴 것으로 추산되고 있다. 여성의 고용부문의 하나로 의료인력의 성불형평을 다룸으로써 SDGs 달성에 상당한 영향력을 가질 수 있을 것이다. 2030년까지 증폭되는 인구요구에 부응하고 보편적 건강보장과 건강관련 SDGs 달성하는데 수백만의 새로운 직업창출을 할 수 있다. 소녀들의 교육이 공적으로 편입되고 급여가

지급되는 일자리가 여성들에게 수입과 교육, 자율성을 줌으로써 성평등과 여성의 임파워먼트를 향상시킬 것이다. 이에 따라 가족교육과 영양, 여성과 아동 건강, 발달의 모든 영역 등을 증가시킬 것이다. 이로 인해 새로운 직업창출이 되어 경제적 성장동력이 될 것이다.

각 국가들은 성불형평의 원인을 반영한 정책을 도입해야 한다. 젠더변혁적 변화는 현재의 조건에 맞는 의료인력을 고용하는 것으로는 의료인력 부족을 악화시키는 성불형평을 해결할 수 없다. 현재의 정책은 여성을 불평등한 체계에 끼워 맞추도록 하고 있고, 이제는 여성에게 좋은 일자리를 창출하고 리더십과 급여에서 성차를 줄일 수 있는 현재의 체계와 업무환경을 고쳐야 할 필요가 있다. 국제보건 인력 연구의 초점이 전환되어야 하는데, 연구에서 우선순위를 중저소득국가에 두고, 젠더와 부문간 렌즈를 적용하고, 젠더 민감성 자료를 포함하고, 사회보장인력을 포함해야 한다. 성불형평을 기술하는 연구를 넘어서 젠더 혁신 중재의 영향을 평가하는 연구가 수행되어야 한다.

5) 디지털 환경 속 젠더 이슈

저소득국에서는 선진국에 비해 남녀 간의 인터넷 사용률 격차가 크게 나타나고 있으며, 이러한 남녀 디지털화 격차를 해소할 경우 국제사회에서는 상당한 경제적 가치를 창출할 수 있을 것으로 보고되고 있다. 남녀 디지털화 격차의 발생 요인으루는 주로 비용 문제, 임금 격차, 문해력을 포함한 교육 격차 등이 보고되고 있다.

2020년 기준으로, 사이버 폭력을 경험하는 여성의 비율은 38%에 달하며, 여성 대상 사이버 폭력을 목격한 여성은 85%에 이른다. 또한, 사이버 폭력은 성불평등이 오랫동안 유지되어 온 국가일수록 발생 확률이 높은 것으로 나타났으며, 2020년에는 중동 지역에서 사이버 폭력이 98%로 가장 높았고, 유럽 지역에서는 74%로 가장 낮은 수치를 보이는 것으로 나타났다. 그 외 라틴아메리카는 91%, 아프리카 90%, 아시아태평양 지역 88%, 북미 76% 순으로 보고되었다. 유럽의회 조사국의 연구에 따르면, 디지털 여성 폭력으로 인한 여성의 삶의 질 저하와 노동시장 참여 감소로 인한 경제적 손실이 최대 893억 유로에 달하는 것으로 추산되기도 하였다. 디지털화에서의 남녀 격차는 새로운 차원의 불평등으로, 디지털 환경 속에서 젠더 이슈가 다각적으로 발생하고 있어 이에 대응하기 위해서는 기후, 경제, 교육, 젠더 등 포괄적인 접근이 필요하다.

4. 국제보건 젠더 이슈 해결 접근 전략

젠더 이슈를 다룰 때는 여러 측면을 고려해야 한다.

첫째, 정책 개입은 필수적이다. 정부와 관련 단체들은 성평등을 촉진하고 소녀들의 권리를 보호하며, 교육과 의료 서비스에 대한 접근을 보장하기 위한 정책을 적극적으로 시행하고 있다. 둘째, 지역 사회의 참여는 해로운 성별 규범과 관행을 변화시키는 데 중요한 역할을 한다. 지역 사회가 참여해야만 지속 가능한 변화를 이끌어낼 수 있다. 셋째, 교육 및 역량 강화 프로그램은 소녀들에게 교육을 제공하고, 그들이 자신의 건강과 미래에 대해 정보에 입각한 결정을 내릴 수 있도록 돕는다. 이러한 문제를 효과적으로 해결하기 위해서는 정부, 국제기구, 지역 사회, 그리고 가족이 협력하여, 성별과 관계없이 모든 아이들과 청소년들이 건강하고 충실한 삶을 살도록 동등한 기회를 가질 수 있도록 해야 한다. 국제보건에서의 성 문제, 특히 아동 및 청소년과 관련된 문제를 해결하기 위한 거시적인 전략은 정책 이니셔티브, 교육 프로그램, 공동체 참여, 그리고 정부, 국제기구, 비정부기구(NGO) 간의 파트너십을 포함하는 다면적 접근을 포함한다.

SDGs 중 10개 목표에서 젠더 관련 지표를 사용하는데 이를 통해 개발협력 전반에 걸쳐 젠더 인식 제고가 필요하다는 것을 알 수 있다. 젠더 문제는 범분야 이슈로서 성평등 개발협력의 양적 확대를 넘어 개발협력 전방에 걸친 질적 성장 및 통합적 접근이 필요하다. 한국의 성평등 개발협력 사업 대부분이 보건분야에 해당하므로 인도적 지원분야를 포함해서 젠더 관련 지원 분야를 확대할 필요가 있는 것으로 제안되고 있다. 또한, 저소득 국가일수록 젠더 이슈가 더 심각하고 형태도 다양해서 디지털화 기후위기 및 식량안보 등의 국제적 현안은 여성을 포함한 취약계층에 더 큰 영향을 주는 것으로 나타나, 지원분야 및 수단 재원 등을 다각화하고 지역별 분야별 맞춤형으로 접근할 필요가 있다. 또한 성별 미시 데이터가 부족하고 저소득국의 통계수집 역량이 떨어지는 점을 감안할 때 ICT 분야 비교우위에 있는 한국에 의한 개발협력은 통계시스템 구축 등의 협력방안이 고려될 필요가 있다.

UN 이니셔티브에서 제시한 SDGs 중 3번째 목표인 건강과 웰빙은 모든 연령대의 건강한 삶을 보장하고 웰빙을 증진하는 것을 목표로 한다. 또한, 5번째 목표인 '성평등'은 성평등을 달성하고 모든 여성과 소녀를 역량 강화하는 데 중점을 두고 있다. 이 두 목표는 상호 연결되어 있으며, 건강에서의 성 문제를 해결하는 데 중요성을 가진다.

WHO가 주도하는 여성, 아동 및 청소년 건강을 위한 글로벌 전략(2016-2030)은 여성, 아동 및 청소년의 예방 가능한 사망을 끝내고 그들의 건강과 웰빙을 보장하는 것을 목표로 하고, 성평등과 여성 및 소녀의 역량 강화를 중요한 요소로 강조한다. 세계보건기구는 건강 정책과 프로그램에 성별, 형평성 및 인권을 통합하기 위해 전담팀을 운영하고, 모두를 위한 건강한 삶과 웰빙을 위한 글로벌 행동 계획을 설정해서 형평성과 성평등에 중점을 두고 건강 관련 SDGs로의 진전을 가속화하는 데 초점을 두고 있다.

유엔아동기금(UNICEF)은 아동과 청소년이 직면한 성 기반 장벽을 제거하고, 교육과 건강, 보호를 강화하는 데 집중하고, 유엔인구기금(UNFPA)은 아동 결혼을 종식하고 포괄적 성교육을 통해 청소년의 건강한 의사결정을 지원한다. 한편 아동 폭력 종식을 위한 글로벌 파트너십과 '걸스 낫 브라이즈(Girls Not Brides)'는 아동 결혼 종식과 소녀의 권리 증진을 위한 글로벌 협력체로 활동하고 있고, 가비, 백신 얼라이언스는 성별에 관계없이 예방 접종의 공평한 접근을 보장하고 있다.

글로벌금융시설(GFF)은 여성과 아동의 건강에 대한 투자를 촉진하며, 여러 비정부기구(NGOs)는 아동의 권리와 성평등을 중점으로 활동하며, 지역 사회 기반 개입을 통해 남성과 소년을 참여시켜 성 규범을 변화시키고 소녀의 역량을 강화하는 활동을 하고 있다. 연구와 정책 개혁은 성별 구분 데이터를 활용하여 성 규범의 영향을 연구하고, 아동 보호를 위한 법률과 정책을 강화하는 데 초점을 맞추고 있다. 빌/멀린다 게이츠 재단은 2021년 전 세계적 성평등 발전을 위해 향후 5년 동안 총 21억 달러를 투입할 계획을 발표하였다. 세부 지원 분야로 여성의 경제적 역량 강화, 건강 및 가족계획, 여성 리더십 가속화를 내세움으로써 젠더 혁신에 앞장서고 있다.

이러한 국제적 노력은 국제보건에서의 성 문제를 해결하기 위한 포괄적인 접근을 나타내며, 아동 및 청소년이 번영할 수 있는 공평하고 지원적인 환경을 조성하는 데 중점을 두고 있다.

성평등은 SDGs의 일환으로 2000년 이후 젠더 이슈에 대한 국제사회의 개발협력 노력이 지속되었으나 코로나 19와 각종 전쟁으로 인해 2030년 목표를 달성하기에는 아직 그 성과가 미흡한 것으로 나타나고 있다. 국제개발협력 사업에서 성평등 부문을 분석한 보고서에서 성평등 관련 사업 비중과 규모는 늘고 있으나 성평등 핵심목표사업은 제한적인 것으로 나타났다. 전문가들은 개발협력에서 범분야 이슈로서 젠더 문제를 다룰 필요가 있으며 젠더 인식 증진을 통한 통합적 접근이 필요함을 조언하고 있다.

간호학적 적용

현대사회 국제보건의 전 영역, 즉 기획, 수행, 모니터링 및 평가뿐만 아니라 대규모 국제보건 프로젝트 및 프로그램 등에서 간호사 및 간호학자가 참여하고 있다. 이를 고려할 때 국제개발, 개발협력, 국제보건 및 젠더 이슈를 이해하는 것은 간호전문가 및 실무자에게 필요한 기본역량이라고 할 수 있다. 간호의 근간이 인본주의에 기반한 실무를 강조하고 있어서, 특히 인간의 기본권으로서의 건강형평성에 대한 시각은 국제개발 중 보건영역에서 중요한 가치로 여겨지고 있다. 건강형평성의 주요한 요소가 현대사회에서 특히 성별과 젠더, 성차 등에 대한 제대로 된 인식과 국제보건 현장 및 평가 등에서 이런 요소를 적극적으로 고려하는 역량이 요구된다. 이에 간호실무자 및 전문가, 간호학생들에게 국제보건과 젠더에 대한 기본 이해뿐만 아니라 이를 실천하는 역량을 키우는 것이 중요할 것이다.

본 장에서 소개한 국제보건의 주요한 젠더 이슈는 국제사회에서 제기되는 수많은 현상의 극히 일부에 해당하고 특히 특정 국가나 지역에서만 발생하는 현상이 아니다. 그러므로 사례로 제시된 특정 국가나 지역에 대한 내용들이 또 다른 차별과 편견을 부추기는 경로가 되지 않도록 주의가 필요하며 전 지구적인 우리의 문제로 인식하기에 이곳에서 다루었음을 밝히는 바이다.

참고문헌

남청수. 젠더분야 개발협력의 국제 동향 보고: 제21차 OECD DAC 성평등네트워크(Gendernet) 정례회의 참석 결과. Journal of International Development Cooperation. 2023;18(2):133-142. https://doi.org/10.34225/jidc.2023.18.2.133

아마티아 센 저/김원기(역). 자유로서의 발전. 2013. 갈라파고스.

아이리스 M. 영 저/허라금·김양희·천수정(역). 정치적 책임에 관하여. 2013. 이후

오지영. 국제사회의 주요 젠더 이슈와 개발협력 정책과제. 대외경제정책연구원. 오늘의 세계경제. 2023;23(1):1-17. https://www.kiep.go.kr/gallery.es?act=view&mid=a10102020000&bid=0003&list_no=10521&act=view&list_no=10521&cg_code=Lourdes Beneria

유엔여성기구. From insights to action: Gender equality in the wake of COVID-19. 2020

정희진. 페미니즘의 도전. 교양인, 2013.

폴 파머, 김 용, 아서 클레인먼, 매슈 바실리코 저/김아림(역). 국제보건 실태의 재조명: 9장. 국제 보건과 가치들. 생각과 사람들. 2014.

Beaglehole R, Bonita R. What is global health? Glob Health Action. 2010;3(1):1-2. https://doi.org/10.3402/gha.v3i0.5142

Becker GS. Health as human capital: Synthesis and extensions. Oxford Economic Papers, 2007;59(3):379-410.

Brakefield WS, Olusanya OA, White B, Shaban-Nejad A. Social determinants and indicators of COVID-19 among marginalized communities: A scientific review and call to action for pandemic response and recovery. Disaster Med Public Health Prep. 2022;17:e193. https://doi.org/10.1017/dmp.2022.104

Calhoun M. Child, early, and forced marriage: An international human rights crisis. Georgetown Journal of International Affairs. 2024;25(1):151-159.

Girls Not Brides,https://www.girlsnotbrides.org/

Koplan JP, Bond TC, Merson MH, et al. Towards a common definition of global health. Lancet. 2009;373(9679):1993-1995.

Kusumadewi H, Wiswayana WM. Enforcing preventions of child marriage cases in ASEAN member states within the framework of sustainable development goals. Proirofonic. 2024;1(1):407-419.

Lan QN. Human rights perspectives on the bride kidnapping culture of the H'mong people in Vietnam. February 17, 2024. http://10.31995/Book.AB306-M24.Chapter1

Nussbaum MC. Women and Human Development: The capabilities approach. 2012. Online Cambridge University Press. https://doi.org/10.1017/CBO9780511841286

Population Services International Nepal. Menstrual health and hygiene management in Nepal. Lalitpur; 2017. February 17, http://maverickcollective.org/wp-content/uploads/2017/06/ Scoping-Review-and-Preliminary-Mapping-of-Menstrual-Health-in-Nepal.pdf. Informing humanitarians worldwide 24/7 —a service provided by UN OCHA

Sen A. Capability and well-being. The Quality of Life, 1993;30:270-293.

Sen A. Development as freedom. The globalization and development reader: Perspectives on development and global change, 2014;525-549.

Sen A. Missing women. BMJ. 1992;304(6827):587-588. https://doi.org/10.1136/bmj.304.6827.587

Sen A. Missing women--revisited. BMJ. 2003;327(7427):1297.

Sharma A, McCall-Hosenfeld JS, Cuffee Y. Systematic review of menstrual health and hygiene in Nepal employing a social ecological model. Reprod Health. 2022;19(154). https://doi:10.1186/s12978-022-01456-0.

Taukobong HF, Kincaid MM, Levy JK, et al. Does addressing gender inequalities and empowering women and girls improve health and development programme outcomes? Health Policy Plan. 2016;31(10):1492-1514.

UNDP. Overview of linkages between gender and imate change. Policy brief 2016. https://www.undp.org/sites/g/files/zskgke 26/files/publications/UNDP%20Linkages%20Gender%203 and%20CC%20Poicy%20Brief%201-WEB.pdf

UN Women Europe and Central Asia. UN statement on bride kidnapping and child marriage. February 17, 2025. https://eca.unwomen.org/en/news/stories/2018/05/un-statement-on-bride -kidnapping- and-child-marriage

Wani AA. Towards a deparochial framework of global justice. In: Deparochialising Global Justice. Palgrave Macmillan, Singapore. 2024. pp57-91. https://doi.org/10.1007/978-981-97-5384-0_3

WHO. Macroeconomics and health: Investing in health for economic development. Report of the commission on macroeconomics and health. 2001. Geneva: World Health Organization

WHO. Health equity (who.int)

WHO. Closing the leadership gap: Gender equity and leadership in the global health and care workforce. February 17, 2024 https://www.who.int/publications/i/item/9789240025905

04 PART

데이터 분석과 해석에서의 성차

CHAPTER 1

근거합성분석과 성차

서현주 충남대학교 간호대학 간호관리학

요약문

- 간호 및 보건의료 연구에서 다양성(Diversity), 형평성(Equity) 및 포용성(Inclusion)이 중요한 주제로 대두되고 있으며, 근거합성 분야에서도 형평성을 고려한 근거합성 연구를 해야 한다.
- 근거합성에서 건강형평성을 다루는 연구의 고찰 질문을 구성할 때, PROGRESS-Plus 프레임을 적용하여 중재를 제공받을 목표인구집단과 이해관계자의 관점을 고려한다.
- 건강형평성과 관련된 검색은 생의학적 검색 데이터베이스로 커버가 힘든 경우가 많으므로, 관심 중재 결과에 따라 인문사회과학 관련 데이터베이스를 추가 검색해야 한다.
- 간호학 연구자들은 정책 결정자들이 공평한 정책을 수립하고 정보에 입각한 결정을 내릴 수 있도록 체계적이고 명확한 방식으로 근거합성 과정에서 형평성을 고려한 연구를 수행해야 한다.

서론

간호 및 보건의료 연구에서 다양성(Diversity), 형평성(Equity) 및 포용성(Inclusion)(이하 DEI)에 대한 관심이 증가되어 새롭고 시급한 주제로 간주되고 있다. 연구 생태계 내에 연구비 할당, 연구 질문 우선순위, 연구팀 구성 또는 연구참여자 모집과 같은 측면에서 체계적인 편견이 존재한다는 인식이 점차 높아지고 있다. 근거합성 분야에서 정책결정자들은 체계적 문헌고찰 결과에서 형평성에 대한 고려가 부족하여 의사결정 시 유용한 근거로 활용되는 데 제한이 있다고

하였고, 코크란 리뷰의 단지 1.3%의 리뷰만이 건강의 사회적 결정요인, 사회적 요인, 건강의 형평성, 빈곤, 인종 차별, 성 차별 문제를 직접적으로 다루었다고 보고하였다.

문헌고찰 저자는 합성결과가 해당 중재가 평균적으로 효과가 있다고 할 뿐만 아니라 건강불평등에 대한 중재의 영향도 고려해야 하며, 다음의 3가지 중재 유형에 따라 건강형평성에 관한 효과를 평가할 수 있다. 첫째, 일반 인구집단을 대상으로 하는 중재로, 하나 이상의 PROGRESS-Plus(place, race, occupation, gender, religion, education, socioeconomic status, social capital-personal characteristics, feature of relationships, time-dependent relationships) 특성에 대한 효과 분포를 이해하는 것이 중요할 경우, 둘째, 사회적 약자 또는 위험에 처한 인구집단을 대상으로 하는 중재로, 형평성 결과는 없지만 불평등 감소에 대한 근거를 제공할 수 있는 경우, 셋째, 인구집단 전체 또는 하위 집단 간에 사회적 기울기(Social gradient; 사회경제적 위치에 있어서 혜택을 덜 받는 사람들이 더 많은 혜택을 받는 사람들보다 건강이 더 나쁜 현상을 묘사하기 위해 사용되는 용어)를 감소시키는 것을 목적으로 하는 중재유형일 경우이다. 이러한 중재에 관한 문헌고찰을 수행하는 저자는 해당 PROGRESS-Plus 요인에 따라 보고할 뿐만 아니라 어떤 상태나 문제의 위험이 어떤 하위집단에서 더 높은지, 또는 의료 접근성에 영향을 미치는 요인이 하위집단에 따라 차이가 있는지 여부를 보고해야 한다.

한편, PROGRESS-Plus의 모든 특성(표 1)을 평가하는 것은 일반적으로 불가능하므로, 평가할 특성을 선택할 때, 중재를 제공받을 타겟 인구집단과 합성된 연구근거를 사용하고자 하는 이해관계자(Interest holder)의 관점을 고려해야 한다.

이에 본 장에서는 체계적 문헌고찰에서 DEI를 어떻게 고려해야 할지에 대해 연구수행 단계에 따라 살펴보고자 한다.

1. 고찰 질문 구성

문헌고찰 질문이 개발될 때는 건강형평성에 관련된 문제를 고려해야 한다. 문헌고찰 질문을 구성하는 데 1) DEI 정의, 2) 형평성 및 논리 모델과 관련된 가설, 3) 적절한 연구설계, 4) 적절한 중재결과, 5) 맥락(Context)을 고려하여 고찰 질문을 구성한다.

1) 다양성, 형평성 및 포용성

다양성(Diversity)이란 나이, 성별, 인종, 민족성, 성적 지향, 성 정체성, 가족 구조, 지리적 위치, 국적, 이민자 및 난민, 언어, 신체적, 기능적 및 학습 능력, 종교적 신념, 사회경제적 지위를 포함하되 이에 국한되지 않는 광범위한 개인, 인구 및 사회적 특성을 의미한다. 형평성(Equity)

이란 모든 사람이 공정하고 정당한 기회를 갖는 상태를 의미하며, 사회 정의에 관심을 가지며, 건강과 의료서비스에 대한 경제적, 사회적, 기타 장애물을 극복하고 예방가능한 건강격차를 제거하는 것을 의미한다. 포용성(Inclusion)은 다양한 개인이나 그룹을 환영하고 지원하는 환경과 문화를 도모하는 것을 의미한다.

근거합성에서 건강형평성을 다루기 위한 PROGRESS-Plus 프레임은 거주지, 인종/민족/문화/언어, 직업, 성별, 종교, 교육, 사회경제적 상태, 사회적 자본, 그리고 나이, 성적 지향, 장애, 환경 등을 의미한다. 거주지는 관심 인구집단이 살고 있는 곳(예: 국가, 지역, 도시, 커뮤니티 및 그 특성, 도시 대 농촌 환경), 직업은 직업 유형, 실업, 시간제 고용, 비공식 고용, 안전하지 못한 작업 환경, 사회적 자본은 흡연하는 부모가 있는 가정의 아이들과 같은 사회적 관계와 네트워크, 환경적 상황은 건강할 기회가 제한되고 통제되는 학교, 식품, 환경을 의미한다(표 1).

표 1 PROGRESS-Plus 특성들

PROGRESS

- Place of residence(거주지)
- Race/Ethnicity/Culture/Language(인종/민족/문화/언어)
- Occupation(직업)
- Gender/Sex(성별)
- Religion(종교)
- Education(교육)
- Socioeconomic status/Social capital(사회경제적 상태/사회적 자본)

Plus

- 차별 및/또는 배제와 관련된 개인적 특성(예: 연령, 성적 지향, 장애)
- 관계의 특징(예: 학대)
- 시간 의존적 관계(예: 이주, 사람이 일시적으로 불리한 입장에 처할 수 있는 병원에서 방금 퇴원한 경우)

출처에서 수정: Evans C, et al. Addressing equity, diversity, and inclusion in JBI qualitative systematic reviews: a methodological scoping review. JBI Evid Synth. 2025;23(3):454-479.

문헌고찰 저자가 해야 할 첫 번째 단계는 평가 대상인 상태/문제 또는 중재와 관련하여 건강불평등을 경험하는 인구를 정의하는 것으로, 하나 이상의 PROGRESS-Plus 요인(예: 사회경제적으로 취약한 인구 집단, HIV, 정신 질환 및 신체장애가 있는 대상자, 장기 요양 시설 거주자)에 의해 정의된 인구집단 간의 차이를 고려할 필요가 있다. 또한 잠재적 영향의 차이를 탐색하기 위해 민감도 분석이나 하위군 분석의 필요성을 평가하는 것도 중요할 수 있다.

2) 형평성 및 논리 모델과 관련된 가설

투입과 결과 사이의 관계를 보여주는 논리 모델(Logic model)은 반응의 차이, 관심인구집단의 기저상태 위험의 차이, 적용 가능성 및 효과를 중재할 수 있는 요인을 예측하여 건강형평성에 미치는 영향을 평가하는 것과 관련된 주요 질문을 확인하는 데 도움이 될 수 있다. 논리 모델은 체계적 문헌고찰 내의 중요한 개념을 나타낸 다이어그램으로 행동 이론(Theory of action)이나 변화 이론(Theory of change)을 설명하는 데 사용될 수 있다. 이러한 논리모델은 인구집단의 특성과 중재의 전달/실행/효과 간의 관계에 대한 메커니즘이나 경로에 대한 시각적 설명을 제공한다. 리뷰팀은 특정 인구 집단에 대한 중재의 실행이나 결과에 예상되는 차이점을 설명하고 이러한 인구 집단을 정의해야 한다.

그림 1은 취약한 3개월-5세 영유아를 위한 (음식이나 음료) 보조 식이 중재의 신체적, 심리사회적 건강 개선효과를 평가하기 위한 체계적 문헌고찰 연구의 논리 모델이다. 중재의 성공에 영향을 미치는 아동 요인, 지역사회 요인, 가정 요인을 고려한 중재의 제공이 어떻게 단기 및 장기 결과를 가져오는지에 대한 관계를 제시하고 있다.

그림 1 인구집단의 특성과 보조 식이 중재의 메커니즘에 대한 논리 모델

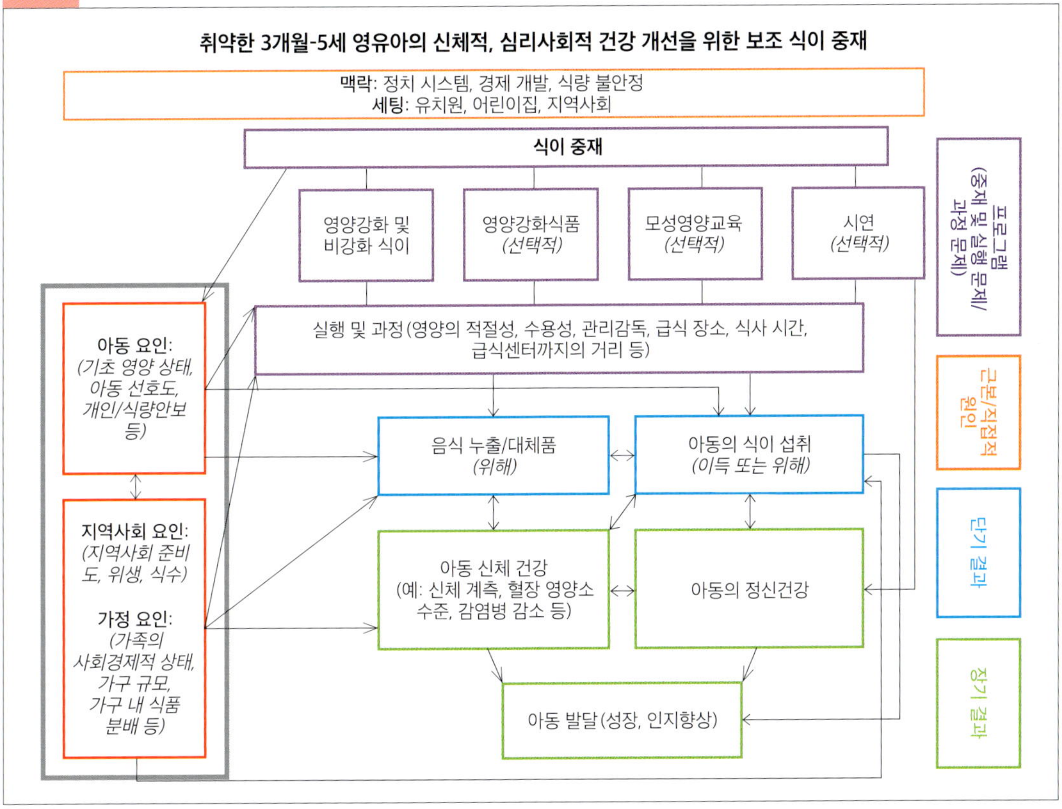

출처에서 수정: Kristjansson E, et al. Food supplementation for improving the physical and psychosocial health of socio-economically disadvantaged children aged three months to five years. Cochrane Database Syst Rev.0 2015;2015(3):CD009924.

중재는 복합적일 수 있고(여러 구성 요소가 있는 프로그램), 제안된 작용 메커니즘은 복잡할 수 있고(변화 이론), 여러 교란 요인의 상호 작용은 복잡할 수 있으며, 중간 결과와 영향 결과 간의 관계 역시 복잡할 수 있다. 논리 모델은 이러한 복잡성 중 일부를 독자에게 설명하는 데 도움이 될 수 있으며, 논리 모델을 활용하여 문헌고찰 질문의 범위를 정하고, 적격기준을 확인하며, 검색 전략을 수립하고, 정책이나 실무와 관련하여 실행가능성과 위해를 포함하여 구조화된 고찰 결과를 제시하는 데 활용된다.

3) 형평성 평가를 위한 적절한 연구설계

형평성 평가를 위한 적절한 연구설계를 선택하여야 하며, 이론적 근거가 명확하게 설명되어야 한다. 특히, 비무작위 연구나 질적연구가 인구집단 및 환경에 대한 중재의 영향 연구에서 적절하고 의미 있는 근거를 제공할 수 있는지를 고려하는 것이 필요하다.

4) 형평성에 대한 적절한 중재 결과

중재결과는 이해관계자나 사용자가 누구인지에 따라 선택될 필요가 있으며, 적절한 사용자나 이해관계자를 정의하는 데 환자(Patients), 서비스 제공자(Practitioners), 대중(the Public), 정책 결정자(Policymakers), 언론(Press), 제품 생산자(Product makers, 예: 제약회사와 의료기기 제조회사), 보험자(Payers, 예: 건강보험공단이나 민간보험회사), 구매자(Purchasers, 예: 고용주나 정부), 연구책임자(Principal investigators)의 9'P's 틀을 사용할 수 있다. 일반적으로 고려되어야 할 중재결과는 이득과 위해, 일반적 또는 질병 특이적 사망률, 증상, 신체적/감정적/사회적/영적 기능, 삶의 질, 효용, 불편함, 재정적 부담과 같은 중재의 영향, 중간/대리 연구결과, 바이오 마커 등이 있다. Welch 등(2024)의 연구에서 제안된 미국의 질병예방서비스위원회(US Preventive Services Task Force)에 의해 인종간 건강형평성 개선을 위해 개발된 프레임을 중재결과 범주로 고려할 수 있다(표 2).

표 2 미국 질병예방서비스위원회 프레임에 따른 중재결과 범주

중재결과 범주	결과
과정 결과	제공된 의뢰/자원
	조사된 미충족 의료수요
	검진 환자 수
	임상 자원에 대한 환자 인식
	사회적 요구를 논의한 수
	사회적 요구에 대해 논의하려는 환자의 미충족 의료수요
	환자 만족도
	사회적 위험에 대한 서비스 제공자의 기록
	지역사회 자원을 찾는 것에 대한 환자의 확신

(계속)

사회적 위험 결과	공공 또는 기타 연금 수령
	주거의 질 및 지위 향상
	미충족 의료수요 감소
	식량불안 해결
	경제적 안정 향상
	소득 변화
	구금 또는 형사 사법 시스템으로의 재진입
	법적 요구 사항 해결
	지역사회 통합
	고용상태 변화
생리학적 및 행동 건강 결과	정신 건강 상태
	자기 보고 건강의 변화
	물질 사용(substance use)의 변화
	삶의 질
	식이 섭취 변화
	아동 발달 결과
	기능적 결과의 변화
	최신 예방 접종
	사망률
	저체중 출생아
	신체 활동의 변화
	스트레스의 변화
보건의료 이용 결과	응급실 방문
	입원
	예방적 서비스 이용
	외래 방문
	병원 방문일
	재입원
	외래 미방문
	의료 서비스 이용 빈도
	치료 순응
	응급 수송 수단 이용
	병원 퇴원 후 일차 의료 방문
	산전 관리의 적절성
	금주 센터 이용
비용 결과	투자 수익률/비용 효과성
	환자 의료비 지출
	보험 보장범위
의료 서비스 제공자 결과	사회적 요구 지식과 선별검사에 대한 제공자의 확신
	중재 관리 시 제공자의 편의
	사용 가능한 자원에 대한 공급자 인식
	중재에 소요된 시간

출처에서 수정: Welch et al. Paper 5: a methodological overview of methods and interventions. J Clin Epidemiol. 2024;176:111576.

5) 맥락과 형평성

중재가 계획되고 실행되는 사회적, 문화적, 정치적 맥락(Context)을 고려해야 하며, '맥락을 고려함'은 맥락의 중요한 측면들을 이해하는 것으로, 중재 실행 및 중재결과에 어떤 영향을 미칠 것인지에 대한 정도를 기술하고 탐색하는 것을 의미한다.

2. 근거합성 과정

1) 근거 검색

형평성에 초점을 맞춘 체계적 문헌고찰에 있어 검색은 일반적인 체계적 문헌고찰 연구방법론 지침을 따르면 되지만, 관심 있는 인구집단을 충분히 커버해야 한다. 실제로 건강형평성과 관련된 검색은 생의학적 검색 데이터베이스(예: Medline, Embase, CINAHL, Cochrane Library)로 커버가 힘든 경우가 많으므로, 관심 중재 결과에 노동생산성, 교육적, 경제적, 사회적 결과가 포함될 경우 생의학 및 간호, 보건학 관련 데이터베이스 이외의 표 3에 제시된 다양한 데이터베이스를 검색할 수 있다. Campbell Collaboration의 정보검색 지침은 특히 사회적 결과와 관련된 문헌검색에 도움이 되며, 구체적인 주제별 검색 DB는 Campbell의 정보검색 가이던스를 활용하도록 한다(표 3).

표 3 사회, 행동, 교육, 건강 관련 데이터베이스 예시

데이터베이스	URL
Applied Social Sciences Index and Abstracts (ASSIA): 건강, 사회 서비스, 심리학, 사회학, 경제학, 정치학, 인종 관계 및 교육 분야 관련 문헌	https://proquest.libguides.com/assia
Education Resources Information Center (ERIC): 저널 논문, 서적, 연구 합성, 학회 논문, 기술 보고서, 정책 논문 및 기타 교육 관련 자료 등 수백만 건의 저널 기사 및 기타 교육 관련 자료의 서지 기록에 대한 무료 검색	https://eric.ed.gov/
Database of Research on International Education: 국제적인 교육에 대한 책, 기사, 컨퍼런스 논문 및 보고서의 국제적 자료원. 무료접근가능	https://opac.acer.edu.au/IDP_drie/index.html
International Bibliography of the Social Sciences (IBSS): 인류학, 경제학, 정치학 및 사회학의 사회 과학 주제에 주로 초점을 둔 서지정보	https://proquest.libguides.com/ibss

(계속)

PsycINFO®: 1800년대부터 현재까지의 심리학 문헌 데이터베이스로, 행동 및 사회 과학 분야의 다양한 학술 출판물에 대한 서지 인용, 초록 및 인용 참조 자료	https://www.apa.org/pubs/databases/psycinfo
Communication Abstracts: 커뮤니케이션 연구 분야의 저널 기사, 서적, 서적 장 및 보고서에 대한 초록	https://www.ebsco.com/products/research-databases/communication-abstracts
Linguistics & Language Behavior Abstracts (LLBA): 언어의 특성과 사용과 관련된 학문을 포괄한 초록	https://proquest.libguides.com/llba Community Health and Social Welfare
AgeLine: 심리학, 사회학, 사회복지, 경제학, 공공 정책, 건강 과학 분야에서 노화와 관련된 연구뿐만 아니라 사회 노년학 문헌에 대한 초록	https://www.ebsco.com/products/research-databases/ageline
AgeInfo: 노인정책센터 도서관 서비스에서 제공하는 사회 노년학을 다루는 정보 자료. 무료접근가능	http://www.cpa.org.uk/ageinfo/ageinfo2.html
HUD USER Database: 주택 및 지역 사회 개발 문제에 관한 정보	https://www.huduser.gov/portal/pdrdatas_landing.html
Social Care Online: 사회복지에 관한 정보	www.scie-socialcareonline.org.uk/
Climate Change and Human Health Literature Portal: 건강과 기후 변화에 대한 글로벌 과학 문헌. 오픈 액세스	https://tools.niehs.nih.gov/cchhl/index.cfm
Kings Fund Library Database: 건강 및 사회 복지 관리 및 정책, 시스템, 서비스 및 리더십과 관련된 정보. 무료접근가능	https://www.kingsfund.org.uk/work-with-us/library
NSPCC Library Catalogue: 안전 보장, 아동 보호, 아동 학대 및 방치와 관련된 정보. 무료접근가능	https://learning.nspcc.org.uk/services/library-information-service

출처에서 수정: MacDonald et al., Searching for studies: A guide to information retrieval for Campbell systematic reviews. Campbell Syst Rev. 2024;20(3):e1433.

검색전략 수립 시 표준 검색 필터(예: 데이터베이스의 검색 인터페이스에서 사용 가능한 필터)를 적용하는 것은 관련 논문들을 놓칠 위험이 높기 때문에 필터 적용여부를 신중히 결정해야 한다. 또한, 형평성 관련 통제 어휘인 Diversity, Equity, Inclusion(2023), Gender Equity (2021), Health Equity(2016)들은 비교적 최근에 MeSH 용어로 추가되었고, PROGRESS-Plus 범주를 설명하는 많은 단어가 주요 데이터베이스에서 색인되어 있지 않기 때문에 MeSH 용어와 Free text 단어의 조합을 사용하는 것을 권장한다.

한편, 노인과 관련된 연구를 검색하는 것은 정밀도를 높이기 위해 InterTASC information Specialists Subgroups에서 'Age Specific Filters'의 적용을 고려할 수 있다. 또한 Prady 등이

형평성에 초점을 둔 문헌을 검색하기 위하여 개발하여 타당도가 검증된 Medline과 Embase에서 적용가능한 검색 필터를 적용할 수도 있다.

2) 근거 평가

형평성을 다룬 체계적 문헌고찰 과정에서 포함된 연구들에 대한 비평적 평가는 다른 문헌고찰 연구와 유사하다. PROGRESS-Plus 요소 전반에 걸친 중재군과 대조군간의 기저상태의 불균형은 무작위 배정의 적절하지 않았음을 시사할 수도 있으므로 고찰 저자는 PROGRESS-Plus에서 정의한 특정 인구집단에서 탈락이 차별적으로 발생했는지 여부를 검토하는 것은 가능하다. 비무작위연구들의 경우, 형평성 요소들이 잠재적인 교란요인으로 고려될 수 있다.

특히, 포함된 연구의 연구절차가 국제적인 윤리적 기준을 충족시키는지 평가하고 문서화되어 있는지를 확인한다. 그 이유는 건강불평등을 겪고 있는 인구집단은 대부분 취약한 피험자이며, 추가적인 인간대상 연구윤리 관련 보호수단이 필요할 수 있기 때문이다. 무작위대조연구 이외의 다양한 연구설계들이 체계적 문헌고찰에 포함되었을 경우, 연구유형에 따른 체크리스트 시스템의 타당도가 검증된 도구를 적용하여 일차연구의 내적 타당도를 평가할 필요가 있다. 연구유형별 비뚤림 위험 평가도구 및 이용자 매뉴얼은 한국보건의료연구원에서 발간한 NECA 비뚤림위험 평가도구 매뉴얼(2021)을 참고하도록 한다.

3) 자료추출

자료추출은 다른 문헌고찰 연구와 유사하지만, 리뷰팀은 추가로 PROGRESS-Plus로 정의한 특정 인구집단에 대한 자료를 추출해야 한다. 관심 맥락을 고려하기 위해 '복합중재의 맥락과 실행 프레임(Context and Implementation of Complex Interventions framework)'을 이용하여 자료 추출할 필요가 있다. '복합중재의 맥락과 실행 프레임'은 맥락(Context), 실행(Implementation), 세팅(Setting)의 세 가지 차원으로 구성된다. 맥락은 지리적, 역학적, 사회문화적, 사회경제적, 윤리적, 법적, 정치적 맥락으로 기술할 수 있다. 실행은 실행 이론(Implementation theory), 실행 과정, 실행 전략, 실행 주체, 실행 결과로 구성된다. 이 중에서 실행 이론은 실행의 인과적 메커니즘을 설명하려고 시도한다. 따라서 중재와 그 결과를 연결하는 인과적 메커니즘을 설명하고자 하는 프로그램 이론과 유사하다. 실행 이론은 실행 노력이 성공하기 위해 어떻게 변화가 실행되어야 하는지 공식화하고 실행 과정과 실행 전략을 모두 뒷받침한다. 실행 주체는 1) 주어진 중재의 실행을 의사 결정하는 모든 개인 및 조직(예: 자금 제공자, 관리자), 2) 이 중재를 실행하는 자(예: 서비스제공자, 옹호자, 간호사, 의사) 또는 3) 중재의 대상이 되거나 그렇지 않으면 중재에 의해 영향을 받는 자(예: 환자 및 그 가족, 소비자)를 의미한다.

이러한 실행 주체는 중재가 실행되는 조직 내부 또는 외부(예: 외부 변화 주체)에 위치할 수 있다.

세팅은 중재가 실무로 투입되고 맥락과 실행과 상호 작용하는 구체적인 물리적 위치를 말한다. 예를 들어 도시, 지역, 국가(예: 도시 대 농촌), 연구 장소 유형(예: 일차 의료기관, 병원, 가정, 학교, 직업적 환경) 등이 될 수 있다. 세팅에서 중재와 중재의 실행은 맥락과 상호 작용하며, 반원의 음영은 실행, 맥락, 세팅이 발생할 수 있는 미시적, 중시적, 거시적 수준을 의미한다. 관심 있는 중재와는 별도로, 관심 있는 중재가 실행되는 맥락과 방식은 독립적으로 발생하지만, 동일한 세팅과 인구집단을 대상으로 하는 다른 중재에 의해 발전되거나 손상될 수 있다(그림 2).

그림 2 복합중재의 맥락과 실행 프레임(Context and Implementation of Complex Interventions framework)

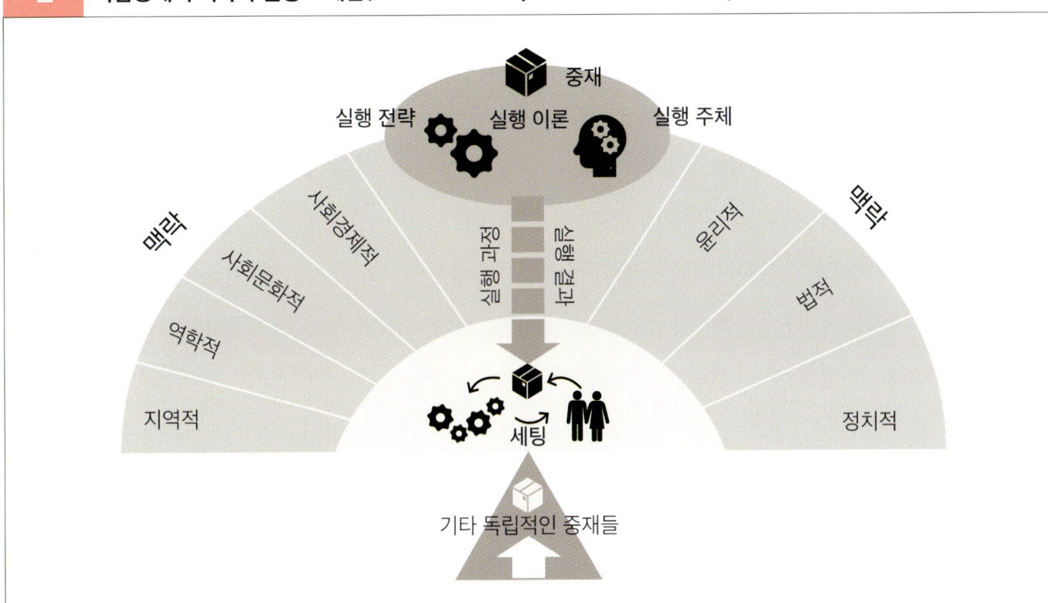

출처에서 수정: Pfadenhauer LM, et al. Making sense of complexity in context and implementation: the Context and Implementation of Complex Interventions (CICI) framework. Implement Sci. 2017;12(1):21.

4) 근거 합성 및 해석

리뷰팀은 근거 합성과정에서 세 단계를 거쳐 형평성을 분석할 수 있다. 먼저, 건강불평등을 경험할 가능성이 있는 인구집단을 프로토콜에서 확인한 후 의도된 중재가 중요한 관심 결과의 향상을 가져오는지를 평가하는 것이다. 그런 다음 PROGRESS-Plus 프레임에서 확인된 인구집단이 다른 인구집단처럼 절대적 효과와 상대적 효과 모두에서 동일한 결과 향상을 보이는지를 평가하는 것이다. 이러한 과정에서 하위그룹분석(Subgroup analysis)이 수행될 필요가 있으며, 논리 모델 및 프로토콜에 사전에 정의된 PROGRESS-Plus 요인 중 하나 이상의 하위그룹분석을 고려할 수 있다. 그러나 일반적인 통계 분석과 동일하게 모든 하위그룹분석은 리뷰프로토콜 단계에서 미리 정해지고 정당화되어 있어야 한다. 평가에 포함된 문헌이 충분하다면 인구집단, 맥락, 과정요인과 같은 설명변수의 역할을 평가하기 위해 메타회귀분석이 수행될 수도 있다. 상세한 하위그룹분석과 메타회귀분석 방법은 중재에 대한 체계적문헌고찰을 위한 Cochrane 핸드북이나 NECA 의료기술평가방법론: 체계적 문헌고찰 매뉴얼을 참고하도록 한다.

근거 합성결과를 제시하는 결과요약표(Summary of findings' tables)에는 건강불평등에 관한 연구결과를 통합하기 위하여 1) 중재결과로 건강형평성을 포함, 2) 건강형평성과 관련된 환자 중심 결과(Patient Reported Outcomes)를 고려, 3) 상대적 효과(Relative effects)의 중요한 차이를 강조하기 위해 건강불평등을 경험한 인구집단을 위한 별도의 표를 제시, 4) 특정 인구집단의 건강관련 기저상태 위험의 차이를 강조하기 위해 단일 표 내에 다른 행을 작성, 5) GRADE 접근법을 적용할 때 건강불평등을 경험하여 중요하다고 정의된 인구집단에 대한 근거의 비직접성(Indirectness)을 평가하는 5가지 방법 중에서 채택한다. 건강 형평성의 관점에서 리뷰팀은 환자중심 결과로 예를 들어 알레르기 및 면역학적 질환의 경우 질병 지체뿐만 이니라 주거, 교통, 식량 안보, 건강 서비스 접근 능력, 건강 정보 이해력과 같은 건강과 기능에 영향을 미치는 사회적 요인을 포함시킬 수 있다.

근거 해석은 프로토콜 단계에서 사전에 구체화한 PROGRESS-Plus로 정의된 특정 인구집단에 초점을 맞추어야 하며, 하위그룹 분석결과는 관찰연구의 특성을 가지고 있으므로 주의 깊게 해석되어야 한다. 한편, 관심 특정인구집단이 고찰에 포함된 연구들의 인구집단에서 상당 부분을 차지하지 않았을 경우, 이들 인구집단에서의 연구결과는 적용 가능성이 있는지 여부를 논의한다.

5) 논문 보고

Welch 등은 형평성에 초점을 맞춘 체계적 문헌고찰 보고의 투명성과 완전성을 개선하기 위해 합의 기반 보고 지침 PRISMA-E 2012를 개발하였다. 건강형평성에 초점을 맞춘 중재 연구의 체계적 문헌고찰은 첫째, 불리하거나 위험에 처한 인구집단을 대상으로 한 중재의 효과를 평가한 체계적 문헌고찰을 의미한다. 예를 들어 취약계층 아동을 위한 학교 급식의 효과를 평가한 이 고찰에는 형평성 결과가 포함되지 않을 수 있지만, 취약한 인구집단을 대상으로 한 근거합성 결과와 향후 연구와 실무에 대한 함의는 이들 인구집단의 건강불평등을 줄이는 데 정보를 제공할 수 있다. 둘째, 인구 간 또는 인구 하위그룹 간 사회적 기울기를 줄이기 위한 중재의 효과를 평가한 체계적 문헌고찰, 예를 들어 흡연의 사회적 기울기를 줄이기 위한 중재, 아동의 비만 예방 중재와 같은 형평성을 다루는 체계적 문헌고찰은 PRISMA-E 2012를 적용하여 연구결과를 보고하도록 한다.

간호학적 적용

체계적 문헌고찰을 포함한 근거합성 연구 결과는 인구집단 건강과 간호 중재/서비스 전달에 대한 정보를 제공할 때 특히 건강형평성에 민감한 근거를 제공해야 한다. 근거 합성은 단순히 체계적 문헌고찰에 포함된 일차 연구에서 취해진 접근 방식을 반영하는 것이 아니라, 문헌고찰을 수행하는 리뷰팀이 일차 연구에서 형평성이 다뤄진 정도와 관계없이 근거합성과정에서 체계적이고 명확한 방식으로 형평성을 고려해야 한다.

리뷰팀은 환자에게 중요한 질문, 임상실무의 간극, 또는 정책 의사결정과 같은 특정 청중의 요구에 응답하기 위하여 근거합성을 엄격하게 생산해야 한다. 체계적 문헌고찰 연구를 수행하는 연구자는 임상질문의 중요성, 방법론적인 엄격성, 국제적인 보고표준의 순응, 형평성 관점을 채택하여 연구를 수행해야 한다.

또한, 코크란 중재 리뷰에 대한 방법론적 기대(Methodological Expectations of Cochrane Intervention Reviews, MECIR)에 따라 특정 인구집단에 대한 형평성 및 근거의 타당도 문제가 문헌고찰에 중요한지 여부를 미리 고려하고, 문제가 있는 경우 이를 해결하기 위한 적절한 방법을 계획하도록 한다. 문헌고찰 질문이 사회경제적 수준이 낮은 집단, 중산층, 여성, 어린이, 노인 등의 인구집단과 관련성이 있는지 주목해야 한다. 가능한 경우, 리뷰에 전체 인구집단뿐만 아니라 취약한 인구집단에 대한 중재의 효과와 건강의 사회경제적 불평등을 줄이는 중재의 영향, 그리고 지역사회에서 중재 실행을 촉진하기 위한 전략에 대한 명확한 설명을 포함하도록 한다.

이상과 같이 간호학 연구자들은 의사 결정자들이 공평한 정책을 수립하고 정보에 입각한 결정을 내릴 수 있도록 체계적 문헌고찰에 건강형평성 고려사항을 통합해야 한다. 또한, 연구 생태계에 참여하는 모든 사람들, 예를 들어 저널 편집자는 더 나은 형평성 보고를 요구해야 하고, 기금제공자는 연구수행시 형평성, 다양성 및 포용성 관련 내용을 포함하고 형평성을 평가하도록 촉진해야 한다. 연구자는 연구에서 건강형평성에 대한 의미를 더 잘 문서화하고 연구주제에 적합한 형평성 중심 프레임을 사용하고 개발해야 한다.

참고문헌

Cochrane, Cochrane 2.0: Closing the Global Health Equity Gap, in Cochrane Lecture with Jimmy Volmink [YouTube]. 2022 [cited 2025 Jan 24]. Available from: https://youtu.be/35oVU6EXIhI?si=kHmdiM542br6DrEJ

Cochrane Infectious Diseases. Developing logic models [Internet]. 2016 [cited 2025 Jan 24]. Available from: https://cidg.cochrane.org/sites/cidg.cochrane.org/files/uploads/cidg_logic_models_sep16.pdf

Craike M, Wiesner G, Hilland TA, Bengoechea EG. Interventions to improve physical activity among socioeconomically disadvantaged groups: An umbrella review. Int J Behav Nutr Phys Act. 2018;15(1):43.

Ganek E, Sazon RAP, Gray L, Sherry D. An Introduction to Faculty Diversity, Equity, and Inclusion for Excellence in Nurse Education: Literature Review. Asian Pac Isl Nurs J. 2023;7:e49231.

Gelinas L, Strauss DH, Chen Y, et al. Protecting the Vulnerable and Including the Under-Represented: IRB Practices and Attitudes. J Empir Res Hum Res Ethics. 2023;18(1-2):58-68.

Higgins JPT, Thomas J, Chandler J, Cumpston M, Li T, Page MJ, et al(editors). Cochrane Handbook for Systematic Reviews of Interventions version 6.5 (updated August 2024). Cochrane, 2024. Available from: www.training.cochrane.org/handbook.

ISSG Search Filters Resource. Age Specific Filters [Internet]. [cited 2025 Jan 24]. Available from: https://sites.google.com/a/york.ac.uk/issg-search-filters-resource/home/age-groups

Jackson-Best F, Edwards N. Stigma and intersectionality: a systematic review of systematic reviews across HIV/AIDS, mental illness, and physical disability. BMC Public Health. 2018;18(1):1-19.

Julian H, Toby L, James T, Ella F, Rachel C. Methodological Expectations of Cochrane Intervention Reviews (MECIR) [Internet]. 2023 [cited 2025 Jan 24]. Available from: https://community.cochrane.org/mecir-manual

Kelly C, Dansereau L, Sebring J, et al. Intersectionality, health equity, and EDI: What's the difference for health researchers? Int J Equity Health. 2022;21(1):182.

Kim SY, Park DA, Seo HJ, et al. Health Technology Assessment Methodology: Systematic Review. Seoul: National Evidence-based Healthcare Collaborating Agency; 2020.

Kim SY, Park DA, Seo HJ, et al. NECA's guidance for assessing tools of risk of bias. Seoul: National Evidence-based Healthcare Collaborating Agency; 2021.

Kim SY, Park JE, Seo HJ, Lee YJ, Jang BH, Son HJ. NECA's guidance for undertaking systematic reviews and meta-analyses for intervention. Seoul: National Evidence-based Healthcare Collaborating Agency; 2011.

Kristjansson E, Francis DK, Liberato S, et al. Food supplementation for improving the physical and psychosocial health of socio-economically disadvantaged children aged three months to five years. Cochrane Database Syst Rev. 2015;2015(3):CD009924.

Lotfi T, Welch V, Pardo JP, et al. Equity in evidence synthesis: you can't play on broken strings. Cochrane Ev Synth. 2024;2:e12091.

MacDonald H, Comer C, Foster M, et al. Searching for studies: A guide to information retrieval for Campbell systematic reviews. Campbell Syst Rev. 2024;20(3):e1433.

McArthur C, Gibbs JC, Patel R, et al. Scoping Review of Physical Rehabilitation in Long-Term Care: Interventions, Outcomes, Tools. Can J Aging. 2017;36(4):435-452.

O'Neill J, Tabish H, Welch V, et al. Applying an equity lens to interventions: using PROGRESS ensures consideration of socially stratifying factors to illuminate inequities in health. J Clin Epidemiol. 2014;67(1):56–64.

Petticrew M, Whitehead M, Macintyre SJ, Graham H, Egan M. Evidence for public health policy on inequalities: 1: the reality according to policymakers. J Epidemiol Community Health. 2004;58(10):811-816.

Pfadenhauer LM, Gerhardus A, Mozygemba K, et al. Making sense of complexity in context and implementation: the Context and Implementation of Complex Interventions (CICI) framework. Implement Sci. 2017;12(1):21.

Pfadenhauer LM, Mozygemba K, Gerhardus A, et al. Context and implementation: A concept analysis towards conceptual maturity. Z Evid Fortbild Qual Gesundhwes. 2015;109(2):103-14.

Prady SL, Uphoff EP, Power M, Golder S. Development and validation of a search filter to identify equity-focused studies: reducing the number needed to screen. BMC Med Res Methodol. 2018;18(1):106.

Ramirez LG, Louisias M, Ogbogu PU, et al. Understanding Health Equity in Patient-Reported Outcomes. J Allergy Clin Immunol Pract. 2024;12(10):2617-2624.

Schünemann HJ, Brennan S, Akl EA, et al. The development methods of official GRADE articles and requirements for claiming the use of GRADE - A statement by the GRADE guidance group. J Clin Epidemiol. 2023;159:79-84.

Shea BJ, Reeves BC, Wells G, et al. AMSTAR 2: a critical appraisal tool for systematic reviews that include randomised or non-randomised studies of healthcare interventions, or both. BMJ. 2017;358:j4008.

UK Research and Innovation. Equality, diversity and inclusion in research and innovation: UK review [Internet]. 2020 [cited 2025 Jan 23]. Available from: https://www.ukri.org/wp-content/uploads/2020/10/UKRI-020920-EDI-EvidenceReviewUK.pdf.

US Centers for Disease Control and Prevention. What is Health Equity? [Internet]. 2024 June 11 [cited 2025 Jan 24]. Available from: https://www.cdc.gov/health-equity/what-is/index.html

Welch V, Dewidar O, Rizvi A, et al. Centering racial health equity in systematic reviews paper 5: a methodological overview of methods and interventions. J Clin Epidemiol. 2024;176:111576.

Welch V, Petticrew M, Petkovic J, et al. Extending the PRISMA statement to equity-focused systematic reviews (PRISMA-E 2012): explanation and elaboration. J Clin Epidemiol. 2016;70:68-89.

Welch V, Petticrew M, Tugwell P, et al. PRISMA-Equity 2012 extension: reporting guidelines for systematic reviews with a focus on health equity. PLoS Med. 2012;9(10):e1001333.

Welch V, Petticrew M, Ueffing E, et al. Does consideration and assessment of effects on health equity affect the conclusions of systematic reviews? A methodology study. PLoS One. 2012;7(3):e31360.

CHAPTER 2

의료 인공지능과 성차

이주연 가천대학교 간호대학 여성건강간호학

요약문

- 빅데이터와 인공지능(AI)은 의료와 간호 분야에서 검사, 진단, 치료 계획, 환자 모니터링 등 다양한 영역에서 활용되고 있다.
- 질병 발병, 증상, 치류 효과에서 나타나는 남성과 여성의 차이를 고려하지 않으면 편향된 데이터와 결과로 인해 정확도와 신뢰도가 저하될 위험이 있다.
- AI 알고리즘 설계 과정에서부터 데이터 수집, 통합, 분석 시 성별 및 대표성을 충분히 고려하도록 하여 편향을 줄이고 신뢰성을 높이는 접근이 필수적이다.
- 인공지능 기술의 올바른 활용은 개인화된 치료를 가능하게 하며, 지속적인 검토와 개선 노력이 필요하다.

서론

4차 산업혁명의 핵심 기술로 꼽히는 빅데이터와 인공지능(AI)은 의료와 간호 분야에서도 혁신적인 변화를 이끌고 있다. 인공지능은 질병 진단과 예후 예측, 치료 계획 수립, 환자 모니터링 등 다양한 영역에서 높은 정확성과 효율성을 보여주고 있다. 그러나 인공지능 의료시스템의 도입은 신중한 접근이 필요하다. 데이터 수집 및 알고리즘 설계 과정에서 발생할 수 있는 편향(Bias) 문제, 윤리적 쟁점 등 다양한 도전 과제가 존재한다. 특히, 성별에 따른 질병 특성과 의료 서비스 접근성의 차이를 고려하지 않는다면, 의료 기술이 오히려 불평등을 초래할 위험도 있다. 따라서 인공지능 기반 의료시스템을 개발하고 활용할 때, 의학적 타당성과 형평성을 모두 갖춘 접근 방식이 필요하다. 본 단원에서는 인공지능이 의료와 간호 분야에 활용되는 현황과 더불어, 성차 특성을 반영한 인공지능 활용의 중요성과 이를 위한 접근 방안을 논의한다.

1. 근거 기반 의료와 데이터 중심 의료

1990년대에 도입된 '근거 기반 의료(Evidence-based medicine)' 개념은 이후 '근거 기반 간호(Evidence-based nursing)'와 '근거 기반 실무(Evidence-based practice)' 등으로 확장되며, 현대 보건의료에서 중요한 원칙으로 자리 잡았다. 이 개념은 임상적 의사결정이 반드시 신뢰성 있고 타당한 연구 결과에 기초해야 함을 강조한다. 최상의 근거를 도출하기 위해서는 무작위 대조시험(RCT), 환자-대조군 연구, 코호트 연구 등 체계적 연구 설계가 필요하며, 통계적 검정력을 강화하기 위해 연구 표본의 크기를 늘리는 노력이 필수적이다. 이러한 임상 연구는 주로 병원을 방문한 환자들을 대상으로 수행되며, 병원에서 측정된 데이터와 환자가 자가 보고한 데이터를 수집·분석하는 방식으로 진행된다. 이 방법은 높은 신뢰성을 제공하지만, 많은 시간과 자원이 소요된다.

4차 산업혁명의 도래와 함께 인공지능(Artificial intelligence, AI)과 빅데이터 기술의 급격한 발전은 '데이터 중심 의료(Data-driven medicine)'라는 새로운 개념을 등장시켰다. 이는 근거 기반 의료와 대립되는 개념이 아니라, 이를 확장하는 개념으로 볼 수 있다. 머신러닝과 딥러닝을 포함한 인공지능(그림 1)은 데이터, 알고리즘, 시스템으로 구성되어 있으며, 데이터가 많을수록, 학습의 횟수가 많을수록 그 성능이 향상되는 특성을 지닌다.

그림 1 인공지능, 머신러닝과 딥러닝

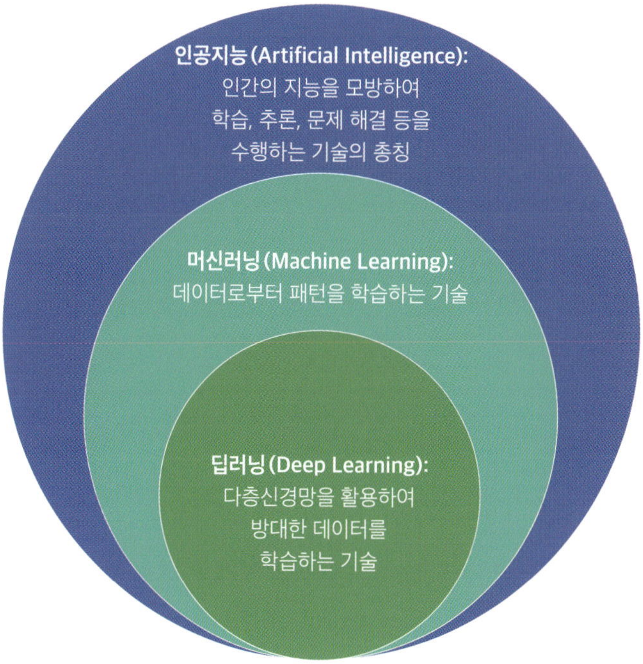

의료 분야에서 인공지능의 도입은 다음의 측면에서 혁신을 이끌고 있다. 첫째, 전자의무기록(Electronic Medical Record, EMR)과 임상 데이터 웨어하우스(Clinical Data Warehouse, CDW)의 보편화로 의료 데이터의 저장과 활용이 훨씬 용이해졌다. 환자의 병력, 진단 정보, 검사 결과, 처방 기록 등을 포함하는 EMR 데이터는 의료진이 보다 정교한 임상 의사결정을 내리는 데 중요한 역할을 한다.

둘째, 정보통신기술의 발전으로 real world data(RWD)의 활용이 가능해지면서 의료 데이터의 범위가 더욱 확장되었다. RWD는 개인의 건강 상태와 보건의료 전달체계에서 수집된 다양한 자료를 의미하며, 그 출처로는 EMR, 전자 건강 기록(Electronic Health Records, EHR), 청구 자료, 질병 레지스트리, 환자 생성 건강 데이터(Patient-Generated Health Data) 등이 포함된다.

셋째, RWD의 분석을 통해 real world evidence(RWE)를 도출할 수 있으며, 이는 'Data-driven medicine'을 통한 'Evidence-based medicine'을 실현하는 데 기여한다. 전통적인 임상 연구에서는 연구 대상이 제한적일 수밖에 없지만, AI를 활용하면 보다 광범위한 실제 임상 데이터를 분석하여 보다 현실적인 의료 근거를 제시할 수 있다. 예를 들어 인공지능 기반 예측 모델은 특정 질환의 발병 가능성을 미리 평가하고, 환자별 맞춤형 치료 전략을 제안하는 데 활용될 수 있다.

2. 의료와 간호에서의 인공지능 활용

의료와 간호 분야에서 빅데이터와 인공지능의 활용은 검사, 진단(예후 평가), 치료 계획, 환자 분류, 그리고 환자 모니터링 등 다양한 영역에서 두드러진 성과를 보이고 있다.

예를 들어 인공지능은 영상 분석에서 두각을 나타내고 있다. 기존 의료 영상을 지도 학습시켜 새로운 영상이 주어질 경우 질환의 유무를 판별할 수 있으며, 이는 영상의학과, 병리과, 안과, 피부과 등 다양한 분야에서 활용되고 있다.

또한 다양한 데이터를 분석하여 환자의 건강 상태를 예측하고, 의료진이 보다 적절한 치료 계획을 세울 수 있도록 돕는다. 욕창 발생 가능성을 예측할 때는 연령, 영양 섭취, 수술 여부 등 다양한 변수를 포함한 데이터를 학습하여 발생률을 계산하는 것은 물론 그에 맞는 중재를 권고하는 것이 가능하다. 또한 연속하는 데이터를 분석하기도 하는데, 호흡수, 심박수, 혈압, 산소포화도 등의 데이터를 분석하여 심정지나 부정맥 등 환자의 상태 악화를 조기에 경고하는 연구도 활발히 진행되고 있다. 미국 스탠퍼드 대학교에서 진행한 연구에 따르면, 애플워치의 심전도(ECG) 기능을 사용한 AI 모델이 심방세동을 감지하는 양성예측도가 0.84로 나타났다.

임상 중심의 데이터에서 개인이 생성하고 수집하는 RWD로 확장되는 흐름은 인공지능과 결합하여 P4(predictive, personalized, preventive, and participatory)의료 즉, 미리 예측하고, 사전에 예방하고, 맞춤형 건강관리를 제공하고, 대상자가 참여하는 형태로 의료와 간호가 발전하는 데 기여하고 있다.

인공지능을 적용한 건강관리 중재의 개발 및 적용 과정은 크게 1) 기획 및 설계, 2) 데이터 측정, 통합 및 전처리, 3) 알고리즘 생성 및 모델링, 4) 모델 평가, 5) 예측된 결과에 따른 중재 제공, 6) 모니터링의 단계로 구분할 수 있다.

3. 성별 특성을 반영한 인공지능의 활용

인공지능을 활용한 중재 과정에서 발생할 수 있는 편향 문제와 이를 해결하기 위해 고려해야 할 사항들을 살펴볼 필요가 있다.

1) 기획 및 설계

남성과 여성의 성차로 인해 질환의 발병 기전, 증상, 치료 등에 차이가 발생하는 것은 이미 잘 알려진 사실이다. 전통적으로 심장질환 연구가 남성을 중심으로 이루어진 결과, 심근경색(Heart Attack) 증상에 대한 일반적인 설명이 남성에게서 주로 나타나는 증상(가슴 통증, 방사통 등)을 기준으로 정립되었고, 여성에게서 흔한 증상(피로감, 소화 불량, 호흡곤란 등)은 간과되는 경우가 많았다.

따라서 인공지능 연구 기획 및 설계 시 성별 분포와 특성을 충분히 고려해야 한다. 이를 간과하고 발병률이 높은 집단에 집중하거나, 발병률이 낮은 집단에 성별 보정만을 적용하는 방식의 분석이 이루어질 경우, 편향된 결과가 나올 수 있다. 또한, 남녀 간 질환 차이가 생물학적 차이(염색체, 호르몬 등)에서 기인하는지, 아니면 사회문화적 요인에서 비롯된 것인지를 구분해, 이에 따라 추가로 수집해야 할 데이터와 분석 및 해석 방법을 결정해야 한다. 연구를 기획하는 단계에서부터 성차를 반영한 기획과 설계가 필요하다.

전통적으로 남성 연구자의 비율이 높고, 인공지능 개발 분야에서도 남성이 압도적으로 많은 비율을 차지하고 있다는 점이 편향의 원인으로 꾸준히 지적되고 있다. 연구자와 개발자가 가지고 있는 관점이 비의도적으로 연구의 기획 및 설계단계에 반영될 수 있기 때문에 의식적으로 인식하고 개선하려는 노력이 필요하다.

2) 데이터 수집 및 통합

인공지능은 데이터에 기반해 새로운 통찰력을 창출하는 과정이므로, 수집된 데이터의 질에 따라 그 결과가 크게 달라질 수 있다. 특히 학습 데이터의 부족과 대표성 결어는 편향을 유발하는 주요 원인으로 작용한다. 예를 들어 흉부 엑스레이 판독을 위한 인공지능 연구에서는 남성의 폐용량이 더 큰 이미지를 주로 학습한 결과, 여성의 이미지를 판독하는 데 있어 오류가 발생한 사례도 보고되었다. 한 연구에서는 피부암 진단 인공지능 모델이 주로 백인 남성의 피부 데이터를 학습한 결과, 여성과 유색인종 환자의 피부암을 진단하는 정확도가 크게 떨어지는 현상이 발생했다. 반면, 골다공증 연구에서는 여성 데이터가 주로 수집되었으며, 골다공증으로 진단받은 후 의료 서비스를 받은 남성 비율이 매우 낮은 것으로 나타났다. 독일의 연구에서 남성과 여성의 인터넷 사용시간은 차이가 없지만, 건강과 관련된 정보를 얻기 위해 인터넷을 사용하는 시간은 여성에게서 더 높은 것으로 나타났다. 소셜 미디어 등으로부터 수집되는 온라인 건강 관련 데이터를 이용할 경우에는 이러한 점을 고려할 수 있다.

분석 목적과 모델 개발 대상을 사전에 명확히 설정하고, 그에 적합한 데이터 수집 계획을 수립하는 것이 중요하다. 이 과정에서 각 집단의 데이터 분포 및 대표성 기준을 명확히 설정하고, 수집된 데이터를 평가하는 과정이 필요하다.

3) 모델 개발 및 평가

앞서 언급한 바와 같이, 인공지능 알고리즘은 학습에 사용된 데이터의 특성에 따라 결과가 크게 달라진다. 편향된 데이터를 사용해 학습한 알고리즘은 그 편향을 고스란히 반영하여 비의도적인 편향이 발생할 가능성이 높다. 반복되는 학습에 의하여 규칙을 생성하는 AI는 그 내부 메커니즘을 설명하기 어려운 불투명성을 가지고 있기 때문에 의사결정을 자동화할수록 기존의 편향을 내재화하게 된다. 따라서 데이터에만 의존하여 자동으로 알고리즘을 생성하는 것보다는, 수집된 데이터의 질을 면밀히 검토하고 이에 적합한 분석 방법을 적용하는 접근이 필요하다. 또한, 각 집단의 실제 분포와 데이터 비율이 적절히 반영되었는지 사전에 확인하고, 분석과 해석에 이를 고려해야 한다.

인공지능에 모든 의사결정을 맡기기보다는 기존 연구 결과와 사전 분석을 통해 상관관계와 인과관계를 어느 정도 이해하고, 이를 바탕으로 알고리즘을 개선하려는 노력이 필수적이다. 예를 들어 염색체나 호르몬 등의 생물학적 요인으로 발병 기전이 성별에 따라 크게 달라지는 경우, 또는 성별이 직접적인 위험요인이기보다는 다른 변수와 결합하여 중요한 매개변수로 작용하는 경우 등 의학적 지식을 반영하여 알고리즘 결과를 평가할 수 있다.

4) 중재 제공

의료 분야에서 인공지능의 큰 장점은 단순히 예측에 그치지 않고, 예측된 결과를 바탕으로 구체적인 중재를 제공할 수 있다는 점이다. 임상에서는 데이터를 기반으로 의료진에게 적절한 치료 및 관리 방안을 추천하여 의사결정을 지원하며, DTC(Direct-to-Consumer) 환경에서는 디지털 기기를 통해 사용자에게 직접 맞춤형 조언을 제공할 수 있다. 최근 활발히 연구되고 있는 혈당 관리의 경우, 부착형 연속혈당측정기로 수집된 혈당 데이터와 스마트폰 및 스마트워치를 통해 입력된 식이, 운동, 수면 데이터를 분석하여 혈당 변화를 예측하고, 이를 조절하기 위한 맞춤형 식단과 운동을 제안하는 방식이 시도되고 있다. 앞으로는 유전정보까지 통합한 분석이 가능할 것으로 전망된다.

이러한 맞춤형 중재를 설계하는 과정에서도 성차를 고려하는 것이 중요하다. 같은 운동을 했을 때 남성과 여성의 에너지 소비량이 다르다는 점은 잘 알려진 사실이다. 단순히 성별 외에도 근육량과 활동 수준에 따라 에너지 소비량이 달라질 수 있다. 식이와 관련된 건강정보 검색량은 여성에서 빈도가 높은 것으로 확인되었지만 개인별로 식이에 대한 관심 정도가 다양하게 나타날 수 있다. 성차에 대한 고정관념이 중재에 반영되지 않았는지 확인하고, 수집된 데이터를 기반으로 보다 세밀한 맞춤형 정보를 제공하는 방향으로 발전해야 한다.

간호학적 적용

급속히 발전하는 과학기술 덕분에 인공지능의 활용 범위는 날로 확대되고 있다. 의료와 간호 분야에서도 인공지능을 통한 혁신적인 발전이 기대되지만, 이를 올바르게 활용하기 위해서는 단순히 데이터와 알고리즘에만 의존해서는 안 된다. 기획 단계부터 데이터 수집, 알고리즘 설계, 그리고 실제 활용에 이르기까지 지속적인 검토와 신중한 접근이 필요하다. 성별에 따른 차이를 고려한 접근은 의료의 형평성(equity)을 보장하고, 개인맞춤형 건강 관리를 실현하는 데 큰 기여를 할 것이다.

참고문헌

문미경. 인공지능 속 젠더 편향성 완화를 위한 정책적 개선방안. ISSUE PAPER, 2023.06.15 1-7. [KWDI] 한국여성정책연구원.

최윤섭. 디지털 헬스케어: 의료의 미래. [KIIP] 한국지식재산연구원 2020

한애라. 인공지능과 젠더차별. 이화젠더법학. 2019;11(3):1-39.

Adamson AS, Smith A. Machine learning and health care disparities in dermatology. JAMA Dermatol. 2018;154(11):1247-1248. https://doi.org/10.1001/jamadermatol.2018.2348

Gov. UK. Independent report. Equity in medical devices: independent review—final report 2023. (https://www.gov.uk/government/publications/equity-in-medical-devices-independent-review-final-report)

Kim N. Application of sex/gender-specific medicine in healthcare. Korean J Women Health Nurs. 2023;29(1):5-11.

Link E, Baumann E. A comparison of Women's and Men's web-based information-seeking behaviors about gender-related health information: web-based survey study of a stratified German sample. J Med Internet Res. 2023;25:e43897.

Perez MV, Mahaffey KW, Hedlin H, et al. Large-scale assessment of a smartwatch-based AI for atrial fibrillation detection. N Engl J Med. 2019;381:1909-1917. https://doi.org/10.1056/NEJMoa1901183

II

생애주기에서 본 성차

01 PART

청소년기

CHAPTER 1

청소년 건강 문제와 성차

구현영 대구가톨릭대학교 간호대학 아동간호학

요약문

- 청소년기 급성장과 사춘기는 여자 청소년이 남자 청소년보다 2년 정도 일찍 진행된다.
- 청소년에서 감염성질환은 남자에서 많고 아토피 피부염, 천식, 자가면역질환은 여자에서 많이 발생하는 성차를 보인다.
- 여자 청소년은 성적 성숙과 함께 체지방 비율이 증가하면서 남자 청소년보다 비만이 발생할 위험이 높다. 여자 청소년은 남자 청소년보다 1형 당뇨 발생률이 낮지만, 치료 결과는 남자 청소년이 여자 청소년보다 좋다.
- 터너 증후군과 클라인펠터 증후군은 각각 여성과 남성에서 발생하는 성염색체 이상으로 청소년기에 사춘기 변화를 보이지 않아서 검사 후 진단받는 경우가 많다. 대체로 남성에서 여성보다 선천성 기형이 많이 발생한다.
- 남자 청소년은 사고와 상해가 많고, 여자 청소년은 심리사회적 스트레스와 관련된 문제가 많다. 남자 청소년의 음주율과 흡연율이 여자 청소년보다 높지만, 최근 10년간 여자 청소년의 음주율과 흡연율 감소 폭은 남자 청소년보다 적었다.
- 청소년기에 발생하는 건강 문제는 성별에 따라 빈도와 특성에 차이가 있으므로, 성차를 고려한 간호가 이루어져야 한다.

서론

청소년의 건강 문제는 성별에 따라 차이가 있다. 수정 시 염색체로 결정된 유전적 성별, 태아기 남성호르몬인 테스토스테론의 작용, 사춘기 성호르몬의 활성화로 인해 남성과 여성은 서로 다른 유전적, 생물학적 체계를 갖는다. 이러한 염색체, 성호르몬 등의 생리적 요인과 함께 사회 환경적 요인이 복합적으로 작용하여 청소년은 건강 문제의 발생률과 유병률, 특성, 치료 반응에서 성차가 나타난다. 청소년기는 급격한 신체 성장과 정서 발달이 이루어지는 단계이므로, 청소년의 건강 문제는 정상 성장발달을 방해하고, 성인기 이후 건강 상태에도 영향을 미칠 수 있다. 따라서 청소년의 건강 문제에서 성별에 따른 차이를 이해하여 효과적인 건강관리와 성장발달을 도와야 한다. 본 장에서는 청소년의 신체적 변화와 성적 성숙에서의 성차를 알아보고, 감염과 면역질환, 대사질환, 선천적 건강 문제, 문제 행동에서 나타나는 성차를 논의하고자 한다.

1. 신체적 변화와 성적 성숙에서의 성차

1) 청소년기 신체생리적 변화

청소년기에 성장호르몬과 성호르몬 분비가 증가하면서 신장과 체중이 증가한다. 특히 청소년 초기 2–3년간 급성장이 나타나며, 성인기 신장의 20–25%가 자란다. 개인차가 있어서 급성장이 시작되는 연령과 지속되는 기간이 다양하지만, 여아가 더 일찍 시작된다. 급성장기는 여자 청소년은 평균 12세(10–14세), 남자 청소년은 평균 14세(12–17세)이며, 성장이 빠를 때 여자 청소년은 1년에 9 cm, 남자 청소년은 11 cm 정도 자란다. 여자 청소년은 15–16세, 남자 청소년은 17–18세에 성장이 더디어지다가 대체로 여자 청소년은 16–17세, 남자 청소년은 18–20세에 성장이 끝난다(표 1). 청소년의 신체 성장은 균형적으로 이루어지지 않고 특징적인 순서를 따르는데, 팔다리와 목이 먼저 자라고 몸통이 나중에 자란다. 따라서 청소년 초기에 팔다리와 손발이 다른 신체 부위에 비해 크고 어색해 보일 수 있다. 여자 청소년의 뼈 길이 성장은 여성호르몬인 에스트로겐의 영향으로 성장판이 닫히면서 남자 청소년보다 일찍 끝난다. 또한 남자 청소년에서는 뼈가 급성장하기 전에 피하지방이 일시적으로 증가할 수 있다.

청소년기 동안 근육 성장이 꾸준히 이루어지는데, 여자 청소년에서는 다른 신체 조직이 성장하는 것과 같이 근육이 발달하는 데에 비해 남자 청소년에서는 근육 발달이 두드러진다. 이러한 성별에 따른 신체 조직 구성의 차이로 체형에서도 성차가 나타나서 남자 청소년은 어깨가 발달하고 지방 분포가 감소하며 근육이 현저하게 발달하여 각진 외형을 갖게 되는 반면에, 여자 청소년은 골반이 넓어지고 피하지방이 발달하여 부드러운 외형을 갖게 된다.

표 1 성별에 따른 청소년기 신장 변화

성별	나이	신장 백분위수								
		3rd	5th	10th	25th	50th	75th	90th	95th	97th
남	10세	128.4	129.7	131.6	135.0	138.8	142.8	146.5	148.7	150.2
	11세	133.2	134.6	136.8	140.5	144.7	149.0	153.0	155.5	157.1
	12세	138.2	139.9	142.4	146.7	151.4	156.2	160.5	163.0	164.7
	13세	144.2	146.1	148.9	153.6	158.6	163.5	167.8	170.3	171.9
	14세	150.6	152.6	155.5	160.2	165.0	169.5	173.3	175.5	176.9
	15세	156.5	158.2	160.8	164.9	169.2	173.2	176.6	178.6	179.9
	16세	160.3	161.7	163.9	167.5	171.4	175.2	178.5	180.5	181.7
	17세	162.2	163.5	165.5	168.9	172.6	176.4	179.7	181.8	183.1
	18세	163.3	164.6	166.6	169.9	173.6	177.4	180.8	182.9	184.3
여	10세	128.2	129.5	131.6	135.1	139.1	143.3	147.2	149.6	151.2
	11세	133.8	135.3	137.6	141.5	145.8	150.0	153.9	156.1	157.6
	12세	139.5	141.1	143.5	147.5	151.7	155.7	159.2	161.3	162.6
	13세	144.7	146.2	148.4	152.0	155.9	159.7	162.9	164.8	166.0
	14세	147.9	149.2	151.3	154.6	158.3	161.9	165.0	166.9	168.1
	15세	149.3	150.6	152.6	155.9	159.5	163.0	166.1	168.0	169.2
	16세	150.3	151.5	153.4	156.5	160.0	163.5	166.7	168.6	169.8
	17세	151.0	152.2	153.9	156.9	160.2	163.7	166.9	168.8	170.1
	18세	151.6	152.7	154.4	157.3	160.6	164.1	167.2	169.2	170.4

출처: 질병관리본부. 2017 소아청소년 성장도표. 질병관리본부 질병예방센터 건강영양조사과, 2017. http://cdc.go.kr

청소년기에 후두와 성대가 커지고 후두 점막이 비대되어 목소리가 달라진다. 여자 청소년의 목소리가 약간 굵어지고 풍부해지는 데에 비해 남자 청소년의 변성은 더 두드러져서 말하면서도 저음에서 고음까지 변하는 특징이 나타난다.

청소년기에 심장 크기와 무게가 증가하여 17세가 되면 이전의 2배가 되지만, 빠르게 성장하는 다른 신체 기관에 비해 충분히 발달하지 못하여 혈액과 산소 공급이 불충분할 수 있으며, 청소년은 피로와 산소 부족을 경험하기도 한다. 청소년기에 심장의 크기, 수축력, 혈액량이 증가하여 수축기 혈압이 높아지지만, 심박동수와 호흡수는 점차 감소하고, 기초 체온도 서서히 낮아진다. 남성의 수축기 혈압이 여성보다 약간 높고, 여성의 심박동수와 기초 체온이 남성보다 약간 높을 수 있다. 또한 청소년기에 남성의 근육이 여성보다 더 증가하면서 혈액량이 여성보다 많고, 기초 대사율도 여성보다 높다.

2) 청소년기 성적 성숙

이차 성징과 사춘기가 시작되는 시기는 개인차가 있으나, 대체로 여아는 평균 11세(8–13세), 남아는 평균 12세(9–14세)로 여아가 남아보다 빠르다. 이차 성징은 여성의 난소에서 분비되는 에스트로겐과 남성의 고환에서 분비되는 테스토스테론의 증가로 나타난다. 여성의 사춘기는 약 4년(1.5–8년), 남성의 사춘기는 약 3년(2–5년) 걸린다.

여성의 이차 성징은 유방 발달, 치모와 액와모 발달, 초경이 특징이다. 사춘기 초기에 유방 조직이 발달하여 작은 멍울이 생기고, 2–6개월 후 치모와 액와모가 나타난다. 사춘기 중기에 유방이 증대되며, 치모가 발달하여 치구와 대음순을 덮는다. 사춘기 중기에 여자 청소년 대부분이 신장과 체중이 크게 증가한다. 사춘기가 진행되면서 에스트로겐 생산이 증가하여 자궁내막이 증식되고, 초경 시작 전 3–6개월간 질 분비물이 증가한다. 급성장과 유방 발달과 같은 신체 변화가 나타난 2년 후에 사춘기 후기 특징인 초경이 시작되는데, 대체로 12–13세이지만 개인차가 크다. 초경 후 1–2년간 월경의 양, 기간, 간격 등이 불규칙하다.

남성의 이차 성징은 고환과 음낭 발달, 치모와 액와모 발달, 몽정이 특징이다. 몽정은 수면 시 무의식적으로 정액이 방출되는 현상이다. 사춘기 초기에 고환이 커지기 시작하며, 음낭이 얇아지고 붉어지면서 커진다. 또한 음모가 나타난다. 사춘기 중기에 음경과 고환이 커지고, 음모가 자란다. 얼굴에 털이 나기 시작하고, 목소리가 변하며, 근육이 발달한다. 사춘기 후기까지 음경과 고환이 커지고, 첫 몽정을 하며, 13–14세에 사정이 가능하게 된다. 여성에서 생리주기가 있는 것과 달리 남성은 사춘기에 정자가 형성되기 시작하여 점차 성숙 과정을 거친 후 성인기에 계속 유지된다. 남자 청소년의 급성장은 사춘기 후반에 나타나며, 신장과 체중이 크게 증가한다(표 2).

표 2 성별에 따른 사춘기 변화

구분	내용
여아의 사춘기	초기: 유방 조직 발달, 치모와 액와모 출현 중기: 유방 증대, 치모 발달, 신장과 체중 증가 후기: 초경
남아의 사춘기	초기: 고환과 음낭 발달, 치모와 액와모 출현 중기: 음경과 고환 발달, 수염 출현, 변성, 사정 가능 후기: 신장과 체중 증가

3) 청소년기 변화에 대한 반응

청소년기는 자신의 신체와 외모에 관심을 집중하는 시기로, 청소년은 신체 변화와 성적 성숙에 예민하다. 청소년기에는 신체 성장과 성적 변화가 급격하게 이루어지고, 신체 기관마다 성장하는 속도가 달라서 일시적으로 불균형 상태이기 때문에 심리적으로도 불만족스럽고 불안정할 수 있다.

남아는 수염과 체모를 남성성으로 인식하며, 수염이 조금만 자라도 면도를 하며 자신의 성정체감을 확인할 수 있다. 또한 또래에 비해 성적 성숙이 늦을 때 자신을 미숙하다고 느낄 수 있지만, 성적 성숙이 시작될 때 몽정이나 음경의 발기와 같은 변화에 대해 당황스러움이나 수치심을 느낄 수도 있다. 성적 성숙이 진행되면서 성에 집착하여 새로운 성적 감각이나 이성에 대한 관심이 높아지기도 한다. 성적 욕구 충족을 위해 자위행위를 할 수 있으며, 이로 인해 불안과 죄의식을 느낄 수도 있다. 본질적으로 자위행위는 정상 행위이며, 성적 욕구를 신체 활동이나 운동 등의 건설적인 방법으로 해소하도록 격려해야 한다. 또한 건강한 신체 기능과 성인기 출산과 가족 형성에 대해 알려주는 것이 필요하다.

여아는 또래 남아보다 2년 정도 일찍 사춘기가 시작되면서 빠른 성장에 어색함을 느낄 수 있다. 특히 급성장 시기에 체중이 증가하는 것을 과다 체중이나 비만으로 받아들여서 무리하게 체중을 조절하면서 필수 영양소 섭취가 부족해질 수 있으므로, 건강한 식습관을 격려해야 한다. 여아는 유방 발달을 성숙 신호로 기쁘게 받아들이지만, 체모에 대해서는 거부감을 느끼기도 한다. 여성에게 가장 특징적인 사춘기 특성은 초경으로, 월경에 대해 긍정적인 감정과 부정적인 감정을 함께 느낄 수 있다. 월경과 생리주기의 특성에 대해 미리 설명을 듣고 준비하여 자연스러운 현상으로 받아들이도록 도와야 한다. 또한 외모에 대한 관심이 많아지고 성인처럼 보이고 싶은 바람에서 화장을 시작하는데, 청소년기에 피지선의 활성화로 염증이 발생하여 여드름이 생기기 쉬우므로 화장을 깨끗이 지우고 피부를 청결히 하는 습관도 길러야 한다.

2. 감염과 면역질환에서의 성차

1) 면역 반응

면역 반응에서 성차가 나타나며, 여성은 남성보다 면역 반응이 잘 일어난다. X 염색체는 Y 염색체보다 크고 복잡할 뿐 아니라 면역 기능과 관련된 상당한 수의 유전자를 갖고 있다고 알려져 있다. 또한 에스트로겐은 면역 반응을 촉진하는 효과가 있다. 에스트로겐은 수용체와 결합하여 비만세포, 대식세포, T 세포, B 세포 등 많은 면역 세포에서 효과를 나타내는데, 면역 세포가 빨리 반응하게 하고, B 세포의 생존과 활성화를 촉진하며, T 세포 발달에도 필수적이다. 따라서 여성에서 항체 반응이 남성보다 더욱 잘 일어난다. 예를 들어 홍역이나 인플루엔자 백신 접종 후 여성에서 남성보다 항체가 잘 형성되어 백신 효과가 높다.

여성은 남성보다 감염원에 대해서도 더 강한 체액성 면역 반응과 세포성 면역 반응을 보이며,

이러한 여성의 높은 면역성은 일부 병원체를 방어하고 제거하는 데에 유리하다. 즉, 남성이 여성보다 병원체에 대한 감수성이 높아서 더 빈번하게 감염된다. 그러나 여성의 높은 면역성은 염증 반응을 촉진하여 면역이상이나 자가면역질환을 일으킬 수 있다.

2) 감염

생의 초기부터 다양한 감염성 질환에서 성차가 나타난다. 감염성 질환에서의 성차는 성호르몬을 비롯한 내분비와 유전 요인, 면역 체계, 성별에 따른 행동 차이 등에 의해 나타난다고 알려져 있다. 청소년기를 거쳐 성인기에 이르기까지 성적 성숙과 면역 체계 발달이 동시에 이루어지면서 병원체에 노출된 후 나타나는 반응이 나이와 성별에 따라 다르다. 대체로 전 생애에서 남성의 감염성 질환 발생률과 사망률이 여성보다 높다.

바이러스 감염 대부분에서 남성의 발생률이 여성보다 높지만, 일부 감염은 여성의 발생률이 더 높고, 나이에 따라 달라지기도 한다. 호흡기 세포융합 바이러스(respiratory syncytial virus), 아데노바이러스(adenovirus), 콕사키바이러스(coxsackievirus) 감염과 볼거리의 발생률은 남성이 여성보다 높다. 수두는 14세까지 남성과 여성의 발생률이 비슷하지만, 15세 이후 여성의 발생률이 더 높다. 아동기의 중요한 감염병인 홍역은 남성에서 여성보다 많이 발생하지만, 중증도나 사망률은 여성이 남성보다 높은데, 건강관리 접근의 차이, 면역의 차이 등과 관련된 것으로 알려졌다.

아동과 청소년에서 세균 감염은 주로 호흡기에서 발생한다. 부비동염, 편도염과 같은 상기도 감염은 여성에서 더 자주 발생하지만, 결핵, 폐렴 등의 하기도 감염은 남성에서 더 흔하고 심각하다. 예외도 있어서 A군 사슬알균(group A streptococcus) 감염에 의한 인두염의 발생률은 남성이 여성보다 높고, 백일해, 마이코플라즈마(mycoplasma)에 의한 폐렴은 여성의 발생률이 남성보다 높다.

3) 면역질환

아토피 피부염과 천식은 아동과 청소년기에 발생하는 대표적인 알레르기 질환이다. 아토피 피부염은 심한 가려움을 동반하는 만성 재발성 염증성 피부 질환으로 대부분 가족력이 있고, 천식이나 알레르기 비염을 동반하는 경우가 많다. 아토피 피부염은 피부 방어막의 결함, 면역 기능의 불균형, 알레르기원 등이 복합적으로 작용하여 발생한다. 천식은 알레르기원이나 천식 유발 인자에 의한 자극으로 다양한 염증세포와 매개체가 염증 반응을 일으키는 질환이며, 기관지 과민 반응, 기도의 만성 염증과 폐쇄를 특징으로 한다.

아토피 피부염과 천식은 사춘기 전까지 남아의 유병률이 여아보다 높지만, 사춘기에 이러한 성차가 역전되어 여아의 유병률이 남아보다 높아져서 이후 계속 여성에서 유병률과 질환의 중증도가 남성보다 높다. 사춘기 호르몬 변화가 성차 변화와 관련되는데, 남성호르몬인 테스토스테론이 면역억제 작용을 하여 아토피 피부염과 천식에 방어 역할을 하는 반면에, 여성호르몬은 염증 반응을 강화하여 아토피 피부염과 천식의 감수성을 높인다. 여성은 월경 주기에 여성호르몬이 변동함에 따라 아토피 피부염과 천식 증상이 변할 수 있으며, 여성호르몬 수치가 상승하는 월경 전기에 피부 반응과 기관지 과민반응이 증가하여 증상이 악화된다고 알려져 있다.

자가면역질환에서도 성차가 나타나고, 대부분 여성에서 남성보다 많이 발생한다. 여성호르몬, X 염색체에 존재하는 면역 유전자, 에스트로겐과 환경에 의한 성 특이 유전자 효과 등이 여성에서 자가면역질환 발생을 높인다. 즉, 전신성 홍반성 루푸스(systemic lupus erythematosus), 류마티스 관절염(rheumatoid arthritis), 그레이브스병/갑상선기능항진증(Graves' disease/hyperthyroidism), 하시모토 갑상선염/갑상선기능저하증(Hashimoto's thyroiditis/hypothyroidism) 등이 여성에서 남성보다 더 자주 발생한다.

3. 대사질환에서의 성차

1) 에너지 대사와 비만

남성과 여성은 에너지 분배와 균형에 차이가 있어서 여성은 대체로 에너지를 저장하고, 남성은 주로 신체 활동을 계속하기 위해 저장된 에너지를 동원하여 사용한다. 이러한 생리적 특성에 따라 신체 조직 분포에도 성차가 있어서 남성은 여성보다 골격근량과 내장 지방이 많은 반면에, 여성은 남성보다 지방량과 피하지방 조직이 많은 편이다. 즉, 여성은 남성보다 체내에 지방을 더 쉽게 축적하는 경향이 있으므로 비만이 발생할 위험이 더 크며, 실제로 전 세계적으로 전 생애에 걸쳐 여성의 비만 유병률이 남성보다 높다.

일반적으로 아동기와 청소년기에 남아는 여아보다 활동량이 많으며 비만이 덜 발생한다. 여아는 사춘기에 성적 성숙과 함께 체지방 비율이 증가하면서 비만이 발생할 위험이 높아지고, 신체상 장애나 식이 장애와 같이 비만과 관련된 다양한 문제가 발생할 수 있다. 또한 비만은 이후 고혈압, 고지질혈증 등 성인기 질환으로 이어질 수 있기 때문에 적절한 관리가 필요하다.

2) 당뇨

에너지 소비와 당 대사 조절 기전은 성별에 따라 차이가 있으며, 당뇨를 비롯한 대사질환 발생에서 성차가 나타낸다. 여성은 인슐린 민감성이 남성보다 높고, 인슐린 분비와 인슐린 분비 호르몬인 인크레틴(incretin) 반응 능력도 남성보다 높다. 여성의 에스트로겐은 췌장의 내분비 기능을 강화하고, 인슐린 수용체를 활성화시켜서 인슐린 저항에 대한 방어 작용을 하는 것으로 알려져 있다. 따라서 여성의 당뇨 유병률이 남성보다 낮으며, 이러한 유병률의 성차는 여성의 폐경 전까지 이어진다.

아동기와 사춘기에 발생하는 당뇨는 대부분 인슐린 의존형인 1형 당뇨인데, 3-5세와 12세 이상 아동과 청소년에서 1형 당뇨로 진단받은 남아가 여아보다 많았다. 그러나 1형 당뇨에 대한 치료 효과에서 나타나는 성차는 이와 달라서 2023년에 실시된 체계적 문헌고찰에 의하면 여아, 특히 여자 청소년의 치료 결과가 남자 청소년보다 나빴고, 여자 청소년의 삶의 질도 남자 청소년보다 낮았다. 이는 청소년 후기와 성인기로 이어져 여성에게서 당뇨 합병증과 심혈관 건강 문제 발생 위험을 더 높일 수 있으므로, 여자 청소년에게 더욱 주의 깊은 관리가 필요하다.

4. 선천적 건강 문제에서의 성차

1) 유전 질환

염색체 이상은 성별에 따른 차이가 있으며, 특히 성염색체 이상에서 이러한 성차가 두드러진다. 터너 증후군(Turner syndrome)은 X 염색체 하나가 부분적으로 혹은 완전히 결손되어 나타나는데, 출생한 여아 2,000-3,000명 중 한 명의 비율로 발생한다. 여성의 핵형이 46, XX이나, 터너 증후군의 핵형은 45, XO이다. 터너 증후군 여아의 가장 특징적인 증상은 작은 키와 느린 성장이며, 대체로 3세까지 정상적으로 성장하지만, 이후 점차 성장 속도가 감소한다. 지능은 대부분 정상이나 학습장애가 동반될 수 있다. 사춘기에 여성호르몬 분비 장애로 유방이 발달하지 않고, 월경이 시작되지 않으며, 이차 성징이 나타나지 않는다. 성인기에도 무월경, 불임의 문제가 계속되며, 심장 질환, 갑상선 질환, 비만 등 신체 질환이 발생할 위험이 높다. 최근 분만 전후 염색체 검사를 하는 경우가 늘면서 산전이나 산후에 염색체 검사로 확진하기도 하지만, 아동 초기에 성장부진으로 진단받거나 청소년기에 사춘기가 발현되지 않아서 검사 후 확진되기도 한다. 또래에 비해 신체 성장과 정서 발달이 지연되어 심리사회적 적응에도 어려움을 겪을 수 있다.

클라인펠터 증후군(Klinefelter syndrome)은 X 염색체가 하나 이상 더 많은 성염색체 이상으로 출생한 남아 600-1,000명 중 한 명의 비율로 발생하며, 남성 염색체 질환 가운데 가장 발생률이 높다. 남성의 핵형이 46, XY이나, 클라인펠터 증후군의 핵형은 약 85%에서 47, XXY이고, 10-15%에서 X 염색체가 세 개 이상이거나 비정상 형태이며, 정상 핵형과 비정상 핵형이 섞인 모자이크 클라인펠터 증후군도 있다. 대체로 X 염색체 개수가 많을수록 비정상 증상이 많다. 산전이나 산후 염색체 검사가 늘면서 아동 초기에 진단받는 경우가 증가하고 있으나, 출생 시 명확한 이상 증상이 없어서 사춘기 이후 발견되는 경우가 많다. 큰 키, 여성형 유방, 이차 성징 부재가 증상으로 보고되고 있지만, 임상 양상의 범위가 넓고, 실제 임상적으로 진단되지 못한 경우가 많을 것으로 추정되고 있다. 출생 시 요도하열, 잠복 고환 등이 나타날 수 있고, 3세 이후 성장 속도가 또래보다 빠르며, 팔다리가 긴 편이다. 언어 이해와 표현에 어려움이 있을 수 있으나, 공간 감각과 시각 기억력이 좋고, 시각적 자극에 예민하다는 긍정적인 측면이 있다.

상염색체 이상에서도 성차가 나타나는데, 다운 증후군(Down syndrome)은 염색체 이상 중 가장 많이 발생하며, 남성에서 여성보다 더 많다. 다운 증후군은 21번 염색체가 하나 더 있는 21 삼체성(trisomy 21)이 가장 많으나, 21번 염색체의 일부가 다른 염색체의 일부와 바뀐 전좌(translocation)나 정상 염색체와 21 삼체성 염색체가 섞여 있는 모자이크(mosaicism)도 발생한다. 특히 모자이크 다운 증후군은 부성 비분리(paternal non-disjunction), 즉 수정 시 정자의 21번 염색체가 제대로 분리되지 않고, 두 개 모두 있는 상태로 난자와 결합하는 현상에 의해 발생하며, 이는 다운 증후군이 남성에서 더 많이 발생하는 결과로 이어진다. 다운 증후군 아동은 정신지체와 다양한 신체 문제를 동반할 수 있고, 위로 경사진 안검열, 낮은 콧대, 근육 이완, 과도한 관절 유연성, 건조한 피부 등 특징적인 외양을 하고 있다.

2) 선천성 기형

여러 선천성 기형에서 성별에 따른 차이가 나타난다. 대체로 태아기에 선천성 기형이 발생할 위험은 남아가 여아보다 높아서 남성에서 선천성 기형이 더 많이 나타난다. 비대날문협착증(hypertrophic pyloric stenosis), 선천거대결장(congenital megacolon), 항문직장기형(anorectal malformation), 서혜탈장(inguinal hernia), 만곡족(clubfoot) 등은 남아에서 여아보다 많이 발생한다.

그러나 남아보다 여아의 발생 빈도가 높은 선천성 기형도 있는데, 배꼽탈장(umbilical hernia), 이분척추(spina bifida), 발달성 고관절이형성증(developmental dysplasia of the hip), 담도폐쇄(biliary atresia), 선천성 갑상선기능저하증(congenital hypothyroidism) 등은 여아에서 남아보다 많이 발생한다. 또한 입술갈림증(cleft lip)은 남아에서 더 많이 발생하고, 입천장갈림증(cleft palate)은 여아에서 더 많이 발생한다.

아동의 선천성 기형 중 발생 빈도가 높은 선천심장병(congenital heart disease)에서도 성차가 있어서 심방중격결손(atrial septal defect)은 여아에서 남아보다 많이 발생하는 반면에, 심실중격결손(ventricular septal defect)은 남아에서 여아보다 많이 발생한다. 심장의 해부와 생리에서 성차가 있어서 심장 발달의 초기 단계부터 남성과 여성의 차이가 나타나고, 이러한 특성은 나이가 들면서 계속된다. 예를 들어 나이가 들면서 남성과 여성 모두 심장의 콜라겐(collagen)

수치와 콜라겐 결합이 증가하지만, 세포 외 기질의 콜라겐 양 증가와 결합은 남성에서 여성보다 훨씬 일찍 시작되어 남성의 심장에서 섬유화가 여성보다 많이 진행된다. 즉, 심혈관 질환의 발생률, 치료 결과, 생존율에서 성차가 나타나므로, 건강관리 시 이를 고려해야 한다.

5. 문제 행동에서의 성차

1) 심리적 문제와 행동

청소년은 빠른 신체적, 심리적 변화의 시기를 경험하며, 아동기에서 성인기로 전환되는 과정에 있는 자신에게 만족하지 못하고, 자신을 가치 있는 존재로 인식하는 데에도 어려움을 겪을 수 있다. 이러한 불안정하고 불만족스러운 상태는 여러 가지 심리적 문제와 행동을 가져온다. 특히 청소년기의 자기중심적인 인지발달 특성은 자신을 특별한 존재로 여기고 위험한 상황에서도 다치지 않으리라는 잘못된 신념을 갖게 하여 무모한 행동을 일으킨다.

심리적 문제와 행동에서 성별에 따른 차이가 나타나는데, 남자 청소년은 여자 청소년보다 주의력 결핍 행동이 많고, 위험을 감수하는 경향이 있어서 사고와 상해 위험이 더 높다. 스포츠 활동 중 상해나 교통사고 비율도 남자 청소년이 여자 청소년보다 높게 나타난다. 반면에 여자 청소년은 남자 청소년보다 우울이 높고 신체화 증상이 많은 경향이 있다. 또한 여자 청소년은 신체 손상보다 심리사회적 스트레스와 관련된 문제가 더 많이 나타날 수 있는데, 2024년 청소년건강행태조사 결과에 따르면 2014년부터 2024년까지 여자 청소년의 스트레스 인지율이 남자 청소년보다 높았다(표 3).

표 3 성별에 따른 청소년 스트레스 인지율 추이

성별		년도					
		2014년	2016년	2018년	2020년	2022년	2024년
남	전체	30.8	30.5	32.0	28.1	36.0	35.2
	중학생	27.7	28.1	29.6	24.9	35.2	34.3
	고등학생	33.7	32.4	34.1	31.1	36.8	36.2
여	전체	43.7	44.9	49.5	40.7	47.0	49.9
	중학생	39.6	39.5	45.0	36.2	44.6	48.7
	고등학생	47.6	49.3	53.5	45.2	49.6	51.1

* 스트레스 인지율: 평소 스트레스를 '많이' 혹은 '대단히 많이' 느끼는 전국 중·고등학생 비율

출처: 교육부와 질병관리청. 제20차(2024년) 청소년건강행태조사 통계. 교육부 학생건강정책관 학생건강정책과와 질병관리청 만성질환관리국 건강영양조사분석과, 2024. https://www.kdca.go.kr/yhs/

2) 음주와 흡연

청소년기에 인지적 통제를 담당하는 뇌 영역이 충분히 발달하지 못한 상태에서 보상에 민감한 정서 관련 뇌 영역이 먼저 발달하기 때문에 즉각적인 만족을 추구하고 바람직하지 못한 결정을 내리는 경향이 있다. 이로 인해 청소년은 음주나 흡연과 같은 건강 위험 행동을 시작하여 중단하지 못하고 지속하는 경우가 생기고, 성장 중인 청소년의 신체는 알코올과 니코틴에 취약하다.

청소년 음주는 알코올이 신체 기관에 미치는 독성으로 인한 건강 문제뿐만 아니라 정신적, 행동적, 사회적 문제를 일으킬 가능성이 높은데, 청소년 비행과도 관련이 되며, 음주로 인해 폭력과 사고에 노출될 위험 또한 높다. 남자 청소년의 음주율이 여자 청소년보다 많으나, 2024년 청소년건강행태조사 결과에 따르면 2014년부터 2024년까지 남자 청소년의 음주율이 감소하는 것에 비해 여자 청소년의 음주율 감소가 적었고, 남자 중학생과 여자 중학생의 음주율 차이는 더 적었다(표 4). 여성은 남성보다 신체 내 수분이 차지하는 비율이 적고 지방 조직의 비율이 높아서 같은 양의 술을 마셔도 남성보다 쉽게 취할 수 있다. 과음은 불규칙한 월경주기, 월경곤란증, 불임 등 여성의 성건강에도 영향을 미치며, 성인기까지 음주가 지속되고 임신 중 음주를 하면 태아알코올증후군 신생아를 출산할 수 있다.

표 4 성별에 따른 청소년 음주율 추이

성별		년도					
		2014년	2016년	2018년	2020년	2022년	2024년
남	전체	20.5	17.2	18.7	12.1	15.0	11.8
	중학생	9.9	7.5	9.5	5.8	7.7	5.8
	고등학생	30.5	25.3	26.6	18.3	22.9	17.9
여	전체	12.6	12.5	14.9	9.1	10.9	7.5
	중학생	6.6	5.5	7.4	5.0	6.3	4.1
	고등학생	18.2	18.3	21.5	13.2	15.9	11.0

* 음주율: 최근 한 달간 술을 1잔 이상 마신 전국 중·고등학생 비율

출처: 교육부와 질병관리청. 제20차(2024년) 청소년건강행태조사 통계. 교육부 학생건강정책관 학생건강정책과와 질병관리청 만성질환관리국 건강영양조사분석과, 2024. https://www.kdca.go.kr/yhs/

청소년 흡연은 성장 중인 폐의 발달을 방해하여 폐 기능을 감소시키고 호흡기 질환 발생 위험을 높인다. 청소년 흡연은 뇌 발달도 저해하고, 고혈압과 같은 심혈관 질환 발생 위험을 높인다. 음주와 마찬가지로 흡연도 예방하고 중단하기 위해 학교와 지역사회에서 많은 프로그램을 실시하고 있으며, 이러한 결과로 해마다 흡연율이 줄고 있다. 흡연율도 남자 청소년이 여자 청소년보다 높으나, 2024년 청소년건강행태조사 결과에서 남자 청소년의 흡연율은 2014년 14.0%에서 2024년 4.8%로 약 65%가 감소하는 것에 비해 여자 청소년의 흡연율은 같은 기간 4.0%에서 2.4%로 약 40%가 감소하여 감소폭이 적었다(표 5).

표 5 성별에 따른 청소년 흡연율 추이

성별		년도					
		2014년	2016년	2018년	2020년	2022년	2024년
남	전체	14.0	9.6	9.4	6.0	6.2	4.8
	중학생	6.8	3.5	3.9	1.9	2.3	1.8
	고등학생	20.8	14.7	14.1	10.1	10.4	7.8
여	전체	4.0	2.7	3.7	2.7	2.7	2.4
	중학생	2.3	1.3	2.1	1.5	1.8	1.6
	고등학생	5.6	3.8	5.1	3.8	3.6	3.3

* 흡연율: 최근 한 달간 일반담배를 1일 이상 흡연한 전국 중·고등학생 비율

출처: 교육부와 질병관리청. 제20차(2024년) 청소년건강행태조사 통계. 교육부 학생건강정책관 학생건강정책과와 질병관리청 만성질환관리국 건강영양조사분석과, 2024. https://www.kdca.go.kr/yhs/

음주와 흡연은 다른 약물 남용의 관문으로 이어지는 경우가 많다. 마리화나를 비롯한 마약류를 경험한 청소년이 그렇지 않은 경우보다 음주와 흡연 경험이 많았고, 흡연을 일찍 시작할수록 마약류를 사용할 위험이 증가하며, 음주량이 많을수록 마약류 사용 위험도 높다고 여러 연구에서 보고되어 왔다. 청소년이 음주와 흡연을 통해 인위적인 보상 혹은 쾌감을 경험하면 점점 더 큰 자극과 쾌감을 추구하면서 마약류에 접근할 위험도 커지기 때문이다.

음주와 흡연은 청소년의 반항적 기질 특성, 일탈 행위 수용 경향, 또래 압력에 대한 민감성 등 개인적 요인과 관련되며, 가정의 사회경제적 지위, 부모의 양육 방식과 관심, 또래와 주변의 압력 등 사회환경적 요인의 영향을 받는다. 한국 청소년을 대상으로 한 연구에서 청소년 초기에 학교 부적응이 심한 경우 청소년 후기에 음주 문제가 컸고, 부정적인 부모의 양육행동이 청소년의 학교 부적응과 관련되어 음주와 흡연 문제에 영향을 미쳤다고 보고되었다. 따라서 청소년의 음주와 흡연을 예방하기 위해 긍정적인 가정과 학교 환경 조성과 지지가 필요하며, 여자 청소년의 음주율과 흡연율을 낮추는 데에 많은 관심과 노력이 필요하다.

간호학적 적용

청소년기는 신체적, 정신적, 사회적 변화를 경험하는 중요한 시기이다. 청소년기의 건강 문제는 성장발달을 방해할 뿐만 아니라, 성인기 만성 질병으로 이어질 수 있어서 적극적인 예방과 관리가 필요하다.

여성과 남성의 신체 생리적인 차이를 고려하면 더욱 효율적인 건강 관리와 간호중재가 이루어질 수 있다. 면역 반응에서의 성차로 남자 청소년은 여자 청소년보다 백신 접종 후 항체 형성률이 낮고 감염성 질환 발생률이 높으므로 바이러스와 세균 감염 예방에 더욱 주의를 기울여야 하며, 남자 청소년을 위한 감염 예방 교육이 더욱 강조된다. 여성의 높은 면역성과 염증 반응은 면역이상을 일으킬 수 있어서 여자 청소년의 아토피 피부염, 천식, 자가면역질환 관리에 세심한 노력이 필요하며, 면역질환을 앓는 여자 청소년을 위한 효과적인 간호중재 마련이 요구된다.

사춘기의 호르몬 변화는 여성과 남성의 신체 생리적인 차이를 강화하므로, 청소년의 건강한 성장발달을 위해 성차를 고려한 관리가 더욱 필요하다. 여자 청소년은 사춘기 이차 성징과 함께 체지방 비율이 증가하는데, 학업으로 인한 활동 부족과 패스트푸드나 인스턴트 식품 섭취가 더해져서 비만 위험이 높아지고, 이는 바람직하지 못한 자아개념과 신체상 형성으로 이어질 수 있다. 따라서 여자 청소년의 신체 변화와 심리적 특성을 고려하여 여자 청소년에게 적합한 비만 예방과 관리 전략을 개발하고 적용하는 것이 필요하다.

청소년은 건강 문제에 대한 치료 결과와 반응에서도 성차가 나타난다. 남자 청소년의 1형 당뇨 발생률이 여자 청소년보다 높지만, 치료 결과와 삶의 질은 여자 청소년이 더 낮았다. 이는 면역기능과 같은 생물학적인 차이 외에도 건강관리 접근의 차이와 같은 사회환경적 요인이 작용한 결과로 생각된다. 성별에 따라 건강불평등이 발생하지 않기 위해서 남자 청소년과 여자 청소년이 모두 충분한 건강 관리와 효과적인 간호중재를 제공받도록 노력해야 한다. 또한 성별에 따른 청소년의 건강 증진 중재의 차이를 파악한 연구가 많지 않으므로, 추후 이에 대한 지속적인 연구가 이루어져야 한다.

참고문헌

교육부와 질병관리청. 제20차(2024년) 청소년건강행태조사 통계. 교육부 학생건강정책관 학생건강정책과와 질병관리청 만성질환관리국 건강영양조사분석과, 2024. https://www.kdca.go.kr/yhs/

박미정, 이인숙, 신은경, 정효지, 조성일. 한국 청소년의 성성숙 시기 및 장기간의 초경연령 추세분석. Korean J Pediatr. 2006;49(6):610-616.

백혜정. 위기청소년들의 건강행동과 신체적 건강문제: 성차를 중심으로. 한국청소년연구. 2022;33(4):5-32. https://doi.org/10.14816/sky.2022.33.4.5

양영호, 황한성, 양은석, 김유리, 김덕희. 한국인 선천성 이상 질환이 의심되는 14,402 환자에 대한 세포유전학적 연구: YUMC의 31년 경험(1974-2004년간). Korean J Obstet Gynecol. 2005;48(8):1883-1897.

조원제, 이동주. 청소년 전기 체격변화에 따른 체력변화 특성. 한국웰니스학회지. 2021;16(1):329-334. https://doi.org/10.21097/ksw.2021.02.16.1.329

조현희. 클라인펠터증후군 환자의 임상증상, 진단 및 치료. Journal of Korean Medical Association. 2020;63(9):548-558.

질병관리본부. 2017 소아청소년 성장도표. 질병관리본부 질병예방센터 건강영양조사과, 2017. http://cdc.go.kr

최부열, 김덕희, 정경미, 박미정, 이은별. 터너 증후군 여아와 일반 또래의 심리사회적응 비교. 한국심리학회지: 여성, 2010;15(3):489-507. https://doi.org/10.18205/kpa.2010.15.3.009

최지은, 박연재, 김현경. 청소년기부터 성인기 전이 시기 남녀의 건강위험행동 발달궤적과 영향요인. 한국심리학회지: 발달. 2017;30(4):137-160.

통계청 국가통계포털. 경찰접수교통사고 현황. 통계청, 2024. https://kosis.kr/statHtml/statHtml.do?sso=ok&returnurl=https%3A%2F%2Fkosis.kr%3A443%2FstatHtml%2FstatHtml.do%3Flist_id%3D%26obj_var_id%3D%26seqNo%3D%26docId%3D03831%26tblId%3DDT_V_MOTA_011%26vw_cd%3DMT_ZTITLE%26orgId%3D132%26conn_path%3DE1%26markType%3DS%26itm_id%3D%26lang_mode%3Dko%26scrId%3D%26itmNm%3D%EC%A0%84%EA%B5%AD%26

허원빈, 오영삼. 청소년의 음주, 흡연, 마약 사용 간 관계: 관문 이론을 활용하여. Social Science Studies, 2023;31(2):124-158. https://doi.org/10.17787/jsgiss.2023.31.2.124

황승연, 문진용, 오재곤, 김정준. 청소년 음주율 및 흡연율 감소를 위한 행태 분석. The Journal of The Institute of Internet, Broadcasting and Communication, 2024;24(4):177-182. https://doi.org/10.7236/JIIBC.2024.24.4.177

Alonso-Fernández N, Jiménez-Trujillo I, Hernández-Barrera V, Palacios-Ceña D, Carrasco-Garrido P. Alcohol consumption among Spanish female adolescents: related factors and national trends 2006-2014. Int J Environ Res Public Health. 2019;16(21):4294. doi: 10.3390/ijerph16214294

Best O, Ban S. Adolescence: physical changes and neurological development. Br J Nurs. 2021;30(5):272-275. https://doi.org/10.12968/bjon.2021.30.5.272

Burić DJ, Muslić L, Krašić S, Markelić M, Franelić IP, Milanović SM. Gender differences in the prediction of alcohol intoxication among adolescents. Subst Use Misuse. 2021;56(7):1024-1034. https://doi.org/10.1080/10826084.2021.1906278

Butler G, Srirangalingam U, Faithfull J, Sangster P, Senniappan S, Mitchell R. Klinefelter syndrome: going beyond the diagnosis. Arch Dis Child. 2023;108(3):166-171. https://doi.org/10.1136/archdischild-2020-320831

Cheng E, Varghese M, Singer K. Gender and sex differences in adipose tissue. Curr Diab Rep. 2018;18(9):69.

https://doi.org/10.1007/s11892-018-1031-3

Chowdhury NU, Guntur VP, Newcomb DC, Wechsler ME. Sex and gender in asthma. Eur Respir Rev. 2021;30(162):210067. https://doi.org/10.1183/16000617.0067-2021

Colon FL, Arnold AP. Sex chromosome mechanisms in cardiac development and disease. Nat Cardiovasc Res. 2023;2(4):340-350. https://doi.org/10.1038/s44161-023-00256-4

de Vries SAG, Verheugt CL, Mul D, Nieuwdorp M, Sas TCJ. Do sex differences in paediatric type 1 diabetes care exist? A systematic review. Diabetologia. 2023;66(4):618-630. https://doi.org/ 10.1007/s00125-022-05866-4

Fairweather D, Beetler DJ, McCabe EJ, Lieberman SM. Mechanisms underlying sex differences in autoimmunity. J Clin Invest. 2024;134(18):e180076. https://doi.org/10.1172/JCI180076

Feng Z, Liao M, Zhang L. Sex differences in disease: sex chromosome and immunity. J Transl Med. 2024;22(1);1150. https://doi.org/10.1186/s12967-024-05990-2

Kesler SR. Turner syndrome. Child Adolesc Psychiatr Clin N Am. 2007;16(3):709-22. https://doi.org/10.1016/j.chc.2007.02.004

Mast A, Peña A, Bolch CA, Shaibi G, Wyst KBV. Sex differences in response to lifestyle intervention among children and adolescents: Systematic review and meta-analysis. Obesity. 2023;31(3):665-692. https://doi.org/10.1002/oby.23663

Mauvais-Jarvis F. Sex differences in metabolic homeostasis, diabetes, and obesity. Biol Sex Differ. 2015:6:14. https://doi.org/10.1186/s13293-015-0033-y. eCollection 2015

Muenchhoff M, Goulder PJR. Sex differences in pediatric infectious diseases. J Infect Dis. 2014;209 Suppl 3:S120-6. https://doi.org/10.1093/infdis/jiu232

Osman M. Therapeutic implications of sex differences in asthma and atopy. Arch Dis Child. 2003;88(7):587-590. https://doi.org/10.1136/adc.88.7.587

Sung MS, Kim YJ. Sex differences in adolescent mental health profiles in South Korea. Arch Psychiatr Nurs. 2020;34(6):563-571. https://doi.org/10.1016/j.apnu.2020.10.001

Tennant PWG, Samarasekera SD, Pless-Mulloli T, Rankin J. Sex differences in the prevalence of congenital anomalies: a population-based study. Birth Defects Res A Clin Mol Teratol. 2011;91(10):894-901. https://doi.org/10.1002/bdra.22846

Tojjar J, Cerv M, Hedlund E, et al. Sex differences in age of diagnosis, HLA genotype, and autoantibody profile in children with type 1 diabetes. Diabetes Care. 2023;46(11):1993-1996. https://doi.org/10.2337/dc23-0124

Tramunt B, Smati S, Grandgeorge N, et al. Sex differences in metabolic regulation and diabetes susceptibility. Diabetologia. 2020;63(3):453-461. https://doi.org/10.1007/s00125-019-05040-3

Ward JL, Harrison K, Viner RM, Costello A, Heys M. Adolescent cohorts assessing growth, cardiovascular and cognitive outcomes in low and middle-income countries. PLoS One. 2018;13(1):e0190443. https://doi.org/10.1371/journal.pone.0190443

청소년의 자살행동·비자살적 자해와 성차

조선희 국립목포대학교 간호학과 정신건강간호학

요약문

- 우리나라 남자 청소년의 정신장애 현재 유병률과 평생 유병률이 여자 청소년보다 높지만, 주요우울장애, 양극성장애, 불안장애 등은 여자 청소년의 평생 유병률이 더 높다.
- 자살시도는 여자청소년이 더 많고 자살사망률은 남자 청소년에서 더 많았다.
- 남녀 자살률의 잠재적 이유로 성평등 문제, 성별에 따라 사회적으로 허용되는 스트레스 및 갈등에 대한 대응 방식 차이, 자살수단의 가용성 및 선호, 알코올 사용의 가용성 및 양상, 정신질환에 대한 도움 요청의 어려움 등이 있다.
- 여자 청소년이 남자 청소년보다 비자살적 자해 가능성이 높으며 나이가 어릴수록 성차가 더 크다.
- 자살행동 또는 비자살적 자해 행동이 있는 청소년을 간호할 때 청소년의 성별에 따른 편견을 가지고 대하지 않도록 유의해야 한다.

서론

미국정신의학회(APA, 2013)는 『정신질환의 진단 및 통계 편람 제5판(DSM-5)』에서 자살행동장애(Suicidal Behavior Disorder)와 자살 의도가 없는 자해(Nonsuicidal Self-Injury)를 '추가 연구가 필요한 진단적 상태'로 분류하였다. 그러나 최근 미국정신의학회(APA, 2022)는 『정신질환의 진단 및 통계 편람 제5판 수정판(DSM-5-TR)』을 출판하면서 자살 행동 및 비자살적 자해를 '임상적 관심의 초점이 될 수 있는 기타 상태'로 분류함으로써 자살과 자해 행동이 특정 정신장애의 증상 중 일부로 보기보다는 독립적으로도 임상적 개입이 필요한 중요한 문제로 떠오르게 되었다. 본 장에서는 청소년 정신건강의 성차, 청소년 시기의 자살행동과 비자살적 자해의 일반적 현황과 성차 특성, 그리고 간호실무에서 간호사가 알아야 할 사항들에 대해 논의할 것이다.

1. 청소년 정신건강의 성차

지금까지 보고된 연구에 의하면, 아동 및 청소년 시기의 여자는 남자들에 비해 우울과 불안 등 내면화된 정신건강 문제가 더 심각하며, 이러한 성별 격차는 나이가 들수록 더 커지는 경향이 있다. 청소년기 정신건강의 성별 격차는 성인 여성에게서 흔히 나타나는 정신장애의 높은 유병률로 이어질 수 있기 때문에 청소년기 정신건강의 성차에 주목할 필요가 있다.

청소년기는 정체성 형성기이며 신체적 변화, 또래 압력, 학업 스트레스, 성적 탐구 등 새로운 위험 요인에 노출되는 급격한 변화의 시기이다. 성별은 중요한 사회화 요인으로 작용하며, 남성 또는 여성으로서의 사회적 정체성을 형성하게 된다. 또한, 정서문제와 정신질환의 성별 격차가 처음 나타나는 경우가 많다.

실제로 많은 연구보고에서 청소년 초기에 우울 증상의 성차가 발현됨을 보여준다. 학령 전기 때는 남녀 유병률이 비슷했다가 11-12세가 되면 여학생의 우울 수준이 남학생에 비해 높아지고 13-15세에 그 격차가 급격히 벌어지다가 15-18세 사이에 여자 청소년의 발병률이 2:1에서 3:1에까지 이른다. 불안 증상의 경우는 4-6세경 아동기 때부터 여아의 불안 증상이 남아에 비해 더 높게 나타나고, 청소년기에 들어서면서 불안 장애의 모든 하위영역에서 성차가 나타난다. 그러나 일부 연구에서는 중학교 때 우울이나 불안과 같은 내재화 증상의 성차를 보이다가 후기 청소년기로 갈수록 성차가 감소하거나 사라짐을 보고하였다.

세계 73개국 청소년 정신건강을 연구한 자료에 따르면, 네 가지 정신건강 지표로 삶의 만족도, 심리적 고통, 쾌락, 행복감을 분석한 결과, 여자 청소년이 남자 청소년보다 정신건강 상태가 더 나쁜 것으로 나타났다. 이러한 성차는 대체로 보편적으로 나타나며, 특히 삶의 만족도와 심리적 고통에서 두드러진다. 특이한 점은, 스웨덴과 핀란드와 같은 스칸디나비아 국가들을 포함한 유럽의 부유한 국가들에서 청소년 정신건강 성차가 크다는 것이다. 반면, 요르단, 사우디아라비아, 레바논 등 사회적 성평등 지수가 낮은 국가들은 성별 격차가 가장 작은 편이며, 오히려 남자 청소년의 정신건강이 더 나쁜 경우도 있다.

우리나라의 경우, 2022년 소아청소년 정신건강실태조사 결과(국립정신건강센터, 2024)에 의하면, 남자 청소년의 현재 유병률이 11.6%이고 여자 청소년은 7.2%로 남자 청소년의 정신장애 현재 유병률이 높다. 정신장애 평생 유병률 또한 남자 청소년(19.2%)이 여자 청소년(16.7%)보다 높다(표 1). 그러나 장애유형으로 나누어 분석해 보면 주요우울장애, 양극성장애, 불안장애, 섭식장애, 외상 후 스트레스 장애에서 여자 청소년이 남자 청소년보다 평생유병률이 더 높다. 남자 청소년의 평생유병률이 더 높은 장애유형은 신경발달장애, 파괴적, 충동조절 및 품행장애, 물질사용장애이다.

청소년기에 우울과 불안의 성차 발현에 대해 그 원인을 설명하려는 다양한 시도가 있어 왔다. 생물학적 관점에서는 성호르몬과 뇌의 신경전달물질이 성에 따라 다른 영향을 미쳐 청소년기에 성차가 나타난다고 본다. 인지점 관점에서는 여자 청소년이 상대적으로 스트레스에 더 민감하고 반추적 사고를 더 많이 하기 때문으로 해석하며, 발달적 관점에서는 여자 청소년이 남자에 비해 정신적 · 신체적 외상에 노출될 가능성이 더 많기 때문으로 해석하고 있다. 지금까지 청소년기 정신건강의 성차에 관한 다양한 원인이 제기되어왔으나 여전히 그 기전은 명확하지 않다. 기존 연구는 대부분 서구 국가의 청소년을 대상으로 이루어졌기 때문에 비서구권이나 개발도상국가에 적용하기 어려우므로 우리나라 청소년기 정신건강 성차의 원인에 대한 생물학적, 심리사회적 연구가 필요하다.

표 1 정신장애 평생 유병률

(단위: 명, %)

장애유형	전체	소아*			청소년*		
		남자	여자	전체	남자	여자	전체
주요우울장애 및 양극성장애	1.0	0.6	0.5	0.6	1.0	2.0	1.5
주요우울장애	1.0	05	0.5	0.5	1.0	1.9	1.4
양극성장애	0.1	0.1	0.2	0.1	–	0.1	0.0
불안장애	9.6	9.6	11.1	10.3	7.5	10.5	9.0
공황장애	0.0	–	–	–	0.1	0.1	0.1
광장공포증	0.1	0.1	0.1	0.1	0.1	0.2	0.2
분리불안장애	3.8	4.4	4.3	4.4	2.7	3.8	3.2
사회불안장애	0.1	0.1	0.1	0.1	–	0.2	0.1
특정공포증	5.8	6.2	7.8	7.0	3.2	6.0	4.6
범불안장애	0.7	0.3	0.1	0.2	1.0	1.3	1.2
선택적 함구증	1.4	0.9	1.2	1.0	1.9	1.7	1.8
강박장애	0.4	0.1	0.3	0.2	0.8	0.6	0.7

(계속)

신경발달장애	2.6	3.6	2.0	2.8	3.8	1.0	2.5
주의력결핍 과잉행동장애	0.3	1.1	0.1	0.6	0.1	0.1	0.1
자폐스펙트럼장애***	0.2	0.1	0.3	0.2			
틱장애***	2.4	2.7	1.9	2.3	3.7	1.0	2.4
파괴적, 충동조절 및 품행장애	4.4	3.4	1.6	2.5	7.5	4.7	6.2
적대적 반항장애	4.1	3.2	1.6	2.4	6.9	4.5	5.7
품행장애	1.0	0.4	–	0.2	2.7	0.9	1.8
물질사용장애	1.6	0.1	0.1	0.1	4.4	1.6	3.1
알코올사용장애	0.9	–	–	–	2.5	1.0	1.7
약물사용장애	0.9	0.1	0.1	0.1	2.7	0.8	1.8
섭식장애	1.7	1.3	0.6	1.0	1.8	3.0	2.3
배설장애	0.5	0.9	0.6	0.8	0.2	0.1	0.1
외상 및 스트레스 관련 장애	0.4	0.1	0.1	0.1	0.5	0.8	0.6
외상후 스트레스 장애	0.3	0.1	0.1	0.1	0.3	0.7	0.5
적응장애***	0.1	–	–	–	0.2	0.0	0.1
모든 정신장애**	16.1	14.8	13.8	14.3	19.2	16.7	18.0

*소아의 KSADS-COMP는 보호자가 응답하였고, 청소년은 본인이 응답하였음.

**각 세부 진단 중 어느 하나라도 해당되는 경우

***해당 정신장애는 조사도구(KSADS-COMP) 특성상 평생 유병여부가 산출되지 않아, 현재 유병률과 수치가 동일하게 제시됨.

출처: 보건복지부,「정신건강실태조사」, 2022, 2025.04.01, 정신장애 유병률(평생).
https://kosis.kr/statHtml/statHtml.do?orgId=117&tblId=DT_117050_B002&conn_path=I2

2. 청소년 자살행동의 성차

1) 청소년 자살의 특성과 임상적 진단기준

세계보건기구는 자살을 죽음에 대한 동기와 의도를 가지고 자신에게 손상을 입히고 죽음을 초래하는 행위라고 정의하였다. 자살은 자살생각 과정과 자살시도 과정으로 구별되어 진행된다. 자살생각은 자살과정에서 가장 선행하는 요인으로 자살시도나 자살사망의 전조이다. 자살을 한 번 시도한 사람은 반복적으로 자살시도를 하는 경우가 많고, 자살시도자는 자살로 사망할 위험이 일반 인구의 70배 이상 높다.

우리나라는 2011년부터 지금까지 OECD 국가 중 가장 높은 청소년 자살률을 보여주고 있으며, 다른 나라들은 감소세를 보이고 있으나 우리나라 청소년 자살률은 증가 추세에 있다. 2021년 청소년 자살자 수는 985명으로 전년 대비 28명(2.9%) 증가하였고, 자살률은 인구 10만 명당 11.7

명으로 전년 대비 0.6명(5.5%) 증가하였다. 최근 5년간 청소년 자살률은 2017년에는 7.7명이었으나 2018년부터 9명대를 기록, 2020년 11.1명, 2021년 11.7명으로 10명대 이상 증가하였다. 2021년 청소년 남자 자살률은 12.4명, 여자 자살률은 11.0명으로 성비는 1.1, 2020년 성비는 1.0으로 비슷하다. 전체 자살사망자 중 남자가 차지하는 비율은 54.6%, 여자는 45.4%이다.

특히, 10-14세 여자 청소년의 자살률은 2017년의 1.2명에서 2022년에는 3.2명으로 거의 세 배에 가까운 상승을 보였고, 15-19세 여자 청소년 자살률도 2017년의 5.4명에서 2022년에는 10.2명으로 두 배 가까이 증가하였다.

청소년의 자살은 가족과 학교 선생님, 친구들에게 마음의 상처가 되며 지역사회의 정신건강 문제를 야기하기도 한다. 성인이나 노인 자살이 경제적 빈곤이나 신체적 건강 문제와 관련되어 있다면, 청소년의 자살은 우울, 스트레스와 같은 정신건강 관련 변수의 관련성이 높다. 성인과는 달리 청소년의 자살 행동은 충동적이고 계획되지 않은 경우가 많다.

DSM-5에서 제안된 자살행동장애 진단기준은 지난 24개월 내에 자살 시도를 한 적이 있고, 행위는 자살 의도가 없는 자해의 진단 기준을 충족하지 않아야 하며 섬망이나 혼돈 상태에서 시작된 것이 아니고, 정치적 또는 종교적 목적이 아니어야 한다(표 2). 자살 행동은 문화에 따라 그 발생 빈도와 형태가 다양하게 나타날 수 있고 문화적 차이로 인해 자살 방법의 이용이 다르게 나타날 수 있다. 예를 들어 개발도상국에서는 농약 중독이 흔하고 미국에서는 총상이 흔하다.

표 2 DSM-5에서 제안된 자살행동장애 진단기준

제안된 진단기준
A. 지난 24개월 내에 자살 시도를 한 적이 있다. **주의점:** 자살 시도는 행동 착수 시점에 자살 시도자에 의해 이행되는, 자신을 죽음에 이르게 할 수 있는 자발적인 일련의 행동이다. B. 행위는 자살 의도가 없는 자해의 진단 기준을 충족하지 않는다. 즉, 부정적 느낌이나 인지 상태로부터 안도감을 얻기 위해, 또는 긍정적인 기분을 얻기 위해 신체 표면에 자해를 하는 행동은 포함하지 않는다. C. 진단은 자살 사고나 준비 행위에는 적용되지 않는다. D. 행위는 섬망이나 혼돈 상태에서 시작된 것이 아니다. E. 행위는 단지 정치적 또는 종교적 목적으로 이행된 것이 아니다.
다음의 경우 명시할 것: **현재 증상 있음:** 마지막 시도로부터 12개월이 경과하지 않음 **조기 관해 상태:** 마지막 시도로부터 12-24개월 경과

2) 자살행동의 성별 분포

선행연구에 의하면 청소년과 젊은 성인의 자살 사망률은 남성이 여성보다 2–4배 더 높고 여성은 자살 시도가 3–9배 더 흔하다. 청소년 및 젊은 성인의 자살행동 종단연구의 메타분석 결과에 의하면, 여자가 남자보다 자살 시도 위험이 두 배 더 높고 자살 사망 위험률은 남자가 세 배 더 높다. WHO(2020)는 자살 사망률과 자살 시도율 성차가 반대로 나타나는 것을 자살 연구에서 '성별 역설'이라고 한다. 여성의 자살 시도율은 나이가 많아질수록 증가하고 중간 청소년기에서 정점에 이르며 남성의 자살률은 초기 성인기까지 증가한다.

남성의 높은 자살사망 비율은 고소득 국가의 현상이며 중간소득 및 저소득 국가에서는 이보다 훨씬 낮다(그림 1). 남녀 자살률이 다른 잠재적 이유로 성평등 문제, 성별에 따라 사회적으로 허용되는 스트레스 및 갈등에 대한 대응 방식 차이, 자살수단의 가용성 및 선호, 알코올 사용의 가용성 및 양상, 남녀의 정신질환에 대한 도움 요청 비율의 차이 등이 있다.

연령별 자살률 양상이 지역별로 다르기는 하지만, 전 세계 대부분 지역에서 남녀 자살률은 15세 미만에서 가장 낮고 70대 이상에서 가장 높다. 자살로 인한 사망이 차지하는 비율과 사망의 원인이 되는 자살의 순위는 연령에 따라 크게 달라진다. 세계적으로 15세에서 29세 사이 젊은이의 자살이 전체 사망의 8.5%를 차지하며, 사망원인 중 교통사고 다음으로 두 번째 주요 원인에 해당한다.

그림 1 세계 각 지역의 연령-표준화 자살률, 2012

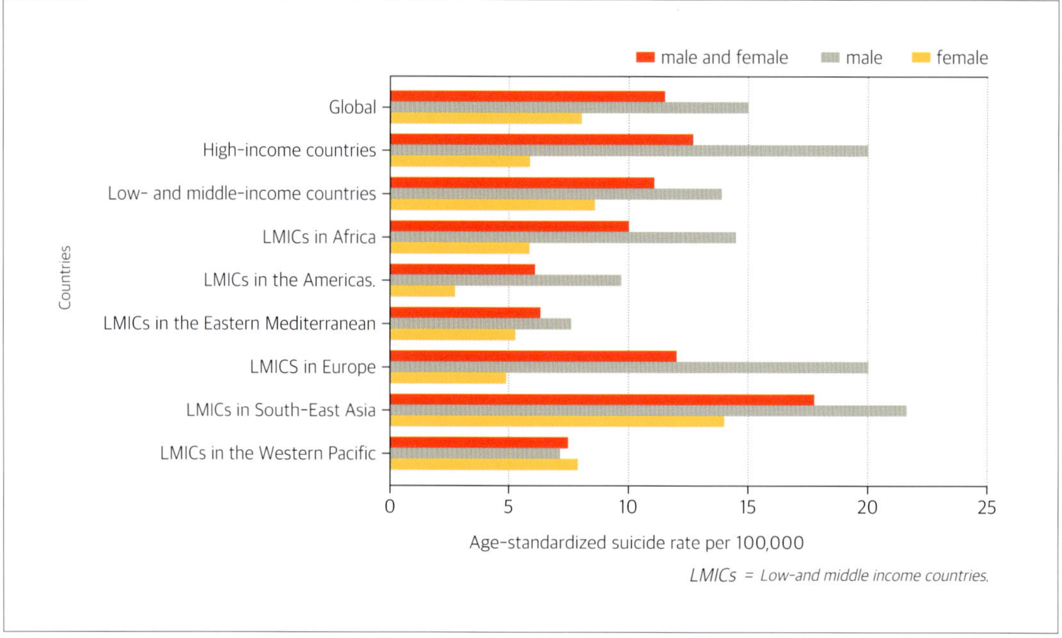

출처: 보건복지부, 중앙심리부검센터. 2019 WHO 자살예방 문헌집 자살예방: 세계적 의무. 서울: 중앙심리부검센터; 2019.
원문 출처: World Health Organization. Preventing suicide: a global imperative. Geneva: World Health Organization; 2014. Available from: https://iris.who.int/handle/10665/131056

그림 2 국가 소득수준별 자살률의 연령별 남녀 비율, 2012

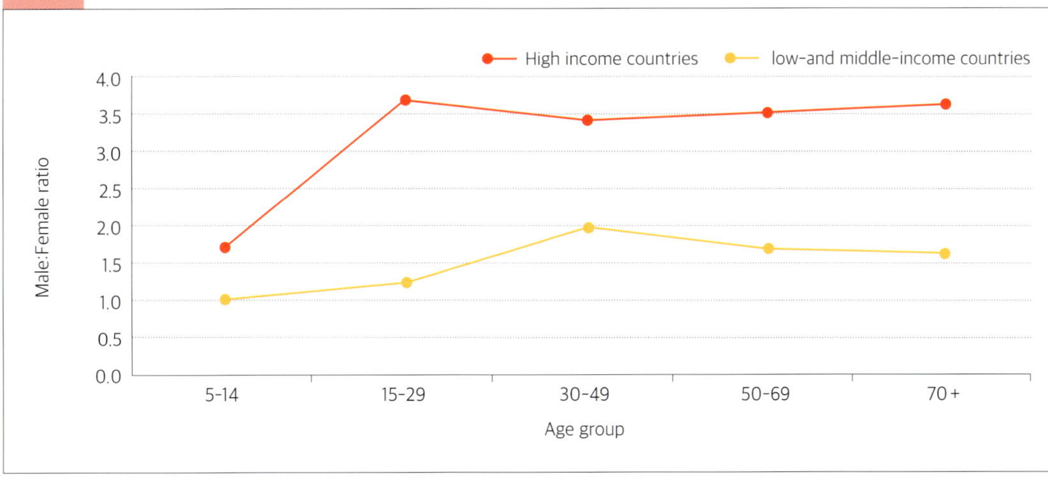

출처: 보건복지부, 중앙심리부검센터. 2019 WHO 자살예방 문헌집 자살예방: 세계적 의무. 서울: 중앙심리부검센터; 2019.
원문 출처: World Health Organization. Preventing suicide: a global imperative. Geneva: World Health Organization; 2014. Available from: https://iris.who.int/handle/10665/131056

우리나라의 최근 자료에 의하면 서구 중심의 선행연구들과 달리 청소년 자살행동의 성차가 크게 나타나지 않고 있으며, 오히려 남자 청소년의 자살 관련 행동 발생률이 약간 더 높다(표 2). 2022년 소아청소년 정신건강실태조사 결과(국립정신건강센터, 2024)에 의하면, 자살생각의 현재 유병률과 평생 유병률은 각 1.9%와 4.2%로 성별 차이가 없었으며 자살시도의 현재 유병률은 남자(0.5%)가 여자(0.3%)보다 약간 더 높았다. 자살시도 평생 유병률에서도 남자 청소년(0.8%)이 여자 청소년(0.7%)보다 약간 더 높다.

표 2 소아·청소년의 자살 관련 행동 유병률(현재·평생)

(단위: 명, %)

구분		전체 (N=6,275)		소아						청소년					
				남성 (N=1,609)		여성 (N=1,525)		전체 (N=3,134)		남성 (N=1,622)		여성 (N=1,519)		전체 (N=3,141)	
		대상자	비율	대상자	비율	대상자	비율	대상자	비율	대상자	비율	대상자	비율	대상자	비율
현재	자살사고	65	1.0	3	0.2	3	0.2	6	0.2	31	1.9	29	1.9	59	1.9
	자살시도	14	0.2	-	-	1	0.1	1	0.0	7	0.5	5	0.3	13	0.4
	비자살적 자해	85	1.4	16	1.0	15	1.0	31	1.0	31	1.9	24	1.6	54	1.7
평생	자살사고	138	2.2	4	0.3	4	0.2	8	0.3	69	4.2	62	4.1	130	4.2
	자살시도	27	0.4	-	-	2	0.1	2	0.1	14	0.8	11	0.7	25	0.8
	비자살적 자해	101	1.6	17	1.0	15	1.0	32	1.0	36	2.2	33	2.2	69	2.2

※ 해당 표는 표본가중치가 적용된 값으로, 각 사례수 합계나 소계는 최대 ±2까지 차이 날 수 있으며, 이는 6,275명을 셀별 할당 시 소수점 아래 반올림이 발생하기 때문임.
출처: 보건복지부, 「정신건강실태조사」, 2022, 2025.04.02, 자살 관련 행동(현재·평생)
https://kosis.kr/statHtml/statHtml.do?orgId=117&tblId=DT_117050_B017&conn_path=I2

3) 청소년의 자살행동 성차 관련 요인

성별에 따른 자살행동의 차이는 정서 및 행동 문제의 차이로 설명될 수 있다. 젊은 남성의 자살 사망률이 높은 것은 외현적 장애, 예를 들어 품행장애나 약물사용장애의 유병률이 더 높고, 치명적인 방법을 선호하는 경향과 관련이 있을 수 있다. 여성은 우울장애나 불안장애에 더 취약하며, 이러한 취약성은 자살사고 및 자살행동과의 연관성을 매개할 수 있다. 자살 생각은 주요우울장애와 관련이 있으며, 주요우울장애는 남자보다 여자 청소년의 자살시도와 관련성이 더 높다. 이전의 자살 시도 여부는 자살 사망의 가장 강력한 예측 요인이며, 특히 여성에게서 더욱 그러하다.

자살 시도와 자살 사망의 성별 공통 위험요인으로는 대인 폭력 노출과 정신질환 또는 약물남용 이력 등이 있고, 자살 시도와 사망에서 남성만의 위험 요인으로는 파괴적 성격과 약물남용, 품행장애 등의 정신장애가 있다.

여자 청소년의 자살 사망률이 남자 청소년에 비해 낮은 이유로 몇 가지 보호요인을 생각해 볼 수 있다. 여자 청소년은 또래 남자보다 도움 요청 행동이 더 많고 자신의 감정 문제에 대해 이야기할 준비가 되어 있으며 또래 친구나 정신건강 전문가들을 유용한 자원으로 인식할 가능성이 높다는 점 등이 그것이다. 반대로, 남자 청소년의 높은 자살 사망률은 더 치명적인 방법을 사용하는 경향성과 관련될 뿐만 아니라, 남자 청소년들은 사회적으로 통용되는 성역할 고정관념인 남성성을 이유로 도움을 요청하는 행동을 취하지 않는 경향이 있다. 남자 청소년들은 감정문제를 회피하려는 전략을 사용함으로써 감정을 잘 다룰 수 없으며, 이러한 특성은 높은 자살 사망률과 관련된다.

어린 시절의 학대나 괴롭힘과 같은 트라우마 사건에 일찍 노출되는 것은 양쪽 성별 모두에서 자살 행동에 대한 취약성을 증가시킨다. 이전의 자살 생각과 자살 행동 여부는 이후 자살 시도의 가장 빈번한 공통 위험요인이다. 데이트 폭력의 피해를 입은 여자 청소년과 낙태 경험이 있는 여자 청소년의 자살 시도 위험이 더 높다. 임신을 감당할 수 없는 느낌 때문에 여자 청소년이 낙태를 선택하게 되고, 사회적 지지 부족이나 정신질환과 같은 취약성 요인들이 자살 행동과의 연관성을 증가시키는 것으로 보인다. 여자 청소년의 대인관계 어려움 역시 자살 시도와 관련이 있다. 이들은 대인관계에서 발생하는 갈등을 내면화하는 경향이 높고 내면화된 갈등은 우울, 불안, 자책감 등 정서문제를 유발하며, 이렇게 내재화된 문제가 자살 위험을 증가시킬 수 있다는 것이다.

부모의 이혼이나 별거로 인하여 한부모 가정에서 성장하는 것이 남자 청소년에게 더 큰 자살 시도 위험요인으로 보고되기도 하지만, 반대로 여자 청소년에게 더 큰 위험요인이거나 성별에 따른 위험 차이가 유사하다는 연구도 있다. 우리나라 한부모 가정 청소년의 자살 관련 연구에 의하면, 코로나19로 인한 경제 악화가 불안과 자살생각 관계를 매개하며 특히 남자 청소년보다 여자 청소년 집단에서 매개효과가 더 컸다. 부정적 사건 경험이 자살생각에 미치는 영향이 여자 청소년이 남자 청소년보다 더 높기 때문에 위기와 재난 상황에서 남녀 청소년의 심리적 적응 능력을 높이기 위한 차별화된 전략이 필요하다.

3. 청소년 비자살적 자해의 성차

1) 비자살적 자해의 특성과 임상적 진단기준

비자살적 자해(nonsuicidal self-injury, NSSI)는 죽으려는 의도 없이 직접적이고 고의적으로 자신의 신체 조직을 훼손시키거나 손상시키는 사회적으로 허용되지 않는 행동으로 정의된다. 자해 행동은 칼로 긋기, 불로 지지기, 긁기, 과도하게 문지르기가 포함되며, 약물남용과 섭식장애와 같이 우발적이고 간접적인 자해행동, 자살행동, 문신이나 피어싱과 같이 사회적으로 용인되는 행동은 제외된다.

평균 발병 연령은 약 13세이며 전 세계적 유병률은 18%에서 23% 사이로 추정된다. 한 메타분석 연구에 따르면 청소년의 비자살적 자해 평생 유병률은 17.2%이며 초기 성인(13.4%)이나 25세 이상의 성인(5.5%)보다 더 높다. 청소년의 자해는 자살 의도와 관계없이 자살 사망의 강력한 예측요인이다. 비자살적 자해는 동반된 정신과 진단 없이도 발생하지만 기분장애, 경계성 성격장애, 물질사용장애, 불안장애, 외상후 스트레스장애 등 다양한 정신질환과 동반되어서도 발생한다.

2) 청소년 비자살적 자해의 성별 분포

2022년 수행된 메타분석 연구에 의하면, '왕따', '낮은 건강문해력', '정신장애' 등과 함께 '여성'이 청소년 비자살적 자해의 위험 요인으로 파악되었다. 분석된 문헌들 대부분에서 여자 청소년이 남자 청소년보다 비자살적 자해 가능성이 높았으며 성차는 나이가 어릴수록 컸다.

최근에 발표된 청소년 비자살적 자해 연구에 따르면 17개 국가의 연구를 종합했을 때 유병률이 17.7%였으며 여자가 남자보다 1.6배 높았다. 성차는 국가마다 조금씩 달랐는데 북미 지역(OR=2.49)과 유럽(OR=2.08)에서는 여자가 두 배 이상 많았고, 아시아 지역에서는 성차가 없거나 오히려 남자 청소년의 유병률이 더 높은 국가도 있었다. 이는 여자 청소년의 비자살적 자해 유병률은 나라마다 차이가 없으나 남자 청소년은 나라마다 달랐기 때문이며, 특히 아시아의 남자 청소년의 비자살적 자해 유병률이 높기 때문이다.

2018년 보건복지부 자료에 따르면, 자해 청소년 중 여학생이 4.1%로 남학생 2.2%보다 두 배 정도 유병률이 높았고 중학생이 고등학생보다 유병률이 더 높았다. 최근에 이루어진 2022년 우리나라 정신건강실태조사 결과에 따르면, 청소년 비자살적 자해의 현재 유병률은 1.7%이며 남자 청소년(1.9%)이 여자 청소년(1.6%)에 비해 높았다. 청소년 비자살적 자해의 평생 유병률은 남자 청소년과 여자청소년이 2.2%로 동일하였다(표 2).

3) 청소년 비자살적 자해의 성차 관련 요인

비자살적 자해는 방법에서 남녀의 성차를 보인다. 여자 청소년은 칼로 긋기, 날카로운 물건으로 긁기와 같은 방법을 더 많이 사용하며 남자 청소년보다 팔과 다리에 더 많은 상처를 낸다. 남자 청소년의 경우 스스로 때리거나 불로 지지는 방법을 더 많이 사용하며 여자 청소년들에 비해 가슴, 얼굴, 성기 부위에 상처를 내는 경향이 있다.

사회경제적으로 취약한 가정에서 자란 청소년의 비자살적 자해 유병률이 더 높다고 알려져 있다. 빈곤 상태에 있는 중학생의 성별 차이와 스트레스에 대한 민감성을 조사한 후 1년간 추적 연구한 결과, 빈곤 가정 출신 여성 청소년이 남성 청소년보다 스트레스성 생활 사건에 더 민감하며, 스트레스가 증가할수록 여학생들이 남학생들보다 우울감과 문제 행동에 더 취약해지는 것으로 나타났다. 아버지의 불안정 애착과 부모의 정서적 방임은 여자 청소년에서 비자살적 자해의 주요 예측 인자였고, 남자의 경우 어린 시절 부모와의 분리, 특히 아버지와의 분리가 주요 예측 인자였다.

정서적 측면에서 청소년의 분노 감정이 자해 빈도를 유의하게 증가시킨다고 알려져 있는데, 남자보다는 여자 청소년에게서 분노가 자해에 미치는 영향이 더 유의하며 인지적 측면에서 여자 청소년의 적응적 인지조절 기능이 불안과 자해 간의 관계에서 조절 역할을 하는 것으로 보고되었다.

4. 간호실무에서 유의점

임상간호사, 보건교사는 일반 교사, 상담 교사, 청소년 상담사 등과 함께 청소년의 자살 · 자해 행동의 최전선에서 청소년과 만나고 있다. 청소년들이 자살 또는 자해 행동으로 인해 의료기관에 연계되었을 때 임상 간호사는 청소년의 특성을 충분히 반영한 치료적 의사소통 기술을 통해 대상자의 간호문제를 사정하면서 흉터, 타박상, 화상과 같은 신체적 징후와 행동 변화를 모두 관찰해야 한다.

간호사가 자살행동 또는 비자살적 자해 행동이 있는 청소년을 간호할 때 청소년의 성별에 따라 편견을 가지고 대하지 않도록 유의해야 한다. 예를 들면, 남자 청소년을 대할 때, 자살 또는 자해 행동이 덜 심각하다고 인식하거나 반대로 사회적으로 용납되지 않는 행동으로 인식하는 것 모두 편견에 해당할 수 있다. 자살 · 자해 행동의 원인을 또래 압력과 같은 외부 요인으로 귀속시키면 대상자의 정서적 고통을 파악하지 못하고 행동 수정에만 초점을 둘 수 있다. 만약, 전통적인 남성성의 관념을 가진 간호사가 남자 청소년의 자살 · 자해 행동을 나약함의 표시로 간주한다면 효과적인 의사소통과 라포형성에 방해요인으로 작용할 것이다.

간호사는 여자 청소년의 자살 · 자해 행동을 감정적 해소 정도로 과소평가하지 않아야 하는데,

이는 행동 이면에 감추어진 심리적 문제나 동기를 간과할 수 있기 때문이다. 간호사가 여자 청소년의 자살 · 자해 행동을 주목받기 위한 행동으로 치부하거나 단순한 대인관계 문제 때문으로 생각한다면 개인의 정서적 요구를 다루지 못할 가능성이 있다. 간호사는 자살 · 자해 행동이 있는 여자 청소년을 과도하게 감정적이거나 극단적인 성격의 소유자로 낙인찍지 않도록 함으로써 대상자를 있는 그대로 수용하도록 노력해야 한다. 간호사는 자살 · 자해 행동과 관련된 자신의 편견을 스스로 점검하고 편견이 간호에 미치는 영향을 인식해야 한다. 간호사를 위한 청소년 자살 · 자해의 성차 관련 교육이 이루어져야 하며, 이러한 교육이 간호사의 편견을 완화하는 데 도움이 될 것이다.

간호학적 적용

청소년은 고유한 특성을 가진 개인으로 접근해야 하며 성별 고정관념이 아닌 그들의 고유한 경험, 동기, 정서적 상태 등을 고려하여 개별화된 간호계획을 수립해야 한다. 생물학적, 심리사회적 요인을 모두 고려하는 전인적 간호 접근이 청소년의 자살 · 자해 행동을 효과적으로 다룰 수 있으며 이를 통해 궁극적으로 정신건강 향상이 이루어질 수 있을 것이다.

청소년 자살행동에 있어 성차가 분명히 존재하므로 청소년 자살예방 전략을 설계할 때 성별에 따른 차이를 반영해야 할 것이다. 청소년의 비자살적 자해와 관련된 문화적 요인이 존재하므로, 특히 성역할 고정관념과 같은 편견적 요인을 제거하도록 노력해야 하며, 성차를 이해한 후 성별 특성에 맞춘 예방 및 간호 전략을 마련하는 것이 중요하다.

일반적으로 여자 청소년은 정서 및 관계 역학을 다루는 집단 치료와 지지적 정신치료에 잘 반응하므로 마음챙김과 자기 연민을 포함한 치료 접근이 효과적일 것으로 예상되며, 남자 청소년은 명확한 목표와 활동을 제공하는 구조화된 프로그램이 효과적이라고 알려져 있으므로 치료적 게임이나 스포츠에 참여하는 것이 의사소통과 정서적 처리를 촉진하는 데 효과적일 것으로 예상된다. 청소년 자살 · 자해 행동 치료에 관한 연구에 의하면 위약군 대비 효과가 있다고 입증된 치료는 인지행동치료(cognitive behavioral therapy, CBT)와 변증법적행동치료(dialectical behavior therapy, DBT), 가족치료, 대인관계치료(interpersonal psychotherapy, IPT), 정신건강교육과 같은 기타 정신치료, 약물치료였다. 그러나 청소년 대상 약물치료와 정신치료 효과에 대한 성별 차이 연구가 없어 위의 치료들이 어떤 성별에 더 효과적으로 작용하는지 알기 어렵다. 따라서, 이 분야에 대한 상세한 성차 연구가 필요하다.

참고문헌

강현아. 부정적 사건 경험이 청소년의 자살생각에 미치는 영향: 성별 및 빈곤의 조절효과 중심으로. 청소년상담연구, 2014;22(2):229-251.

구훈정, 우성범, 이종선. 외상적 사건과 자해의 관계에서 부적응적 인지조절의 매개효과와 적응적 인지조절의 조절효과: 성차를 중심으로. 한국심리학회지: 임상, 2015;34(1):173-199.

국립정신건강센터. 2022년 정신건강실태조사보고서(소아·청소년). 서울: 국립정신건강센터; 2024.

보건복지부. 청소년건강행태조사. 통계정보 보고서. 세종: 보건복지부; 2018.

보건복지부, 중앙심리부검센터. 2019 WHO 자살예방 문헌집 자살예방: 세계적 의무. 서울: 중앙심리부검센터; 2019. https://iris.who.int/bitstream/handle/10665/131056/9789241564779-kor.pdf?ua=1

보건복지부. 2023 자살예방백서. 세종: 보건복지부; 2023.

이중선, 최재원, 박수빈, 유한익, 홍진표. 정신과적 문제로 응급실에 내원한 환자 중 자살기도자와 자살사망자의 임상특성 예비 비교 연구. 신경정신의학. 2010;49(2):185-192.

장혜림, 이래혁. 코로나19로 인한 가구 경제 악화가 청소년의 일상생활 스트레스를 통해 학업 성취에 미치는 영향: 한부모 가구와 양부모 가구의 비교를 중심으로. 한국학교사회복지, 2022;57:1-24.

조성진, 전홍진, 김무진, et al. 한국 일 도시지역 청소년의 우울 증상 유병률과 관련요인에 대한 연구. 신경정신의학. 2001;40(4):627-638.

통계개발원. 한국의 사회동향 2023. 대전: 통계개발원; 2023.

American Psychiatric Association. Diagnostic and statistical manual of mental disorders: DSM-5™. 5th ed. Arlington, VA: American Psychiatric Association; 2013. Available from: https://doi.org/10.1176/appi.books.9780890425596

American Psychiatric Association. Diagnostic and statistical manual of mental disorders. 5th ed., text rev. Arlington, VA: American Psychiatric Association; 2022. Available from: https://doi.org/10.1176/appi.books.9780890425787

Campbell OLK, Bann D, Patalay P. The gender gap in adolescent mental health: A cross-national investigation of 566,829 adolescents across 73 countries. SSM Popul Health. 2021;13:100742. https://doi.org/10.1016/j.ssmph.2021.100742.

Cyranowski JM, Frank E, Young E, Shear MK. Adolescent onset of the gender difference in lifetime rates of major depression: a theoretical model. Arch Gen Psychiatry. 2000;57(1):21-27.

De Looze M, Huijts T, Stevens G, Torsheim T, Vollebergh W. The happiest kids on earth. Gender equality and adolescent life satisfaction in Europe and North America. J Youth Adolesc. 2018;47(5):1073-1085.

Dieserud G, Gerhardsen RM, Van Weghe H, Corbett K. Adolescent suicide attempts in Bærum, Norway, 1984-2006. Crisis, 2015;31:255-264.

Eaton D, Kann L, Jinchen S. Youth risk behavior surveillance—United States, 2011. MMWR Surveill Summ. 2012;61:1-162.

Fergusson DM, Horwood LJ, Ridder EM. Abortion in young women and subsequent mental health. J Child Psychol Psychiatry Allied Discip. 2006;47:16-24. https://doi.org/10.1111/j.1469-7610.2005.01538.x

Gilbert AC, DeYoung LL, Barthelemy CM, et al. The treatment of suicide and self-injurious behaviors in children and adolescents. Curr Treat Options Psych. 2020;7:39-52. https://doi.org/10.1007/s40501-020-00201-3

Gratz KL, Conrad SD, Roemer L. Risk factors for deliberate self-harm among college students. Am J Orthopsychiatry. 2002;72:128-40

Hammen C, Rudolph KD. Childhood mood disorders. In: Mash EJ, Barkley RA, editors. Child Psychopathology. 2nd ed. New York: Guilford Press; 2003:233-278.

Hankin BL, Abramson LY, Moffitt TE, et al. Development of depression from preadolescence to young adulthood: emerging gender differences in a 10-year longitudinal study. J Abnorm Psychol. 1998;107(1):128-140. https://doi.org/10.1037/0021-843X.107.1.128

Kaess M, Parzer P, Haffner J, et al. Explaining gender differences in non-fatal suicidal behaviour among adolescents: a population-based study. BMC Public Health. 2011;11:597. https://doi.org/10.1186/1471-2458-11-597.

Kaye-Tzadok A, Kim SS, Main G. Children's subjective well-being in relation to gender—What can we learn from dissatisfied children? Child Youth Serv Rev. 2017;80:96-104.

Kim HS, Kim HS. Risk factors for suicide attempts among Korean adolescents. Child Psychiatry Hum Dev. 2008;39:221-235.

Kim EY, Oh KJ. Poverty and psychosocial adjustment of adolescents: 1 year follow-up study. Korean J Clin Psychol. 2006;25:381-396.

Kokkevi A, Rotsika V, Arapaki A, Richardson C Adolescents' self-reported suicide attempts, self-harm thoughts and their correlates across 17 European countries. J Child Psychol Psychiatry Allied Discip. 2012;53:381-389. https://doi.org/10.1111/j.1469-7610.2011.02457.x

Mergl R, Koburger N, Heinrichs K, et al. What are reasons for the large gender differences in the lethality of suicidal acts? An epidemiological analysis in four European countries. PLoS One. 2015;10(7):e0129062.

Miranda-Mendizabal A, Castellví P, Parés-Badell O, et al. Gender differences in suicidal behavior in adolescents and young adults: systematic review and meta-analysis of longitudinal studies. International J Pub Health. 2019;64:265-283.

Moloney F, Amini J, Sinyor M, et al. Sex differences in the global prevalence of nonsuicidal self-injury in adolescents: a meta-analysis. JAMA Netw Open. 2024;7(6):e2415436.

O'Connor RC, Smyth R, Williams JM. Intrapersonal positive future thinking predicts repeat suicide attempts in hospital-treated suicide attempters. J Consult Clin Psychol. 2015;83(1):169-176. https://doi.org/10.1037/a0037846.

Peter T, Roberts LW. 'Bad' boys and 'sad' girls? Examining internalizing and externalizing effects on parasuicides among youth. J Youth Adolesc. 2010;39(5):495-503.

Rhodes A. Youth suicide in Canada: distinctions among boys and girls. Healthcare Q. 2013;16(2):11-13.

Rhodes AE, Boyle MH, Bridge JA, et al. Antecedents and sex/gender differences in youth suicidal behavior. World J Psychiatry. 2014a;4:120-132. https://doi.org/10.5498/wjp.v4.i4.120

Rhodes AE, Lu H, Skinner R. Time trends in medically serious suicide-related behaviours in boys and girls. Can J Psychiatry. 2014b;59:556-560.

Rudolph KD. Gender differences in emotional responses to interpersonal stress during adolescence. J Adolesc Health. 2002;30(4):3-13.

Swannell SV, Martin GE, Page A, Hasking P, St John NJ. Prevalence of nonsuicidal self-injury in nonclinical samples: systematic review, meta-analysis and meta-regression. Suicide Life Threat Behav. 2014;44(3):273-303.

https://doi.org/10.1111/sltb.12070.

Wang YJ, Li X, Ng CH, Xu DW, Hu S, Yuan TF. Risk factors for non-suicidal self-injury (NSSI) in adolescents: A meta-analysis. EClinicalMedicine. 2022;46:101377.

World Health Organization. Mental health of adolescents [Internet]. Geneva: World Health Organization; 2020 [cited 2024 Nov 29]. Available from: https://www.who.int/news-room/fact-sheets/detail/adolescent-mental-health

Zahn-Waxler C, Crick N, Shirtcliff EA, Woods K. The origins and development of psychopathology in females and males. In: Cicchetti D, Cohen DJ, editors. Developmental Psychopathology. Hoboken, NJ: Wiley; 2006: 176-238.

02 PART

중장년기

성차를 고려한 암환자 간호

김수 연세대학교 간호대학 여성건강간호학
류은정 중앙대학교 적십자간호대학 성인간호학

요약문

- 암 발병률과 사망률에서 남성과 여성 간 큰 차이는 생리적 요인을 포함한 건강검진 접근성, 생활습관, 환경적 요인 등과 관련이 있다.
- 남성은 여성보다 예방적 건강행위, 자기 돌봄 정도가 낮다. HPV와 유전성 암은 여성 편향 인식과 정책적 제한이 있다. 이는 남성의 암 예방 기회를 막는다.
- 성 역할에 대한 사회적 통념은 암 환자의 역할 수용과 디스트레스 경험에 영향을 미친다. 성별 특이적 암 지침에서는 공유의사결정 과정에 성별 격차가 존재한다.
- 성별 특이성이 없는 암연구에서 여성 참여자가 남성보다 더 적어 결과에 편향이 초래되었다. 심리사회적 연구에서는 남성 참여자가 아주 적어 남성 고유의 특성이 드러나지 않았다.
- 간호사는 젠더 혁신 관점에서 감수성을 갖추어야 하며, 간호연구에서 성별 참여자를 균형 있게 확보하여 암의 성차에 대한 과학적 근거를 제시하여야 한다.

서론

암은 세계보건기구(WHO)에서 4대 주요 비전염성 질환으로 분류한 중요한 건강 문제이다. 암의 발병률과 사망률은 성별에 따라 현저한 차이를 보이며, 암 종류에 따라 이러한 차이는 더욱 두드러진다. 우리나라에서는 남성에게 폐암과 위암이 가장 많이 발생하고, 여성에게는 유방암의 발병률이 압도적으로 높게 나타난다. 특히 유방암의 높은 발병률은 여성 건강에서의 주요 쟁점으로 부각되고 있다. 이 외에도 남성은 간암과 대장암에서, 여성은 갑상선암과 자궁경부암에서 높은 발병률을 보인다. 한편 암 환자의 생존율이 꾸준히 증가함에 따라 치료 이후의 중장기 건강 문제에 대한 효과적인 사정 및 관리, 간호가 요구된다.

이 장에서는 암 발생과 사망에서의 성차 현황, 암 예방에서의 성차 이슈, 치료과정에서의 증상 경험 및 치료 이후 암 생존(cancer survivorship)에서의 성차 등을 포괄적으로 다룸으로써 암 관련 성차에 대한 이해를 넓히고자 한다. 또한 이를 기반으로 한 간호를 위한 함의를 제시하고자 한다.

1. 암 성차 현황

1) 암 발생률의 성차

암의 발생과 사망에 관한 성차는 생리학적 및 환경적 요인뿐만 아니라 건강검진과 치료 접근성의 차이에서도 비롯된다. 예를 들어 유방암의 높은 발병률은 여성 건강검진 제도와 밀접하게 연관되어 있지만, 남성에서 간암과 폐암의 높은 발생률은 흡연과 음주와 같은 환경적 요인과 깊은 관련이 있다. 따라서 이러한 차이를 고려한 암 예방과 치료 전략의 개발이 필요하다. 암 종별 성차 현황은 단순히 발병률에 그치지 않고 치료 결과와 생존율의 차이로 이어질 가능성이 크며, 성별에 맞춘 의료 접근이 필수적임을 시사한다(그림 1).

그림 1 성별 암 5년 상대생존율

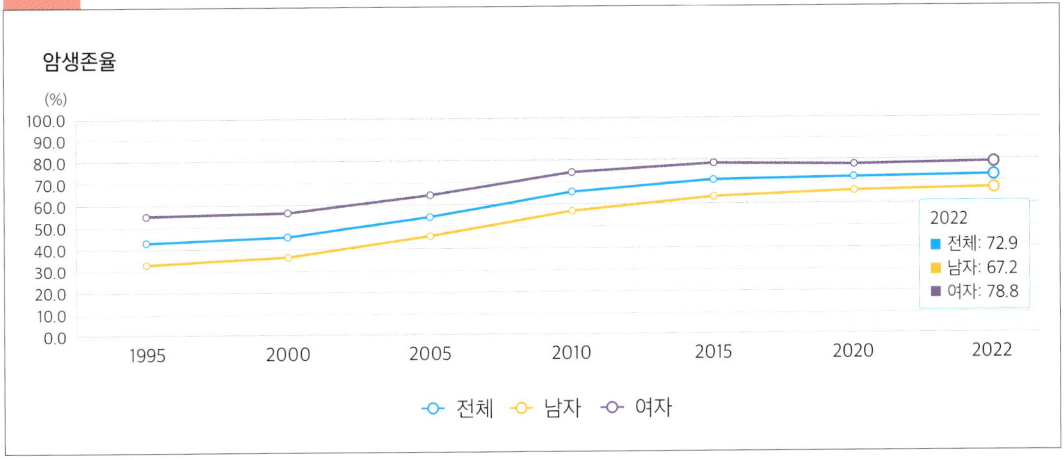

출처: KOSIS(보건복지부, 암등록통계)

암 발생의 성차는 생물학적 요인뿐만 아니라 환경적 요인, 예를 들어 식습관과 직업적 노출에서도 나타난다. 남성의 경우 흡연과 음주 습관이 폐암과 간암의 주요 위험 요인으로 작용하며, 여성에서 갑상선암과 유방암의 높은 발생률은 호르몬 변화와 밀접한 관련이 있다. 특히 갑상선암은 여성에서 남성보다 훨씬 높은 발병률을 보이는데, 이는 에스트로겐이 갑상선 세포의 증식을 촉진한다는 연구 결과로 뒷받침된다. 또한 일부 암종의 발생 위치 차이는 대장암과 같이 생물학적 및 호르몬 요인의 복합적 영향을 시사한다.

암 발생률의 성차는 기관 특이적 요인으로도 설명될 수 있다. 남성은 방광암과 백혈병에서 높은 발병률을 보이며, 여성은 갑상선암과 유방암에서 상대적으로 더 높은 비율을 보인다. 대장암의 경우, 위치에 따라 성차가 뚜렷하게 나타난다. 오른쪽 대장암은 여성에서 더 흔하고, 왼쪽 대장암은 남성에서 더 높은 발생률을 보이는데, 이는 성별에 따른 대장 해부학적 차이와 호르몬 요인이 복합적으로 작용한 결과로 추정된다. 여성은 에스트로겐 수치의 변화가 특정 암 발생률에 영향을 미칠 수 있으며, 이러한 변화는 특히 폐경 이후에 두드러진다. 반면, 남성은 흡연과 같은 생활습관 요인이 암 발생에 큰 영향을 미친다. 이러한 성차는 예방적 의료 서비스와 건강 교육을 설계할 때 중요하게 고려할 요소이다.

암 발생에서 성차가 나타나는 주요 원인 중 하나는 성호르몬의 역할이다. 예를 들어 에스트로겐은 대장암에서 보호적 역할을 할 수 있으며, 이는 대장 상피세포에서 이차 담즙산 생성을 감소시키는 데 기여하기 때문이다. 반면, 남성은 유전적 다형성으로 인해 급성 림프구 백혈병 발병률이 높은데, 이는 낮은 에스트로겐 수치와 결합된 IRF4(interferon regulatory factor 4) 유전자 다형성과 관련이 있다. 이러한 차이는 암 예방 및 치료 전략을 설계할 때 성별 특성을 고려해야 할 필요가 있음을 보여준다.

2) 암 사망률의 성차

암 사망률은 남성이 여성보다 전반적으로 높은 경향을 보인다. 폐암과 간암에서 차이가 두드러지며, 남성의 흡연량과 음주 습관에서 기인할 가능성이 크다. 폐암의 경우, 흡연은 가장 중요한 발병 및 사망 요인으로 꼽히며, 남성에서 20세 이후 흡연율이 급격히 상승하는 것이 주요 원인으로 지적된다. 반면, 여성의 경우 유방암과 자궁경부암에서 비교적 높은 사망률을 보이지만, 조기 검진과 치료 접근성을 통해 이러한 사망률을 감소시킬 수 있다. 그러나 여성의 갑상선암은 높은 발병률에도 불구하고 낮은 사망률을 보여, 치료 성공률이 높음을 나타낸다. 이러한 암종별 사망률의 차이는 각 암종의 진행 속도, 치료 가능성, 그리고 성별에 따른 치료 접근성과도 밀접하게 관련되어 있다.

암 사망률의 성차는 암 치료에서의 약물 대사 및 독성 반응의 차이에서도 나타난다. 예를 들어 여성은 5-플루오로우라실(5-FU)과 같은 항암제의 대사 효율이 낮아 독성 부작용을 더 많이 경험한다. 또한, 남성은 폐암과 같은 특정 암종에서 치료 성공률이 낮으며, 이는 초기 진단율의 차이와 치료 접근성의 부족에서 기인할 수 있다.

그림 2 **2023년 성별 암종별 사망자수**

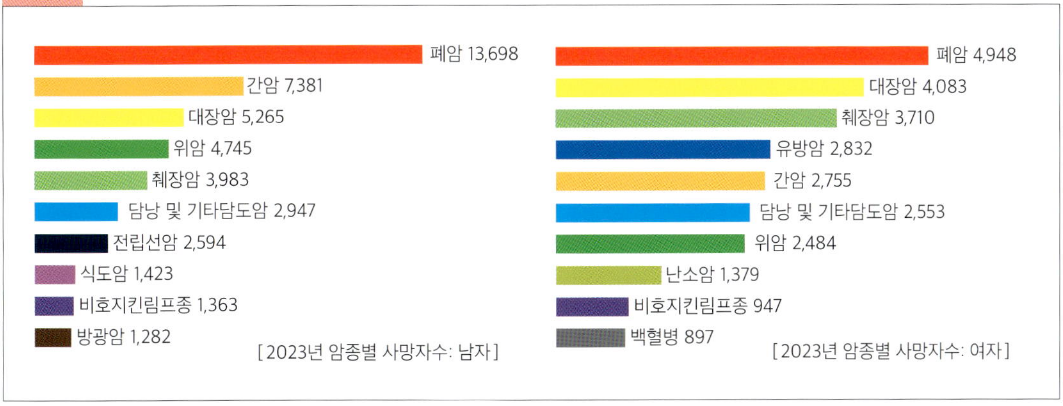

출처: KOSIS(보건복지부, 암등록통계)

3) 암 생존율의 성차

2023년 보건복지부 국가암등록 통계에 따르면, 최근 5년간 암을 진단받은 환자의 5년 생존율은 72.9%였다. 암 생존율은 암의 초기 발견 여부와 치료 접근성, 그리고 성별에 따라 큰 차이를 보인다. 연구에 따르면, 남성의 암 생존율은 여성보다 전반적으로 낮으며, 이는 생물학적 요인뿐만 아니라 진단 및 치료 접근성에서도 성별 간 차이가 존재함을 시사한다. 남성은 방광암과 간암에서 낮은 생존율을 보이며, 증상이 발현되었을 때는 암이 진행된 경우일 수 있고 제한된 치료 방법으로 설명된다. 반면 여성은 갑상선암에서 상대적으로 높은 생존율을 보이며, 이는 조기 진단이 가능한 검사 도구와 낮은 암의 악성도 때문으로 보인다. 암 치료의 부작용과 관련하여 남성은 생존율의 더 큰 영향을 받는데, 체력 저하와 면역 반응 차이에서 기인할 수 있다. 암 생존율의 성차를 줄이기 위해서는 조기 검진 프로그램의 강화와 더불어 성별에 따른 암 치료 부작용 관리 방안이 필요하다. 남성에서 나타나는 낮은 생존율 문제를 해결하기 위해선 진단 및 치료 접근성에 대한 구조적 개선이 필수적이다.

암 생존율에서 성별 차이는 항암 치료의 효능과 독성의 차이와도 밀접하게 관련되어 있다. 여성은 독소루비신과 같은 항암제의 사용 시 심장 독성에 대한 민감도가 더 높아 치료 중단 가능성이 크다. 반면, 남성은 대장암 및 간암과 같은 특정 암종에서 생존율이 낮으며, 이는 치료 중 면역 반응 차이에서 기인할 수 있다.

그림 3 1993-2022년 생존율 비교

모든 암 5년 상대생존율: 1993-2022

(단위: %, %p)

성별	발생기간							증감*
	'93-'95	'96-'00	'01-'05	'06-'10	'11-'15	'16-'20	'18-'22	
남녀전체	42.9	45.2	54.2	65.5	70.8	71.7	72.9	30.0
남자	33.2	36.4	45.6	56.9	63.2	65.7	67.2	34.0
여자	55.2	56.4	64.3	74.5	78.4	77.9	78.8	23.6

* 증감: '93-'95년 대비 '18-'22년 암발생자의 생존율 차이

모든 암의 5년 상대생존율(1993-2022)

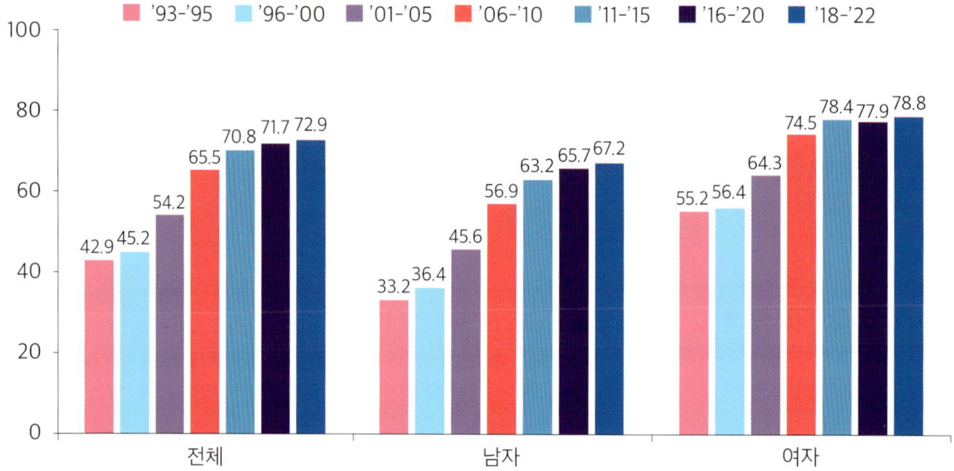

출처: KOSIS(보건복지부, 암등록통계)

4) 성적 이형성과 암

성적 이형성(sexual dimorphism)은 남성과 여성 간에 나타나는 생물학적, 해부학적 차이를 의미하며 주로 호르몬, 유전적 차이, 생리적 구조를 포함하여 남성과 여성의 생리적 특성의 차이를 나타낸다. 예를 들면, 성적 이형성은 난소와 고환과 같은 이분법적 특징을 포함하며, 인간의 키와 같은 생물학적 차이로 잘 설명된다. 암 발생 및 진행 과정에서의 성적 이형성과 성차는 단순히 성별에 따른 발생률 차이를 넘어 생물학적, 유전적, 그리고 면역학적 요인들의 복합적 작용을 통해 나타난다. 성호르몬, DNA 복구 기전, 그리고 면역 반응과 같은 다수의 핵심 요소가 암의 발병률과 생존율에 있어 성차를 유발한다는 점에서 중요하다.

생물학적으로 DNA 손상과 암 발생은 여성보다 남성에서 더 가파르게 영향을 미친다. 남성은 여성보다 방사선 노출 후 암 위험이 더 컸다. 히로시마와 나가사키 원폭 생존자 중에서 남성의

고형암 발생률이 높았으며, 체르노빌과 후쿠시마 사고로 오염된 I^{131} 섭취로 인해 아동 갑상선암 (direct to consumer, DTC) 진단 비율은 남성에서 36%로 증가했다. 유전적으로, 여성의 두 개 X 염색체는 종양억제유전자의 완충 작용을 제공하여 암 발병에 대한 보호 효과를 보인다. 남성에서 방광암의 높은 발병률은 KDM6A와 같은 유전자의 돌연변이 빈도로 설명될 수 있다. X 염색체의 무작위 불활성화는 특정 유전자의 돌연변이 발현을 억제하므로 여성에서 암 진행을 억제하는 데 기여할 수 있다. 면역학적으로, 남성과 여성은 선천성 및 적응 면역 반응에서 본질적으로 차이를 보인다. 여성은 더 높은 수치의 $CD4^{+}$ T 세포와 B 세포를 보유하며, 이는 강한 항암 면역 반응을 유도할 수 있다. 반면, 남성은 NK 세포 수치가 더 높으며, 이는 초기 종양 세포 제거에 중요한 역할을 하지만 장기적인 면역 반응에서는 여성보다 낮은 효율성을 보인다. 이와 같은 면역학적 차이는 면역 치료제의 효능과 독성에서도 성차를 나타낼 수 있다. 면역관문억제제는 일반적으로 남성에서 더 효과적인 것으로 나타났으나, 화학요법과 병용 시 여성에서도 높은 효과를 나타낼 수 있다.

5) 성 또는 젠더 소수자의 암 발생

성 소수자(sexual minorities)는 성적인 특성과 관련하여 사회적 소수자의 위치에 속하는 사람들을 총칭하는 용어로, 국가인권위원회는 인간의 성별을 구성하는 신체적 성별(sex), 사회적 · 문화적 성별(gender role), 성별 정체성(sexual/gender identity), 성적 지향(sexual orientation) 중 하나 이상에서 비정형인 사람들을 성 소수자라고 정의하였다.

성 소수자는 사회적 차별 및 의료 서비스 접근성에서의 불평등으로 인해 암 치료 및 예방에 취약하다. 성 소수자 개인이 의료환경에 종종 경험한 낙인과 차별로 자신의 상태를 공개하는 것을 두려워하거나 의료체계에 불신을 갖는다. 우리나라에서도 여성 성소수자들은 부정적인 한국 사회 분위기로 인해 일반 인구에 비해 우울과 자살 사고가 높았고 건강 위험 행동을 더 많이 하는 것으로 보고되고 있다. 성 소수자에 대한 국내 암 관련 연구는 아직 부족한데, 자궁경부암 예방 행위와 HPV 백신접종 지식, 건강 관련 삶의 질에 관한 연구가 진행되었다.

성적 소수자와 성 소수자는 직장암, 유방암, 자궁경부암, 대장암, 자궁내막암, 폐암, 전립선암, 피부암과 같은 특정 암 발병률이 더 높다. 특히 2000년 1월부터 2022년 11월까지 미국 재향군인회 의료기록을 분석한 결과, 성전환 여성의 전립선암 발생률은 총 155건으로 확인되었으며 이를 기반으로 1만 명당 발병률은 연간 14건으로 기존 추정치인 33건보다 적게 나타났는데, 이는 전립선암 위험에 대한 인식 부족이나 낙인, 에스트로겐의 전립선암 발생 억제 효과, 성인지 호르몬요법을 받는 트랜스젠더 여성에서 '정상' PSA 수치를 잘못 해석하여 전립선암을 놓치는 등의 장벽으로 인해 PSA 검진을 덜 받는 데서 비롯될 수 있다.

2019년 네덜란드에서 2,260명 트랜스 여성(출생 시 남성, 여성 젠더정체성)과 1,229명 트랜스 남성(출생 시 여성, 남성 젠더정체성)을 대상으로 조사한 결과에 따르면, 호르몬요법을 받는 트랜스젠더 여성은 시스젠더 남성(출생 시 남성, 남성 젠더정체성 유지)에 비해 유방암 위험이 46배가 높고 시스젠더 여성보다는 낮았다. 유방암의 임상적 특징은 대부분 유관 기원의 종양으로 에스트로겐과 프로게스테론 수용체 양성이고 8.3%에서 인간상피성장인자2(human epidermal growth factor receptor 2, HER2) 양성으로 나타났다. 한편 트랜스 남성에서도 4건의 침습적 유방암이 발견되었는데 시스젠더 여성에 비해 예상보다 낮은 결과였다. 트랜스 여성은 비교적 짧은 호르몬요법 기간에 비해 유방암 위험이 증가하였고 일반적인 유방암 발생 양상과 유사하므로 시스젠더를 위한 유방암 검진지침이 호르몬요법을 받는 트랜스젠더에게 적용하기에 충분함을 알 수 있다.

2. 암 예방에서의 성차

1) 암 예방과 사망률에서의 성차

암 예방을 통해 변화하는 사망률에서도 성별에 따른 차이가 나타나는지를 확인할 필요가 있다. 폴란느에서 발표된 전 국민 대상 설문 연구는 2006년(7,991명)과 2014년(8,079명)의 자료를 바탕으로 암 예방 행동에서 젠더 격차가 존재함을 보고하였다. 남성은 예방적 건강관리 이용, 자기 돌봄 상태 인지, 야채와 과일 섭취의 세 영역에서 매우 부족한 경향을 보였으며, 인구사회학적 특성과 건강 상태, 암 관련 지식을 통제한 후에도 동일하게 나타났다. 이는 남성을 둘러싼 사회적 시각과 남성 스스로 가지는 정체성의 영향일 것으로 추측된다. 이와 같은 연구결과는 성별 간 건강 위험 요인을 수정하여 암의 성차를 줄일 필요가 있음이 시사한다.

2) HPV 접종에서의 성차

암 예방에서 중요한 요소 중 하나는 사람유두종바이러스(human papilloma virus, HPV)의 예방이다. HPV는 자궁경부암의 주된 원인으로 밝혀진 바 있기에, 호주는 2007년부터 HPV 예방접종을 도입하였고, 2011년에는 남녀 모두에게 적용하였다. 그 결과 2011년 HPV 6, 11, 16, 18 감염률이 70% 정도로 크게 감소하였음을 발표하였다. 현재 북미, 남미, 서유럽, 북유럽, 호주, 한국, 일본 등 110개국 이상의 국가가 HPV 예방 접종을 도입했으나, 남녀 모두 접종을 시행하는 국가는 약 40개국에 불과하다.

우리나라는 2016년 '자궁경부암 백신'이라는 명칭으로 여성 청소년을 대상으로 HPV 예방 접종이 이루어지기 시작했지만, 남성 대상 접종은 권고 수준에 머물러 있다. 최근에는 'HPV 백신'으로 젠더 중립적 명칭을 사용하고 있으나 남성 대상 예방접종은 여전히 부족한 실정이다. 이러한 문제는 자원 및 교육 부족, 접종 권고 시점, 접종 기피 현상 등 여러 요인에서 기인하기에 HPV 접종에의 접근 방식의 민감성을 가지고 국내 접종정책 확대 등 보완하려는 노력이 필요하다.

3) 유전성 암에서의 성차

유전성 암은 대표적으로 유전성 유방암 난소암 증후군(hereditary breast ovarian cancer syndrome, HBOC)과 유전성 비용종성 대장암 증후군(Lynch syndrome, LS)이 있으며 이는 예방적 조치가 가능한 Tier-1 유형이다. 이와 같은 유전성 암의 병인성 변이(pathogenic variant)로 *BRCA1/2*, *ATM*, *CHEK*, *MLH1*, *MSH2*, *MSH6*, *PMS2* 등이 있으며, HBOC는 유방암의 10-15%, 난소암의 15-20%; LS는 대장암의 약 5%를 차지한다.

HBOC의 암 발생 위험도 증가는 다음과 같다.

- 유방암: 일반여성 12% vs *BRCA1/2* 여성 50-85%(남성유방암: 전체 유방암의 0.5%로 매우 낮으나 *BRCA1/2* 시 남성도 5-10%로 증가)
- 난소암: 일반여성 1.5% vs *BRCA1* 20-50%, *BRCA2* 10-30%로 약 20배 증가
- 기타 암: 췌장암, 전립선암 증가; 흑색종(melanoma), 위암, 대장암과도 유의한 관련성

LS도 암 발생 위험이 증가하는데 자궁내막암이 가장 많으며 위암, 난소암, 소장암, 방광암과도 유의하다.

두 증후군은 우성유전되어 혈연관계 가족은 남녀 모두 50% 가능성을 가지게 되며, 가족 고지(disclosure)가 매우 중요하다. 우리나라와 대부분의 나라에서는 발단자(proband)를 통해서만 가족들에게 유전자 변이를 고지하고 유전자 검사를 권고하도록 법적으로 규정되어 있으나, HBOC 가족의 ~50%가 유전자 정보를 모르고 있으며, LS는 30% 정도만 유전자 검사를 받고 있다. 특히 'HBOC는 여성의 질환, 남성과는 무관'하다는 인식이 팽배하여 남성 가족원에게 알리지 않고 유전자 검사 시행률도 매우 저조하며, 국내뿐 아니라 세계적으로도 격차가 확인된다. 이러한 성별 관련한 편향된 인식으로 특히 남성들이 유전성 암 변이 여부를 확인하거나 암 예방조치를 할 기회에서 취약한 상태이다.

3. 암 환자 증상경험의 성차

1) 암 환자의 증상경험

암 환자의 증상경험 역시 환자의 성별에 따라 상당한 차이가 있다. 성별에 따른 생물학적, 사회심리적 특성은 암 진단 및 치료 과정에서 환자의 삶의 질에 영향을 준다. 예를 들어 암 증상의 인

식, 관리, 보고 빈도 등은 성별에 따라 다르게 나타나며, 이는 성별 맞춤형 간호 접근의 중요성을 강조한다. 이러한 배경에서 암 환자 증상 경험의 성차를 이해하고 이에 기반한 간호학적 접근을 탐구하는 것은 필수적이다. 주요 연구에 따르면, 여성은 암과 관련된 심리적, 신체적 증상을 더 강렬하게 경험하며, 남성은 종종 증상 보고를 회피하거나 저평가하는 경향을 보인다. 따라서 이러한 성차를 고려한 간호 전략이 필요하다.

1980-2019년까지의 임상시험 데이터를 분석한 연구에 따르면, 총 23,296명의 암 환자 중 남성은 여성보다 특정 증상의 발생률이 낮았다. 예를 들어 여성은 중증 호흡기 감염 발생 위험이 남성보다 50% 높았다. 또한, 면역요법 부작용과 관련하여 여성은 남성보다 높은 위험률을 보였다(오즈비, 1.68). 혈액암 환자 중 화학요법 관련 부작용 역시 여성에서 더 자주 보고되었다. 반면, 비혈액암 환자의 경우 성별 간 차이가 상대적으로 적었다.

2013-2016년까지 한국 병원 데이터를 바탕으로 진행된 연구에서는 여성 환자들이 남성보다 더 많은 증상을 보고했다. 총 1,709명의 대장암, 위암, 비소세포폐암 환자를 대상으로 한 연구에서, 여성은 남성보다 신경독성, 구토, 피로, 소화불량 등을 더 자주 경험했다. 특히, 플래티넘 기반 치료를 받은 환자 중 여성은 남성보다 더 높은 부작용을 보고했으며, 이러한 차이는 신체적 구성과 호르몬 차이 등 다양한 요인에 의해 발생한 것으로 분석되었다.

통증, 피로, 우울은 암 환자가 가장 빈번히 경험하는 수요 증상이다. 여러 연구결과, 여성 환자들이 남성보다 통증과 피로를 더 강렬하게 경험하며, 우울 증상 역시 여성에서 높은 것으로 나타났다. 독일의 한 연구에서는 여성 암 환자의 우울증 점수가 남성보다 더 높았으며, 일반인 대비 우울증 발생률도 높았다. 이러한 증상은 환자의 일상생활에 부정적인 영향을 미치며, 특히 여성의 경우 가족과 사회적 지원 체계의 부족이 증상을 악화시키는 요인이 될 수 있다. 따라서 통합적이고 성별 맞춤형 접근이 필요하다.

암 환자의 증상 경험은 젠더와 성(sex)에 따라 차이를 보인다. 암 증상은 고유 증상, 치료 부작용, 암 진단과 치료과정에서 나타나는 심리사회적 증상으로 나뉠 수 있으며, 이를 체계적으로 관리할 필요가 있다. 암의 고유 증상은 치료과정에서 완화될 수 있지만, 치료 부작용은 다양하게 빈번히 나타나 증상 클러스터 등의 연구가 지속해서 이루어져 왔다. 한 연구에서 1980-2019년까지 임상시험 연구에 참여한 23,296명(남성 62.1%, 여성 37.9%)을 대상으로 치료 관련 부작용 데이터를 비교분석한 결과, 항암화학요법, 면역요법, 표적치료 등에서 남녀 간 격차가 확인되었다. 여성이 남성보다 중증 부작용 발생 위험이 34% 이상 높았으며, 특히 면역요법에서는 중증 부작용이 약 50% 이상 높았다. 또한, 증상 관련 부작용 위험도 면역요법에서 여성의 발생률이 높으며, 혈액학적 부작용도 화학요법과 면역요법에서 여성의 발생률이 남성보다 높다. 반면, 비혈액학적 부작용에서는 성별에 따른 유의한 차이가 관찰되지 않았다. 이러한 결과는 암 환자의 성별에 따라 증상의 중증도를 고려해야 함을 보여준다.

한국의 4개 병원에서 2013-2016년 보조항암화학요법을 받은 환자를 대상으로 암종별 비교를 수행한 다기관 코호트 연구에 따르면, 여성은 메스꺼움, 복통, 구내염, 구토, 호중구 감소증 등 모든 등급의 부작용 발생률이 남성보다 더 높게 나타났다. 특히, 호중구 감소증과 메스꺼움, 구토 등은 중증 부작용(등급≥3)으로 더 빈번히 보고되었다. 항암화학요법 시 여성 암 환자는 남성 암 환자보다 약물 용량이 적다는 점도 보고되었다. 그리고 첫 사이클 이후 약물 용량이 감소하는 경향이 있는데, 이는 첫 사이클 이후 중증 치료 부작용을 호소하며 일시적으로 치료를 중단하는 사례가 많기 때문으로 생각된다. 특히, 백금기반항암제(platinum-containing regimen)를 적용받는 여성 암 환자들은 치료과정에서 부작용으로 인해 예정에 없던 외래 방문 빈도가 더 잦았다. 이러한 연구 결과는 성별에 따른 암 치료와 부작용 관리가 성별에 따른 차별적 접근이 필요함을 강조한다.

그동안의 대표적인 항암화학요법 약제들(5-FU, Doxorubicin, Bevacizumab, Regorarenib 등)에서 남성이 여성보다 항암제 클리어런스(clearance; 체내에서 항암제가 제거되는 속도)가 높아, 여성이 항암제 독성에 더 민감하게 반응하는 것으로 나타났다. 또한, 암종별 치료요법에 따라 성별에 나타나는 부작용 유형이 달라질 수 있는데, 이에 대한 예측과 대응 및 성별의 차이를 고려한 치료적 접근이 많이 시도되고 있다. 치료과정에서 항암화학요법을 결정할 때 성별에 따른 부작용을 사전에 고려하는 것이 중요하다.

암 환자의 심리사회적 증상은 통증, 피로, 우울이 대표적이며, 수면 부족, 골수형성 부작용으로 인한 빈혈, 출혈, 멍 등의 증상도 보고된다. 그러나 통증이나 피로, 우울과 같은 증상과 성별의 차이에 관한 연구는 충분하지 않으며, 일관되게 보고되지 않은 편향된 연구 결과일 수 있음을 유의하여야 한다. 남성 중심의 연구 결과를 여성에게 일반화하여 보고하는 연구도 있으므로 이처럼 연구 편향이 존재함을 주의해야 한다.

통증의 경우, 남녀 모두 유사한 강도로 호소하지만, 외래 방문 기록을 살펴보면 여성 암 환자에게 부적절한 진통제 처방이 더 높은 비율로 이루어지고 있다. 이에 따라 남성보다 여성의 통증 조절이 부적절하게 진행될 가능성이 높아질 수 있다.

피로는 암 생존자가 흔히 보고하는 증상 중 하나로, 여성 암 환자가 남성 암 환자보다 더 높은 피로를 보고하고 피로의 영향을 많이 받는다는 연구 결과가 있지만, 성별에 따른 차이가 없다고 보고된 연구도 존재하기에 추가적인 연구가 필요하다. 또한, 성역할과 기능이 암 관련 피로에 미치는 영향에 관한 장기적인 연구가 필요하다. 질병의 어느 시점만을 보는 것이 아닌, 질병 경로 전반에 걸친 유병률 또는 중증도의 변화를 체계적으로 조사할 필요성이 대두되고 있다.

우울 역시 암 환자에게 흔히 나타나는 심리사회적 증상 중 하나로, 우울에 대한 역학 연구들에서는 일관되게 여성에서 우울 증상의 유병률이 남성보다 높다고 보고되고 있다. 이는 암뿐만 아니라 다른 질환에서도 동일하게 나타나는 결과이다. 독일의 한 연구에서 암 환자 3,785명을 대상으로 불안 및 우울을 측정하고 이를 일반인 2,747명과 비교한 결과, 암 환자는 일반 인구에 비해 불안 수준이 더 높았으며, 특히 젊은 연령대와 여성에서 두드러졌다. 반면 우울은 암 환자와 일반 인구 간 유의미한 차이가 없다는 결과도 확인되었다.

2) 증상관리를 위한 내면의 힘 이론

암 환자의 간호에서 성별 차이를 고려하는 것은 치료 효과를 극대화하는 데 핵심적이다. 이러한 점을 고려해 암 관련 증상 경험을 극복하는 방안을 탐구한 내면의 힘 이론(Theory of Inner Strength)(그림 4)이 간호학에서 적용되고 있다. 이 이론은 여성 특화된 성별 특이이론으로, 여성의 내면의 힘은 '괴로움과 탐구'(도전적인 삶의 사건을 처리하는 동안 경험하는 두려움, 취약성, 의미에 대한 탐구), '연결성'(자기 자신, 가족, 친구 및 영적 힘과의 지지적인 관계 육성), '참여'(자기결정, 재구성, 가능성에 대한 참여), '움직임'(휴식, 활동, 자신의 능력에 대한 솔직한 자기 평가, 균형)과 같은 차원들로 구성되어 있으며, 환자가 암 진단 후 새로운 삶(new normal)을 받아들이고 적응하여 삶의 질을 개선하고 안정을 찾는 과정에서 이러한 차원들의 극복이 도움을 준다고 설명하고 있다. 여성 암 경험자들이 내면의 힘을 통해 더 높은 수준의 삶의 질을 보고했는데, 남성 역시 암 증상 경험을 극복하기 위해 내면의 힘을 활용할 수 있으며, 이러한 접근을 남성 환자에게도 확대 적용할 필요가 있다. 이 연구에서 유방암, 전립선암과 같이 성 특이적 기관에서 발생하는 암을 제외하고, 성별 구분 없이 발생하는 대장암과 폐암 대상으로 연구를 진행한

그림 4 Theory of inner strength with dimensions

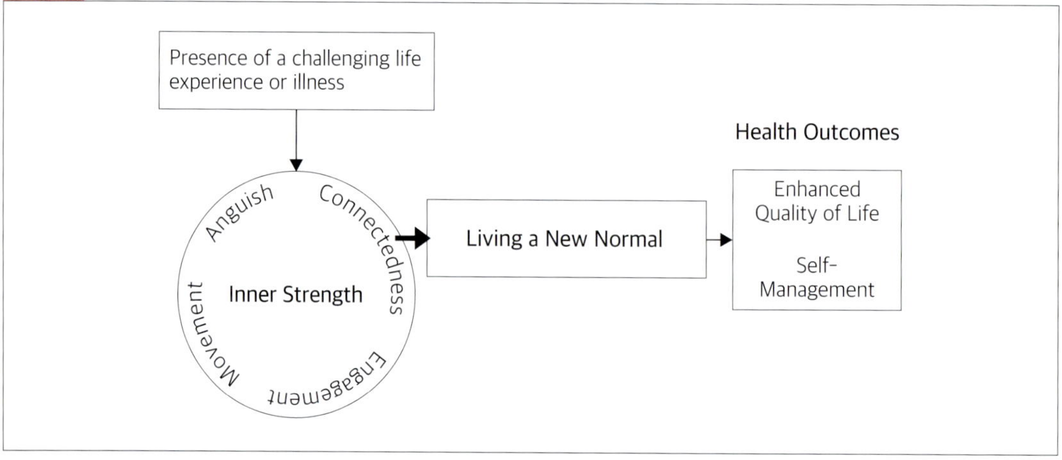

출처: Dingley C, et al. The role of inner strength in quality of life and self-management in women survivors of cancer. Res Nurs Health. 2014;37(4):321-341.

결과, 대장암 환자에게서 성별에 따른 내면의 힘의 강도 차이가 관찰되었다. 괴로운 상황을 마주했을 때, 남성은 상황에 의미를 부여하고 탐구하는 데 더 중점을 두지만, 여성은 연결성, 즉 자신과 주변 사람, 지지 관계, 영적인 힘을 연결하는 데 더 큰 비중을 두는 것으로 나타났다. 이러한 결과는 그동안 증상 관리 차원에서의 간호학이 여성의 시각에서 좀 더 초점을 맞췄다면, 이제는 남성의 시각에서도 접근할 필요가 있음을 보여준다. 이때 내면의 힘은 회복 탄력성의 형태로 제시될 수도 있으며, 성별 특성을 반영한 이론적 접근이 필요하다.

Smith는 내면의 힘이 남성에도 동등하게 중요하다고 지적하였고 대장암 생존자 연구에서도 남성과 여성 모두에서 중요 변수로 나타났다. 대장암 생존자 연구에서 남성 대장암 환자는 고뇌와 탐색 영역이 여성보다 높고 여성 대장암 환자는 연결성 영역에서 더 높은 점수를 보였다. 이러한 차이는 두 성의 고유한 특성과 경험을 반영하는데, 특히 남성은 신체문제와 성기능 장애에 더 민감할 수 있기 때문이다. 내면의 힘 이론의 하위영역에서 성차가 있을 수 있지만, 전반적으로 이 이론은 암 생존자의 삶의 질 향상에 중요한 역할을 한다. 따라서 내면의 힘 이론은 성차에 따른 증상관리의 차이와 성차와 무관한 부분 등에 관해 향후 연구를 진행함으로써 암 생존자의 경험을 이해하고 지원하는 데 유용한 틀을 제공한다고 볼 수 있다. 이처럼, 내면의 힘 이론은 인간의 삶과 건강 회복 과정을 이해하고 지원하는 데 중요한 학문적 기틀을 제공한다.

4. 암 경험자의 성차 이슈

1) 암 치료 후의 심리적 재적응 및 일 복귀

암 진단 이후 암 경험자(cancer survivors)는 신체적 도전들과 심리사회적 변화를 경험하며 삶의 질이 영향을 받게 된다. 젠더가 사회적으로 구성된 역할, 관계형성, 개인적인 태도, 행동 및 가치 등을 포괄하며 이는 암을 경험하고 새로운 일상(new normal)을 만들어가는 과정에서 내재화되며 영향을 미친다. 대개 여성이 감정을 표현하는 정서적 대처를 많이 하는 반면, 남성이 문제해결형 대처로 해결책을 모색하거나 회피 전략을 사용하는 것으로 인식한다. 따라서 사회적으로 합리성과 독립성이 강조되어 온 남성들에게 암 환자가 되어 감정을 표현하고 타인에게 의지해야 하는 환자 역할은 낯설고 버거운 것이 될 수 있다.

자기침묵이론(Self-Silencing Theory, 1991)은 Bowlby의 애착 이론(1982)과 Surrey의 관계성 자아 이론(1985)을 참조하여 발전시킨 개념으로, 성차를 이해하는 데 활용되었다. 유방암 여성 중 스스로 소멸, 침묵시키는(self-silencing) 경향이 높은 경우 자가돌봄 주체성(self-care agency)에 부정적인 영향을 미친다는 연구 결과가 보고되었다. 반면 암 돌봄제공자에서는 남성이 여성보다 돌봄 과정에서 self-silencing을 더 많이 경험하는데, 이는 '남성은 감정을 표현하지 않아야 한다'는 태도를 반영하는 남성성에 대한 사회적 규범의 영향인 것으로 보인다. 반면 여성 돌봄 제공자의 경우 돌봄 역할에 대한 외적 타당성 및 본인의 역할, 그리고 대처기전에 맞춰 행동하는 것을 알 수 있었다. 자기침묵척도(Self-Silencing Scale)의 네 가지 하위 영역을(나뉘어진 자기, 외부적 자기 인식, 자기희생으로서의 돌봄, 자기침묵) 살펴볼 때, 향후 더 다양한 암 환자 및 남녀 돌봄 제공자의 심리적 민감성을 파악하고, 옹호적 간호와 지지적 간호를 수행하는 데 활용될 수 있다.

한편 디스트레스를 더 많이 느끼는 것은 여성 암 경험자로 보고되며, 이는 다양한 연구방법론으로 암 진단 시점, 기타 인구학적 특성을 조정한 경우에도 확인된다. 또한, 젊은 여성 암 경험자가 암이 없는 또래보다 이혼 경험 가능성이 80% 높다는 보고를 고려하면 살림과 육아가 여성에게 집중되는 전통적인 성역할이 암 이후 재조정되지 못할 때 영향을 주는 것으로 보인다.

암 환자의 60%가 암 재발 두려움(fear of cancer recurrence, FCR), 15–75%는 인지적 장애를 경험하며 약 37%는 일 복귀를 하지 못하는 것으로 보고된다. 그러나 대부분의 연구가 유방암 여성 대상으로 이루어져 남성에게 적용하기에는 한계가 있어, 남성 암 경험자의 FCR, 인지적 장애, 일 복귀 도전에 관한 연구와 임상적 통찰력이 요구된다.

2) 암 관리 및 돌봄 관련 지침

최근에 암 관리와 돌봄 관련 공유의사결정(shared decision making)이 주요 화두로 떠오르고 있다. 이는 치료과정에서 단순히 환자의 동의를 받는 것을 넘어, 각 치료, 시술, 처치 또는 결정에 따르는 장단점을 균형 있게 제시함으로써 환자가 스스로 의사결정을 잘 내릴 수 있도록 돕는 것을 목표로 한다.

그동안의 암 관리 지침에 대한 체계적 종설연구에서 성별 특이적 암인 전립선암과 자궁내막암 관련 지침을 비교하였을 때, 전립선암 지침이 공유의사결정에 관한 내용을 더 많이 포함하고 있음을 확인할 수 있다. 전립선암 지침에서 공유의사결정이 언급된 비율은 약 47%로, 자궁내막암의 16%보다 유의미하게 높았다. 그러나 공유의사결정 이행 수준을 평가하는 31개 문항 중에서, 충족된 항목 수는 전립선암과 자궁내막암 모두에서 전반적으로 매우 저조했으며, 전립선암은 평균 2.14개, 자궁내막암은 평균 0.4개에 그쳤다. 또한, 공유의사결정 실행에 대한 구체적인 조언이나 강한 권고사항을 포함한 지침은 전립선암에서 16편, 자궁내막암에서는 단 3편에 불과해, 두 암종 모두 공유의사결정에 대한 지침이 여전히 부족한 실정임을 보여준다. 이는 성별 특이적 암의 경우 공유의사결정에 대한 임상지침에 있어 성별에 따른 격차가 존재하는 것을 확인할 수 있는 결과이다. 따라서 간호 제공 시에 여성 특이적 암 환자들에게는 공유의사결정에 대한 더 많은 관심과 노력이 요구됨을 시사한다.

5. 암 성차 관련 기타 이슈

1) 암 환자-의료진 간의 젠더 이슈

암 환자와 의료진 간의 젠더 이슈에 관한 고전적인 연구에 의하면, 암 예방과 증상 관리에서 주치의의 성별 차이는 환자와 의료진 간 상호작용에도 중요한 영향을 미친다. 미국에서 8,000명 이상의 여성을 대상으로 한 연구에 따르면, 성별 특이적 검진인 임상적 유방검진, 자궁경부암 검진 및 유방촬영술 시행에 관한 연구 결과에서, 여성 주치의일 경우 자궁경부암 검진과 유방촬영술을 받을 가능성이 높았다. 반면 혈압과 같은 성별 중립적인 검진에서는 주치의의 성별에 따른 조기검진 시행 차이가 없었다. 주치의의 성별에 따른 이러한 차이는 환자의 연령, 인종, 교육 수준, 수입, 보험 여부, 건강상태, 건강 행동 및 태도 등을 통제한 후에도 일관되게 유의한 결과로 나타나 시사하는 바가 크다.

캐나다에서 외과의를 대상으로 인종 또는 문화적 차이가 있는 유방암 환자와의 횡문화적 소통(cross-cultural communication)에 대해 설문조사를 시행한 결과, 설문에 참여한 외과 전문의 중 45%는 여성으로, 여성 외과의는 인종 및 문화적 차이가 있는 환자와의 횡문화적 소통에서 더 높은 도전을 보고하여, 여성 의료진의 높은 민감성이 가져온 결과로 해석될 수 있다. 이는 의료진의 경력, 해당 환자와의 진료 횟수, 이전에 진료실에서 이민자를 만났던 비율 등을 통제한 후에도 동일한 결과가 나타났다. 이러한 결과는 마찬가지로 여성 의사의 높은 민감성이 횡문화적 소통에 있어 더 높은 도전을 가져온다는 해석이 가능하다. 그러나 동일 연구에서 남녀 모두 문화적 민감성에 대한 교육 수준은 5.7%에 그쳐 매우 저조한 수준이다. 암 환자의 인구가 다양화되고 다문화 사회로 변화하는 현 상황에서, 의료진의 젠더 이슈는 더욱 중요한 요소로 부각될 전망이다.

한편, 9개의 인구 기반 연구를 살펴보면(미국 4편; 독일, 스페인, 한국, 중국, 이란에서 각각 1편씩), 특히 미국과 유럽 연구에서 남성 환자들이 본인의 암 가족력을 보고할 가능성이 여성보다 일관되게 낮았다. 또한, 암 가족력에 대해 잘 알고 있는지와 암 가족력 관련 질문에 응답할 자신감, 가족과 암 가족력에 대해 상의할 가능성은 모두 남성이 여성보다 유의하게 낮았다. 이러한 결과는 특히 간호사 또한 의료현장에서 암 가족력에 대해 사정할 때 성별에 따른 차이와 젠더 이슈가 있음을 고려하고, 남성 환자의 과소보고(under-reporting) 경향을 인지하고 있어야 함을 시사한다.

2) 암 관련 임상시험 및 연구 참여의 성차

또 다른 관점으로 암과 관련된 임상시험 및 연구 참여에 대한 젠더 격차를 살펴볼 필요가 있다. 1993년, 미국 NIH는 의학 연구에서 젠더 격차를 없애겠다는 공식 입장을 천명하였다. 이에 따라 1995년 Meyerowitz와 Halt는 1983-1992년까지의 과거 연구들을 고찰한 결과를 발표하였고, 이를 Hoyt와 Rubin이 2007년도 한 해에 발표된 논문들과 비교한 연구 결과를 발표하였다. 이 연구에서 분석한 결과, 2007년 발표된 165편의 생의학적 중재 연구와 363편의 심리사회적 연구에서 여성 암 환자가 참여한 비율은 34.3%에 불과했다. 성별 특이적 암 연구의 경우 1992년 이전에 비해 여성 참여율이 46.1%로 감소하였으나 남성은 1983년과 1992년 각각 약 12%에 불과했던 참여율이 2007년에는 41.3%로 증가했다. 성별 비특이적 암 연구의 경우 여성 참여율이 36.8%로 여전히 낮은 수준으로 나타났다. 또한, 젠더 격차가 20% 이상 벌어진 결과를 보고한 연구들은 2007년 시점에서는 상당히 감소하였음을 알 수 있다.

한편, 심리사회적 연구에서는 남성과 여성 모두 참여율이 증가했지만, 남성의 참여율이 더 큰 상승을 보이며 고무적 형태를 띤다. 심리사회적 지표 또는 관계 지표를 측정하는 연구에 참여하는 남성의 비율은 1992년 약 25% 수준에서 2007년 약 47%로 증가하였으나 여성의 참여율은 감소하였다. 신체적 및 기능적 영역에 관한 연구에서는 남성의 경우 2007년 참여율이 소폭 감소하였으며, 여성의 경우 2007년 참여율이 증가하였다.

결론적으로, 성별 비특이적 암 연구에서 여성의 참여율을 확대해야 하며, 남성 암 환자를 대상으로 한 심리사회적 지표 및 관계 맥락 연구가 증가하였음에도 여전히 부족한 실정이다.

간호학적 적용

성별과 젠더는 암 위험요인, 암 생물학, 임상 증상, 치료 효과 및 독성을 포함하여 암생존자들에게 중요한 요소이므로 암예방과 치료적 접근법, 그리고 생존자 관리에서 성과 성별이 적용되어야 한다. 특히 사회적 낙인과 차별로 인해 더 취약한 위치에 있는 성적 소수자의 경험과 요구사항을 반영한 간호학적 중재가 필요하다.

성별에 따른 생물학적 및 정서심리적 차이를 이해하는 것은, 근거기반 치료 전략의 개발을 통해, 성별에 따른 치료의 효과성을 극대화하고 부작용을 최소화하는 데 중요하다. 내면의 힘 이론이나 자기침묵이론은 암환자와 돌봄제공자의 성차를 연구하는 데 적용할 수 있다. 간호사는 남성과 여성에서 나타나는 차이를 인식하고 성별에 따른 치료 효과와 부작용을 신중하게 관리할 수 있어야 한다.

암 연구와 간호중재 전략에 성소수자의 독특한 경험과 요구를 반영하도록 하고, 위암, 대장암, 폐암 등 성별 비특이적 암 연구에서 여성 참여자가 상대적으로 부족한 점을 고려하여 추후 연구에서 전략적 표집을 하여야 한다. 암 관련 정책 개발 시 성별 특이적 암에서 나타나는 차이를 고려하여 여성 암 환자를 위한 공유의사결정 지침을 보다 강화해야 하며, 전문성을 갖춘 간호사와 연구자들이 정책 입안 과정에 적극적으로 참여해야 한다.

젠더 혁신은 간호계에서 비교적 새로운 접근이지만, 암 환자와의 소통에서 감수성을 갖고 접근하는 것이 매우 중요하다. 성별 매칭과 젠더 감수성을 고려한 의사결정이 환자의 치료 참여율과 치료 결과에 긍정적인 영향을 미칠 수 있다는 연구 결과에 근거하여, 효과적인 소통 전략을 개발해야 한다.

이와 같은 통합적 접근은 암 환자 간호에서 성 건강형평성을 증진하고, 모든 환자가 동등한 수준의 간호를 할 수 있도록 기여할 것이다.

참고문헌

Acquati C, Miller-Sonet E, Zhang A, Ionescu E. Social wellbeing in cancer survivorship: a cross-sectional analysis of self-reported relationship closeness and ambivalence from a community sample. Curr Oncol. 2023;30(2):1720-1732. https://doi.org/10.3390/curroncol30020133.

Baroutsou V, Underhill-Blazey ML, Appenzeller-Herzog C, Katapodi MC. Interventions facilitating family communication of genetic testing results and cascade screening in hereditary breast/ovarian cancer or lynch syndrome: A systematic review and meta-analysis. Cancers (Basel). 2021;13(4):925. https://doi.org/10.3390/cancers13040925.

Choi S, Seo S, Lee JH, et al. Impact of patient sex on adverse events and unscheduled utilization of medical services in cancer patients undergoing adjuvant chemotherapy: A multi-center retrospective cohort study. Cancer Res Treat. 2024;56(2):404-413. https://doi.org/10.4143/crt.2023.784.

Conforti F, Pala L, Bagnardi V, et al. Cancer immunotherapy efficacy and patients' sex: A systematic review and meta-analysis. Lancet Oncol. 2018;19(6):737-746. https://doi.org/10.1016/S1470-2045(18)30261-4.

Czaderny K. Gender gap in cancer prevention and mortality. A multi-dimensional analysis. Aging Male. 2020;23(5):812-821. https://doi.org/10.1080/13685538.2019.1600495.

de Blok CJM, Wiepjes CM, Nota NM, et al. Breast cancer risk in transgender people receiving hormone treatment: Nationwide cohort study in the Netherlands. BMJ. 2019;365:l1652. https://doi.org/10.1136/bmj.l1652.

Dingley C, Roux G. The role of inner strength in quality of life and self-management in women survivors of cancer. Res Nurs Health. 2014;37(4):321-341. https://doi.org/10.1002/nur.21579.

Do TN, Ucisik-Akkaya E, Davis CF, Morrison BA, Dorak MT. An intronic polymorphism of IRF4 gene influences gene transcription in vitro and shows a risk association with childhood acute lymphoblastic leukemia in males. Biochim Biophys Acta. 2010;1802(4):292-300. https://doi.org/10.1016/j.bbadis.2009.10.015.

Dorak MT, Karpuzoglu E. Gender differences in cancer susceptibility: An inadequately addressed issue. Front Genet. 2012;3:268. https://doi.org/10.3389/fgene.2012.00268.

Drozd V, Saenko V, Branovan DI, Brown K, Yamashita S, Reiners C. A search for causes of rising incidence of differentiated thyroid cancer in children and adolescents after Chernobyl and Fukushima: Comparison of the clinical features and their relevance for treatment and prognosis. Int J Environ Res Public Health. 2021;26;18(7):3444. https://doi.org/doi: 10.3390/ijerph18073444.

Fish EN. The X-files in immunity: sex-based differences predispose immune responses. Nat Rev Immunol. 2008;8(9):737-744. https://doi.org/10.1038/nri2394.

Franks P, Clancy CM. Physician gender bias in clinical decision making: screening for cancer in primary care. Med Care. 1993;31(3):213-8. https://doi.org/10.1097/00005650-199303000-00003.

Glantz MJ, Chamberlain MC, Liu Q, et al. Gender disparity in the rate of partner abandonment in patients with serious medical illness. Cancer. 2009;115(22):5237-42. https://doi.org/10.1002/cncr.24577.

Gonzales G, Zinone R. Cancer diagnoses among lesbian, gay, and bisexual adults: results from the 2013-2016 National Health Interview Survey. Cancer Causes Control. 2018;29(9):845-854. https://doi.org/10.1007/s10552-018-1060-x.

Haupt S, Haupt Y. Cancer and tumor suppressor p53 encounters at the juncture of sex disparity. Front Genet. 2021;12:632719. https://doi.org/10.3389/fgene.2021.632719.

Hinz A, Herzberg PY, Lordick F, et al. Age and gender differences in anxiety and depression in cancer patients compared with the general population. Eur J Cancer Care (Engl). 2019;28(5):e13129. https://doi.org/10.1111/ecc.13129.

Hoyt MA, Rubin LR. Gender representation of cancer patients in medical treatment and psychosocial survivorship research: changes over three decades. Cancer. 2012;118(19):4824-32. https://doi.org/10.1002/cncr.27432.

Hsu WL, Preston DL, Soda M, et al. The incidence of leukemia, lymphoma and multiple myeloma among atomic bomb survivors: 1950-2001. Radiat Res. 2013;179(3):361-382. https://doi.org/10.1667/RR2892.1

Hu SY, Reel E, Nisenbaum R, Scheer AS. Challenges in cross-cultural communication in breast cancer surgery: Is there a gender gap? J Cancer Educ. 2022;37(4):1201-1208. https://doi.org/10.1007/s13187-020-01939-3.

Jack DC, Dill D. The Silencing the Self Scale: Schemas of intimacy associated with depression in women. Psychol Women Q. 1992;16(1):97-106. https://doi.org/10.1111/j.1471-6402.1992.tb00242.x.

Jack DC. Silencing the self: women and depression. Cambridge (MA): Harvard University Press; 1991.

Kaneko S, Li X. X chromosome protects against bladder cancer in females via a KDM6A-dependent epigenetic mechanism. Sci Adv. 2018;4(6):eaar5598. https://doi.org/10.1126/sciadv.aar5598.

Kang EY, Park SK, Kim KS, et al. Communication with family members about positive BRCA 1/2 generic test results in Korean hereditary breast cancer families. Journal of Genetic Medicine. 2011;8(2):105-112. https://doi.org/10.5734/JGM.2011.8.2.105.

Kano M, Jaffe SA, Rieder S, et al. Improving sexual and gender minority cancer care: patient and caregiver perspectives from a multi-methods pilot study. Front Oncol. 2022;12:833195. https://doi.org/10.3389/fonc.2022.833195.

Kim S, Lee SY, Choi-Kwon S. Cervical cancer screening and human papilloma virus vaccination among Korean sexual minority women by sex of their sexual partners. Int J Environ Res Public Health. 2020;17(23):8924. https://doi.org/10.3390/ijerph17238924.

Korean Hereditary Breast Cancer Study Group. Hereditary Breast Cancer Genetic Counseling Manual (version 2.0). 2021 Aug. Seoul: KoonJa Publishing.

Lipshultz SE, Lipsitz SR, Mone SM, et al. Female sex and higher drug dose as risk factors for late cardiotoxic effects of doxorubicin therapy for childhood cancer. N Engl J Med. 1995;332(26):1738-1743. https://doi.org/10.1056/NEJM199506293322602.

Maji S, Dixit S. Self-silencing and women's health: A review. Int J Soc Psychiatry. 2019;65(1):3-13. https://doi.org/10.1177/0020764018814271.

Matud MP, Díaz A, Bethencourt JM, Ibáñez I. Stress and psychological distress in emerging adulthood: A gender analysis. J Clin Med. 2020;9(9):2859. https://doi.org/10.3390/jcm9092859.

McMichael AJ, Potter JD. Reproduction, endogenous and exogenous sex hormones, and colon cancer: A review and hypothesis. J Natl Cancer Inst. 1980;65(6):1201-1207.

Mehta A, Markman B, Rodriguez-Cintron W. Don't jump down my throat: gender gap in HPV vaccinations risk long term cancer threats. Expert Rev Vaccines. 2022;21(8):1045-1053. https://doi.org/10.1080/14760584.2022.2075850.

Meyerowitz BE, Hart S. Women and cancer: have assumptions about women limited our research agenda? In: Stanton AL, Gallant SJ, editors. The psychology of women's health: progress and challenges in research and application. Washington (DC): American Psychological Association; 1995. p. 51-84. https://doi.org/10.1037/10178-002.

Miaskowski C. Gender differences in pain, fatigue, and depression in patients with cancer. Journal of the National Cancer Institute. Monographs. 2004;(32):139-143. https://doi.org/10.1093/jncimonographs/lgh024.

Milano G, Etienne MC, Cassuto-Viguier E, et al. Influence of sex and age on fluorouracil clearance. J Clin Oncol. 1992;10(7):1171-1175. https://doi.org/10.1200/JCO.1992.10.7.1171.

Nik-Ahd F, De Hoedt A, Butler C, et al. Prostate cancer in transgender women in the veterans affairs health system, 2000-2022. JAMA. 2023;329(21):1877-1879. https://doi.org/10.1001/jama.2023.6028.

Praça MSL, Sousa FTR, Cândido EB, Lamaita RM, Wender MCO, Silva Filho AL. Beyond the diagnosis: gender disparities in the social and emotional impact of cancer. Rev Assoc Med Bras (1992). 2024;70(suppl 1):e2024S115. https://doi.org/10.1590/1806-9282.2024S115.

Rivera-Izquierdo M, Maes-Carballo M, Jiménez-Moleón JJ, et al. Gender bias in shared decision-making among cancer care guidelines: A systematic review. Health Expect. 2023;26(3):1019-1038. https://doi.org/10.1111/hex.13753.

Rubin JB. The spectrum of sex differences in cancer. Trends Cancer. 2022;8(4):303-315. https://doi.org/10.1016/j.trecan.2022.01.013.

Siegel RL, Miller KD, Jemal A. Cancer statistics, 2016. CA Cancer J Clin. 2016;66(1):7-30. https://doi.org/10.3322/caac.21332.

Sieverding M, Arbogast AL, Zintel S, von Wagner C. Gender differences in self-reported family history of cancer: A review and secondary data analysis. Cancer Med. 2020;9(20):7772-7780. https://doi.org/10.1002/cam4.3405.

Smith CS. In: Inner strength in men: a descriptive phenomenology [dissertation]. Grand Forks, North Dakota: The University of North Dakota; 2017. pp. 106.

Unger JM, Vaidya R, Albain KS, et al. Sex differences in risk of severe adverse events in patients receiving immunotherapy, targeted therapy, or chemotherapy in cancer clinical trials. J Clin Oncol. 2022;40(13):1474-1486. https://doi.org/10.1200/jco.21.02377.

Vanderslott S, Dattani S, Spooner F, Roser M. Vaccination [Internet]. Our world in data; 2022 [cited 2024 Dec 23]. Available from: https://ourworldindata.org/vaccination.

Yu H, Ryu E. Colorectal cancer survivors' inner strength, multiple identities, and quality of life by gender and ostomy presence: A cross-sectional study. Korean Journal of Adult Nursing. 2024;36(2):171-180. https://doi.org/10.7475/kjan.2024.36.2.171.

CHAPTER 2

심혈관계질환 관리와 성차

박혜자 차의과학대학교 간호대학 성인간호학

요약문

- 심장의 구조와 전기생리적 특성, 심혈관질환의 위험 요인, 임상 증상, 진단, 치료, 건강 결과에서 성별에 따른 차이가 존재하며, 사회심리문화적인 측면에서도 여성의 심혈관질환 건강관리의 불평등이 존재한다.
- 성호르몬은 심혈관질환 발생의 여성-특이 위험 인자로, 여성은 생애주기 동안 성호르몬의 변화를 겪으며 중장년기 이후에 심혈관질환 발생이 증가한다.
- 여성은 남성보다 심혈관질환의 진단이 늦고 치료를 제대로 받지 못해 건강불평등이 존재하며 남녀 차이를 반영한 심혈관질환 지침이 부족하다.
- 심혈관질환에서 성별 차이에 대한 개념을 이해하고 위험 요인 예방, 임상 증상, 진단, 치료, 건강 결과에 중요한 역할을 하는 생물학적 성별과 사회문화적인 측면에서 젠더를 고려한 연구가 필요하다.
- 생애주기에 따라 성별과 젠더가 심혈관 건강에 미치는 영향의 중요성을 교육하고 인식을 증진하는 간호 전략이 필요하다.

서론

심부전은 역학, 위험인자, 병태생리, 치료 반응, 예후의 모든 측면에서 성별의 차이를 보이는 심장질환으로 여성을 위한 최적의 관리 기준이 부족하다. 허혈성 심질환인 심근경색은 40-60대에서 많이 발생하며 여성은 비정형적인 증상을 보이고 진단과 치료 지연과 같은 건강관리의 불평등이 존재하며 심혈관질환 발생에 사회심리적 요인의 영향에 더 취약하다.

남성과 여성의 심장전기전도의 차이는 부정맥의 유병률, 증상, 결과에 영향을 미치며 유전적, 호르몬, 환경적 요인 간의 복잡한 상호작용이 관여한다. 여성은 남성보다 좌심실벽이 덜 두껍고 좌심방이 작아 심방세동 발병률이 낮지만 키와 신체 크기를 통제하면 남성보다 심방세동 발생위험이 더 크며, 심방세동 관련 뇌졸중 발생위험도 더 높아 신경학적 결손이 클수록 신체적 건강 결과가 심각한 경향을 보인다.

고혈압은 남녀 모두 나이가 많을수록 높아지고 초고령층 여성의 고혈압 유병률은 점차 더 늘어날 전망이다. 여성의 고혈압 치료율은 남성보다 높음에도 불구하고 혈압 조절률이 낮으며 폐경 후에 여성의 고혈압 유병률이 남성보다 높아져 여성의 혈압을 보호하는 호르몬 요인이 고혈압 발생의 성별 차이에 중요한 역할을 한다는 것을 시사한다.

우리나라 사망원인 2위에 해당하는 심혈관질환의 발생 연령은 대부분 50대 이상이며 여성의 심혈관질환 유병률과 사회적인 부담이 지속적으로 증가하고 있으므로 심부전, 심근경색, 심방세동, 고혈압의 성차에 따른 역학, 병태생리, 위험 요인을 기반으로 성인기 건강에 대한 성 불평등을 고려한 건강증진 간호의 방향을 살펴보고자 한다.

1. 심혈관질환 역학에서의 성차

우리나라의 심부전 유병률은 여성(2.31%)이 남성(2.16%)보다 다소 높다. 남성은 관상동맥질환과 관련되어 박출률감소 심부전의 발생 빈도가 높고, 여성은 박출률보존 심부전이 더 많다. 고혈압과 당뇨병 같은 질환에 이환될 경우 심부전 발생위험이 높다. 심부전 남성은 여성보다 동반질환이 더 많았고 제한된 운동 능력을 보였으며 심실의 이완기능장애와 낮은 우심실 박출률은 폐혈관 질환으로 이어져 남성의 심부전은 심정지 사망의 독립 요인으로 작용할 수 있다.

심근경색 발생률은 최근 10년 동안 여자는 22.2건에서 18.9건으로 감소하였고 남자는 48.5건에서 57.1건으로 증가하여 여성의 발병률은 남성보다 낮다. 여성은 급성심근경색에 대한 인식이 부족하여 진단, 치료적 중재술, 약물치료 지연이 있다. 심방세동 유병률은 최근 10년 동안 성별과 관계없이 남녀 모두 2배 증가하였다. 심방세동 여성은 뇌졸중의 발생 위험이 높으나, 항부정맥제와 항응고제를 투여받는 비율이 낮은 실태이다.

우리나라 고혈압 유병률도 최근 10년 동안 큰 변화는 없었으나 50대 남자에서 전년도 대비 5.8%가 증가하였다. 그러나 70세 이상에서는 여성이 71.9%로 전 연령군에서 가장 높았다(그림 1). 인구의 고령화와 평균수명의 연장으로 초고령층 여성의 고혈압 유병률은 점차 더 늘어날 전망이다.

사회경제적 요인은 여성의 고혈압 발병률에 영향을 미치므로 사회경제적 요인을 고려하여 고혈압을 관리하는 지원이 필요하다.

그림 1 심혈관질환의 유병률 변화

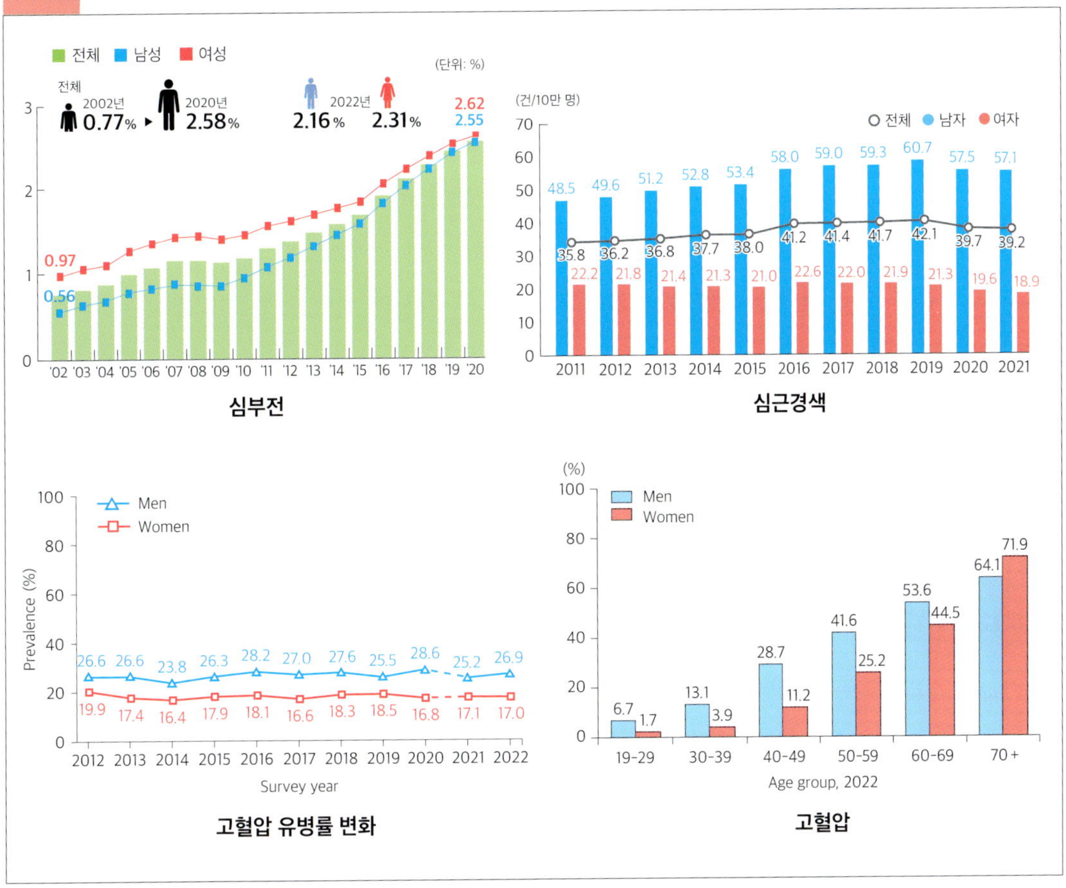

출처: 심부전: The Korean Society of Heart Failure (KAHF). 2022 Korean Heart Failure Fact Sheet.
심근경색: Health Insurance Review and Assessment Service. National halth insurance statistics on the cardiovascular disease. 2024.
고혈압: Korea Disease Control and Prevetion Agency. Prevalence of hypertension (2012-2022). Public Health Weekly Report 2024;17(17):714-715.

2. 심혈관질환 병태생리에서의 성차

1) 심부전 병태생리의 성차

여성은 박출률보존 심부전(좌심실 박출률≥50%)이 흔히 발생되며 좌심실 이완기능의 이상과 좌심실 충만압 증가를 보이는 반면, 남성은 박출률감소 심부전(박출률≤40%)이 주로 발생된다. 심장 구조와 기능, 성호르몬의 영향, 동맥의 크기, 면역 및 염증반응, 심장 리모델링의 차이로 남녀의 심부전 유형이 다른 것으로 보고되고 있다.

심부전 환자 중 여성은 남성보다 더 많은 증상을 보이고 호흡곤란과 말초부종, 경정맥 울혈 징후의 유병률이 높으며, 남성보다 여성에게 불안과 우울이 더 자주 발생하고 삶의 질이 낮다. 여성은 증상 발현에 대한 인식이 부족하고 질병을 유발하는 세포 메커니즘에 대한 이해가 부족하며 표준치료지침에 따라 치료하지 않아 건강을 위협하므로 성차에 의한 심부전의 증상과 징후를 평가하는 것은 중요하다.

(1) 여성의 박출률보존 심부전 발생의 병태생리

여성의 좌심실 용적은 남성보다 작고 수축기와 이완기 좌심실의 경직도가 높으며 나이가 들수록 경직도가 더 높아진다. 여성은 작은 대동맥 뿌리와 작고 뻣뻣한 대동맥궁을 가지고 있기 때문에 박동성 후부하가 증가되어 좌심실비대가 발생하지만 심실이 더 늘어나지 못하는 이완기능장애를 보인다. 좌심실 내경이 작으면 심박출량 유지하기 위해 심박수가 증가되기 때문에 여성에서 박출률보존 심부전이 더 많이 발생한다. 미세혈관 혈관내피기능장애는 심부전 여성에게 많이 발생하며 심근세포의 산화질소(nitrous oxide) 생체이용률 감소와 심근섬유화를 유발하여 심장 과부담 상태에서 남성보다 수축력 저하에 잘 견디는 방향으로 심장 형태가 변화되고 압력 과부하에 대한 여성의 심장 적응력이 남성보다 높아 박출률보존 심부전이 더 많이 발생한다(그림 2).

(2) 남성의 박출률감소 심부전 발생의 병태생리

남성은 여성보다 심근의 세포자멸(apoptosis)과 심근세포손실이 많이 발생하고 심근세포의 β1-아드레날린수용체 밀도가 높아 만성 β-아드레날린 수용체 자극으로 심근에 콜라겐 침착과 좌심실 질량이 증가된다. 좌심실 벽의 상대적 두께는 구심성 리모델링(eccentric remodeling) 심실비대를 초래하여 좌심실의 크기와 용적이 크지만 경직도가 낮고 좌심실 확장으로 박출률감소 심부전이 더 많이 발생한다(그림 2).

그림 2 심부전 병태생리에서의 성차

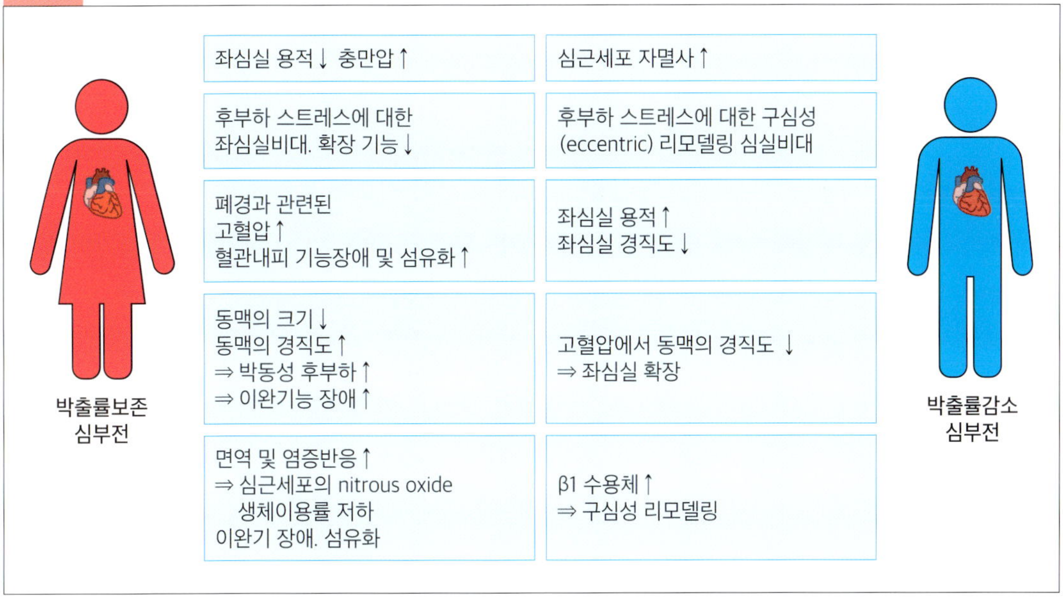

출처: Delco A, et al. Impact of sex and gender on heart failure. Cardiovasc Med, 2023;26(3):88-94.

2) 심근경색 병태생리의 성차

- 죽상판 파열 및 미란: 죽상판 파열은 관상동맥 폐색의 주된 요인이며 여성의 죽상판 파열이 남성보다 낮았다. 젊은 심근경색 여성에서는 죽상판 미란이 발생하고 폐경전 여성은 죽상판 파열이 보고되지 않은 것은 에스트로겐의 보호작용으로 여겨진다.
- 관상동맥연축: 관상동맥연축은 일과성 ST분절 상승과 흉통을 유발하며 고령의 여성 환자에서 보고되었고 흡연하는 젊은 여성의 예후는 불량하다.
- 자발적 관상동맥박리: 심근경색에서 매우 드물게 나타나지만 주로 여성에게 발생한다.
- 증상: 심근경색 여성은 남성과 달리 흉통보다는 비정형적인 비흉통 급성심근경색 증상인 호흡곤란, 무기력, 소화불량 등을 보이므로 질병에 대한 인식이 낮아 진단 지연으로 이어질 수 있다. ST분절상승 급성심근경색 여성은 남성보다 흉통이 나타나지 않을 가능성이 1.51배 높았고 여성은 이러한 증상을 스트레스/불안으로 인식하였다. 심장근육통을 심장관련 증상이라고 생각하지 않는 것은 여성 53%, 남성 37%로 성별에 따른 증상 인식의 차이를 보였다.

3) 심방세동 병태생리의 성차

심방의 섬유화나 확장과 같은 구조적 변화는 심방세동의 시작과 관련되며 심방세동이 전기적 구조적 리모델링을 유발하여 심방세동을 지속시킨다. 좌심방이 크고 좌심실벽이 두꺼울수록 심방세동의 위험이 증가하며 여성은 남성보다 좌심실벽이 덜 두껍고 좌심방이 더 작은 구조적 차이로 인해 여성의 심방세동 발병률은 남성보다 낮다.

- 여성은 남성에 비해 심실 활동전위지속 시간이 더 길어 심전도에서 QT 간격이 남성보다 여성에서 10-20 ms 더 길게 나타난다.
- 남성과 여성의 성호르몬은 심근의 칼슘 및 칼륨 채널의 밀도와 분포에 영향을 미친다.
- 폐경전 여성은 폐경후 여성 및 연령이 일치하는 남성에 비해 빠른 심방박동 동안 심방의 유효성 불응기(effective refractory period, ERP) 단축이 적으며 이는 심방세동에 대한 에스트로겐의 보호 효과로 여겨진다.
- 여성은 자율신경계 또는 고유 동방결절 특성의 차이로 남성보다 안정 심박수가 더 빠른 경향이 있다.
- 여성은 긴 QT 증후군이나 약물에 의한 부정맥에 취약하고 남성은 특히 젊은 연령대에서 심방세동 발생률이 높다.
- 남성보다 여성에게 부교감신경의 영향이 더 크고 교감신경의 영향은 더 낮다.

4) 고혈압 병태생리의 성차

에스트로겐은 여성의 혈압을 보호하는 역할을 한다. 산화질소 생성을 증가시키고 혈관내피의존성 이완을 강화하여 혈관확장을 촉진하며 에스트로겐은 레닌-안지오텐신-알도스테론 시스템(RAAS)을 조절하여 안지오텐신-(1-7) 및 ACE2 활성을 증가시켜 폐경전 여성에서 혈관 확장 효과를 높인다. 폐경전 여성은 RAAS를 억제하는 ACE2/Ang1-7/Mas 수용체가 활성화되지만 남성은 촉진 경로(ACE/Ang II/AT1R)의 활동이 강화되어 폐경전 여성보다 혈압이 더 높다. 폐경후 여성에서 고혈압 유병률이 급격히 증가하는 이유는 에스트로겐의 고혈압 보호 효과 상실이고 여성의 안드로겐 수치 증가는 고혈압 위험 증가와 관련된다.

- 여성과 남성은 혈관 반응성과 구조에서 차이를 보이는데 혈관내피세포에서 생성되어 혈관수축작용을 담당하는 엔도텔린-1(endothelin-1, ET-1)의 차이로 폐경전 여성은 같은 연령대의 남성에 비해 혈관내피 기능이 더 우수하고 동맥 경직도가 낮다. 반면, 폐경후 여성의 동맥경직도는 빠르게 증가하여 고혈압을 유발한다.
- 교감신경계 활동에서 성별 차이를 보이며 에스트로겐은 혈관활성호르몬으로 작용하여 혈관평활근 세포에 직접 작용하여 노르아드레날린에 의한 혈관 수축을 방지한다. 젊은 남성은 폐경전 여성에 비해 교감신경 활동이 더 높은 경향을 보여 남성의 혈압 상승에 기여한다.
- RAAS, 혈관내피기능 및 아드레날린 수용체와 관련된 유전자의 특정 변이는 특히 여성의 고혈압 위험과 관련된다.

3. 심혈관질환 위험요인과 성차

1) 심부전 위험요인과 성차

관상동맥질환과 심근경색은 남성과 여성에서 심부전의 주요 위험인자이다. 남성은 큰 혈관의 협착과 관상동맥질환으로 인해 박출률감소 심부전이 더 자주 발생한다. 반면, 여성은 미세혈관 기능장애로 협심증이 더 잘 발생한다. 남성은 강한 분노로 인한 심부전 위험이 1.30배(1.10-1.54) 높으며, 당뇨병을 동반할 경우 위험은 1.39배 증가한다. 당뇨병 여성의 심부전 위험은 5.1배로 당뇨병이 없는 남성보다 2.4배 더 높다. 신체비만지수가 높은 여성은 남성에 비해 심부전 발생 빈도가 더 높으며, 고혈압은 남녀 모두에게 중요한 위험인자이지만 여성의 위험도가 약 50% 더 높다.

18세 이상의 박출률감소 심부전 환자를 대상으로 한 조사에 따르면, 남성은 동반질환 부담이 더 높고 여성은 증상 빈도, 증상 부담, 신체적 및 사회적 역할제한이 포함된 건강관련 삶의 질이 더 낮다. EuroQOL 5-D 조사 결과, 여성은 기동성, 자기-돌봄, 일상활동이 남성보다 낮고, 통증 및 우울과 불안의 증상 부담이 높다.

45세 이전에 조기 폐경을 경험한 여성과 40세 이전에 난소 제거로 폐경이 온 여성은 심부전 위험이 매우 높다. 폐경후 여성은 무증상 혈관 질환 및 관상동맥 칼슘 증가와 같은 변화를 보이며, 신진대사 감소, 신체활동 감소로 인해 이상지질혈증, 비만, 인슐린 저항성, 제2형 당뇨병 발생위험이 증가한다. 따라서 폐경후 여성의 심부전과 심혈관 질환 예방을 위해 복합적인 위험요인을 적절히 평가하고 관리하는 것이 중요하다.

2) 심근경색 위험요인과 성차

심근경색 진단을 받은 중년 남성과 여성 모두 흉통을 경험하였으나, 비정형 전구 증상에서 성별 차이가 심근경색의 위험요인으로 나타났다. 남녀 공통의 위험인자로는 고혈압, 당뇨병, 흡연, 비만, 운동부족, 과음이 있으며, 특히 여성은 고혈압에 의한 심근경색 발생 위험이 높고 고혈압 약제의 부작용도 더 많다.

여성에서 고지질혈증, 심각한 삶의 사건, 경제 상황, 우울증, 스트레스, 수면 부족 등이 심근경색의 잠재적 위험 요인으로 작용한다. 또한, 조기 폐경, 임신성 당뇨병, 임신성 고혈압, 조산, 임신 횟수, 다낭성 난소 증후군, 만성 염증, 자가면역질환도 여성 심근경색 발생의 위험요인이다. 여성의 낮은 경제 수준과 교육 수준, 우울증 및 불안 등 심리적인 요인과 환경적 요인, 사회적인 통념, 육아, 남성의 지배, 홧병으로 인한 성별 차이와 불평등도 여성의 심근경색 위험요인으로 고려된다.

여성의 생식 노화와 전반적인 건강의 지표인 폐경 연령 및 에스트로겐의 조기 소실이 위험 요인으로 관련되므로 병력을 정확히 확인하고 신중한 선별 검사와 함께 적극적인 생활 습관 중재를 조기에 시행할 필요가 있다.

3) 심방세동 위험요인과 성차

심방세동의 위험요인은 남성과 여성 간에 차이를 보인다. 남성의 경우 관상동맥질환, 높은 신체비만지수, 미주신경성 심방세동, 대사질환에 의한 심장바깥막의 지질 침착, 테스토스테론 저하 등이 주요 요인으로 작용하여 죽상동맥경화를 유발하고 심방세포의 활동전위 기간을 단축시켜 심방세동을 유발할 수 있다. 또한, 심방 섬유화와 관련된 리모델링도 심방세동 발생에 기여한다.

여성에서는 고혈압, 박출률 보존 심부전, 좌심실비대, 판막질환과 같은 심혈관 위험요인이 심방세동 발생과 관련되며, 에스트로겐은 심혈관질환 위험을 감소시키고 항부정맥 효과로 활동전위 기간을 유지한다. 폐경전 여성은 에스트로겐의 보호 효과로 인해 심방세동 발생 위험이 감소한다.

고혈압, 비만, 과도한 운동, 수면무호흡증, 고지질혈증, 음주와 같은 조절 가능한 위험요인의 교정은 심방세동 발생과 예후를 개선하는 데 도움이 된다.

4) 고혈압 위험요인과 성차

고혈압의 위험 요인에는 비만, 알코올 섭취, 흡연, 나트륨 섭취, 생활 습관, 교육 수준 등이 있다. 특히 남성과 여성 간에는 여러 위험 요인에서 성차가 나타난다. 여성은 남성에 비해 비만과 더 강한 연관성을 보이며, 사회경제적 요인, 특히 교육 수준이 젊은 여성의 고혈압 위험에 큰 영향을 미친다. 젊은 여성은 젊은 남성에 비해 심혈관질환의 상대적 위험이 높고, 낮은 혈압 역치에서도 심혈관계 부작용이 더 자주 발생한다. 하루 4시간 이상 앉아 있는 생활은 여성의 고혈압 위험을 증가시키지만, 남성에서는 이러한 연관성이 관찰되지 않았다. 또한, 수면 시간이 6시간 미만인 경우 여성에서 혈압 상승 위험이 증가한다.

여성은 남성과 비교하여 고혈압에 대한 인식이 높고, 고혈압 여성의 61.4%가 약물치료를 받고 있는 반면, 남성은 56.8%에 그친다. 하지만 여성의 약물치료로 혈압 조절의 가능성은 44.8%에 불과하며 남성은 51%로, 여성의 혈압 조절률이 낮다는 점을 보여준다.

일반적으로 남성은 여성보다 60세까지 혈압이 높은 경향을 보이지만, 여성은 30대에 유병률이 급격히 증가하며 폐경 후에는 남성보다 고혈압 유병률이 높아진다. 이는 폐경 후 호르몬 변화가 여성에서 고혈압 발생에 중요한 역할을 하며, 이러한 성별 차이가 고혈압 관리 전략에 반영되어야 한다는 것을 시사한다.

4. 심혈관계질환의 신체심리사회적 건강문제의 성차

심혈관질환 성인에서 건강에 해로운 생활습관(흡연, 잘못된 식습관, 신체적 비활동성)과 관련되는 요인은 낮은 교육과 소득수준이었고 여성은 우울증과 신체활동 부족이었다. 영국의 대규모 전향적 코호트 연구에서 우울 증상의 빈도가 높을수록 심혈관질환 위험이 증가하며, 남성은 1.81배, 여성은 2.25배로 여성이 더 높았다. 우울 증상은 흡연, 비만, 복부 비만, 신체 활동, 수면과 관련되므로 우울 증상이 있는 중년 성인이 건강한 생활양식을 실천하여 심혈관질환 위험을 예방하는 것이 필요하다. 우울증은 심혈관질환 발생의 잠재 요인으로 낮은 교육 수준, 여성, 사별/이혼/별거, 실직과 관련되므로 심혈관질환을 앓고 있는 여성의 우울증에 대한 간호 중재가 필요하다.

1) 심부전

심부전 지식과 자가-관리 측면에서 나트륨제한 식이 이행의 인지된 장애는 남성과 여성에서 유사하였으나 여성은 건강체중 유지 및 간편식 피하기 등 심부전 자가관리 전략에 대해 더 잘 알고 있었고 나트륨제한 식단을 따르는 건강 행위를 더 잘 이해하였으나 의료진으로부터 나트륨 제한 권고를 받은 비율은 남성(71%)보다 여성(93%)이 높았다.

남성은 박출률감소 심부전으로 운동 능력이 낮고 여성, 고령, 비만인 박출률보존 심부전 환자는 신체활동과 기능적 운동능력이 낮았으며 호흡곤란, 부종, 빈혈, 당뇨병이 동반된 박출률보존 심부전 환자의 신체활동을 감소시켰다. 베타차단제는 박출률보존 심부전 환자의 심박수 변동부전(chronotropic incompetence)을 악화시켜 운동능력을 저하시켰다.

심부전 환자에서 여성의 허약(frailty) 위험이 남성보다 26%(1.14–1.38배) 높았다. 연령과 기능상태와 무관하게 여성의 신체적 허약의 상대적 발생위험은 1.27배였고 다면적 측정에 의한 허약의 상대적 발생위험은 1.24배로 심부전은 여성 허약의 위험요인이었다.

2) 심근경색

여성의 흡연은 급성심근경색의 위험을 높이는 영향 요인이므로 흡연 감소를 위한 중재가 필요하다. 급성심근경색으로 입원한 여성 환자는 남성보다 피로 정도가 유의미하게 높았고 남성의 피로도는 퇴원 후 30일 후 변화를 보이지 않았으나 여성은 퇴원 후 30일 후 감소했으며 성별(여성)과 우울감은 급성심근경색 환자 피로에 영향을 주었다.

급성관상동맥질환증후군 여성은 남성보다 신체적 삶의 질이 낮았고 좋은 수면상태, 규칙적인 운동, 고혈압이 없는 환자의 신체적 삶의 질이 높았으며 사회적 지지가 신체적 건강을 증진하였다. 스트레스 관리는 정신적 삶의 질을 높이고 건강정보이해능력과 자기효능감을 높인다. 사회적 지지도 정신적 삶의 질을 증가시키는 주요 변수이다.

3) 심방세동

심방세동의 평생 발병 위험은 남성이 여성보다 높다. 그러나 여성의 기대 수명의 연장으로 인해, 특히 고령 여성 사이에서 심방세동의 유병률이 증가하고 있다. 일반적으로 여성은 남성에 비해 약 10년 늦게 심방세동이 발생한다. 남성의 경우, 비만은 심방세동 발병 위험을 증가시키며, 중등도의 알코올 섭취 또한 남성의 심방세동 위험요인으로 작용한다. 과도한 음주는 남성과 여성 모두에서 심방세동 위험을 높인다.

여성은 남성에 비해 심방세동 증상을 더 심하게 또한 자주 경험하며, 두근거림, 현기증, 호흡곤란, 피로, 흉통, 두려움과 불안을 더 많이 경험하며 삶의 질이 더 나쁘다. 심방세동으로 진단받는 시점에서 여성은 증상이 있는 심방세동이나 발작성 심방세동을 보일 가능성이 더 높다. 건강 결과 측면에서 여성은 심방세동 관련 뇌졸중 위험이 더 높으며, 신경학적 결손이 클 경우 신체적 건강 결과가 더 심각하다. 뇌졸중 위험이 더 높음에도 불구하고 항응고 치료를 받는 경우가 적다. 심방세동 치료를 위한 전기소작술(catheter ablation)을 받는 여성은 시술 전후 심장 MRI 검사에서 지연 조영증강 영상(섬유증 표지자)을 나타낼 수 있다. 이는 여성의 심방 리모델링과 섬유증 정도를 평가하는 데 도움을 줄 수 있다.

4) 고혈압

남성은 일반적으로 여성에 비해 신체 활동 수준이 높으나, 낮은 신체 활동은 남성의 혈압 상승 위험 증가와 관련되므로 규칙적인 유산소 운동은 젊은 성인 남성의 고혈압 관리에 특히 중요하다. 알코올 섭취 패턴은 성별에 따라 다르며, 일반적으로 남성이 여성보다 더 많은 알코올을 섭취하며, 여성의 경우 알코올 섭취를 줄이는 것이 고혈압 조절에 중요하고 고위험 음주 빈도는 여성의 고혈압 조절 감소와 유의미하게 관련되었다. 흡연은 남녀 모두에게 고혈압의 위험요인으로 여성의 흡연 유병률은 일반적으로 남성보다 낮지만 그 격차가 좁혀지고 있다. 남성과 여성 모두에서 나트륨 섭취량이 많으면 고혈압이 잘 조절되지 않는 것으로 나타났다. 하루 4시간 이상 앉아 있는 것은 여성의 고혈압 위험 증가와 관련되지만 남성의 경우 이러한 연관성이 관찰되지 않았다. 수면 시간이 6시간 미만이면 여성의 경우 혈압 상승 위험이 증가하지만 남성의 경우 그렇지 않은 것으로 나타났다.

여성은 일반적으로 남성에 비해 의료 서비스 이용률과 고혈압에 대한 인식이 높으며 특히 젊은 성인의 경우 정기적인 의료기관 방문이 고혈압 인식을 개선하는 데 중요한 것으로 나타났다. 복부 비만은 특히 남성의 고혈압 치료 및 조절과 관련되었고 체질량 지수는 여성의 고혈압 조절과 관련되었다. 25–34세 연령대에서 최고 교육과 최저 교육의 상대적 불평등 지수는 여성에서 0.43, 남성에서 0.70으로 나타났고 여성의 경우 고학력이 고혈압으로부터의 보호 효과가 큰 것으로 나타났다.

성차를 고려한 심혈관계질환 관리

1. 심혈관질환의 일반적 관리

심혈관질환의 건강관리에서 건강 결과에 영향을 주는 요인인 성차 또는 성 불평등(gender inequality)이 존재하며 생애 단계에 따라 심혈관 건강에 성별과 젠더의 영향에 대한 중요성 교육과 인식 증진이 필요하다. 우리나라 레드서클(건강한 혈관)을 기반한 일반적 심혈관 질환의 관리는 금연, 음주, 저나트륨 식이, 오메가–3 지방산 섭취, 유산소 운동, 건강 체중과 적정 허리둘레 유지, 정기적인 혈압, 혈당, 콜레스테롤 측정과 관리, 약물 관리를 포함하며 성차를 고려한 목표 지향적인 교육과 관리가 필요하다.

특히 당뇨병, 우울증을 동반한 여성, 사회적인 여성 차별, 여성의 낮은 교육 및 경제적 수준, 육아 및 가사 업무로 인한 자기 건강관리 소홀은 심혈관 질환의 진단과 치료 지연으로 이어진다. 국제기구의 권고에 따라 성별 격차를 줄이기 위한 정책을 수립하고 성별 특화된 심혈관 치료와 간호를 위해 성인지 관점을 통합하는 것이 필요하다.

2. 심혈관계질환별 치료 시 성차 고려

성별에 따라 심장 생리의 고유한 차이가 존재하기 때문에 심혈관 약물에 대한 여성과 남성의 반응이 다르며 약물 역동과 약물 민감도에서 차이를 보인다. 여성은 약물 흡수에서 위산분비가 적고, 위장관 이행시간이 길며, 체중과 혈액량이 적으며, 조직의 크기와 근육량이 적고 지방조직의 비율이 높아 약물 분포에 영향을 미친다. 여성은 약물 대사를 돕는 cytochrome P450 2D6(CYP2D6)와 cytochrome P450 3A4(CYP3A4) 효소의 작용이 높은 반면, 사구체 여과율이 낮아 배설률이 낮다.

1) 심부전

- 베타차단제: 여성은 베타차단제 권장 용량의 50%만 복용해도 위험이 약 30% 낮아지고 운

동하고 있는 여성의 혈압 저하와 심박동 저하를 향상시킨다. 반면, 남성은 100%를 복용해야 최적의 효과를 얻을 수 있었으나 CYP2D6 의존성 베타 차단제에 대한 이상 반응은 여성에서 더 자주 발생한다.

- 안지오텐신전환효소억제제 및 안지오텐신수용체 차단제: 여성에게 저용량의 안지오텐신전환효소억제제(angiotesin-converting enzyme inhibitors, ACEi) 및 안지오텐신수용체 차단제(angiotensin receptor blockers, ARBs)를 사용하면 심부전 여성의 생존율이 향상되지만 기침발생 빈도가 높았다. 안지오텐신수용체 차단제는 심장과 혈관에 대한 안지오텐신 II의 작용을 차단하고 마른기침의 빈도가 적어 안지오텐신전환효소억제제로 기침 부작용이 나타나는 경우 대체 약물이다. 안지오텐신전환효소억제제 발사르탄 단독요법(valsartan)과 네프릴리신 억제제(neprilysin inhibitor)와 ARB 사쿠비트릴-발사르탄(sacubitril-valsartan) 복합요법의 효과를 비교한 결과 남성에게 유의미한 효과가 나타나지 않았던 반면, 여성에서 유의미한 증상 감소 효과를 보였다.
- SGLT-2억제제(sodium-glucose cotransporter 2 inhibitor, SGLT-2 inhibitor): 신장의 근위세뇨관에 존재하는 나트륨-포도당 공동수송체2(SGLT2)를 억제해 포도당과 나트륨의 요배출을 증가시키는 경구용 혈당강하제이다. SGLT2 억제제를 복용한 여성은 요로감염과 생식기 효모균(yeast) 감염의 발생률이 더 높고 남성은 급성 신부전 발생률이 더 높았다.

2) 심근경색

- 심근경색의 치료관련 성차는 그림 3과 같이 요약된다.
- 여성은 남성보다 심혈관 보호 효과가 있는 약물과 퇴원 시 베타차단제 및 스타틴 처방률이 낮으며 전반적으로 차선책의 치료가 이루어지고 있다. 우리나라 심근경색 환자의 퇴원 시 약물치료를 받은 비율은 스타틴은 남성 87.2%, 여성 79.8%, 베타차단제는 남성 69.6%, 여성 62.6%로 격차를 보였다.
- 여성은 침습적인 진단 및 치료적 시술을 받을 가능성이 낮다. 경피적관상동맥중재술 및 관상동맥우회술 시행률이 여성에서 더 낮아 치료적 격차를 보였다. 우리나라 남성의 약 63.2%에서 관상동맥조영술을 시행했지만 여성의 약 39.8%에서만 관상동맥조영술이 시행되었고 이에 대한 남녀간 격차가 커지고 있다. 스텐트시술을 포함한 관상동맥중재시술도 남성에서 85.8%, 여성에서 77.5%로 남녀간 격차를 보였다(그림 4).
- 여성은 남성보다 심근경색 후 건강 결과는 나쁘고 남성보다 7일 사망률이 높았으며 ST분절 상승기 이후 사망 및 심장사 또는 재발률이 2배 높다. 또한 여성에서 약물 부작용 및 시술이나 수술 후 출혈 등 합병증 발생률이 더 높다.

그림 3 심근경색 치료에서의 성차

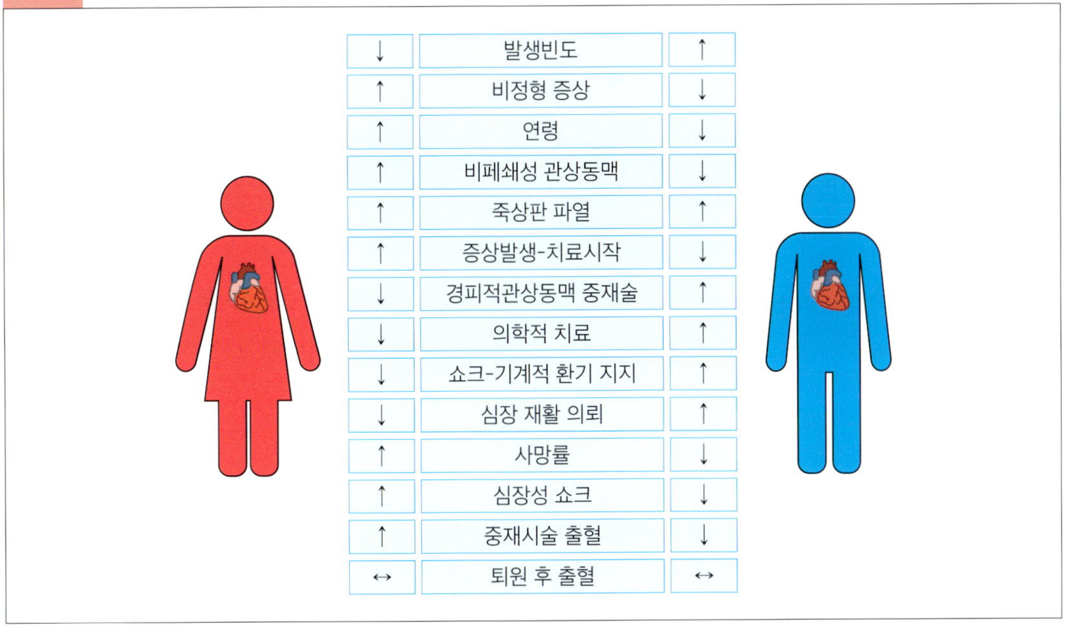

출처: Shah T, et al. ST-Segment elevation myocardial infarction: Sex dfferences in incidence, etiology, treatment, and outcomes, Curr Cardiol Rep. 2022;24(5):529-540.

그림 4 급성 심근경색 진단 및 치료 경과의 성차

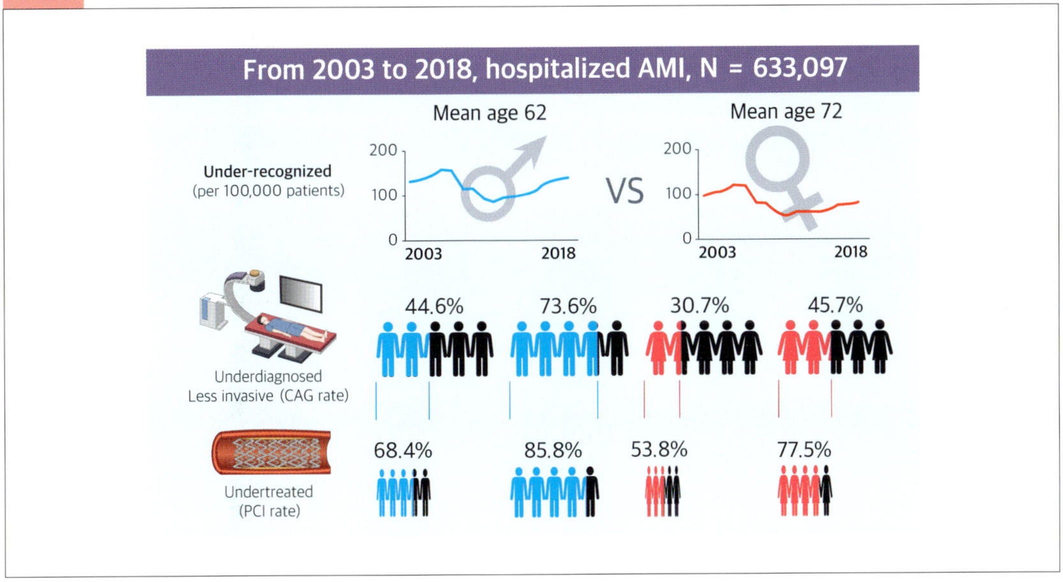

출처: Kim SR, et al. Gender disparities in prevalence by diagnostic criteria, treatment and mortality of newly diagnosed acute myocardial infarction in Korean adults. Sci Rep. 2023;13(1):4120.

3) 심방세동

- 심방세동 여성은 뇌졸중 발생 위험이 더 높음에도 불구하고 항부정맥제와 항응고제의 투여 비율이 낮다.
- 여성은 심방세동 절제술 후 더 나쁜 결과와 더 많은 재발을 보이므로, 이는 심방세동 여성의 절제술 의사 결정에 영향을 미쳐 심방세동 시술과 같은 적극적 치료 비율이 남성보다 낮다.
- 여성의 비정형 증상, 심방세동에 대한 낮은 인식, 심방세동 선별 도구에 대한 낮은 접근성이 복합적으로 작용해 심방세동 여성의 정확한 진단이 어렵고 이로 인해 의사결정 과정이 더 길어지고, 치료의 우선순위가 낮다.
- 여성은 임상적 정밀검사를 통해 심방세동으로 진단될 수 있다.

4) 고혈압

- 남성과 여성의 고혈압 치료 목표와 치료 방법은 차이가 없다.
- 여성의 우울은 의료진과의 상호작용을 방해하여 치료의 순응도를 감소시킨다.
- 여성의 약물요법에 대한 부작용이 남성보다 빈번하고 그 위험도는 1.5-1.7배 높다.
- 고령 고혈압 환자의 합병증으로 발생하는 장기 손상이 여성에게 더 많이 발생하므로 여성 고혈압 환자의 지속적 관리가 중요하다.

3. 성차에 의한 불평등 관리 전략

1) 심부전

심부전 건강관리에서 건강결과에 영향을 주는 요인인 성차 또는 성 불평등이 존재하며 생애 단계에 따라 심혈관 건강에 성별과 젠더의 영향에 대한 중요성 교육과 인식 증진이 필요하다. 성별에 따른 질환의 영향 및 부작용을 보고한 임상 연구는 10% 미만이고 임상시험에 참여하는 여성의 비율이 적어 표집편중에 의한 대표성 저하로 심부전 관리를 위해 성별에 따른 지속적인 연구와 지침개발이 필요하다. 심부전에 대한 건강증진 전략은 그림 5에 제시한 바와 같이 심부전 증상, 삶의 질에 대한 영향, 자기-관리 행위, 치료반응의 성별 차이를 고려하여 남성과 여성의 독특한 요구와 특성에 따라 맞춤화하여야 한다.

- 여성의 심부전 증상은 남성과 다르다는 인식을 높이기 위한 목표지향적 교육과 여성의 심부전 위험을 높이는 고혈압 및 당뇨병과 같은 특정 위험요인을 교육한다. 건강관리전문가를 대상으로 심부전 증상, 위험요인, 치료 반응의 성별 차이를 인식할 수 있도록 교육을 강화한

다. 심부전 여성에 대한 과소 진단 또는 과소 치료로 이어질 수 있는 무의식적 편견을 확인하고 개선한다.

- 심부전 진단 및 관리에서 남성과 여성의 약물대사와 반응의 차이를 고려하여 약물요법을 개발하고 여성에 적합한 임상지침을 개발하며 성별에 적합한 프로토콜을 표준화하여 진단과 치료적 시술에 남성과 여성 모두 동등하게 접근하도록 보장하고 동등하게 중재를 수행한다.
- 심혈관 임상시험에 여성을 포함시켜 성별에 따른 심부전의 차이를 이해하고 성별에 따른 심부전 발생, 진행 및 건강 결과 차이에 대한 연구를 수행한다.
- 고혈압, 당뇨병, 우울증과 같은 동반 질환이 있는 여성에게 나타나는 높은 부담감을 해결하기 위해 목표에 맞는 건강 관리를 시행한다.
- 삶의 질 향상: 여성이 겪는 증상 악화와 삶의 질 저하를 증진하는 전략을 개발하고 심부전증 여성의 우울증 선별 및 치료 프로그램을 시행한다.

그림 5 **심부전에서의 성차 및 건강관리 불평등**

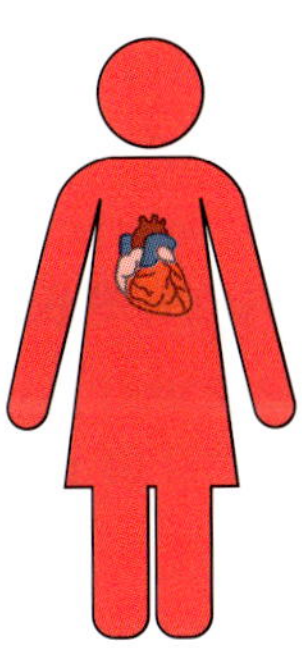

병인 높은 좌심실과 대혈관의 경직도 관상동맥의 미세혈관 혈관내피기능 장애 염증	**병인** 높은 심근세포의 자멸사 관상동맥의 대혈관 기능 장애 구심성 리모델링 심실비대
위험요인 높은 비만 발생률 고혈압과 당뇨병 심방세동 및 여성 특이적 위험요인 (폐경, 호르몬)	**위험요인** 전통적인 심혈관질환의 위험: (흡연, 신체활동, 식이, 비만, 이상지질혈증 등) 건강에 대한 심리사회적인 요인의 영향력이 적음
임상적 특성 더 많은 심부전 증상을 보임 고령의 여성, 중복이환 질환이 많음 높은 좌심실 박출률	**임상적 특성** 상대적으로 젊은 연령에서 발생 중복이환 질환이 적음 낮은 좌심실 박출률
건강결과 낮은 삶의 질과 높은 장애 생존율은 높음 성 불평등에 의한 심리사회적 요인 영향이 큼	**건강결과** 높은 삶의 질 높은 사망률
치료 저조한 임상시험연구 참여율-대표성 부족 빈번한 약물 부작용. 높은 약물과다복용의 가능성 낮은 임상진료지침에 따른 치료 심장재동기화치료(Cardiac Resynchronization Therapy, CRT) 및 삽입형 제세동기 치료가 효과적 높은 심장이식 대기자의 사망률	**치료** 높은 임상시험연구 참여율-대표성 과잉 낮은 약물 부작용, 높은 약물치료 이행률 높은 임상진료지침에 따른 치료 높은 의료기구를 이용한 치료 높은 중환자실에서의 치료 및 생애말기 간호

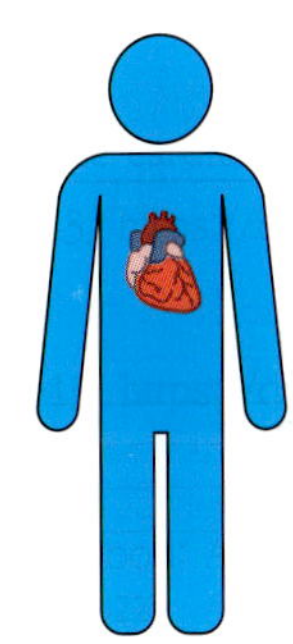

2) 급성심근경색

급성심근경색 환자의 건강증진관리에서 성 불평등 감소를 위한 전략은 다음과 같다. 여성은 남성보다 비정형적인 증상 호소가 많고 증상을 과소 인식하며 의료진은 과소 진단으로 심근경색 진단이 늦어지는 문제를 보인다. 급성심근경색은 남성만의 질병이 아니며 여성에게도 상당한 영향을 미친다는 점을 강조하고 급성심근경색 증상 인식과 치료 인식을 높이는 목표지향적 교육을 수행한다. 의료서비스제공자를 대상으로 급성심근경색 여성에 대한 과소 진단 또는 과소 치료로 이어질 수 있는 무의식적 편견을 확인하고 개선한다.

- 심근경색 진단 및 치료를 위한 여성 중심의 임상지침을 개발하고 성별에 적합한 프로토콜을 표준화하며 여성의 심혈관질환 위험 요인인 산부인과 병력을 철저히 파악하고 여성–특이 죽상경화성 심혈관질환 발생 위험 증가를 완화하기 위해 강화된 생활습관 중재와 일차 예방을 위한 스타틴 치료에 대한 정보를 제공한다.
- 관상동맥 조영술과 같은 침습적 진단 절차에 남성과 여성 모두 동등하게 접근하도록 보장하고 성별에 관계없이 경피적 관상동맥중재술과 같은 혈관재생 시술을 남성과 여성 모두 동등하게 중재를 수행한다.
- 여성은 ST분절상승기 이후 사망 및 심장사 또는 재발률이 2배 높다. 또한 여성에서 약물 부작용 및 시술이나 수술 후 출혈 등 합병증 발생률이 더 높으므로 치료 가이드라인에 따라 의학적 치료와 돌봄을 동등하게 수행한다.
- 심혈관 임상시험에 여성을 우선적으로 포함시켜 심근경색증의 성별에 따른 차이를 확인하고 성별에 따른 급성심근경색 발현, 위험 요인 및 치료 결과의 차이에 대한 추가연구를 수행한다.
- 급성심근경색 증상으로 치료를 받으려는 여성의 병원 도착 전 지연을 최소화하는 전략을 구성하고 병원의 진료 프로세스를 간소화하여 1차 경피적관상동맥중재를 받는 여성의 병원 도착 시간을 줄여 치료 지연을 감소시킨다.
- 퇴원 시 여성에게 베타차단제 및 스타틴을 포함한 진료지침에 따른 치료요법을 남성과 동등하게 처방하고 약물에 대한 정보를 제공한다. 성별에 맞는 약리학적인 접근법을 개발하고 심근경색 여성에게 흔히 나타나는 동반 질환의 높은 부담을 해결하기 위해 목표전략 건강관리 교육을 수행한다.

3) 심방세동

심방세동의 성별 차이를 고려하여 건강관리전문가들은 남성과 여성 모두의 심방세동 예방 및 관리를 위해 보다 개별화되고 효과적인 건강증진 전략의 개발에 주력할 필요가 있다.

- 여성은 남성보다 뒤늦게 심방세동이 발생하는 경향이 있으므로, 연령에 따른 선별 검사 전략의 조정이 필요하다. 또한, 쇠약과 피로와 같은 비정형 증상을 보일 가능성이 높은 여성의 조기 발견을 위해서는 이러한 증상을 인식하는 교육이 필요하다. 박출률 보존 심부전이 있는 여성에서 심방세동이 빈번하므로, 이러한 환자들의 선별 및 관리가 우선되어야 한다.
- 심방세동 여성은 뇌졸중 발생 위험이 더 높으므로 약물치료의 불균형을 해소하기 위한 전략이 필요하며, 뇌졸중 발생 위험인 CHA2DS2-VASc 점수 기반으로 적극적인 항응고제 치료를 권장하며, 복약 순응도 증진 전략이 필요하다.
- 성별에 따른 증상과 위험 요인을 강조하여 인식을 개선하고 조기 발견할 수 있도록 교육 자료를 개발하며, 뇌졸중 위험이 높은 여성에게 뇌졸중 예방을 위한 항응고제의 중요성에 대한 정보를 제공하는 등 심방세동 관리에서 여성의 불평등을 개선하는 전략이 요구된다.

4) 고혈압

고혈압 관리에 있어 성차를 고려한 전략은 사회경제적 지위, 특히 교육 수준을 중심으로 구체화되어야 한다. 여성에서 낮은 교육 수준과 높은 고혈압 유병률 간의 강한 연관성은 교육 불평등을 해소하기 위한 맞춤형 중재 개발의 필요성을 시사한다. 저학력 여성을 대상으로 문해력 수준에 적합한 건강 교육을 수행함으로써 고혈압 발생률 및 유병률을 감소시킬 수 있다. 또한, 25-34세 젊은 성인 여성의 경우, 정기적인 의료기관 방문을 권장하여 고혈압 관리 인식을 개선하는 전략이 요구된다.

- 성별에 따른 질적 연구 설계를 통해 고혈압의 성별 차이를 탐색하고, 실험 연구를 통해 성별에 따른 중재의 효과를 평가할 것을 권장한다. 이러한 전략은 고혈압의 근본적인 원인을 이해하고 효과적으로 관리하는 데 기여할 것이다.
- 성별 특화된 혈압 관리 지침과 중재 전략을 개발하고, 고혈압 예방 전략 및 관련 보건 정책을 성별 차이를 고려하여 설계한다. 이는 비만 여성의 고혈압 인식을 높이고, 앉아 있는 생활습관, 과체중/비만, 당뇨병과 같은 고혈압과 관련된 요인들을 해결하기 위한 건강관리 전문가팀의 협동적 중재를 포함한다.
- 건강증진 정책은 심혈관질환의 유병률 및 사망률 증가를 고려하여 다학제적인 협동적 전략을 수립해야 한다. 특히, 사회적 결정요인이 남녀 모두에서 고혈압과 유의미하게 관련되어 있으며, 여성은 낮은 가족 소득과 높은 실업률로 인해 더 큰 영향을 받는다. 따라서, 교육, 소득, 고용, 결혼 상태와 같은 다양한 사회경제적 요인을 고려하여 고혈압을 관리하도록 지원하며, 소금 섭취 줄이기 캠페인 및 정기적인 고혈압 검진과 같은 보건정책이 더욱 활성화될 필요가 있다.

간호학적 적용

심혈관질환의 발병과 진행은 성별, 생애주기별로 다르게 나타난다. 남성은 유전적 요인과 생활 습관의 영향을 받는 경향이 높아 초기 성인기부터 심혈관질환 위험이 높다. 반면 여성은 폐경 전까지는 에스트로겐의 보호 효과로 인해 심혈관질환 위험이 상대적으로 낮으나 폐경 이후 심혈관 질환이 증가한다. 따라서 생애주기별로 성별에 따른 심혈관질환의 위험 요인을 분석하고 생애주기에 따른 성차를 반영한 예방 및 간호 전략의 수립이 필요하다.

이를 위해서는 심혈관질환 연구에서 생애주기별 성차를 체계적으로 분석하고 성차 중심의 연구와 데이터를 활용하여 환자 맞춤형 간호를 개발하는 것이 필요하다. 또한, 건강관리 전문가를 위해 생애주기와 성차를 고려한 심혈관질환 관리 교육을 강화하고 성인지적 관점을 반영한 보건 정책을 통해 생애주기별 맞춤형 건강관리 체계를 구축하는 정책적 접근이 필요하다.

참고문헌

Agarwala A, Michos ED, Samad Z, Ballantyne CM, Virani SS. The use of sex-specific factors in the assessment of women's cardiovascular risk. Circulation. 2020;141(7):592-599.

Al-Raddadi R, Al-Ahmadi J, Bahijri S, et al. Gender differences in the factors associated with hypertension in non-diabetic Saudi adults: A cross-sectional study. Int J Environ Res Public Health. 2021;18(21):113714.

Aydin D, Allach Y, Brugts JJ. Implications of sex differences on the treatment effectiveness in heart failure with reduced ejection fraction related to clinical endpoints and quality of 1ife. Curr Heart Fail Rep. 2024;21(1):43-52.

Baek TH, Lee HY, Lim NK, Park HY. Gender differences in the association between socioeconomic status and hypertension incidence: the Korean Genome and Epidemiology Study (KoGES). BMC Public Health. 2015;15:852.

Biosense Webster. Atrial fibrillation exacts toll on women: Addressing the gender disparity in the treatment and management of atrial Fibrillation in the asia-pacific region. 2022. https://www.jnjmedtech.com/system/files/pdf/Atrial%20Fibrillation%20in%20Women_White%20Paper_FINAL.pdf

Cho IJ. Sex differences in pharmacotherapy for heart failure. The Ewha Medical Journal. 2024;47(1):e3.

Chung GKK, Lai FTT, Yeoh EK. et al. Educational inequality in physician-diagnosed hypertension widened and persisted among women from 1999 to 2014 in Hong Kong. Sci Rep. 2019;9:14361.

Chung J. Sex difference in clinical characteristics and outcomes of patients with heart failure: Women's Heart Disease Research Working. 2023. Available at: https://www.womensheart.or.kr/bbs/index.html?code=pds&category=&gubun=&number=158&mode=view&page=1&keyfield=&key=.

Chung ML, Moser DK, Lennie TA, et al. Gender differences in adherence to the sodium-restricted diet in patients with heart failure. J Card Fail. 2006;12(8):628-634.

Connelly P, Currie G, Delles C. Sex differences in the prevalence, outcomes and management of hypertension. Curr Hypertens Rep. 2022;24:185-192.

Davis MR, Lee CS, Corcoran A, Gupta N, Uchmanowicz I, Denfeld QE. Gender differences in the prevalence of frailty in heart failure: A systematic review and meta-analysis. Int J Cardiol. 2021;333:133-140.

Delco A, Portmann A, Mikail N, et al. Impact of sex and gender on heart failure. Cardiovascular Medicine, 2023;26(3):88-94.

Di Giosia P, Giorgini P, Stamerra CA, Petrarca M, Ferri C, Sahebkar A. Gender differences in epidemiology, pathophysiology, and treatment of hypertension. Curr Atheroscler Rep. 2018;20(3):13.

Fazzini L, Casati M, Martis A, et. al. Gender effect on clinical profiles, pharmacological treatments and prognosis in patients hospitalized for heart failure. J Clin Med. 2024;13(3):881.

Fennessy MM, Fink AM, Eckhardt AL, et al. Gender differences in fatigue associated with acute myocardial infarction. J Cardiopulm Rehabil Prev. 2010;30(4):224-230.

Ferreira MCM, Oliveira MV, Paiva MSM, Mangione VF, Oliveira GMM. Closing the gender gap in ischemic heart diseases and myocardial infarction. International Journal of Cardiovascular Sciences. 2021;34(4):471-483.

Garay A, Tapia J, Anguita M, et al. Gender differences in health-related quality of life in patients with systolic heart failure: Results of the VIDA multicenter study. J Clin Med. 2020;9(9):2825.

Gu Q, Burt V, Paulose-Ram R, Dillon CF. Gender differences in hypertension treatment, drug utilization patterns, and blood pressure control among US adults with hypertension: Data from the national health and ntrition eamination srvey 1999-2004. Am J Hypertens. 2008;21(7):789-798.

Haider A, Bengs S, Luu J, et al. Sex and gender in cardiovascular medicine: presentation and outcomes of acute coronary syndrome. Eur Heart J. 2020;41(13):1328-1336.

Health Insurance Review and Assessment Service. National halth insurance statistics on the cardiovascular disease. Available at: https://www.hira.or.kr/bbsDummy.do?pgmi=HIRAA020041000100&brdScnBltNo=4&brdBltNo=11037&pageIndex=1#none.

Joo HJ, Yum Y, Kim YH, et al. Gender difference of blood pressure control rate and clinical prognosis in patients with resistant hypertension: Real-world observation study. J Korean Med Sci. 2023;38(16):e124.

Kim HR. Global burden of cardiovascular disease in women. Korean Heart Association Webzine, 2021;12. Available at: https://www.circulation.or.kr/knowledge/12/sub_2.html.

Kim JS, Kim CG. Gender differences in hypertension treatment and control in young adults. J Nurs Res. 2020;28(3):e88.

Kim NY. Sex/Gender-specific medicine in clinical areas. Seoul: S&C Publishing. 2022.

Kim SR, Bae SA, Lee JY, et al. Gender disparities in prevalence by diagnostic criteria, treatment and mortality of newly diagnosed acute myocardial infarction in Korean adults. Sci Rep. 2023;13:4120.

Kim YG, Lee KN, Baek YS, et al. Atrial fbrillation fact sheet in Korea 2024 (part 3): Treatment for atrial fibrillation in Korea: Medicines and ablation. Int J Arrhythmia. 2024;25:15.

Korea Disease Control and Prevetion Agency. Prevalence of hypertension (2012-2022). Public Health Weekly Report 2024;17(17):714-715. Available at https://www.phwr.org/journal/view.html?uid=710&vmd=Full.

Korean Academy of Medical Sciences, Korea Disease Control and Prevention Agency. Atrial fibrillation: 2023 Evidence-based guideline for atrial fibrillation in primary care. Available at: https://www.guideline.or.kr/chronic/view.php?number=99.

Lee ES, Kim HS, Kang JH, Kim HK. Effects of health literacy, self-efficacy, and social support on health-related quality of life in acute coronary syndrome patients after percutaneous coronary intervention. Korean Journal of Adult Nursing. 2022;34(5):498-511.

Lee SN, Yun JS, Ko SH, et al. Impacts of gender and lifestyle on the association between depressive symptoms and cardiovascular disease risk in the UK Biobank. Sci Rep. 2023;13(1):10758.

Lee SR, Kim D, Lee SH, et al. Atrial fbrillation fact sheet in Korea 2024 (part 1): epidemiology of atrial fbrillation in Korea. Int J Arrhythmia. 2024;25:13.

Liang Y, Liu F, Yin H, et al. Trends in unhealthy lifestyle factors in US NHANES respondents with cardiovascular disease for the period between 1999 and 2018. Front Cardiovasc Med. 2023:10:1169036.

Lim WH. Atrial fibrillation in Korean women. 2018, Available at: https://www.womensheart.or.kr/bbs/index.html?code=pds&category=&gubun=&page=5&number=64&mode=view&keyfield=&key=.

Mateo-Rodríguez A, Danet J, Bolívar-Muñoz F, et al. Gender differences, inequalities and biases in the management of acute coronary syndrome. J Healthc Qual Res. 2022;37(3):169-181.

Nyström A, Strömberg S, Jansson K, Faresjö ÅO, Faresjö T. Cardiovascular risks before myocardial infarction differences between men and women. BMC Cardiovasc Disord. 2022;22(1):110.

Odening KE, Deiß S, Dilling-Boer D, et al. Mechanisms of sex differences in atrial fibrillation: Role of hormones and differences in electrophysiology, structure, function, and remodelling. Europace. 2019;21(3):366-376.

Pothineni NV, Vallurupalli S. Gender and atrial fibrillation: Differences and disparities. US Cardiology Review, 2018;12(2):103-106.

Regitz-Zagrosek V, Kararigas G. Mechanistic pathways of sex differences in cardiovascular disease. Physiol Rev. 2017;97(1):1-37.

Ryczkowska K, Adach W, Janikowski K, Banach M, Bielecka-Dabrowa A. Menopause and women's cardiovascular health: Is it really an obvious relationship? Arch Med Sci. 2023;19(2):458-466.

Sabbatini AR, Kararigas G. Estrogen-related mechanisms in sex differences of hypertension and target organ damage. Biol Sex Differ. 2020;11:31.

Shah T, Kapadia S, Lansky AJ, Grines CL. ST-Segment elevation myocardial infarction: Sex dfferences in incidence, etiology, treatment, and outcomes. Curr Cardiol Rep. 2022;24(5):529-540.

Siddiqi HK, Vinayagamoorthy M, Gencer B, et al. Sex differences in atrial fibrillation risk: The VITAL rhythm study. JAMA Cardiol. 2022;7(10):1027-1035.

Snipelisky D, Kelly J, Levine JA, et al. Accelerometer-measured daily activity in heart failure with preserved ejection fraction: Clinical correlates and association with standard heart failure severity indices. Circ Heart Fail. 2017;10(6):e003878.

Song JJ, Ma Z, Wang J, Chen LX, Zhong JC. Gender differences in hypertension. J Cardiovasc Transl Res. 2020;13(1):47-54.2.

Stolarz AJ, Rusch NJ. Gender differences in cardiovascular drugs. Cardiovascular Drugs and Therapy, 2015;29:403-410.

Tamargo J, Caballero R, Delpón E. Sex-related differences in the pharmacological treatment of heart failure. Pharmacol Ther. 2022;229:107891.

Tamirisa K, Calvert P, Dye C, et al. Sex differences in atrial fibrillation. Curr Cardiol Rep. 2023;25:1075-1082.

Tan JL, Johnson L, Dziubinski M, et al. Sex differences in presentation of atrial fibrillation: Findings from 30-day ambulatory monitoring in real-world practice. Am Heart J Plus. 2022;22:100208.

Tasić T, Tadić M, Lozić M. Hypertension in women. Front Cardiovasc Med. 2022;9:905504.

The Korean Society of Heart Failure (KSHF). 2022 Clinical Guideline for Heart Failure. Available at: https://www.kshf.or.kr/news/

The Koren Society of Hypertension. 2022 Guideline for hypertension (Focused update of the 2018 KSH guideline). Available at: https://www.koreanhypertension.org/reference/guide?mode=read&idno=10081.

The Korean Society of Heart Failure (KAHF). 2022 Korean Heart Failure Fact Sheet. Available at: https://www.kshf.or.kr/uploaded/board/kspatientdata/_58e95c0da0b4f88e830db214dc561f971.pdf.

Titova OE, Baron JA, Michaëlsson K, Larsson SC. Anger frequency and risk of cardiovascular morbidity and mortality. Eur Heart J Open. 2022;2(4):oeac050.

Westerman S, Wenger N. Gender differences in atrial fibrillation: A review of epidemiology, management, and outcomes. Curr Cardiol Rev. 2019;15(2):136-144.

Wilson RE, Rush KL, Reid RC, Laberge CG. Gender and the symptom experience before an atrial fibrillation diagnosis. Western J Nurs Res. 2021;43(12):1093-1104.

Yan P, Kim JY, Kim BS, et al. Atrial fibrillation fact sheet in Korea 2024: part 2—Stroke prevention in Korean patients with atrial fibrillation. Int J Arrhythmia. 2024;25:14.

골다공증 건강관리와 성차

안숙희 충남대학교 간호대학 여성건강간호학

요약문

- 골다공증은 골량의 감소와 미세구조의 이상을 특징으로 하는 전신적인 골격계 질환이다.
- 골다공증은 자연적인 노화와 연관되어 남녀 모두에서 발생하는 질환이나, 성별에 따라 골다공증과 골다공증성 골절의 유병률과 치명률에 유의한 차이가 있다.
- 골다공증 치료 권고안에서 성별 · 연령별 접근을 제안하고 있다.
- 골다공증 건강관리 관련 간호학 연구논문에서 연구 대상자, 연구 설계, 중재 내용 및 연구변수의 특성을 기술하고, 성차 분석 실태를 확인한다.

서론

골다공증이란 대한골대사학회 진료지침에 따라, 골량의 감소와 미세구조의 이상을 특징으로 하는 전신적인 골격계 질환으로, 뼈가 약해져서 골절의 위험성이 증가하는 골격계 질환을 말한다. 특히 국제골다공증 재단은 55%의 고관절 골절 환자가 이전에 척추 골절을 경험한 증거를 보인다고 지적하며, 골절 위험요인을 조기에 인지하고, 골다공증 진단 및 치료를 통해 뼈 건강을 개선하는 게 중요하다고 강조하고 있다.

국민건강보험공단의 보도자료에 따르면, 골다공증 진료를 받은 대상자는 2021년 114만 명으로 2017년 대비 25%가 증가하였고, 진료비 역시 2021년 3,268억 원으로 2017년 대비 52%가 증가하였다. 또한 골절을 겪은 고령 환자는 영구적인 신체적 장애를 겪을 뿐만 아니라 장기 침상생활을 하는 경우 패혈증, 욕창 등의 합병증으로 인해 사망에까지 이를 수 있다. 특히 골다공증 환자가 척추 골절을 경험한 후 1년 이내에 사망할 확률은 약 22%에 달하며, 대퇴골 골절 후 1년 이내 사망할 확률은 약 30%에 이른다.

골다공증은 자연적인 노화와 연관되어 남녀 모두에서 발생하는 질환이나, 여성의 경우 폐경에 의한 여성 호르몬 감소가 급격한 골밀도 감소를 초래하기에, 폐경후 여성에게 흔한 질환으로 잘못 알려져 있다. 하지만, 남성도 나이가 증가하면서 골량의 점진적 감소가 일어나 골다공증이 발생한다. 남성의 경우 골절이 발생했을 때 사망률이 여성보다 오히려 높으므로 골다공증 위험인자를 가진 경우 골밀도 검사를 통해 진단과 치료를 받을 필요가 있다.

이에 본 장에서는 성차가 골다공증 건강관리에 미치는 영향을 확인하고, 국내 간호학 연구논문을 검토하여 골다공증 관련 연구에서의 성차 분석 결과를 제시하고자 한다. 이를 통해 간호학 연구자는 젠더 맞춤형 건강관리 연구 계획 시 효율적인 건강 평가와 중재 전략을 수립할 수 있을 것이다.

1. 골다공증·골다공증 골절 발생률과 성차

1) 골다공증과 성차

(1) 골다공증 유병률 성차

국민건강보험공단이 대한골대사학회와 공동연구를 통해 건강보험 빅데이터를 활용하여 2002-2022년까지 50세 이상 한국인의 '골다공증 및 골다공증 골절에 대한 Fact sheet'를 발표하였다. 또한 질병관리청에서 2023년 10월 20일 세계 골다공증의 날을 맞아 골다공증 현황과 골다공증 예방과 관리를 위한 10대 생활수칙을 개정하여 발표하였다. 우리나라 50세 이상 인구에서 골감소증 유병률은 47.8%이며, 성별 비교 시 여성 48.8% 대비 남성 46.8%로 나타나 남성과 여성의 유병률은 50%가량에서 유사하게 나타났다. 반면, 골다공증 유병률은 22.5%이고, 성별 비교 시 여성에서 37.5%는 남성의 7.5%에 비해 5배 정도 높았다(그림 1). 연령이 높아질수록 유병률은 증가하여 70세 이상 여성의 경우 68.7%에 달한다.

우리나라 인구와 유사한 신체 구조와 식습관을 갖는 중국의 대형 표본 조사에 따르면, 18세 이상 성인의 골감소증과 골다공증 발생률이 40.5%, 7.9%를 보였지만, 중국인의 성별에 따른 유병률은 한국인에서의 조사 결과와 비슷한 패턴을 보였다. 즉 중국 여성에서의 골감소증 유병률은 43.9%로 남성의 35.5%보다 높고, 골다공증 역시 여성에서 11.7%로 남성의 2.5%보다 약 5배 높았다.

그림 1 연도별 골다공증성 골절 발생 현황

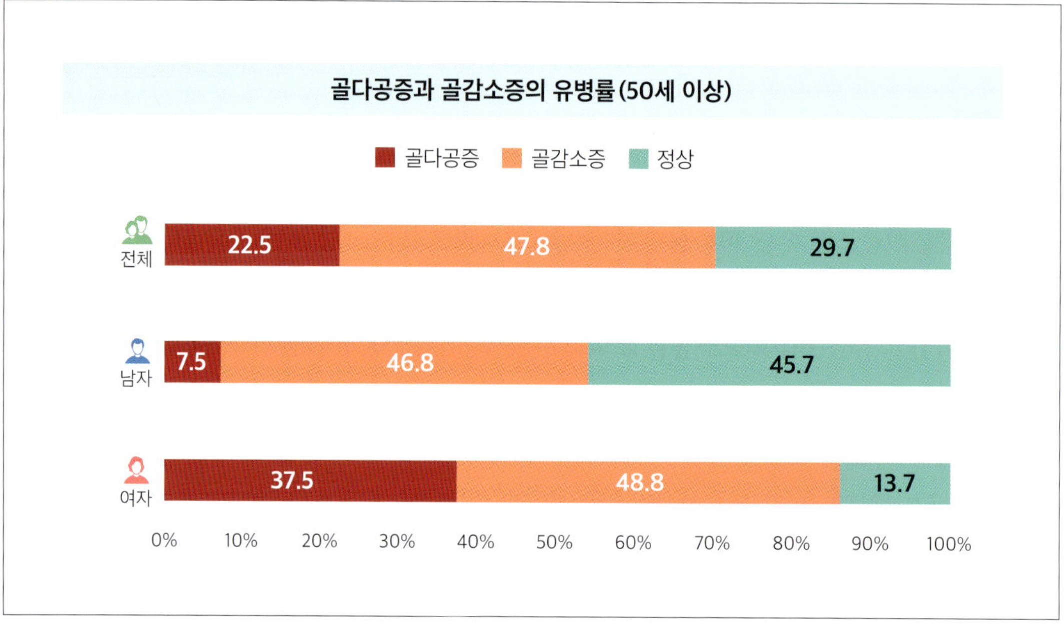

출처: 국민건강영양조사(질병관리청). 골다공증 예방관리 보도자료. 2023.

(2) 골다공증 원인과 성차

골다공증 원인은 노화, 성별, 폐경 이외에 칼슘흡수 장애, 비타민 D 결핍, 스테로이드, 항응고제, 항경련제 등의 약물 장기 복용, 운동 부족, 부모 · 형제의 가족력, 과한 음주와 흡연, 과도한 다이어트로 인한 영양 결핍과 여성호르몬 이상을 들 수 있다.

성차와 노화를 동시에 고려한다면, 한국인 50대에서 골다공증 유병률이 15.4%인 반면, 폐경 후 연령대인 60대에서 36.6%, 70세 이상에서 68.5%로 노화로 인한 골다공증 환자의 비율이 증가함을 알 수 있다. 또한 중국 연구를 살펴보면, 중국인 폐경전 여성에서 골다공증 발생률이 2.6%인 반면, 폐경후 여성에서는 14.0%로 6배가량 높아졌고, 75세 군 여성에서는 29.3%로 높게 나타났다. 한국인 남성에서도 50대에서 3.5%, 60대에 7.5%, 70세 이상에서는 18.0%로 노화의 영향이 남성의 골밀도 조성에도 영향을 미치고 있다. 위 중국 연구에서 중국인 남성에서도 50부터 골다공증 발생률이 증가하고, 특히 75세 군 남성에서 17.2%를 보여 연령 증가에 따른 골밀도 감소 효과가 동 연령대의 한국인 남성과 유사하게 나타났다.

① 노화와 성차

노화는 골다공증 또는 골감소증의 주요 위험요인이다. 나이가 증가하면서 조골세포 기능이 서서히 저하되는 반면 파골세포 기능은 점차 활성화된다. 하지만 여성의 폐경 이후 골밀도 감소와 그로 인한 합병증이 폐경후 여성에서만 일어난다는 잘못된 신념이 건강불평등을 초래하고 있다. 왜냐하면 골다공증은 여성뿐 아니라 남성에서도 골다공증이 흔히 발생하나, 발생률에 있어서 여성이 남성보다 4배 높기 때문에, 남성의 경우 골다공증의 진단을 늦게 받고, 늦어진 진단으로 인해 골다공증 관련 합병증이 심각한 상태로 발생하고 있다.

반면 남성에서의 골 소실은 70세 이후에 주로 발생하게 된다. 국민건강영양조사에 따르면 우리나라 70대 이상 남성의 18%가 골다공증을 가지고 있으나, 실제 골다공증에 대해서 치료를 받는 사람은 이러한 환자의 16.2%에 불과한 실정이다.

② 연령과 성차

남성이나 여성 모두 연령 특성에 따라 골밀도 감소와 관련된 골다공증 위험도가 다르다. 골량 최대치는 남자 청소년이 여자 청소년에 비해 골량 최대치가 연령에 따라 다르게 나타난다. 청소년 연구에서 9-18세 사춘기 남자와 여자의 골밀도를 요추와 대퇴 경부 및 중간 대퇴골 축에서 이중에너지 X선 흡광법(Dual energy X-ray absorptiometry)으로 측정하여 비교하였다. 분석 결과, 요추 뼈 함량과 대퇴골 축 골밀도는 18세 남자 청소년의 경우 여자 청소년에 비해 유의하게 높았다. 이는 골질량 증가가 감소하는 것과 관련이 있는데, 이런 현상이 여자 청소년에서는 15세 이후에 관찰되었다. 즉 남자 청소년에서는 사춘기 발달과 관계없이 연령에 따라 요추 골밀도 증가가 유의하게 지연되는 것으로 나타났다. 그러나 18세가 되면 남자와 여자 청소년 모두 비슷한 수준의 골밀도 수치를 보였다. 또 다른 연구에서 19-25세 대학생의 골밀도를 성차 분석한 결과, 남성이 여성에 비해 골밀도 수치가 유의하게 높게 나타났다.

성인의 골량은 사춘기에 90% 형성되어 최대 골량을 이루게 되고, 35세부터 서서히 줄어들다가 50세 전후에 빠르게 감소한다. 여성은 남성에 비해 골 소실이 더 일찍 시작되는 경향이 있다. 60세 이상 노인을 대상으로 연간 대퇴골 소실률을 장기 추적한 결과, 남성에서 0.82%인 반면, 여성에서는 0.96%로 나타나 유의한 차이가 있었다. 또한 급격한 골 소실이 일어나는 시기는 남성의 경우 74-79세인 반면, 여성에서는 65-69세로 더 빨랐다.

③ 호르몬 결핍과 성차

남성과 여성 모두 에스트로겐 결핍은 골다공증 발달에 기여도가 높다. 골다공증은 남성에 비해 여성과 폐경이 빠른 여성에서 발생률이 높다. 골다공증은 폐경후 여성에게 흔한 건강문제이다. 여성의 경우 폐경으로 인해 에스트로겐이 감소하며 조골세포 기능의 저하가 진행된다. 폐경후 여성의 경우 골 보호 효과가 감소하고 골 소실을 일으키는 파골세포가 10배 이상 활성화되기 때문에, 골밀도가 낮아지면서 골다공증 발생률이 증가한다. 남성에서 골감소증과 골다공증 발생이 증가하는 이유는 중년 남성도 남성호르몬이 감소하게 되면서 골밀도가 떨어지고, 신체가 노화하면서 뼈의 양이 감소하고 강도가 약해지는 다양한 원인이 작용하기 때문이다. 반면 골다공증을 가진 남성 노인의 20%에서 생식선 저하증을 갖고 있다고 추정한다. 남성의 골다공증 발생 연구를 고찰한 연구에 따르면, 대부분 골다공증을 여성의 질환으로 생각하여 남성의 골다공증 발생률을 과소평가하고 있다.

④ 신체활동과 영양 부족과 성차

적절한 신체활동과 운동, 올바른 영양관리 및 칼슘과 비타민 D 보충은 골다공증 예방에 중요한 역할을 한다. 남성의 경우 폐경후 여성과는 달리 노화나 호르몬의 변화가 아닌 생활 습관, 영양 상태, 다양한 질환과 약물 등과 관련하여 발생하는 이차성 골다공증이 약 60%를 차지한다.

특히 남성의 경우 골다공증이 더 고령에서 일어나고, 다른 질환의 합병증으로 생기는 경우가 많다. 남성 호르몬이 감소해 골밀도가 떨어진 상태에서 음주와 흡연, 카페인 등이 원인이 되어 골다공증을 가속화시킨다. 술은 체내로 흡수된 알코올이 위장관에서 칼슘흡수를 억제하고 간 기능을 저하시켜 간에서 활성화되는 비타민 D의 합성을 막는다. 담배의 니코틴은 칼슘과 비타민 D 대사에 악영향을 미쳐 뼈에 산소와 영양분이 공급되는 것을 막는다. 카페인은 장에서 칼슘이 흡수되는 것을 방해하고, 이뇨작용으로 칼슘이 소변으로 배출되는 것을 증가시켜 골다공증 발생을 촉진한다. 또 다발성골수증이나 전립선암을 앓았다면 다른 병으로 인해 골다공증 발생률이 높아진다.

이에 골다공증 위험요인을 줄이기 위한 예방과 위험군 조기 발견을 위한 진단검사 및 건강관리에 대한 연구가 계속 수행되어야 한다. 2023년 질병관리청은 6개 전문학회와 전문가 회의를 거쳐 2013년 제정 이후 10년 만에 골다공증 예방관리 수칙을 개정하여 발표하였다. 이번 골다공증 예방관리수칙은 위험요인을 줄이기 위해 성장기부터 노인기까지 전 생애적 건강관리를 강조하고 있고, 골다공증 예방관리에 중요한 적절한 체중유지, 영양 · 신체활동, 위험군에 대한 진단검사와 지속관리를 포함하고 있다.

2) 골다공증 골절과 성차

국민건강보험공단이 대한골대사학회와 공동연구를 통해 건강보험공단 빅데이터를 활용하여 2002-2022년 '50세 이상 한국인의 골다공증 골절 및 재골절 발생 현황'을 발표하였다. 50세 이상 인구의 골다공증 골절 발생률은 인구 1만 명당 192건인데, 성별 분포에서 여자의 경우 278건으로 남자의 98건에 비해 약 3배 높았다. 이는 국제골다공증 재단이 여성 3명 중 1명, 남성 5명 중 1명꼴로 골다공증 골절을 경험한다는 보고와 일치한다.

한국에서 골다공증성 골절 발생 부위별 인구 1만 명당 발생률은 척추 골절의 경우 80.0건으로 가장 높았고, 손목 골절 44.6건, 발목 골절 27.9건, 고관절 골절 16.9건, 골반 골절 15.8건 순으로 나타났다. 이를 연령 분포로 비교하면, 50-60대에 손목 및 발목 골절이 주로 발생하는 반면, 연령이 증가할수록 척추골절 및 고관절 골절 발생이 증가하였다.

척추 골절과 손목 골절에 대한 성별 발생률 격차는 4배로 나타났다. 즉 척추 골절의 경우 여성(115.6)이 남성(40.8)보다 4배 높고, 손목 골절의 경우 여성(68.9)이 남성(17.8)보다 3.9배 높았다. 골반, 고관절 및 발목 골절에서도 성별 격차가 2배가량 나타났다. 즉 발목 골절의 경우 여성(38.0)이 남성(16.7)보다 2.3배, 고관절 골절의 경우 여성(22.9)이 남성(10.2)보다 2배, 골반 골절의 경우 여성(22.2)이 남성(8.8)보다 2.5배 높았다.

문헌에 따르면 남성의 경우 여성에 비해 골다공증으로 인한 골절 발생률이 높고 특히 고관절 골절로 인한 치명적인 합병증 발생이 높다. 골다공증 골절 발생 시 치명률은 남성이 여성에 비해 높다. 특히 고관절 골절 후 1년 내 치명률은 17%(남자 21.5% 대비 여자 14.6%), 척추 골절의 경우 6%(남자 9.6% 대비 여자 4.4%)로 위험하나, 성별에 따른 치명률을 비교하면 약 2배 높게 나타났다.

국제골다공증 재단에서는 골절을 경험한 대상자의 80%가량이 골다공증으로 진단을 받거나 치료를 받지 않고 있다고 보고하였다. 우리나라 국민건강보험공단 자료에 따르면, 2021년 골다공증 골절 발생 후 기간에 따라 환자의 35.5%가 1년 이내에 약물치료를 받고 있지만 남성의 치료 비율은 16.2%로 여성의 41.7%에 비해 현저히 낮다. 또한 골다공증의 1년 지속 치료율은 전 연령 및 성별에 따라 지속적으로 증가하고 있고, 2021년 여성의 경우 73.9%, 남성의 경우 66.7%로 나타났다.

따라서 여성뿐 아니라 남성에서의 골다공증에 대한 조기 선별, 조기 진단 및 조기 치료를 통해 골다공증 관리와 골다공증성 골절의 예방이 필요하다. 우리나라 골다공증 예방을 위한 건강증진 사업에서 남자도 정기적인 골밀도 검사로 골다공증의 조기 발견과 신속한 치료에 진입할 수 있도록 골다공증 예방을 위한 건강보험공단의 검진 지침에 남녀 모두 포함할 수 있어야 하고, 특정 성이 아닌 각각의 성별 골 건강관리 관련 연구가 더 필요하다.

2. 골다공증 치료 권고안과 성차

1) 국외 권고안

골다공증 치료 분야에서 주목할 만한 변화는 '골다공증 골절 초고위험군'의 분류와 정의에서 미국임상내분비학회 · 내분비학회는 2020년 기존 고위험군보다 골절 위험이 훨씬 높은 골절 초고

위험군의 기준을 제시했다. 이후 미국내분비학회, 영국 국립골다공증가이드라인그룹, 미국내과의사협회, 대한골대사학회도 진료지침에 골절 초고위험군 기준과 치료 전략을 추가했다.

미국내과의사협회가 발표한 2022년 골다공증 약물치료 가이드라인에 따르면, 골흡수 억제제인 비스포스포네이트(bisphosphonates, BP)를 골다공증을 진단받은 폐경후 여성과 남성에게 골절 위험을 감소시키고자 1차 약물로 사용한다. 실제로 우리나라 건강보험공단 청구자료에 따르면, 1년 내 약제별 처방률은 비스포스포네이트(BP) 처방이 30.8%로 가장 많고, 데노수맙(denosumab, DENO) 3.3%, 선택적에스트로겐수용체조절제(SERM) 2.9% 순이었다. 2차 약물치료제로 RANKL(핵인자 카파-B리간드) 억제제인 데노수맙을 사용하여 파골세포의 발달을 억제하고 골흡수를 감소시킴으로써 골밀도를 증가시키기 때문에 1차 약물치료를 사용 못하거나 초기 약물에 부작용이 있는 폐경후 여성과 남성에서 골절위험을 감소시키고자 사용한다. 반면 골절위험이 매우 높은 폐경후 골다공증 진단을 받은 여성에게, 골절위험도를 낮추고자 뼈 생성 억제 단백질인 sclerostin의 작용을 억제하는 약물(sclerostin inhibitor) 또는 부갑상선 호르몬 활성제를 먼저 투약한 후 BP를 사용한다. 이 경우 여성에게 조건부 권고이기 때문에, 남성에게는 권고사항이 없다. 골밀도가 낮은 65세 이상 여성에게는 골절 위험 감소를 위한 BP 치료 여부를 의사가 개별적으로 접근하게 권고하고 있다. 이 역시 남성에 대한 권고는 없는 상태이다.

2) 국내 권고안

대한골대사학회에서는 매해 골다공증 진료지침을 개정하여 출간하고 있고, 연수강좌를 통해 진료의에게 최신정보를 공개하고 있다. 대한의학회와 질병관리청(2024)이 제시한 한국의 골다공증 권고안을 살펴보면, 골다공증 환자를 찾고 확인하는 진료 지침 일부에서 남녀의 연령군에 차이를 둔 권고안이 제시되어 있다. 골밀도 검사에서는 1) 65세 이상의 여성과 70세 이상의 남성에서, 2) 골절 위험인자를 동반한 65세 미만의 폐경 여성과 50-69세의 남성에서 검사를 권고한다. 3) 골절위험 평가(FRAX)를 위해서는 취약 골절의 위험인자를 가지고 있는 폐경 여성과 50세 이상 남성의 경우 약물치료의 필요성을 판단하기 위해 FRAX 평가를 권고한다. 반면 골다공증 치료 및 관리에서 식품 섭취 영역에 따르면, 폐경후 여성과 50세 이상의 남성은 하루 700-1,200 mg의 칼슘 섭취와 하루 800 IU의 비타민 D 섭취가 권고된다.

따라서 골다공증 치료관련 가이드라인이 계속적으로 개정되고 있기에, 연구자는 가이드라인에서 제시하는 치료지침을 기반으로 대상자의 건강상태를 평가하고, 치료의 이행 및 건강행동 수행에 필요한 인식 개선과 실천을 도모하는 중재 연구를 기획하고 수행할 필요가 있다.

3. 골다공증 건강관리 관련 간호학 연구의 성차 분석 실태

우리나라 간호계의 대표적인 학술지 4개(Journal of Korean Academy of Nursing, Asian Nursing Research, Korean Adult Health Nursing, Korean Journal of Women Health Nursing)에서 골다공증 관련 간호 연구의 동향을 고찰하였다. 2024년 12월 각 학술지의 홈페이지 검색 창에 골(bone) 또는 골다공증(osteoporosis) 키워드를 입력하여 검색한 후, 검색된 연구의 원문을 통해 골다공증 관련 연구를 대상자 성별과 연구설계 및 변수를 조사하여 제시하였다. 나아가 이들 연구에서 남녀를 모두 포함한 연구에서 성차 분석 결과를 보고한 내용을 살펴보았다. 분석 내용은 표 1에 제시하였다.

1) Journal of Korean Academy of Nursing

한국간호과학회의 대표 국문 저널인 Journal of Korean Academy of Nursing에서 골다공증을 주요어로 검색한 결과, 총 10편의 논문이 검색되었다. 연구대상자를 여성으로 설정한 연구는 6편(60%)이었고, 남성과 여성 모두를 포함한 연구는 4편(40%)으로 나타났다. 연구대상자의 연령대는 모든 연구에서 20세 이상의 성인을 대상으로 하였지만, 1편(10%)은 여자 대학생(20대)으로 제한하였다.

연구설계 측면에서는 7편(70%)은 대부분 골다공증 관련 인식에 대한 조사연구인 반면, 3편(30%)은 중재연구를 이용하였다. 첫 번째 중재 연구는 50세 이상 폐경후 여성을 대상으로 골다공증 예방을 위한 칼슘제와 콩 섭취 중재를 제공한 후 콩 섭취량, 골밀도, 골대사 지표를 평가하였다. 두 번째 중재 연구는 골절력이 있는 대상자에게 골다공증 예방교육 중재를 시행한 후 건강신념과 행위 변화를 평가하였다. 세 번째 중재 연구는 일반인에게 골다공증 예방교육을 통해 골밀도와 생활양식의 변화를 평가하였다. 모든 연구에서 골다공증 관련 인식 및 심리적 지표를 연구변수로 측정하였다. 반면 6편(60%) 연구에서는 객관적 지표(예: 골밀도, 골대사 지표)를 측정하여 연구의 과학적 근거를 높였다.

남성과 여성을 모두 포함한 연구 4편을 대상으로 골다공증 건강관리에 대한 성차 분석의 결과가 보고되어 있는지 확인한 결과, 3편에서 성차 분석의 결과를 보고하였다. 첫 번째 연구는 골밀도 검사를 받은 남녀에게 골다공증 치료지시 이행에 대한 성차를 분석하였고, 분석 결과 성차가 없음을 보고하였다. 두 번째 연구는 20세 이상의 남녀에게 골다공증 관련 인식도에 대한 성차를 분석하였다. 분석 결과 골다공증 지식, 민감성, 심각성은 여성이 남성보다 높게 나타난 반면, 골다공증 자기효능감, 운동의 장애성, 칼슘섭취의 장애성, 건강동기는 남성이 여성보다 높게 나타났다. 세 번째 연구는 국민건강영양조사 빅데이터를 이용하여 골밀도 검사를 받은 50대 이상 남녀의 골다공증 유병률, 인지율, 치료율에 대한 성차를 분석하였다. 분석 결과, 여성이 남성보다 골다공증 유병률, 인지율, 치료율이 유의하게 높았다. 반면 한 연구는 골절로 입원한 남녀 환자에게 골다공증 교육중재를 제공하였는데, 실험군과 대조군 간 대상자 특성 중 성별에 대한 동질성 검사를 위해 성별 변수를 사용하였다. 집단간 성별 차이가 없음을 확인한 후에는 연구성과에 대한 중재효과를 검정할 때에 성차 분석을 수행하지 않았다.

2) Asian Nursing Research

한국간호과학회의 대표 영문 저널인 Asian Nursing Research에서는 골다공증 관련으로 3편의 연구가 검색되었다. 연구대상자는 3편 모두 여성을 대상으로 수행하였다. 연령대는 여자대학생, 30-45세, 폐경후 여성으로 다양하였다.

연구설계는 골밀도 관련요인을 탐색하는 조사연구 1편과 골다공증 예방 또는 골건강 교육 중재를 수행한 실험 연구가 두 편 있었다. 첫 번째 중재연구는 30-35세 여성에게 건강신념모델 기반 골다공증 예방교육을 4주간 제공하고, 상담을 24주간 제공하였다. 두 번째 중재연구는 골감소증을 가진 여자대학생에게 1회 골건강 집단교육 대비 20주간 모바일 앱을 활용한 골건강 중재와 1회 집단 교육을 제공하여 그 효과를 평가하였다.

모든 연구에서 골다공증 관련 요인 또는 인식을 평가하는 지표를 사용하였고, 2편은 객관적 평가지표를 연구변수로 사용하였다. 일 조사연구에서는 골밀도 수치를, 일 중재연구에서는 혈중 수치(칼슘, 비타민 D, sclerostin)를 통해 골건강 관련 객관적 지표를 이용하였다.

3) Korean Journal of Adult Nursing

한국성인간호학회가 출간하는 Korean Journal of Adult Nursing에서는 골다공증 관련 연구가 4편 검색되었다. 4편 중 3편은 여성을 대상으로 하였는데, 연령대는 중년여성과 폐경후 여성, 65세 이하 폐경후 여성, 65세 이상 노인 여성으로 분류할 수 있었다. 반면 1편은 50세 이상 골다공증 진단을 받은 남성을 대상으로 수행되었다. 이에 이들 연구에서는 성차 분석을 수행할 필요가 없었다.

연구설계는 3편은 조사연구, 1편은 한국형 DASH 식이교육과 칼슘/비타민 D 보충 관련 영양중재를 48주간 제공한 실험연구를 이용하여 영양소 섭취량의 변화, 골표지자 및 골밀도 변화를 평가하였다. 객관적 평가는 3편은 골다공증 관련 지식이나 인식 등을 연구변수로 사용하였고, 1편에서는 골밀도와 골표지자를 객관적 지표로 측정하였다.

4) Korean Journal of Women Health Nursing

한국여성건강간호학회가 출간하는 Korean Journal of Women Health Nursing(WHN)에서는 13편이 검색되었다. 13편 중 1편(8%)만 남성과 여성을 모두 포함한 연구였다. 대상자는 모두 20세 이상 성인으로 하였으나, 연령대는 연구에 따라 여자 대학생, 20세 이상 미혼인 자, 20-39세, 30-60세, 40세 이상, 40-60세, 50-64세, 65세 이상까지 다양하였다. 대상자 범위에는 특정 질환이나 폐경기 특성을 고려하여 골다공증 치료를 받는 자, 폐경기를 경험하는 자, 폐경후 상태, 당뇨병과 골다공증을 갖고 있는 폐경기 대상자, 또는 65세 이상 노인까지 다양하였다.

연구설계는 13편 모두 조사연구 설계였다. 측정에서는 골다공증 관련 인지도를 연구변수로 측정하는 연구가 대부분이었고, 6편(46%)은 골밀도, 골절위험도, 신체조성, 비만도와 같은 객관적 지표를 연구변수로 측정하였다.

남녀 대상자를 모두 포함한 연구는 단 1편으로, 40세 이상 골다공증 치료를 받는 환자를 대상으로 골절예방에 대한 지식, 건강신념, 골절예방행위에 대한 성차를 분석하였다. 분석 결과, 연구 변수에 성차는 없는 것으로 확인하였다.

표 1 국내 4개 간호학회지 게재논문 중 골다공증 건강관리 연구와 성차 분석

학회지	저자	대상자/중재/연구변수	성차 분석
Journal of Korean Academy of Nursing	Byun & Kim (1999)	대상: 40세 이상의 골다공증을 진단받은 여성 190명 변수: 골밀도, 자기효능감, 생활양식	N/A
	Byun & Kim (2000)	대상: 40세 이상의 여성 83명 중재: 6개월간 골다공증 예방 교육프로그램 변수: 골밀도, 생활양식, 자기효능감	N/A
	Lee & Kim (2001)	**대상: 40세 이상 골절로 입원한 남성 24명, 여성 35명** 중재: 골다공증 교육 1회 변수: 골다공증 지식, 생활습관변화 수행, 자기효능감, 건강신념	대상자 특성 동질성 검증을 목적으로 성별 변수를 사용한 반면, 연구성과 평가 시 성차 분석을 수행하지 않았음
	Shin & Kang (2002)	대상: 20세 이상의 여성 64명 변수: 골다공증 지식, 자기효능감, 건강신념	N/A
	Kim & Kim (2003)	대상: 여자대학생 139명 변수: 골밀도, 신체조성	N/A
	Yoo & Lee (2004)	**대상: 골밀도검사를 받은 남성 13명과 여성 82명** 변수: 골밀도, 치료이행도, 자기효능감, 건강신념, 자아존중감, 건강통제위	골다공증 치료지시 이행도: 성별 차이가 없었음
	Shin et al. (2005)	**대상: 20세 이상 남성 666명과 여성 949명** 변수: 골다공증 지식, 건강신념, 자기효능감	골다공증 지식, 민감성, 심각성: 여성 > 남성 골다공증 자기효능감, 운동의 장애성, 칼슘섭취의 장애성, 건강동기: 남성 > 여성

(계속)

Journal of Korean Academy of Nursing	Son (2006)	대상: 50세 이상 여성 45명 중재: 칼슘제와 콩 섭취 변수: 콩 섭취량, 골밀도, 골대사 지표	N/A
	Yeoum & Lee (2011)	대상: 골밀도 검사를 받은 여성 732명 변수: 골밀도와 키	N/A
	Kim et al. (2015)	**대상: 50세 이상 남성(n=3,071)과 여성(n=3,635)** 변수: 골밀도 이용한 골다공증 유병률, 인지율, 치료율, 영향요인	골다공증 유병률, 인지율, 치료율: 여성> 남성
Asian Nursing Research	Kalkim & Dağhan (2017)	대상: 30-45세 여성 73명 중재: 건강신념모델 기반 골다공증 예방교육과 상담프로그램(4주간 교육과 24주간 상담) 변수: 골다공증 지식, 건강신념, 자기효능감, 칼슘섭취량, 운동량	N/A
	Lee (2019)	대상: 골밀도 검사를 받은 폐경후 여성 1,770명 변수: 골밀도, 산과력, 모유수유 기간	N/A
	Park et al. (2017)	대상: 골감소증을 가진 여자대학생 82명 중재: 골건강 집단 교육 또는 20주간 모바일 골건강 중재(app 활용과 집단 교육) 변수: 골다공증 지식, 혈중 수치(칼슘, 비타민 D, Sclerostin)	N/A
Korean Journal of Adult Nursing	Park et al. (2013)	대상: 중년여성과 폐경후 여성 162명 변수: 골다공증 관련 지식, 건강신념, 자기효능감, 예방행위	N/A
	Jang & Ahn (2015)	대상: 65세 이하인 폐경후 여성 342명 변수: 골다공증 관련 인식, 건강신념, 자기효능감, 예방행위	N/A
	Lee et al. (2015)	대상: 65세 이상 노인 여성 42명 중재: 한국형 DASH 식이 교육과 칼슘/비타민 D 보충 영양중재(48주간 방문상담 24회, 전화상담 24회) 변수: 영양소 섭취량 및 식품 섭취 빈도, 골표지자(CTx, osteocalcin), 골밀도	N/A
	Kim & Yang (2020)	대상: 50세 이상 골다공증 진단을 받은 남성 1,307명 변수: 건강관련 삶의 질, 영향요인	N/A
Korean Journal of Women Health Nursing	Yeoum (1997)	대상: 30-60세 여성 158명 변수: 골량증진행위, 건강통제위	N/A
	Jeong et al. (2003)	대상: 40-60세 여성 465명 변수: 골밀도, 건강증진행위, 골다공증 자기효능감	N/A
	Kim & Kim (2005)	대상: 40-65세 여성 293명 변수: 골다공증 지식, 건강신념, 자기효능감	N/A
	Ahn et al. (2009)	대상: 65세 미만 폐경후 여성 125명 변수: 골절위험도, 낙상두려움, 골다공증 자기효능감	N/A
	Chung et al. (2009)	대상: 20-65세 여성 434명 변수: 골다공증 인지(예방행위, 위험요인, 질병양상, 골건강유지, 골생리)	N/A

(계속)

Korean Journal of Women Health Nursing	Choi & Lee (2010)	대상: 20세 이상 미혼 여성 309명 변수: 골다공증 인지, 자기효능감	N/A
	Moon & Lee (2010)	**대상: 40세 이상 골다공증 치료를 받는 남성 14명과 여성 106명** 변수: 골절예방에 대한 지식, 건강신념, 골절예방행위	지식, 건강신념, 예방행위: 성별 차이가 없었음
	So et al. (2010)	대상: 50-69세 폐경후 여성 100명 변수: 골밀도, 비만도, 심혈관질환 위험도	N/A
	Ahn et al. (2012)	대상: 50-64세 폐경후 여성 687명 변수: 골다공증과 낙상 발생력, 골다공증과 낙상위험요인, 골절위험도	N/A
	Chon et al. (2012)	대상: 여자대학생 144명 변수: 골밀도, 신체조성, 일상생활양식	N/A
	Chung & Lee(2013)	대상: 20-39세 여성 1,026명 변수: 골밀도, 체질량지수, 체중조절 방법과 행위, 식이섭취량	N/A
	Ahn & Oh(2018)	대상: 65-74세 노인 여성 84명 변수: 골다공증 지식, 자기효능감, 골다공증과 낙상예방 건강행위	N/A
	Kim & Kim(2022)	대상: 40-60세 당뇨병과 골다공증을 갖고 있는 폐경기 여성 152명 변수: 건강관련 삶의 질, 관련 요인	N/A

5) 골다공증 건강관리 관련 연구에서 성차 분석에 대한 논의

본 장에서 고찰한 골다공증 관련 간호학 연구논문 총 30편 중 5편(17%)만 남녀 모두 포함한 연구였고 24편(80%)은 여성만, 1편(3%)은 남성만 대상으로 나타나 골다공증 관련 간호학 연구에서 대상자에 대한 성별 편향이 많이 있었다. 골다공증은 특정 성에만 발생하는 질환이 아니고, 50대 이상 연령에 달하는 남녀 모두 골감소증과 골다공증 위험도가 증가하기에 양쪽 성을 포함하되, 성별, 연령, 질환 및 여성호르몬 주기 특성을 고려한 연구를 기획하고, 이들의 골다공증 건강관리 관련 요인 탐색이나 중재를 위한 간호학 연구를 계획할 때 성차 분석을 반드시 포함할 필요가 있다.

간호학 연구논문 30편 중 건강관리를 촉진하는 중재연구 설계는 전체 30편 중 6편(20%)에 불과하였다. 중재프로그램의 내용을 분석하면, 영양중재가 두 편으로 나타났는데 1편은 콩 섭취, 또 다른 1편은 식이 교육과 칼슘/비타민 D 보충 영양 중재였다. 칼슘 식품 섭취 증가, 칼슘/비타민D 보충제 복용식이는 골다공증 예방을 위한 식이 권고에 따른 중재로는 적합하나, 대상자의 건강 특성(골감소증이나 골다공증)에 따라서는 식이 중재만으로 골밀도 개선 효과를 얻기에는 제한적일 수 있다. 이에 대상자의 연령별 골밀도 수준과 치료제 등을 고려한 맞춤형 중재를 기획하고, 그 효과를 평가할 수 있도록 실험연구의 체계적인 설계와 타당화된 프로그램의 개발 및 운영을 위한 사전 연구기획이 중요하다. 그 외 골다공증 예방관련 교육 중재는 4편뿐이었고, 교육방법은 대면 교육 또는 모바일 앱 활용 교육이 있었다. 하지만, 골다공증 건강관리를 위한 교육 중재 역시 일반적인 골다공증 예방을 위한 교육프로그램이기에, 앞으로 대상자의 연령, 건강 및 질병 특성, 성별의 차이가 반영된 맞춤형 교육중재 프로그램으로 특화하여 개발되어야 할 것이다. 또한, 일 방향 교육보다는 상호작용을 통한 보다 적극적인 건강행위 실천을 도모하는 쌍방 소통형 중재프로그램이 더 많이 개발되고 적용될 필요가 있다. 추가로 연구 결과의 검정력을 높일 수 있는 중재의 기간, 강도, 방법 및 내용 등에 대한 심도 있는 프로그램 개발 및 타당성 검정 또한 연구계획에 포함해야 할 것이다.

측정 측면에서는 골다공증 관련 연구의 객관적 지표로 골밀도 등을 측정한 연구는 총 30편 중 15편(50%)으로 나타났다. 이에 골다공증 관련 중재효과에 미치는 영향을 평가할 때 객관적인 지표를 모두 포함하여 연구의 과학적 근거를 확인할 필요가 있다.

골다공증 관련 간호학 연구논문 30편 중에서 남녀 대상자를 연구대상자로 모집한 후, 성차 분석을 수행한 연구는 4편(13%)에 불과하였다. 여성이 남성에 비해 골다공증 유병률, 인지율 또는 지식, 치료율이 높은 반면, 골다공증 관련 건강신념과 건강동기 변수는 항목별로 성별에 따른 차이가 다르게 나타났다. 또 다른 두 편의 연구에서는 성차 분석 결과 차이가 없음을 보고하였다. 이러한 성차 분석은 독자로 하여금 연구 현상에서의 성차 분석의 중요성을 재확인하게 하는 중요한 결과로 연구결과의 해석과 연구설계 및 실무 적용에 중요한 과학적 근거로 사용할 수 있게 된다.

종합하면, 특정 성에 골다공증 발생률이 높다는 편견을 버리고, 연령, 건강 및 질병 특성과 더불어 성별 분석을 포함하여 남녀 모두의 골다공증 건강관리 연구의 질을 높이는 연구를 기획하고 수행하여야 할 것이다.

간호학적 적용

골다공증 유병률과 골절 발생률은 여성이 남성보다 높은 반면, 골절 후 치명률은 남성이 여성보다 높고 골감소증 유병률은 여성과 남성에서 비슷하다. 이러한 통계는 성차에 따른 골다공증 건강관리에 대한 문헌 고찰을 수행할 때 연구에서의 질병 특성을 선택하거나 연구대상자 선정에 유용한 방향을 제시한다. 연구자는 골다공증 건강관리 현상을 탐구할 때 성차를 고려한 연구설계를 기획하고, 특화된 추진 전략으로 성별 · 연령별 대상자 모집과 중재 전략을 수립하여야 하며, 성차 분석을 통해 성별 차이가 건강성과에 미치는 영향을 보고하여야 한다.

즉 골다공증으로의 진행을 예방하거나 조기 발견 및 치료를 위해 예방적 차원의 건강생활습관, 조기 발견을 위한 50세 이상의 골밀도 검사 참여와 약물 치료 등의 공통 전략에 더하여, 연령별 성차에 따른 진단과 치료관련 연구를 통해 성차에 따른 실무 전략을 제시할 수 있어야 할 것이다.

골다공증은 특정 성에만 발생하는 질환이 아니고, 50대 이상의 인구집단에서는 남녀 모두 골다공증 위험도가 증가한다. 그러나 골다공증 관련 국내 간호학 연구를 분석한 결과, 남녀를 모두 포함하여 성차 분석 결과까지 보고한 연구는 13%에 불과하였고 다수의 연구가 여성에게 집중되어 있었다. 그러므로 추후 연구에서는 남녀를 모두 포함하여 성별, 연령별 골다공증 관련 요인 탐색이나 중재를 위한 간호학 연구를 계획할 필요가 있다.

골다공증 관련 중재 또한 골다공증 예방을 위한 일 방향 교육보다는 대상자의 연령, 건강 특성, 성별의 차이가 반영된 맞춤형 교육중재를 제공해야 한다. 골다공증 중재 후 성과에 대한 객관적 지표로 골밀도 등을 측정한 연구가 50%를 차지하고 있었다. 앞으로 골다공증 관련 중재 성과에 미치는 영향을 평가할 때 골밀도 같은 객관적인 지표를 반드시 포함하고 성과에 있어 성별 차이를 함께 보고하도록 해야 할 것이다.

결론적으로 골다공증 예방과 치료적 건강관리 연구에서 성차를 고려한 연구계획서를 개발하고 중재를 기획할 때, 남성이나 여성 모두 최대 골량을 넘어서는 30대부터 모든 연령에서 골다공증 예방과 골건강 증진을 위한 예방적 측면의 연구가 필요하다. 반면 골다공증 관련 치료적 건강관리를 위해서는 여성의 경우 폐경 후부터 골밀도 측정과 치료 및 건강관리를 지원하는 중재를 기획하고, 남성의 경우 노년기부터 중재를 시작할 필요가 있다. 또한, 연령별 성차에 따른 골다공증 건강관리를 위한 간호중재 프로그램의 개발과 적용 및 평가 연구를 통해 건강관리 간호중재에 대한 과학적 근거를 확보하고, 이를 실무에 적용하여 성별에 맞는 간호 중재로 활용할 수 있기를 기대한다.

참고문헌

김상일. 2024.10.18.[골다공증의 날] 골다공증 치료분야 유의미하게 변하고 있다. 의학신문 http://www.bosa.co.kr/news/articleView.html?idxno=2

대한골대사학회, 국민건강보험공단. 골다공증 및 골다공증 골절 Fact sheet 2023. 서울: 저자. 2023.

https://www.ksbmr.org/bbs/index.html?code=fact&category=&gubun=&page=1&number=1543&-mode=view&keyfield=&key=

대한의학회. 질병관리청. 일차 의료용 근거기반 골다공증 권고 요약본. 2024년 2월 29일. (166쪽).

질병관리청. 2023.10.9.[골다공증의 날] 조용한 뼈 도둑 골다공증 예방관리, 일상 속 작은 실천에서 시작됩니다. 서울: 저자. 2023. https://www.kdca.go.kr/filepath/boardDownload.es?bid=0015&list_no=723657&seq=2

Alswat KA. Gender disparities in osteoporosis. J Clin Med Res. 2017;9(5):382-387.

Fan Y, Li Q, Liu Y, et al. Sex- and age-specific prevalence of osteopenia and osteoporosis: sampling survey. JMIR Public Health Surveill. 2024;10:e48947.

International Osteoporosis Foundation. About osteoporosis. Retrieved from 20 December 2024 at https://www.osteoporosis.foundation/patients/about-osteoporosis.

Mazeda C, Barcelos A. Gender differences in osteoporosis. Osteoporos Int. 2023;34:1805-1806.

Qaseem A, Hicks LA, Etxeandia-Ikobaltzeta I, et al. Pharmacologic treatment of primary osteoporosis or low bone mass to prevent fractures in adults: A living clinical guideline from the American College of Physicians. Ann Intern Med. 2023;176(2):224-238.

Rinonapoli G, Ruggiero C, Meccariello L, Bisaccia M, Ceccarini P, Caraffa A. Osteoporosis in men: A review of an underestimated bone condition. Int J Mol Sci. 2021;22(4):2105.

<성차 분석에 사용한 논문 목록>

Ahn S, Oh J. Relationships among knowledge, self-efficacy, and health behavior of osteoporosis and fall prevention in old aged women. Korean J Women Health Nurs. 2018;24(2):209-218.

Ahn S, Kim H, So H, Song R. Factors Influencing fear of falling in postmenopausal women. of falling in postmenopausal women. Korean J Women Health Nurs. 2009;15(4):344-352.

Ahn S, Kim Y, Chun N, Lee S. Incidence of osteoporosis and falls and predictors of fracture risk in post-menopausal women. Korean J Women Health Nurs. 2012;18(4):237-247.

Byun Y, Kim O. Development of the education program and it effect on osteoporosis and life style among women. J Korean Acad Nurs. 2000;30(3):764-775.

Byun Y, Kim O. Life style and self-efficacy in osteoporosis women. J Korean Acad Nurs. 1999;29(3):530-540.

Choi E, Lee J. A study on the level of awareness and self-efficacy of osteoporosis in young women. Korean J Women Health Nurs. 2010;16(2):204-214.

Chon M, Jeon H, Kim M. Bone mineral density and factors influencing bone mineral density in college women. Korean J Women Health Nurs. 2012;18(3):190-199.

Chung C, Lee S. Effects of body weight control behaviors on bone mineral density in Korean young adult women. Korean J Women Health Nurs. 2013;19(1):57-65.

Chung M, Hwang K, Choi E. Study of the level of osteoporosis awareness among women dwelling in urban area. Korean J Women Health Nurs. 2009;15(4):362-371.

Jang H, Ahn S. An equation model development and test based on health belief model regarding osteoporosis prevention behaviors among postmenopausal women. Korean J Adult Nurs. 2015;27(6):624-633.

Jeong G, Yang S, Lee K, et al. Bone mineral density, health-promoting behaviors, and self-efficacy in middle-aged women. Korean J Women Health Nurs. 2003;9(2):170-178.

Kalkim A, Dağhan S. Theory-based osteoporosis prevention education and counseling program for women: A randomized controlled trial. Asian Nurs Res. 2017;11(2):119-127.

Kim M, & Kim M. A study on the relationships between knowledge about osteoporosis and cognitive factors in middle-aged women. Korean J Women Health Nurs. 2005;11(1):52-57.

Kim H, Kim H. Factors influencing the health-related quality of life of postmenopausal women with diabetes and osteoporosis: a secondary analysis of the Seventh Korea National Health and Nutrition Examination Survey (2016-2018). Korean J Women Health Nurs. 2022;28(2):112-122.

Kim M, Kim J. The relationship between body composition and bone mineral density in college women. J Korean Acad Nurs. 2003;33(3):312-320.

Kim J, Yang Y. Factors influencing on health-related quality of life among men osteoporosis patients over 50 years. Korean J Adult Nurs. 2020;32(2):145-155.

Kim Y, Kim J, Cho D. Gender difference in osteoporosis prevalence, awareness and treatment: based on the Korea National Health and Nutrition Examination Survey 2008-2011. J Korean Acad Nurs. 2015;45(2):293-305.

Lee H, Kim S. The effect of education for prevention of osteoporosis patients with bone fracture. J Korean Acad Nurs. 2001;31(2):194-205.

Lee H, Choi-Kwon S, Choi S. The effects of Korean DASH diet education with Calcium/Vitamin D supplements on nutrient intakes, food consumption, bone turnover markers and bone mineral density among Korean elderly women. Korean J Adult Nurs. 2015;27(1):94-105.

Lee E. Effects of parity and breastfeeding duration on bone density in postmenopausal Women. Asian Nurs Res. 2019;13(2):161-167.

Moon E, Lee E. The relationship between knowledge, health beliefs, and prevention behaviors of osteoporotic fracture in patients receiving osteoporosis treatment. Korean J Women Health Nurs. 2010;16(2):147-156.

Park Y, Lee S, Shin N, et al. Application and effect of mobile type-bone health intervention in Korean young adult women with low bone mass: A randomized control trial. Asian Nurs Res. 2017;11(1):56-64.

Park Y, Lee S, Shin N, et al. Structural model for osteoporosis preventive behaviors in postmenopausal women: Focused on their own BMD awareness. Korean J Adult Nurs. 2013;25(5):527-538.

Shin K, Kang Y. A study on the relationships between osteoporosis knowledge, self-efficacy and health belief of women in an island. J Korean Acad Nurs. 2002;32(1):89-99.

Shin S, Shin K, Yi H, Ju S. Knowledge, health belief, and self-efficacy related to osteoporosis. J Korean Acad Nurs. 2005;35(5):850-857

So H, Ahn S, Song R, Kim H. Relationships among obesity, bone mineral density, and cardiovascular risks in post-menopausal women. Korean J Women Health Nurs. 2010;16(3):224-233.

Son G. Effect of soybean intake on bone mineral density and bone turnover markers in postmenopausal women. J Korean Acad Nurs. 2006;36(6):933-941.

Yeoum S, Lee J. Usefulness of estimated height loss for detection of osteoporosis in women. J Korean Acad Nurs. 2011;41(6):758-767.

Yeoum S. A relations of bone mass promoting behaviors for prevention of osteoporosis and multidimensional health locus of control scale cluster. J Korean Acad Women Health Nurs. 1997;3(2):181-192.

Yoo Y, Lee E. The influencing factors of the compliance level with therapeutic regimen after the bone mineral densitometry. J Korean Acad Nurs. 2004;34(1):63-71.

CHAPTER 4

수면 문제와 성차

박은영 가천대학교 간호대학 성인간호학

요약문

- 수면 문제는 수면의 생리가 나이와 성차의 복합 영향을 받아 발생한다.
- 여성은 생애주기의 호르몬 변화와 출산, 육아 등의 영향으로 수면의 질과 수면 주기의 변화가 남성보다 크게 경험한다. 이는 여성이 남성보다 수면건강 문제에 취약한 원인이 된다.
- 기존의 일부 수면 문제 관리지침은 남성 중심으로 만들어졌다. 불면증과 같은 수면장애는 여성의 발병률이 월등히 높아 여성 중심의 관리지침이 적용되어야 한다.
- 그러나 여성의 사회적 역할을 고려한 수면건강 관리지침은 아직 미비하므로 이에 대한 간호학적 노력이 필요하다.

서론

수면은 인간의 생활에 있어 필수적인 활동이다. 사람은 하루의 1/3 정도의 시간을 잠을 자면서 보내고 있으며, 이 시간을 통해 뇌 기능과 생리학적 건강에 영향을 미친다. 적정량의 수면은 인간이 정상적인 생활을 영위하는 데 필수적인 조건이다. 수면의 정확한 기능은 알려지지 않았으나 뇌의 재충전기능에 수면이 중요한 역할을 하는 것은 확실하다. 또한, 수면 동안 단백질의 합성과 세포분열이 증가하며 성장호르몬의 분비도 증가한다.

불면증에 시달려 본 사람은 좋은 수면의 중요성을 절감하고 있다. 단기간의 수면 부족이 있었을 때는 피곤, 심리적인 불안정과 집중력 장애 등의 현상이 유발된다. 그리고 수면 부족이 장기간 지속될 경우 안절부절하고 정신혼돈, 피해의식이 생길 뿐 아니라 감각장애, 수전증 등의 신경계 장애가 심화된다. 이와 같이 수면 부족은 생명에 영향을 주는 경우는 드물지만 삶의 질을 저하시키는 중요한 요소이다.

수면은 사회문화적 영향을 받는다. 개인의 성별, 사회적 역할과 문화배경에 따라 수면습관과 수면형태가 형성되기 때문이다. 직업의 특성에 따른 업무시간의 변동이 있는 성인, 임신, 출산, 육아 등의 역할, 밤의 어둠이 보존되지 못하는 도시문화 등은 개인의 수면생활에 직접적인 영향을 준다. 수면을 이해할 때는 성차를 포함한 사회문화적 요인도 고려해야 한다.

1. 수면에 대한 이해

수면의 조절은 일주기 리듬에 의해 조절된다. 일주기 리듬이란 우리 체내에서 하루 중 일정시간을 수면과 활동으로 구분하는 생리적 조절 기전을 말한다. 일주기 리듬을 조절하는 기관은 뇌의 시상하부와 송과체이다. 이 기관은 외부로부터 받는 빛의 조사 정도나 사회적 활동 주기 등의 영향을 받아서 호르몬 분비를 조절한다. 일주기 리듬(24시간 리듬)에는 호르몬 분비, 체온, 수면-각성 활동 주기의 변화 또는 교대가 포함된다.

일주기 리듬이 무너지면 수면각성장애(Sleep-Awakening Disorder, SWD)가 발현되는데, 이는 건강하지 않은 수면관련 행동, 수면시간 및 환경, 유전적 소인 등과 밀접하게 관련되어 있다. 수면 각성장애의 위험 요인은 다차원적이다. 성인의 수면각성장애는 주간 피로, 기분 장애, 인지장애 등 건강 결과에 해로운 영향을 미친다. 이러한 수면 관련 정신신경학적 질환이 지속되면 개인의 사회생활, 직장과 가정에서의 일상 기능, 삶의 질에 부정적인 영향을 미칠 수 있다.

1) 일주기 리듬과 수면-각성주기

인간의 행동 양상, 생활 패턴, 체내에서 발생하는 여러 현상 등은 빛에 의해 맞춰지고 조정된다. 하루를 주기로 변화하는 신체의 리듬을 일주기 리듬(circadian rhythm)이라 지칭한다. 일주기 리듬 이외에도 식사 시간 등과 같이 하루 중 여러 번 변동하는, 24시간보다 짧은 주기를 울트라디안 리듬(ultradian rhythm)이라 하며, 생리 주기와 같이 24시간보다 긴 주기를 인프라디안 리듬(infradian rhythm)이라 칭한다. 수면-각성 주기, 체온, 호르몬 생성 및 분비와 관련된 신체 내 여러 현상들이 하루를 주기로 변동하고, 이러한 일주기 리듬은 주로 시상하부에 위치한 상시각교차핵(suprachiasmatic nucleus, SCN)에서 조절된다. 그런데, 인간의 일주기 리듬은 실은 24시간에 맞춰져 있지 않고 약간 더 긴 24.2-24.9시간에 맞춰져 있기 때문에 24시간의 하루에 생체 리듬을 맞추기 위해서 외부자극(zeitgeber)의 도움을 받아 재조정(circadian entrainment) 및 동기화(synchronization)하는 과정이 필요하다.

SCN이 신체의 일주기 리듬을 조절하는 데 있어 24시간 주기에 맞출 수 있도록 도움을 주는 가장 강력한 인자는 빛이다. 빛 이외에도 규칙적인 식사 시간, 규칙적인 신체 활동, 체온 또한 일주기 리듬을 조절하는 데 영향을 준다. SCN은 망막으로부터 광신호를 받아 체내의 생물학적 리듬의 위상과 기간을 설정한다. 예를 들어 빛은 SCN을 자극하여 송과체에서 멜라토닌의 분비를 억제한다. 빛에 대한 노출이 늦은 시간까지 지속되면 잠을 자기 위해서 정상적으로 분비가 되어야 할 멜라토닌의 분비가 억제되고, 이로 인하여 잠을 제대로 못 이루게 된다. 체온의 경우, 밤에 잠을 자기 위해서는 중심체온의 저하가 유도되어야 하는데, 늦게까지 체온이 제대로 저하되지 않으면 잠을 이루기가 어렵다.

수면-각성 주기를 설명하는 가장 널리 알려진 이론이 two-process 모델이다. 이 모델은 신체에서 조정되는 일주기 리듬(circadian rhythm, process C)과 각성 시간에 따른 수면 항상성(homeostatic process, process S)의 상호작용으로 수면-각성이 이루어진다는 이론이다. Process S는 수면 압력의 항상성 축적을 나타내고 process C는 일주기 리듬을 나타낸다. 두 process의 차이가 수면 압력이며, 수면을 시작하는 힘이다. 일반적으로 밤 11시 정도에 수면압박이 커지기 때문에 우리는 밤이 되면 잠이 오고, 낮에 식곤증을 주로 경험한다. 즉, 졸리는 시기는 일주기 리듬상 어느 정도 정해져 있는데(process C), 낮 동안 계속 잠을 자지 않고 활동을 하면 각성 상태가 지속되어 수면에 대한 압박이 증가하고 두 가지 요소가 조화롭게 맞물리면서 밤에 잠을 자게 된다. 만약 낮잠을 계속 자서 수면에 대한 압박이 증가하지 않은 경우, 즉 process S가 작동하지 않으면 밤에 되어도 잠이 잘 오지 않는다. 반대로 낮잠은 자지 않았으나 잠이 잘 시간이 되지 않은 경우, 즉 process C가 작동하지 않는 오후 5-6시경에 자려고 누워도 잠이 잘 오지 않는다. 규칙적인 수면-각성 주기를 만들기 위해서는 매일매일 빛을 쬐고 규칙적으로 활동을 하고 식사를 하는 것이 중요함을 설명한다.

2) 수면과 나이

나이가 들면서 나타나는 중요한 수면 방해 요인으로 수면의 양/질 감소, 수면 효율 감소, 수면 시간 교란을 고려할 수 있다. 대체로 수면 시간과 수면의 질은 20대 청년기까지 안정적으로 유지된다. 그러나 중년 시기가 되면 안정적으로 유지되는 렘(REM)수면과 달리 깊은 비렘(non-REM)수면의 양과 질은 감소한다. 이는 20대 말과 30대 초부터 진행되다가 40대에 접어들면서 깊은 비렘수면의 뇌파는 양과 질이 눈에 띄게 감소한다. 깊은 잠을 자는 시간이 더 줄어들고, 깊은 비렘수면 뇌파는 더 작아지고 더 약해지고 횟수도 줄어든다. 40대 중반과 후반으로 들어서면,

십대 때의 깊은 수면 중 60-70%가 사라지고 70대에 들어서면 젊을 때 잤던 깊은 수면의 80-90%가 사라진다.

나이가 들면서 수면의 효율이 감소하는 대표적인 현상은 수면의 파편화다. 나이가 들수록 밤 수면 동안 더 자주 깨곤 한다. 약물과 질병의 상호 작용을 포함하여 많은 원인들이 있지만, 주된 원인은 약해진 방광으로 야간뇨가 늘고 수면의 방해를 받게 된다. 수면이 토막 나면 누워 있는 시간 중 잠을 자는 시간의 비율로 정의되는 수면 효율(sleep efficiency)이 감소됨을 의미한다. 잠자리에 여덟 시간 동안 들어가 있으면서 여덟 시간 내내 잠을 잤다면, 수면 효율이 100%이고, 여덟 시간 중 네 시간만 잠을 잤다면, 수면 효율은 50%이다. 건강한 십대 청소년일 때는 수면 효율이 약 95%이다. 일반적으로 수면 효율이 90% 이상이면 잠을 잘 자는 것이다. 80대에 들어서면, 수면 효율은 70-80% 이하로 낮아진다. 노인에서는 체질량 지수, 성별, 인종, 흡연 기록, 운동 횟수, 의료 기록 같은 요인들을 감안했을 때, 수면 효율이 낮을수록 사망 위험이 더 높고, 신체 건강이 더 나쁘고, 우울증에 걸릴 위험이 높아지고, 기력이 더 떨어지고, 인지 기능도 더 떨어진다. 그리고 나이에 상관없이 수면이 만성적으로 교란되면, 신체 질병, 정신 건강 불안정, 각성도 저하, 기억 장애가 일어날 수 있다.

나이가 들면서 수면 관련 또 하나의 변화는 일주기 리듬의 시점 변화다. 이런 변화는 수면 주기를 교란시킨다. 청소년과 정반대로, 노인에게서는 대개 수면 리듬이 퇴행하는 현상이 나타난다. 즉 잠자리에 드는 시각이 점점 더 앞당겨진다. 이유는 나이를 먹을수록 멜라토닌이 저녁에 더 일찍 분비되어 농도가 더 일찍 정점에 다다라서, 일찍 잠을 자라고 명령하기 때문이다. 노인에서 일주기 리듬의 변화는 노년층에게서 여러 가지 수면-각성 문제들을 일으킬 수 있다. 노인들이 여러 이유로 늦게까지 깨어 있고 싶어도 저도 모르게 잠이 들었다가 깨어나곤 하다. 멜라토닌이 더 일찍 분비되면서 내리는 명령 때문에 하루 주기 리듬이 앞당겨졌기에 일어나는 현상이다. 이런 졸음으로 소중한 수면 압력이 해소됨으로써, 낮 동안 꾸준히 쌓여 온 아데노신의 잠재우는 역할을 무력화시킨다. 그 결과로 몇 시간 뒤 잠자리에 들어서 잠을 청할 때면, 수면 압력이 충분치 않은 상태라서 잠이 잘 안 오거나 쉽게 깨는 수면장애의 원인이 된다.

3) 수면문제와 성차

여성과 남성은 수면을 느끼는 방식에 차이가 있다. 수면 문제가 있는 여성은 수면장애, 수면 부족에 남성과 다른 반응을 보이며 수면 부족의 결과로 특정 건강 문제가 나타난다. 월경(menstruation), 임신, 폐경과 같은 생물학적 주기와 관련된 수면의 변화를 보면, 어린 시절부터 폐경기까지 여성의 삶의 각 단계에서 서로 다른 방식으로 수면장애의 위험이 존재하고 있고, 각 단계별로 차별화된 관리가 필요함을 알 수 있다(그림 1). 최근에는 성호르몬이 수면 조

그림 1 여성 일생에서의 수면 특성

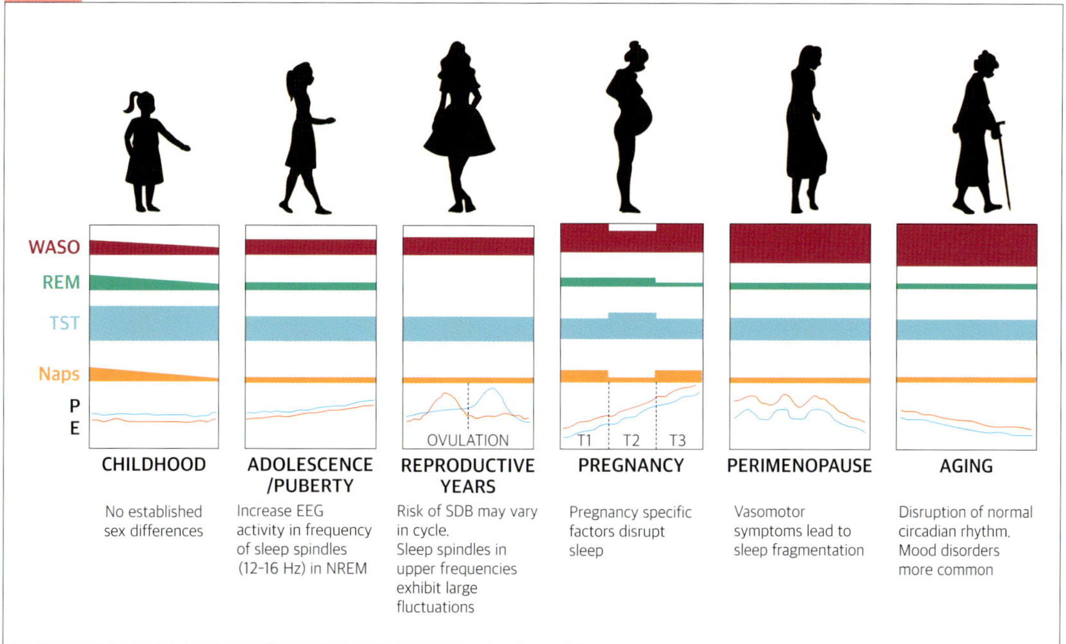

E: estrogen, NREM: non-rapid eye movement, P: progesterone, REM: rapid eye movement, SDB: sleep-disordered breathing, T: trimester, TST: total sleep time, WASO: wake after sleep onset

출처: Pengo M, et al. Sleep in women aross the life span. CHEST. 2018;154(1):196-206.

절과 각성, 심지어 수면 상태의 결과에 영향을 미치는 역할에 대해 연구되면서, 여성은 성호르몬이 변화하는 시기에 수면의 질이 나빠지고 수면 부족 등의 수면장애와 폐쇄성 수면 무호흡증(obstructive sleep apnea, OSA), 가려움증 다리 증후군, 불면증 등 수면장애의 위험이 높아진다.

수면의 성 차이는 여러 연구에서 여성이 남성보다 수면의 질이 더 좋다는 결과를 보여준다. 청년 대상의 수면 실험실 연구에서, 여성은 총 수면 시간이 상당히 길고 총 각성 시간이 짧으며, N1 및 N2까지의 시간을 포함한 수면 시작 잠복기가 짧아 남성보다 수면 효율성이 더 좋은 것으로 밝혀졌다. 마찬가지로, 평균 연령이 약 62세인 2,685명의 참가자를 대상으로 실시한 수면 단면 분석 결과에서도 남성은 깊은 서파수면(slow wave sleep, SWS) (N3 단계) 및 REMS의 비율이 감소하면서 N1 및 N2 단계의 비율이 더 높게 나타나 수면의 질이 여성에 비해 좋지 않고, 각성 지수가 더 높고 수면 효율성이 낮음을 보여준다. 수면 강도를 측정하는 느린 파동 활동(SWA)이 모든 연령대에서 여성이 더 활발한데, 이는 여성의 수면은 노화의 영향을 남성보다 덜 받는다는 것을 의미한다. 또한, 수면 부족(sleep deficit) 후 여성은 회복 수면에서 더 활발한 SWA를 보이고 있어 수면 상실에서 회복하는 능력에 성별 차이가 있음을 보여준다.

건강한 여성이 객관적으로 남성보다 수면의 질이 더 좋다는 결과에도 불구하고, 다양한 연령대의 여성이 수면 문제를 남성보다 더 많이 호소한다. 여러 연구에서 여성이 남성보다 수면이 방해받고, 수면의 질이 더 나쁘고, 잠들기 어렵고, 밤에 자주 깨어나고, 밤새 깨어 있는 시간이 더 길다고 보고한다. 또한, 수면 시간과 지속 시간이 비슷한 남성과 여성의 일주기 리듬 차이에 대한 후향적 분석 결과, 여성이 심부 체온과 멜라토닌의 분비 등의 일주기 리듬 주기가 남성보다 빠른 것으로 나타났다. 이러한 연구 결과를 종합해 보면, 여성은 일주기 리듬 주기보다 늦게 잠들고 늦게 일어나는 지연성 수면 주기 장애(Delayed Sleep Phase Syndrome, DSPS증후군)가 될 수 있으며, 이는 불면증 유병률 증가와 낮은 수면의 질의 기여 요인이 될 수 있다.

2. 수면장애

1) 수면장애 현황

수면장애 유병률은 전 세계적으로 지속적인 증가 추세이다. 수면장애는 모든 인종/민족, 사회경제적 지위, 연령 및 성별의 구성원에게 영향을 미친다는 점에서 중요한 건강관리 문제로 인식할 필요가 있다. 2020년에 미국 성인의 14.5%가 지난달에 거의 매일 또는 매일 잠들기 어려움을 겪었다고 보고하고 있으며, 많은 여성(17.1%)이 남성(11.7%)보다 잠들기 어려움을 겪고 있다. 인종별로 살펴보면, 비히스패닉 아시아 성인(8.1%)은 비히스패닉 흑인(13.7%), 히스패닉(14.3%), 비히스패닉 백인(15.1%) 성인보다 잠들기 어려움을 겪을 가능성이 낮다. 잠들기 어려움을 겪는 성인의 비율은 나이가 들면서 감소하고 있었는데, 좋은 수면의 질을 보고한 수면자의 44%가 55세 이상이고 27%가 65세 이상의 연령대이다.

수면장애 유형별 현황을 살펴보면, 미국의 경우 폐쇄성 수면 무호흡증의 유병률은 41% 증가했고, 기면증은 14% 증가했다. 과잉수면증(32%), 주기적 사지운동 장애(30%), REM 수면행동장애(64%)의 유병률도 크게 증가했다. 하지불안증후군, 비REM 수면각성 장애, 일주기 리듬 수면-각성 장애와 같은 다른 장애의 유병률도 증가했을 것으로 추정하고 있다. 미국에서 가장 흔한 수면장애인 불면증으로 인한 진료실 방문이 1992-2015년 사이에 11배 증가했고, 이에 따라 불면증 진단 후 의료비가 80% 증가하였다.

국내에서도 수면장애 유병률은 꾸준히 증가하고 있다(그림 2). 수면장애는 5년 동안 연평균 7.8%씩 증가했으며 여성과 비교하여 남성의 증가세가 컸다. 그럼에도 불구하고 2018년부터 2022년까지 5년 사이 28%가 증가한 수면장애 환자 중 절반 이상이 여성이다. 수면장애에는 불면증, 수면관련 호흡장애, 과다수면증, 일주기 리듬 수면장애, 수면 관련 운동장애 등 수면과 관련된 여러 질환이 포함된다. 2022년 기준 '수면장애'로 병원을 방문한 인원은 100만 명이 넘는다. 60

대가 23.0%로 가장 많았고, 50대가 18.9%, 70대가 16.8% 순이었다. 남성의 경우 60대가 차지하는 비율이 21.1%로 가장 높았고, 50대가 17.3%, 70대가 16.8%를 차지했으며, 여성의 경우도 60대가 24.4%, 50대가 20.1%, 70대가 16.8% 순이다.

그림 2 **2022년 성별 연령별 수면장애 진료인원**

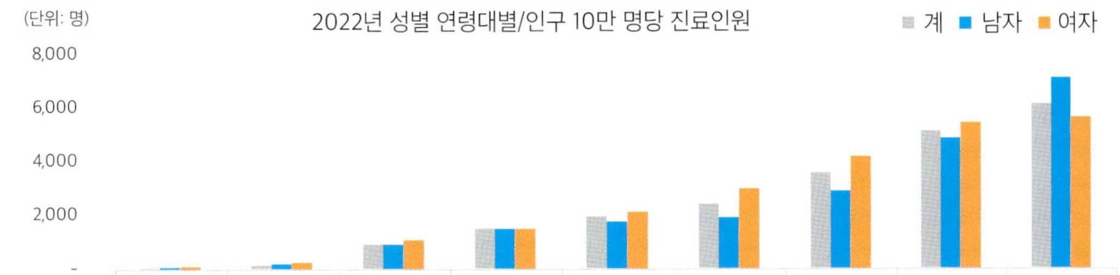

	9세 이하	10대	20대	30대	40대	50대	60대	70대	80세 이상
계	59	182	917	1,493	1,889	2,410	3,489	5,111	6,076
남자	68	182	851	1,496	1,710	1,896	2,840	4,822	7,075
여자	50	183	990	1,489	2,075	2,932	4,106	5,356	5,525
성비(%)	136.0	99.5	86.0	100.5	82.4	64.7	69.2	90.0	128.1

출처: 국민건강보험공단. https://medigatenews.com/news/1275689149

2) 수면장애와 건강문제

수면장애가 건강에 미치는 영향은 다양하다. 우선, 수면 부족은 고혈압이나 혈당 조절의 문제, 비만 등의 건강상 문제를 일으켜 각종 질환의 유병률과 사망률을 높일 수 있는 것으로 보고되고 있다. 많은 연구를 토대로 볼 때, 불면증은 심박동수를 증가시키고 심박변이도 감소, 수면잠복기 증가 등 생리적 각성과 연관되어 심근경색, 관상동맥질환, 심부전, 뇌졸중 등 심혈관 질환의 위험요소로 심혈관 사망률을 높이는 것으로 추정되고 있다.

잠을 잘 자지 못하면 집중력 저하 및 기억력 저하를 흔히 호소한다. 특히 객관적으로 수면시간이 짧은 경우에 정보처리속도, 주의력전환, 단기시각기억력이 저하된다. 또한, 많은 연구에서 불면증이 정신질환과의 공존이 매우 높으며, 우울, 불안, 자살 등의 위험인자임을 보고하고 있다.

3) 수면장애의 성차

남성과 여성의 수면장애 유병률은 세부 장애별로 차이가 있다. 폐쇄성 수면 무호흡증(obstructive sleep apnea, OSA), 졸음증과 REM 수면행동장애(REM sleep behavior disorder, RBD)는 남성에서 많이 진단되지만, 특발성과수면증과 하지불안증은 여성이 더 우세하다. 여성의 임신과 출산이 하지불안증 발생에 유의미한 위험요인이며 임신에서 폐경까지 유병률은 두 배로 증가한다. 불면증은 여성에서 유병률이 높은데, 발생위험은 월경 시작과 함께 시작된다. 호르몬 변화가 관련되어 있지만, 정확한 생물학적 메커니즘은 잘 알려져 있지않다. 폐쇄성 수면 무호흡증의 경우, 유병률의 성별 차이가 큰 것은 남성과 여성의 병태생리학적 차이와 성별 사이 진료의뢰 편향에 기인한다고 볼 수 있다. 더불어 비만도 수면장애 발생에 기여하는데, 50세 미만 남성의 비만과 비교하여 여성의 체중 증가는 폐쇄성 수면 무호흡증 유병률 증가의 원인임이 밝혀졌다. 남성과 여성의 폐쇄성 수면 무호흡증 증상도 차이가 있다. 남성은 자주 코골이, 콧물, 헐떡거림, 졸음을 보고하는 반면 여성은 상쾌하지 않은 수면, 피로, 불면증, 우울증을 보고한다.

폐쇄성 수면 무호흡증의 남성과 여성의 비율이 지역사회 거주자에서는 2:1이고, 병원의 수면 클리닉 방문자에서는 8:1로 남성이 월등히 많다. 이러한 차이는 여성의 폐쇄성 수면 무호흡증에 대한 연구와 치료가 부족하다는 것을 시사한다. 반면 지역사회에서 불면증을 호소하는 비율은 1:241이고, 수면클리닉에서는 약 1:5로 여성에서 월등히 많다. 수면 클리닉에서 폐쇄성 수면 무호흡증의 진단 및 치료에 남성편향의 특성이 나타나는 이유는 지역사회보다 수면클리닉을 방문한 여성이 더 젊고 남성보다 중증이고 폐쇄성 수면 무호흡증에 대한 치료가 지연되는 것으로 나타났다. 이러한 차이는 여성이 남성과 다르게 증상을 표현하여 진단의 성별 편향에 기여할 가능성이 있다. 의사들이 여성의 폐쇄성 수면 무호흡증에 대해 잘 모르고 여성의 증상을 잘못 해석하는 것도 남성에 편향된 진단의 원인이 될 수 있다.

수면장애가 있는 성인에서의 성별에 따른 수면장애 문제의 형태와 증상 차이에 대한 국내연구에서 여성과 남성간 성 차이가 확인되었다. 여성 수면장애 환자들은 남성 환자들에 비해 불면증 특이적 증상 호소가 더 강하고 평소 수면잠복기가 길다고 호소하나 객관적 수면검사에서는 큰 차이가 없어 수면상태 오각성이 큰 성향을 보인다. 남성의 경우에는 불면증 여부와 상관없이 폐쇄성 수면 무호흡증이 동반된 경우 낮잠을 더 많이 자려고 하는 경향이 있다. 실제 불면증상을 호소하는 환자 중 상당수가 폐쇄성 수면 무호흡증이 동반되고 있어 정확한 진단과 치료적 접근을 하기 위해 수면다원검사와 같은 객관적 검사가 필요하다. 즉, 수면장애의 증상과 세부 장애 형태가 여성과 남성에서 차이가 있음을 고려하여 접근하는 것이 중요하다.

3. 수면장애 관리

1) 관리 지침

수면장애 중 폐쇄성 수면 무호흡증(OSA)의 일반적인 관리지침은 행동요법, 체위요법, 지속적

기도양압치료, 구강내장치, 약물요법, 수술 등을 증상의 중증도에 따라 적용하는 것이다. 임상증상이 없고 심혈관계 합병증이 동반되지 않는 경우에는 행동요법으로 수면무호흡을 경감시키는 노력이 가장 중요하며, 일부에서는 약물요법을 시도할 수 있다.

행동요법에는 체중감량, 금주, 금연을 권고하고, 수면 무호흡을 유발하거나 악화시킬 수 있는 약제의 투약을 금지하며, 잠을 잘 때는 특정 체위를 유지하도록 하는 등의 교육이 포함된다. 수면 중의 체위 또한 코골이와 수면무호흡 발생에 영향을 미치는 중요한 요인이다. 따라서 측와위(lateral decubitus position) 혹은 반입위(semiupright posture)의 상태로 잠잘 수 있도록 특별히 고안된 베개를 사용하거나 등쪽에 공(snore ball)을 넣은 주머니를 부착한 잠옷을 입고 잠들도록 함으로써 수면 중 앙와위를 방지할 수 있다. 지속적 기도양압치료(continuous positive airway pressure, CPAP)는 중등도 및 중증의 폐쇄성 수면 무호흡증 표준치료이며, 최근에는 자동으로 압력을 설정하는 CPAP(auto-CPAP) 방식이 개발되어 임상에서 적용 중이다. 수면 무호흡 관리를 위해 구강내장치(oral appliances)를 적용하기도 한다. 이 장치는 구강 내에 장착함으로써 상기도 내경을 넓혀주는 장치로 수면 중에 구개수(uvula) 혹은 혀의 후방 이동을 억제하는 다양한 형태의 구강내장치가 개발되어 있으며, 하악을 전방으로 이동시키는 장치(mandibular advancement device)가 가장 많이 사용되고 있다.

수면장애 중 불면증의 임상진료지침에서는, 불면증 치료에 있어서 인지행동요법(cognitive behavioral therapy, CBT)을 일차치료로 제안하고 있다. CBT는 주로 수면위생교육(sleep hygiene), 자극조절법(stimulus control), 수면제한법(sleep restriction), 인지치료(cognitive therapy), 이완훈련(relaxation training) 등으로 구성되어 있고, 환자의 불면증을 비약물적으로 개선하기 위하여 널리 시행되는 기법이다. 다양한 연구를 통해 CBT가 불면증 호전에 도움이 된다는 것은 잘 알려져 있으며, 수면제를 사용하지 않고 불면증을 개선할 수 있다는 점에서 매우 유용한 치료법이라 할 수 있다. 수면장애 치료에 약물을 사용하는 것은 단기치료로 제한할 것을 권고하고 있다. 즉, 수면제는 4-5주 정도만 사용하기를 권고하였고, 만성불면증은 CBT를 교육받고 조절하도록 권고하고 있다.

2) 성차를 고려한 수면장애 관리

수면장애 관리는 남성과 여성에서 달라야 한다. 수면장애의 종류에서 성차가 나타나고 있어 각 수면장애 별 관리방법에서 성차가 충분히 반영되지 못하고 일반적인 관리지침에 따라 치료가 시행되고 있다. 그러나 수면의 특성이 나이와 성차에 의해 변화되듯이 수면장애와 증상도 성차가 있기에 수면상애의 관리지침을 적용할 때는 성차를 고려할 필요가 있다. 수면장애 중 폐쇄성 수면 무호흡증에서 코골음이 심한 경우 아주 시끄러운 호흡음과 함께 숨을 내쉬면서 종료되어 같이 잠을 자는 파트너에게 심각한 스트레스를 주기도 한다.

여성은 남성과 비교하여 중증의 폐쇄성 수면 무호흡증을 치료하는 데 약한 수준의 CPAP 압력이 필요하지만 이에 대한 근거는 아직 충분하지 않다. 여성은 남성보다 우울증 위험이 두 배나 높으며, 위험은 특히 월경 시작부터 폐경까지 지속된다. 우울증은 불면증을 호소하는 여성의 약 23%에서 동반된다. 선택적 세로토닌 재흡수 억제제(Selective Serotonin Reuptake Inhibitors, SSRI)는 여성의 우울증을 치료하는 데 사용되었으며, 여성이 남성보다 약물에 잘 반응한다. 중요한 점은 여성의 수면이 SSRI에 의해 개선되거나 방해받을 수 있으며, 결과적으로 보조 불면증 치료가 일반적으로 권장된다는 것이다. 과민성 방광(overactive bladder, OAB)은 요실금 및 야뇨증과 관련된 방광 저장 문제이며, 여성은 남성보다 더 심각한 증상을 보인다. 과민성 방광 증후군 환자는 일반적으로 자주 깨어나기 때문에 과민성 방광 진단은 불면증과 혼동될 수 있고, 시간이 지남에 따라 만성 불면증으로 이어질 수 있다. 불면증과 과민성 방광의 치료법이 다르기 때문에 두가지 문제를 구별하고 올바른 진단을 위해서는 방광 일지와 수면 일지를 함께 살펴봐야 한다.

수면장애를 호소하는 여성에게 치료를 시행하기 전에 다음 사항을 확인해야 한다. 첫째, 임신 가능 연령의 여성에게 부정적인 임신 결과에 대한 위험; 둘째, 모유를 통해 배출되는 약물의 부작용과 관련된 위험; 셋째, 피임약의 대사 증가로 인해 수면제(예: 모다피닐 및 R-모다피닐)를 섭취하여 피임약이 효과가 없을 수 있음; 넷째, 일부 약물의 저용량 처방. 여성은 남성보다 이러한 약물을 덜 효과적으로 제거하는 경향이 있기 때문이다.

(1) 폐경 전후의 수면장애

수면장애, 특히 야간 각성은 폐경 전후 여성에게 흔하며, 이 여성에게 가장 적합한 치료법은 수면-유지 불면증 치료이다. 졸피뎀과 에스조피클론은 여성의 불면증 치료에 위약보다 효과적이지만 연구에서 사용한 복용량은 FDA가 여성에게 권장하는 복용량의 두 배였다. 마찬가지로 에스조피클론(3 mg)은 폐경 전후 여성들의 수면 시작, 수면 유지 불면증 및 이와 관련된 합병증 증상의 개선효과가 있고, 호르몬 대체요법(Hormone replacement therapy, HRT)은 불면증이 있는 일부 폐경후 여성의 수면을 개선하는 것으로 나타났지만 결과는 확정적이지는 않다. 인지 행동 치료(CBT)는 이러한 여성의 불면증이 행동 조절 때문이라는 근거에 따라 폐경 전후 불면증에 효과적인 치료법이 될 수 있다. CBT는 다른 치료법과 함께 사용하거나 불면증이 HRT에 반응하지 않거나 야간 발한 없이 발생할 때 유익하다. 초기에 야간 발한은 폐경전 여성의 불면증을 유발할 수 있지만 시간이 지남에 따라 다른 지속 요인이 특정 행동 구성 요소를 가진 만성 불면증으로 이어진다.

(2) 월경 전 수면장애

월경 전 수면장애는 월경 주기의 황체기 후반에 기분 증상과 함께 발생할 수 있다. 수면의 질이 좋지 않으면 심각한 월경 전 증후군이 있는 여성의 불안 수준이 높아질 수 있다. 기분과 관련된 심각한 월경 전 증상은 세로토닌 결핍의 결과일 수 있다. 이러한 경우, 월경 주기의 황체기 후반에 투여된 세로토닌 재흡수 억제제(SSRI)를 며칠에서 일주일에 걸쳐 단기간 투여하면 기분 증상을 치료하는 데 효과적이다. 그러나 월경 전 수면장애를 치료하는 데 SSRI의 효능에 대한 근거는 아직 부족하다. 수면제를 단기간 투여하거나 CBT를 적극적으로 사용하는 것도 월경 전 불면증을 치료하는 데 효과적일 수 있다.

(3) 임신 및 산후 수면장애

특히 임신 3기 동안의 수면장애는 불편함, 빈뇨, 태아 활동, 하지불안증후군 또는 폐쇄성 수면무호흡증과 같은 여러 요인으로 인해 발생한다. 기면증, 특발성 과수면증 및 불면증에 대한 약물을 복용하는 동안 임신하거나 임신을 계획하는 여성에게는 주의 깊은 관리 치료가 필수적이다. 과도한 졸음증 약(암페타민, 메틸페니데이트, 모다피닐), 불면증 치료제(졸피뎀, 잘레플론, 에스조피클론, 라멜테온, 독세핀) 및 하지불안증후군 치료제(프라미펙솔, 로피니롤, 로티고틴 및 가바펜틴)로 사용되는 약물은 C등급 약물(잠재적인 이점이 잠재적 위험에도 불구하고 임산부에게 사용이 정당화될 수 있음)이다. 임산부의 수면장애를 치료하기 위해 적용할 수 있는 중재가 제한적이므로 추가 연구가 필요하지만, 폐쇄성 수면 무호흡증에 대한 지속적 양압 호흡(CPAP)과 임신 중 수면장애를 관리하기 위한 행동 개입의 적극적인 사용을 권장한다.

수면장애가 있는 산후 여성의 경우에도 비슷하다. 약물치료는 모유로 약물이 배출될 수 있어 사용에 조심스럽다. 따라서 약물치료를 받는 여성은 혈중 약물 수치가 가능한 한 낮을 때 모유수유를 하는 것이 좋다. 그러나 모든 약물이 모유로 배출되는지는 알 수 없으며 암페타민과 메틸페니데이트와 같은 일부 각성제는 금기 약물이다. 또한, 하지불안증후군에 사용되는 도파민 작용제는 실제로 프로락틴 방출을 차단하여 모유 생산에 영향을 미친다. 수면장애는 산후 우울증으로 인해 발생할 수 있으며, 이는 아기가 밤새 잠을 잘 수 없고 때로는 불면증이 발생하기 때문일 수 있다. 따라서 모유 수유를 하는 어머니와 관계없이 반응성과 영아 돌봄 능력이 감소하는 것을 예방하는 효과적인 치료법을 환자에게 제공해야 한다.

산후 여성의 불면증을 일반적인 수면장애와 구별하는 것이 중요하고 결정적이어서 CBT와 같은 효과적이고 우선적인 치료를 사용할 수 있다. 모유 수유 상태에 따라 CBT가 효과가 없는 경우 관련 위험이 가장 적은 약물을 신중하게 사용해야 한다.

4. 수면 증진 전략

수면을 증진하기 위하여 가장 쉽게 사용할 수 있는 방법은 수면제를 복용하는 것이다. 그러나 수면제 복용은 환자들의 거부감이 크고, 실제로 수면제를 복용하더라도 잠을 잘 자지 못한다고 호소하는 경우가 잦다. 따라서 수면제를 복용하기 전 규칙적인 수면-각성 주기를 조정해 주는 불면증 인지행동치료를 먼저 시행하는 것이 좋다.

1) 수면습관 교육(수면위생)

평소에 일주기 리듬이 깨어지지 않도록 하는 것이 중요하다. 어느 날 밤에 잠을 설치는 일이 있었더라도 다음날 낮에 낮잠을 자지 않아야 다음 날 다시 빠르게 정상적인 일주기 리듬으로 돌아가게 만들어 밤에 쉽게 잠들 수 있는 방법이 된다. 또 무슨 일로 늦게 잠자리에 들었더라도 다음 날에 평소처럼 일어나 활동하고 낮잠도 평소 이상으로 취하지 않게 하는 것이 수면리듬이 빨리 정상으로 돌아가게 하는 방법이다.

일반적으로 수면위생교육은 Hauri가 제시한 개념으로 대표된다. 보통 1) 다음 날 피곤하지 않을 정도만 잠을 잘 것, 2) 아침에 규칙적인 시간에 일어날 것, 3) 매일 적당량의 운동을 지속할 것, 4) 자는 동안 심한 소음을 피할 것, 5) 침실을 너무 덥게 하지 않을 것, 6) 배가 고프지 않도록 할 것, 7) 수면제는 일시적으로만 사용할 것, 8) 저녁에 카페인을 피할 것, 9) 술을 피할 것, 10) 잠들기 위하여 과도하게 애쓰지 말 것 등을 지침으로 한다. 이는 분명 도움이 되는 방법이기는 하나, 숙면을 취하기 위한 방법으로 부족하다. 수면습관교육에 더하여 자극조절법이나 수면제한법과 같은 행동치료와 인지치료를 병합하여야 한다. 자극조절법은 잠자리와 수면 간의 관계를 조정하는 것으로, 잠자리는 자는 공간으로만 인식하도록 교육한다. 나쁜 수면 습관을 개선하기 위한 교육은 의외로 주기적인 수면교육으로 수면습관 개선활동을 강화할 필요가 있다.

수면습관의 지침으로는 미국수면의학회의 수면교육(American Academy of Sleep Medicine, Sleep Education) 내용을 참조하는 것도 좋다. 미국수면의학회의 수면교육내용을 살펴보면 다음과 같다.

① 일관된 수면 일정을 유지하십시오. 주말이나 휴가에도 매일 같은 시간에 일어나십시오.

② 적어도 7-8시간의 잠을 잘 수 있도록 취침 시간을 일찍 설정하세요.

③ 졸리지 않는 이상 잠자리에 들지 마세요.

④ 20분 후에도 잠들지 않으면 침대에서 일어나세요. 빛에 많이 노출되지 않고 조용한 활동을 하십시오.

⑤ 편안한 취침 시간 루틴을 설정하세요.

⑥ 침대는 수면과 섹스를 위해서만 사용하십시오.

⑦ 침실을 조용하고, 편안하고, 편안하고, 시원한 온도로 만드십시오.

⑧ 저녁에는 밝은 빛에 노출되는 것을 제한하십시오.

⑨ 잠자리에 들기 최소 30분 전에 전자 기기를 꺼두세요.

⑩ 자기 전에는 과식하지 마세요. 대신 배가 고프면 가볍고 건강한 간식을 먹습니다.

⑪ 규칙적으로 운동하고 건강한 식단을 유지하세요.

⑫ 오후나 저녁에는 카페인 섭취를 피하세요.

⑬ 취침 전 음주를 피하세요.

⑭ 취침 전 수분 섭취를 줄이세요.

나쁜 수면 습관을 개선하기 위한 교육은 주기적인 수면교육으로 수면습관 개선활동을 강화할 필요가 있다. 쉽게 피로감을 느끼기 때문에 주간에 누워서 지내는 시간이 많고, 밤과 낮을 거실에서만 혹은 침실에서만 지내는 일이 허다하다. 이러한 습관은 잠자리와 일상생활 공간의 경계를 무너뜨려 불면증을 악화시킨다. 수면제한법은 누워 있는 시간이 길수록 수면 효율이 저하된다는 것에 기초한다.

수면효율이 낮다는 것은 잠들지 않은 채 누워 있는 시간이 많다는 의미이므로, 누워 있는 시간을 줄여 수면의 효율을 증가시키도록 만든다. 다만, 암 환자의 경우 누워 있는 시간을 감소시키기 위해서는 피로감을 줄여주는 방안이 동시에 고려되어야 한다. 내과적 문제를 교정하고, 규칙적인 운동을 격려하고, 우울증 등 정신적인 문제를 같이 해결해야 한다. 인지치료는 수면에 대한 역기능적 사고를 교정하는 치료기법이다.

잠을 잘 못자는 경우 나에게 심각한 문제가 발생할 것이라는 잘못된 믿음이 역설적으로 불면증을 악화시킨다. 이러한 역기능적 생각은 잠에 대해 지나치게 걱정하게 만들어 오히려 불안과 두려움을 증가시켜 결과적으로 불면증을 악화시킨다.

좋은 수면 환경을 조성하는 것도 매우 중요하다. 소음이 적고 불빛이 차단된 편안한 방에서 익숙한 침구를 사용하는 것이 생각 이상으로 도움이 된다. 노인은 청년과 비교하여 수면 중에 깨게 되는 소음의 역치가 더 낮기 때문에 작은 소음에도 잘 깬다고 알려져 있다.

2) 수면일기

수면장애를 경험한 사람은 주간의 피로감을 해소하기 위하여 낮잠을 자거나 야간에 의도적으로 수면시간을 늘리려 한다. 이러한 행동은 역으로 불면증을 지속시키거나 악화시키는 요인으로 작용한다. 하루 동안의 활동을 임상적으로 쉽게 파악하기 위해서는 수면일기(표 1)와 같은 평가를 하는 것이 도움이 된다. 수면일기를 작성하는 방식은 다양하나 일반적으로 잠자리에 눕는 시간, 잠이 드는 시간, 수면 중에 깬 횟수와 다시 잠들 때까지 걸린 시간, 아침에 깬 시간, 최종적으로 침대에서 일어난 시간, 낮 동안 누워 있었던 시간, 낮잠 횟수 등을 기록한 2주간의 수면일기를 작성하는 것이 일반적이다. 이를 활용하면 하루 동안의 활동도를 쉽게 파악할 수 있어 수면-각성 주기의 개선에 도움이 된다. 또한, 수면일기를 통해 환자와 의사 모두가 미처 인지하지 못했던 수면 주기와 관련된 문제를 파악할 수 있게 하는 정보를 제공할 수 있다. 스마트폰의 어플리케이션을 활용하여 수면의 효율을 평가하는 것도 도움이 되기는 하지만, 실제 수면과 일치할 정도로 정확하다고 보기는 어렵다. 평가된 결과에 대한 임상적 판단이 필요하다.

표 1 수면일기 예

취침 전에 작성하십시오.							
날짜	일요일	월요일	화요일	수요일	목요일	금요일	토요일
낮잠							
잠자리에 누운 시간							
잠 드는데 걸린 시간							
밤 동안 깨어있던 시간							
깨어난 시간							
잠자리에서 나온 시간							
총 취침시간							
총 잠자리에 있던 시간							
수면 효율							
자극 조절 지침대로 하셨습니까?							
(필요한 경우) 이완요법을 하였습니까?							

3) 햇빛과 야외활동

임상적으로 "잠을 잤건 자지 않았건 하루 중에 누워서 지낸 총 시간이 얼마나 되십니까?"라는 질문은 매우 유용하다. 사람들은 누워 있는 시간이 별로 없다고 얘기를 하지만, 의외로 많은 환자들이 누워 있는 시간이 매우 길다. 이를 정확히 파악하여 누워 있는 시간을 줄이고 활동을 늘리는 것은 분명 수면에 도움이 된다. 더 나아가 체력을 회복하고 근력을 증가시키는 데에도 활동이 중요하다. 주간의 야외활동과 적절한 일조량은 생각보다 수면에 매우 중요하다. 단지 듣기 좋은 말인 것이 아니라, 누워 있는 시간을 줄여야만 불면증이 해소된다. 이를 한마디로 "17시간의 활동이 있어야 7시간의 수면을 취할 수 있다."로 표현할 수 있다. 불면증과 관련된 여러 가지 이론과 자료를 종합하면 7시간의 수면이 우리에게 필요하며, 이를 달성하기 위해서는 17시간의 활동이 필수적이다. 실제로 신체적인 활동이 수면장애를 개선할 수 있다는 많은 연구들이 이뤄진 바 있다. 일주기 리듬을 정상화시키고 불면증 증상을 호전시킬 뿐 아니라 신체적 건강을 회복하기 위해서라도 규칙적인 야외 활동과 근력 운동은 매우 중요하며, 심리적 문제, 무기력감, 피로감 등의 문제를 같이 해결할 수 있는 방법들이 논의되고 제시되어야 한다.

수면 부족과 관련된 부정적인 연관성은 모든 상황에서 부족한 신체활동이 주요 요인으로 나타난다. 신체활동의 부족에 의해 수면장애가 악화되고 시너지 효과가 있을 수 있으므로 수면증진을 위해서는 활동을 증진하는 것을 목표로 삼아야 할 필요가 있다. 특히 구조화된 운동은 유방암 여성의 주관적 수면의 질과 휴식시간을 증가시키고 수면장애와 주간 기능 장애 증상을 감소시켰다. 구조화된 운동 프로그램의 프로토콜은 중간 강도부터 높은 강도까지 유산소 운동과 저항 운동이 포함된 다중 운동으로 구성되어야 효과적이다.

낮 동안에 신체적 혹은 육체적 운동을 함으로써 뇌와 신체를 약간 피로한 상태가 되도록 만드는 것도 숙면에 도움이 된다. 그러나 저녁에 너무 격렬한 운동이나 과도한 긴장이 요구되는 활동을 하게 되면 쉽게 이완상태로 전환되지 못하여 오히려 수면을 어렵게 할 수 있다. 그러므로 약간 빠르게 걷기, 편안한 사람들과의 만남, 따뜻한 물에 목욕하는 등의 가벼운 활동이 유용하다.

낮에 적당량의 빛을 쬐는 것이 야간수면에 도움이 된다고 한다. 치매노인들이 야간에 자지 않고 배회하는 증상이 있을 때 주간에 적정량의 빛을 쬐게 한 결과 야간배회 문제가 줄어들었다는 것이다. 이때 빛은 햇빛이어도 되고 인공조명도 괜찮다. 빛이 뇌의 수면조절중추에 영향을 주는 것으로 생각된다. 송과체에서 분비하는 호르몬인 멜라토닌도 수면유도를 목적으로 사용되었으나 아직까지 큰 효과는 발견되지 않았다.

4) 이완요법

심호흡, 명상, 요가, 근육이완 등의 이완요법이 스트레스 관련 생리지표를 개선하여 생의 전 주기의 수면장애에 효과적인 중재로 근거가 축적되고 있다. 아로마요법도 심혈관 질환자의 수면에 개선효과가 검증되었다. 이완은 초기 수면장애를 개선하기에 적합한 중재이다. 효과가 입증된 마음챙김 명상은 수면의 질을 저하시키는 여러 가지 인지적, 정서적 과정을 표적으로 작용하며, 반추적 사고와 감정적 반응을 감소시키고, 특정 경험에 대한 재평가를 촉진하는 기전이 합쳐져 수면을 촉진한다. 많은 연구에서 마음챙김 명상이 수면의 질을 개선하는 데 효과적인 중재로 검증되었다.

심호흡, 점진적 근육이완이나 음악보조이완은 다양한 상태의 환자의 수면 질을 개선하는 데 효과적인 보조요법이다. 음악보조 이완은 수면문제를 갖고 있는 다양한 사람들이 배우기 쉽고 빠르게 적용할 수 있어 인지 행동 및/또는 교육적 요소를 결합한 다면적 개입에서 효과적인 요소가 될 수 있다. 많은 수면관련 학회나 환자모임에서 일반인이 스스로 적용할 수 있는 다양한 이완요업과 명상에 대한 지침 등을 안내하고 있다.

간호학적 적용

수면문제는 건강문제로 진행하기 전, 수면증진 활동을 통해 수면건강을 관리하는 것이 중요하다. 이는 간호학의 Orem의 자가간호이론을 적용한 간호전략으로 수면건강 관리를 계획하고 제공할 수 있다. 특히 남성과 여성의 성차를 이해하는 문화간호 역량과 통합간호 중재 전략을 적용할 수 있는 건강문제 영역이다.

수면의 생리에서 나타나는 성차와 수면문제의 발생 원인과 질병의 성차, 그리고 성차를 고려한 정밀 진단검사 관리중재의 적용에 간호의 기여가 요구된다.

참고문헌

국민건강보험공단. 2022 건강보험통계연보. [Accessed 1, November, 2024]. By https://www.nhis.or.kr/nhis/together/wbhaec06300m01.do?mode=view&articleNo=10838804&article.offset=0&articleLimit=10

국민건강보험공단. 2023 건강보험진료데이터. [Accessed 2, February, 2025]. By https://medigatenews.com/news/1275689149

대한신경정신의학회. 임상진료지침위원회, 불면증 임상진료지침. 2019.

매슈 워커. 우리는 왜 잠을 자야할까. 이한음 역. 2019 사람의집.

이상학, 문화식. 수면무호흡증의 진단과 치료. 수면정리생리, 2003;10(1):5-11.

최수정, 김동엽, 황윤하, 조현진, 주은연. 성별에 따른 수면장애의 원인 질환 분석. J Sleep Med. 2020;17(2):138-147.

Allada R, Bass J. Circadian mechanisms in medicine. N Engl J Med. 2021;384:550-61.

Armitage R, Hoffmann RF. Sleep EEG, depression and gender. Sleep Med Rev. 2001;5:237-246.

Berger K, Luedemann J, Trenkwalder C, John U, Kessler C. Sex and the risk of restless legs syndrome in the general population. Arch Intern Med. 2004;164:196-202.

Borbély AA. A two process model of sleep regulation. Hum Neurobiol. 1982;1:195-204.

de Niet G, Tiemens B, Lendemeijer B, Hutschemaekers G. Music-assisted relaxation to improve sleep quality: meta-analysis. J Adv Nurs. 2009;65:1356-1364.

Dorsey CM, Lee KA, Scharf MB. Effect of zolpidem on sleep in women with perimenopausal and postmenopausal insomnia: a 4-week, randomized, multicenter, double-blind, placebo-controlled study. Clin Ther. 2004;26:1578-1586.

Duffy JF, Cain SW, Chang AM, et al. Quantification of behavior Sackler Colloquium: sex difference in the near-24-hour intrinsic period of the human circadian timing system. Proc Natl Acad Sci U S A. 2011;108(15):602-615.

Ehlers CL, Kupfer DJ. Slow-wave sleep: do young adult men and women age differently? J Sleep Res. 1997;6:211-215.

Eriksson E, Andersch B, Ho HP, Landen M, Sundblad C. Diagnosis and treatment of premenstrual dysphoria. J Clin Psychiatry. 2002;63 Suppl7:16-23.

Harvey AG. A cognitive model of insomnia. Behav Res Ther. 2002;40:869-893.

Knutson KL. The association between pubertal status and sleep duration and quality among a nationally representative sample of U.S. adolescents. Am J Hum Bio. 2005;17:418-424.

Krueger JM, Frank MG, Wisor JP, et al. Sleep function: toward elucidating an enigma. Sleep Med Rev. 2016;28:46-54.

Krystal AD, Edinger J, Wohlgemuth W, Marsh GR. Sleep in peri-menopausal and post-menopausal women. Sleep Med Rev. 1998;2:243-253.

Krystal AD. Depression and insomnia in women. Clin Cornerstone. 2004;6:S19-S28.

Goel N, Kim H, Lao RP. Gender differences in polysomnographic sleep in young healthy sleepers. Chronobiol. Int. 2005;22:905-915.

Len DN, Kerry A, Esther FO, Gemma CR, Jenni C, Anna CW. The effects of physical activity on cortisol and sleep: A systematic review and meta-analysis. Psychoneuroendocrinology, 2022:143:105843.

Mallampalli M, Carter C. Exploring Sex and Gender Differences in Sleep Health: A Society for Women's Health Research Report. J Womens Health. 2014;23(7):553-562.

Mong JA, Cusmano DM. Sex differences in sleep: impact of biological sex and sex steroids. Philos Trans R Soc Lond B Biol Sci. 2015;371:20150110.

Newport DJ, Hostetter A, Arnold A, Stowe ZN. The treatment of postpartum depression: minimizing infant exposures. J Clin Psychiatry. 2002;63 Suppl 7:31-44.

Ohayon MM, Carskadon MA, Guilleminault C, Vitiello MV. Meta-analysis of quantitative sleep parameters from childhood to old age in healthy individuals: developing normative sleep values across the human lifespan. Sleep. 2004;27:1255-1273.

Pengo M, Won C, and Bourjeily G. Sleep in Women Across the Life Span. CHEST. 2018;154(1):196-206.

Perlis ML, Giles DE, Mendelson WB, et al. Psychophysiological insomnia: the behavioural model and a neurocognitive perspective. J Sleep Res. 1997;6:179-88.

Redline S, Kump K, Tishler PV, Browner I, Ferrette V. Gender differences in sleep disordered breathing in a community-based sample. Am J Respir Crit Care Med. 1994;149:722-726.

Rusch HL, Rosario M, Levison LM, et al. The effect of mindfulness meditation on sleep quality: a systematic review and meta-analysis of randomized controlled trials. Philos Trans R Soc Lond B Biol Sci. 2019;1445:5-16.

Shepertycky MR, Banno K, Kryger MH. Differences between men and women in the clinical presentation of patients diagnosed with obstructive sleep apnea syndrome. Sleep. 2005;28:309-314.

Spielman AJ, Saskin P, Thorpy MJ. Treatment of chronic insomnia by restriction of time in bed. Sleep. 1987;10:45-56.

Stewart WF, Van Rooyen JB, Cundiff GW, et al. Prevalence and burden of overactive bladder in the United States. World J Urol. 2003;20:327-336.

The state of sleep health in America 2023. American sleep apnea association. [Accessed 1, November, 2024]. Available from https://www.sleephealth.org/sleep-health/the-state-of-sleephealth-in-america/.

Young T, Peppard PE, Taheri S. Excess weight and sleep-disordered breathing. J Appl Physiol. 2005;99:1592-1599.

Zhang B, Wing YK. Sex differences in insomnia: a meta-analysis. Sleep. 2006;29:85-93.

03 PART

노년기

CHAPTER 1

노년기 돌봄·외로움과 성차

장숙랑 중앙대학교 적십자간호대학 지역사회간호학

요약문

- 노년기 돌봄과 외로움은 성별에 따라 다르게 경험된다. 여성은 주로 돌봄을 제공하지만, 정작 본인은 충분한 지원을 받지 못한다. 한국은 가족 중심의 돌봄 구조 속에서 그 부담이 여성에게 집중되며, 경제적 취약성과 사회적 인식으로 인해 여성 노인은 돌봄 받기를 포기하거나 시설 입소를 선택하는 경우가 많다. 반면, 남성 노인은 배우자에게 의존도가 높다.
- 이러한 불평등은 돌봄 제공, 경제적 안정성, 임종 방식까지 영향을 미친다. 돌봄의 공적 지원 확대와 성별 격차 해소는 더 이상 미룰 수 없는 과제다. 이러한 차이는 노년기의 사회적 고립과 외로움 경험에도 영향을 미친다.
- 외로움은 단순한 고립이 아니라 심리적 상태로, 성별에 따라 경험 방식이 다르다. 남성은 감정 표현이 제한적이며 사회적 관계보다 성취에 집중하는 경향이 있어 배우자 사별 후 외로움을 크게 느낀다. 반면, 여성은 감정적 유대와 관계의 질을 중시하며, 배우자 사별 후 더욱 고독을 경험하지만, 사회적 네트워크를 더 적극적으로 활용한다.
- 노년기 사회적 고립과 외로움 해소를 위해 남성은 다양한 사회적 관계 형성을, 여성은 정서적 만족도를 높이는 지원이 필요하다. 성별에 맞춘 맞춤형 접근이 노인의 정신 건강과 삶의 질 향상에 기여할 것이다.

서론

인간은 태어나면서부터 돌봄이 필요하다. 인식하지 못하는 순간에도 우리는 누군가에게 돌봄을 받거나 주고 있다. 일상생활을 의존하는 상황은 갑자기 찾아오기도 하지만 만성질환이나 노쇠(frailty)와 더불어 서서히 찾아오는 것이 일반적이다. 이때 의존하게 되는 첫 번째 대상은 가까이 있는 가족이나 동거자이다. 소소한 것처럼 보이지만 이들의 많은 간병과 돌봄노동의 가치는 가름하기 어렵다. 돌봄이 필요한 사람에게 공평하게 충족되고 있는지, 결핍이 존재하지 않는지, 돌봄제공자의 무임노동, 불안정 노동에 의존하면서도 또 외면하고 있진 않나, 질문해야 한다. 특히 성별에 따라 가중되는 고통이 돌봄 영역 안에 존재하는지를 반드시 질문해야 한다.

외로움(고독, loneliness)은 단순히 사람들이 주변에 없는 것 이상의 의미를 가진다. 외로움은 감정적으로 고립되었거나, 타인과의 관계에서 부족함을 느낄 때 경험하는 심리적 상태로, 인간의 정신적, 신체적 건강에 중대한 영향을 미친다고 밝혀졌다. 성별에 따라서도 외로움의 경험은 다르게 나타날 수 있는데, 남성과 여성은 각각의 사회적 역할, 감정적 요구, 관계망에서 차이가 있기 때문에 이로 인해 외로움을 경험하는 방식 또한 다를 수 있다. 노인의 경우 혼자 살 가능성이 높고, 가족이나 친구와 사별할 가능성, 그리고 건강문제로 인해서 사회적 고립과 외로움을 경험하게 될 가능성이 높다. 본 장에서는 노년기 성별에 따른 외로움의 차이를 이해함과 동시에 사회적, 심리적 맥락을 살펴보고자 한다. 외로움이 단순한 감정적 경험을 넘어서, 성별로 개인의 삶의 질과 사회적 웰빙에 어떤 영향을 미치는지를 알 수 있을 것이다.

1. 노년기 돌봄의 성차

1) 돌봄의 속성

돌봄은 보편적인 현상이며, 당연한 권리이기도 하다. 돌봄의 행태 중 많은 부분이 무임금/비공식 행태이며 친밀감을 기초로 하지만, 돌봄의 개념은 그보다 광범위하다. 일상의 공간에서 사적인 관계 속에서도 이루어지고, 노동과 시장(market)으로, 공공재의 모습으로 이루어지기도 한다. 돌봄의 주고받는 행위는 집단마다 다르며, 사회경제적 조건, 국가, 사회, 지역사회, 문화의 다양성을 종합적으로 고려해야 돌봄의 속성이 보인다. 돌봄은 개인적인 문제라기보다 한 사회에 깊숙이 뿌리박힌 불평등의 문제, 민주주의와 기본권과도 맞닿아 있는 정치철학이기도 하다. 우리 사회의 돌봄 행위와 특성을 파악해 나가는 과정은 사회적 불평등 문제의 연장선상에서, 특히 뿌리 깊은 성별 불평등의 견지에서 파고들어 살펴보는 여정이어야 한다.

2) 인구고령화와 돌봄 요구

Kontis 등의 연구에 따르면, 한국은 세계 최고의 수명연장 속도를 보인다. 한국 여성은 2030년까지 평균 90세 이상 살 수 있는 최초의 집단이 될 것으로 예측했다. 급속한 고령화에 따른 돌봄수요에 대응하여 2008년 장기요양보험이 개시되었다. 장기요양 등급심사 결과에 따라 장기요양 등급에 배정된 후, 65세 이상 노인이라면 장기요양 서비스를 받을 수 있다. 요구 평가에 따라 여러 서비스(방문간호, 방문요양, 시설 입소, 복지용구 지원)가 제공된다. 돌봄 위기라는 새로운 사회적 위험에 봉착해 있는 현실 속에서 제공자로는 어떻게 돌볼지, 수혜자로는 어떤 돌봄을 받을지를 깊이 고민해야 한다. 돌봄문제는 통합적으로 고민해야 하는 중요한 정책 이슈라 할 수 있다.

최근 노인 독거가구 비중의 증가와 자녀동거 가구 감소는 노인돌봄이 가족 안에서 안정적으로 이루어질 가능성이 점점 감소하고 있음을 의미한다. 노인돌봄은 가족에 의존하기보다 공적 제도와 정책으로 접근해야 한다는 목소리가 커지고 있다. 1차, 2차 베이비부머 세대는 이전 세대와는 확연히 다른 인식을 가졌다. 부모를 직접 돌보지 않고 요양시설에 보내는 것을 부끄럽게 생각하기보다 필요한 사회보장으로 여기는 비율이 높아졌다. 문제는 실제로 정부 정책이 이러한 요구를 잘 담아내고 있는가이다.

노인돌봄의 문제를 논할 때는 증가하는 경제적 불안정 속에서 경제활동 상황도 동시에 고려되어야 한다. 국가인권위원회(2018)의 「노노(老老)돌봄 현황 실태조사」 결과에 의하면 노노돌봄을 이야기할 때, 경제적 취약성을 교차하여 취급해야 한다고 주장한다. 특히, 돌봄 책임자로 '여겨지는' 여성 노인의 경우, 돌봄으로 인해 경제적 취약성을 경험하기 때문에 제도적인 보완이 필요하다. 돌봄 수혜 욕구가 있지만 돌봄을 받지 못하는 경우를 성별로 살펴보면, 여성 노인은 약 10%로 3.5%인 남성에 비해 높다. 이는 생애주기 안에서 연령에 상관없이 돌봄제공자로 호명되어 온 여성이 정작 당사자로서 돌봄 수혜 요구는 충족되지 못하고 있음을 의미한다.

3) 노년기 돌봄의 성차

생애과정 동안 한 번 이상 당연히 받아야 하는 돌봄이지만, 그 양과 질이 누구에게나 똑같이 주어지는 건 아니다. 개인의 특성이나 환경적 특성이 돌봄의 종류(공식, 비공식 돌봄), 양과 질에 각각 영향을 준다. 성별, 결혼상태, 기능상태, 치매 여부나 가족자원의 정도에 따라 돌봄을 받는 정도는 상당히 다르다. 국가나 지역사회의 장기요양시설, 서비스의 양과 질, 장기요양 재정 상태도 돌봄의 차이와 성차를 만들어 낸다.

(1) 돌봄 수혜 양상의 성차

한국보건사회연구원의 2017년 노인실태조사에 의하면, 신체적 기능 저하자 중 71.4%가 수발을 받고 있고, 이 중 89.4%가 가족(동거 또는 비동거 가족)으로부터 수발을 받고 있다. 즉, 90% 가까이가 가족에 의존하고 있다. 69%는 동거 가족원, 36.2%는 비동거 가족원으로부터 수발을 받고 있다. 수발을 받는 노인 중 장기요양보험서비스 급여를 이용하는 경우가 19.1%, 노인돌봄서비스가 4.2%이다. 노인장기요양보험 제도화로 가족책임이었던 노인돌봄이 국가의 책임으로 사회화되었음에도 불구하고, 노인돌봄은 여전히 가족에게 많은 부분을 의존하고 있다. 국가의 정책은 등급인정 중심으로 이루어지지만, 노인의 돌봄 수혜 요구는 표준화된 등급에 의해서 제단되기 어려운 일상적이고 광범위한 수준에서 존재한다.

청소 등 가사, 식사 도움, 외출 동행에서는 배우자, 딸, 아들이 주로 돌봄을 제공하고, 목욕지원 등은 배우자, 딸, 큰 며느리가 수발하는 비율이 높다. 배우자가 없을 경우는 노부모 수발이 딸을 중심으로 한 직계자녀에 의해 이루어진다. 재가 남자 노인은 여자 노인보다 가족에 의한 비공식 돌봄(간병)에 더 많이 의존한다. 여자는 남자보다 가사 업무지원을 덜 받는다. 평균적으로 부부간의 생애과정을 보면, 부인의 기대 수명이 길 확률이 높다. 즉, 남자는 배우자가 생존해 있을 가능성이 높지만 여자는 사별로 인해 외부 도움이 필요할 가능성이 높다. 그러나 성별에 따른 돌봄행태의 차이는 유배우 커플 사이에서도 똑같이 관찰되었는데, 이 연구에서 남자 돌봄제공자는 '여성적인 업무'(예: 요리, 가사, 세탁 등)를 수행하기를 꺼리기 때문에 부인을 돌볼 때 공적 요양서비스를 신청할 가능성이 높다고 해석하였다.

한국 남자 노인들은 부인에 대한 돌봄 의존도가 매우 높기 때문에 가족 안팎에서 배우자를 제외한 돌봄제공자를 찾기가 쉽지 않다. 한국 남성의 주 돌봄제공자는 배우자이고, 그 외에는 돌봄제공자가 거의 없다. 한국 남자는 의존상태를 수치스럽거나 남자답지 못함으로 여기며 두려워하고, 배우자가 아닌 이성 돌봄제공자에 의존하기를 꺼린다. 공적 돌봄 서비스를 사용하는 것조차 꺼리기도 한다. '강하고 건강한' 남성성을 강조하며 살아온 한국 남성은 '수동성', '활력부족' 및 '자신감 저하'로 대표되는 의존성을 부정적으로 인식한다. 남성의 전형적 성 역할은 여성의 성 역할만큼이나 개인의 발달 과정 적응에 부정적 영향을 미치고, 노년기 돌봄에까지 이른다. 돌봄 행태는 노인의 현재 특성에만 맞추어지는 것이 아니다. 돌봄에 영향을 미치는 여러 요소들은 노인이 되기 훨씬 전부터 개인과 사회로부터 축적되어 온 여러 경험과 사회인구학적 요소들로 얽혀 있다.

노년기 돌봄의 양과 질에 관한 성차를 살펴본 연구에서, 총 돌봄시간은 성차가 없음에도 불구하고 월평균 돌봄받은 일수는 남자가 더 높았다. 남녀 간 돌봄이 필요한 정도가 유사하다고 가정했을 때, 남자에게는 돌봄시간이 길어진다는 것이다. 도움이 필요한 항목의 종류와 특성에 성차이가 있기 때문으로 해석하였는데, 남자는 매일 반드시 완수해야 하는 필수적인 도움, 예를 들면 식사준비, 요리 및 세탁 등에서 여자보다 어려움을 겪기 때문에 돌봄시간이 길어질 수밖에 없었다.

돌봄 수혜의 성차에서도 경제적 조건이 교차하는 양상을 살펴볼 필요가 있다. 가구소득이 높은 여자 노인의 경우, 주 돌봄제공자는 유급 간병자일 가능성이 더 크다. 소득 수준이 낮을 경우 유급의 돌봄서비스를 사용하지 않는다. 한국 노인 여성은 자녀 또는 남편에게 경제적으로 의존할 가능성이 높고, 자신의 선호보다는 가족의 결정에 따르는 경향이 있다. 때로 자녀에게 경제적 부담을 주지 않기 위해 본인부담이 있거나(장기요양) 돈을 지불해야 하는(간병인 고용) 돌봄서비스를 사용하지 않기도 한다. 시설 입소를 '자녀의 불효', 또는 '버려지는 것'으로 인식하는 경향이 있으며, 여성 노인은 자녀의 심적 부담을 덜어주기 위해 돌봄 요구를 감추거나 돌봄 받기를 포기하는 수도 있다. 이는 비슷한 문화를 소유한 일본에서도 목격된다. 일본 Shichirō Fukazawa의 유명한 소설 『나라 야마의 발라드』(1956)에서 노래한 "Ubasute-yama"(문자 그대로 Dump the Grandmother Mountain)는 과거 한국의 고려장과 같이 노인이 산으로 가서 자발적으로 굶어 죽기를 선택하고 가족의 돌봄 부담을 덜어주려 했다(그림 1).

그림 1 일본 Shichirō Fukazawa의 유명한 소설, '나라 야마의 발라드'(1956) 영화의 한 장면

"여성" 노인이 경제적 의존체인 "아들"에 의해 돌봄받기를 포기하고 산으로 향하는 모습. 여성 노인은 산에 버려진 다른 노인에 비해 자신이 너무 젊어 보이자, 자갈로 치아를 스스로 훼손하여 더 늙어보이려 노력한다. 자신을 버린 아들을 남들이 흉볼까 두려워서이다.

돌봄 수혜의 성차는 임종 장소의 차이도 가져온다. 한국고령화패널조사를 사용한 종단적 분석에 의하면, 여성은 요양시설(assisted living residence)에서의 임종이 남성보다 2.94배 높았다. 여성 노인은 남성보다 기대수명이 길고 치매 이환율이 높아 요양시설 의존도가 크게 나타났을 가능성도 있지만 가족 돌봄 자원이 부족할 경우, 여성 노인은 병원보다 요양시설에 머물 가능성이 높다. 여성 노인은 일생 동안 가족 돌봄 제공자로서 역할을 수행했으나, 정작 자신이 돌봄을 필요로 할 때는 가족 돌봄자원 부족으로 적절한 돌봄을 받지 못하거나 또는 요양시설로 입소하는 경향이 높다. 그에 반해 남성 노인은 병원에서의 사망비율이 높다. 농어촌 거주 여성 노인은 도시 지역 노인과 비교하여 가정에서 임종할 확률이 더 높았는데, 농어촌 지역은 병원이나 요양시설이 부족하여, 선택지가 적기 때문으로 해석된다. 즉, 가정에서 존엄한 임종을 맞이한다기보다 사망 후 발견되는 사례가 더 많을 수 있다는 것이다. 재택 기반 돌봄 체계가 충분히 제공되지 않아 개인 선호에 상관없이 병원이나 요양시설에서 죽음을 맞이하고 있으며, 이에도 성차는 존재하였다. 성별에 따라 죽음의 장소에 차이가 나고, 원하는 장소에서 생애 마지막을 맞이할 수 없다. 돌봄을 바라보는 젠더화된 사회문화적 맥락과 자원의 지역 차이에 기인한다는 점을 기억해야 한다.

(2) 돌봄제공자의 성차

돌봄제공자는 대부분 여성이다. 돌봄 노동은 전형적으로 '여성'의 영역으로 인식되어 왔다. 미국, 유럽이나 아시아 국가 할 것 없이 공통적으로 돌봄 기능은 철저하게 성별로 분리된 양상을 보여왔다. 한 조사 연구에 따르면, 여성 노인들의 66%는 배우자를 돌보는 일을 내가 해야 할 도리라고 생각한다. 자식에게 피해가 가지 않게 하려고(48.7%), 배우자가 내가 돌봐주기 원해서(42%), 내가 돌보는 것이 마음이 편해서(38.7%)가 이유라고 말했다. 여성 노인들은 자신의 자녀가 누구로부터이든지 간에 '불효자'라는 평가를 받는 것을 싫어한다. 노인들은 자녀가 노쇠한 부모를 모시고 간병하는 것이 당연하다 여기고 있다. 요양원에 모시는 것은 불효의 일종이고 이웃에 창피한 일로 생각하기도 한다. 이 때문에 특히 여성 노인은 주 돌봄제공자 역할을 '자처'하여 자신의 선에서 일을 해결해 보려고 한다.

남자노인이 돌봄제공자일 경우, 신체 관리(예: 화장실 사용 및 목욕) 및 가사 지원(예: 요리)을 제공하는 데 어려움을 느낀다. 남자 돌봄제공자는 돌봄문제에 대해 다른 가족원이나 친구와 대화할 기회가 적으며, 부담감을 나누는 것을 꺼리는 경향이 있다. 주변에 여자 돌봄제공자 수가 더 많은 것도 이런 경향을 강화하기도 한다.

한국 여성 노인은 자녀를 돌봐야 한다는 책임감뿐만 아니라, 아들과 딸의 요청에 따라 손자녀를 돌보아 주기도 하는데, 경제적 결정권과 독립성이 낮은 여성 노인은 미래를 위해 자녀와의 돌봄자원 교환이 자연스럽기도 하다. 어머니는 손자녀를 돌보아주고, 이후 의존적이 되었을 때 다시 자녀로부터 돌봄을 받는 것이다. 따라서 자녀 돌봄제공자는 아버지보다 어머니에게 더 돌봄을 제공하는 경향이 있다.

돌봄을 주고받을 가족자원이 절대적으로 부족하기에 공식이든 비공식이든 돌봄제공자는 일차적으로 노동시장에서 배제된 여성 노인에게 집중되며, 이것은 가족 내에서, 지역사회와 사회에서 당연하게 여겨져 왔다. 돌봄 제공에서 성별차이와 분리된 성 역할은 서양과 동양 국가 모두에서 공통적인 현상이다. 그러나 국제 비교 연구에 따르면, 돌봄제공자 중 여성의 비율은 스페인(66.7%)과 한국(64.8%)이 덴마크(36.9%) 및 스웨덴(35.0%)보다 월등히 높다. 한국 사회의 여성은, 직업적 요구와 자녀 양육 및 돌봄 책임을 저글링하면서 비공식 간병의 부담을 독박으로 지는 경우를 흔히 본다. 이러한 측면은 사회구성원 모두의 돌봄 자원 부족으로 귀결될 수 있다. 돌봄을 하지 않는 남성, 돌봄을 주기만 하는 여성만으로는 사회를 구성할 수 없다.

(3) 돌봄결핍의 성차

돌봄결핍, 돌봐 줄 사람이 없거나 불충분하여 돌봄이 충족되지 않는 것은 장기요양 정책에서 중요한 문제이다. 선행 연구들에서 미충족 요구는 2-35% 사이로 나타났으며, 독거이거나, 건강 문제가 있고, 특정 인종, 소수민족에 속할 가능성이 높고, 여러 항목에 도움이 필요할 가능성이 높다. 여성은 남성보다 가사업무 지원이 미충족하다고 보고할 가능성이 더 컸다.

가구 소득이 낮고 가족 수가 적은 여성의 경우 돌봄결핍이 더 높다. 남자의 경우는 배우자에 대한 의존성이 높은 반면 다른 유형의 돌봄제공자가 상대적으로 드물다. 한국 남성의 배우자에 대한 높은 돌봄 의존도 때문에 남자는 배우자가 없을 경우 돌봄 제공자를 찾기가 쉽지 않다. 이를 돌봄 결핍으로 이어진다. 또한 남자는 이성의 간병인으로부터 돌봄받는 것이 불편하다고 느끼고, 남성 간병자를 찾기가 어렵다.

한국 중고령 여성은 자녀에 대한 재정적 의존도가 높으며 자신의 이익을 추구하기보다는 가족 결정을 따르는 경향이 있다. 때때로 이 여성들은 자녀에게 직·간접적인 경제적 부담을 부과할 것이 두려워 돈을 내야 하는 공식 돌봄제공자를 이용하지 않는 경향이 존재한다. 이때 돌봄 결핍이 발생한다. 이 경향은 저소득 가정 여성에서 두드러진다. 여성의 돌봄 결핍은 가구소득과 가족 자원에 크게 좌우되는 반면 흥미롭게도 이 현상은 배우자에 대한 의존도가 큰 한국 남성에게는 관찰되지 않았다.

4) 돌봄 정책과 간호의 패러다임

(1) 돌봄 정책의 보편성과 공공성

아동돌봄은 보육 관련 법이 1991년에 제정되고, 2004년에 공보육 개념이 들어오고, 2013년에 무상보육이 이루어지면서 외형적으로는 보편성과 공공성이 담보되고 있다. 반면, 노인돌봄은 2008년 7월 장기요양보호제도가 보편적 제도로 도입되고, 현재까지 확장되어 오고 있지만, 여전히 보편성이나 공공성의 담보가 이루어지지 못하고 있다. 과거 돌봄은 가족 안에서 여성이 담당하는 것이 일반적 통념이었다면, 이제 가족 밖으로 사회화하고, 어떻게 정책적으로 제도화할 것이냐의 문제가 남아 있다. 산업화 시기 동안 돌봄은 가족 안에서 여성 노동으로 자연화되어 왔고, 여성 노동으로 돌봄이 성별화되는 것에 대한 사회적 문제제기가 널리 확산되고 있다. 그런데, 이제 성별화와 더불어 계층, 세대, 인종과 젠더가 서로 교차하면서 더 복잡한 불평등 문제가 나타나고 있다. 따라서, 간호학에서 추구하는 돌봄 정의(justice)에 맞추어, 돌봄 정책은 책임 분배 변화의 지형을 파악하고, 돌봄 현실을 잘 반영하는 제도로 나아가도록 힘써야 한다. 누구나 돌봄의 수혜자가 되거나 돌봄의 제공자가 되더라도 위험에 직면하지 않도록 국가가 공공성을 높이고, 제도화를 통해서 미리 예방해야 한다.

(2) 돌봄대상에서 돌봄자 중심으로 간호의 패러다임 확장

우리나라 돌봄정책은 돌봄 대상에 집중하는 방식이다. 이를 돌봄자 중심으로 전환할 필요가 있다. 현재 돌봄정책은 돌봄자가 한 명의 대상만 돌본다는 전제에 기반을 두고 있지만, 현실에서는 다중 돌봄 상황이 빈번하다. 돌봄의 다중성, 일상성, 지속성의 특성을 간호 상황과 임상실무에 적용해야 한다. 돌봄은 아픈 노인을 돌보는 것뿐만 아니라, 집안일, 서비스 관리, 정신적 지원 등 다양한 차원에서 이루어지며, 이 모든 부분이 간호서비스와 보건의료 돌봄정책에 충분히 반영되어야 한다. 성별화된 독박돌봄과 세대 독박의 교차점에서 발생하는 문제를 들여다보고, 여성이 돌봄 책임을 집중적으로 지는 현상을 간호사는 살펴야 한다.

돌봄제공자의 정신적, 신체적 소진을 흔히 이야기하지만 이에 대한 사회적 관심은 사실 부족했다. 돌봄제공자가 2차 의존에 빠지지 않도록 정책적 대안이 마련되어야 한다. 돌봄제공자가 스스로를 돌볼 수 있는 지원을 제공하고, 돌봄의 부담을 경감할 수 있도록 하는 간호학적 접근이 더 많이 필요하다. 가족돌봄자에 대한 실질적인 지원 서비스도 필요하다. 예를 들어 가족 돌봄자에 대한 사회적 지원과 경제적 지원 등인데, 가족돌봄휴가 제도가 최근 도입되어 맞벌이 부부의 자녀 돌봄 문제를 해결할 수 있도록 돕고 있다. 이러한 제도는 돌봄 대상의 범위를 확장하고, 돌봄에 대한 유연성을 높여 주는 등 돌봄자의 부담을 경감하는 데 기여할 수 있다.

돌봄정책은 돌봄 대상자뿐만 아니라 돌봄자의 실질적인 부담을 고려하는 방향으로 개선되어야 한다. 이중돌봄, 다중돌봄 등 여성 돌봄자의 현실을 반영하고, 돌봄자의 자기돌봄을 위한 정책적 지원이 확대되어야 한다. 이를 통해 돌봄의 질을 높이고, 남성과 여성 모두의 돌봄부담을 경감시킬 수 있는 사회적 구조가 필요하다. 한국사회에서 여성은 과도한 돌봄책임으로부터 벗어나기 어려운 구조적 부정의를 경험하며 살아간다. 현재 정책 안에서는 가족을 정책의 부족함을 보완하는 방식으로 작동한다. 장기요양 정책 속에서 가족요양보호사 제도나 가족요양비 등의 현금급여를 제공하고 있는데, 이는 여성의 돌봄부담을 재가족화시키면서 더 가중시키는 정책이 될 수밖에 없다. 앞으로는 돌봄책임을 재가족화시키는 방식이 아니라 오히려 아직까지 제대로 가시화되지 않고, 은폐 및 축소되고 있는 돌봄현실을 가시화시켜서 실질적인 가족 돌봄 제공자의 부담을 경감시키는 적극적인 정책지원이 더 강화될 필요가 있다.

(3) 생애주기 안에서 일생활 균형 모색

가장 좋은 돌봄을 얻기 위한 방법은 돌봄을 제공하는 자를 잘 돌보아 주는 것이다. 앞으로는 돌봄결핍 자체가 위기임을 인정하고, 돌봄위기 문제가 생애주기 전체에서 다루어질 수 있는 정책변화가 필요하다. 다양한 세대와 연령, 성별에서 돌봄책임은 유급노동 문제와 충돌할 수 있는 가능성이 있다. 가족 수발로 인한 생산가능인구의 노동시장 이탈은 고용 및 경제성장에 부담이 되는 요인이 될 수 있다. 국가인권위원회에 따르면 노인이 노인을 돌보는 노노돌봄도 일상적 현상이 되어가고 있다. 50-60대의 여성들이 노동시장에서 저임금 일자리에 고용되면서 또다시 노인돌봄으로 인해서 노동시장 성차별과 돌봄책임의 이중, 삼중 부담을 겪어야 하는 문제도 새롭게 조명이 될 필요가 있다.

노인돌봄, 부모돌봄의 경우 자녀양육과 같이 중요한 가족돌봄 제공자의 문제로 제기되지 못해 중요한 일-생활 균형 정책 대상으로 고려되지 못해왔다. 돌봄노동이 이미 지나치게 여성화되어 있는 상황에서 여성은 다양한 정체성으로 생애주기의 대부분 시기 동안 돌봄의 주체로 호명될 가능성이 있다. 일-가정 양립 패러다임의 변화를 통해 생애 주기 안에서 누구나 언제든 돌봄의 필요를 가질 수 있음을 고려한 새로운 일생활 균형 패러다임 정책이 필요하다.

가족중심의 돌봄이 여전히 모든 돌봄의 상당 부분을 차지하는 사회에서는 성별에 따른 돌봄결핍과 돌봄자원의 불평등이 명확하게 목격된다. 돌봄의 부담, 개인의 요구, 자원 및 선호도에 따라 개인과 가족에 맞는 공동돌봄을 만들고 형성하는 환경을 조성해 나가는 작업이 필요하다.

2. 노년기 외로움의 성차

1) 외로움의 정의와 현황

(1) 외로움의 정의

외로움은 사람들과의 물리적 거리가 아닌, 주관적인 감정적 고립 상태로 정의할 수 있다. 즉, 외로움은 인간이 타인과의 관계에서 부족함을 느끼거나 감정적으로 고립되었을 때 경험하는 내적 상태를 의미한다. 이는 개인이 자신의 사회적 관계망에서 결핍감을 느끼거나, 타인과의 연결이 부족하다고 인식할 때 발생한다. 외로움은 개인의 성격이나 생활환경에 따라 달리 경험될 수 있으며, 그 경험의 정도는 사람마다 상이하다. 사회적 고립(social isolation)은 외로움(loneliness)과 비슷하지만 다른 개념이다. 사회적 고립은 사회적 관계와 역할, 소속감과 교류 등이 객관적으로 적은 상태를 의미한다. 사회적 고립과 외로움은 전 생애에 걸쳐 겪을 수 있으나, 노인의 경우 높은 독거 비중과 가족 및 친구와의 사별, 그리고 상대적으로 높은 만성질환 유병률로 인해 외로움과 사회적 고립을 더 경험하게 된다.

(2) 외로움의 현황

지난 10년간 우리나라는 1인 가구 수가 급증했다. 특히 50-60세 연령대가 가장 높은 비율을 보였고, 70대 노인의 비율도 높다. 미국의 경우 25-29%의 노인들이 외로움을 겪고 있다고 보고한 바 있다. 지역사회 노인 중 약 24%가 사회적 고립 상태에 처해 있다. 현재 지역사회에서 고독과 사회적 고립을 경험하는 노인 비율에 대한 국제비교 결과는 없지만, 몇 개 국가에 대한 추정치는 존재한다. 유럽 25개국 노인의 20-34%, 라틴아메리카 25-32%, 인도 18%로 높은 수준이나 중국에서서는 3.8%에 불과하다는 보고가 있다. 고독의 유병률은 지역사회 거주자보다 장기요양기관 거주자에게서 더 높은 것으로 나타난다. 거주시설 및 요양시설에 거주하는 노인의 35%가 매우 고독한 것으로 나타났다.

사회결핍이론에 따르면 외로움은 사람의 기본적인 사회적 욕구가 충족되지 않을 때 발생한다. 사람에게 중요한 정서적 지원을 받을 사회적 관계가 결핍될 때 더욱 뚜렷하게 나타난다. 자기기준 이론에 의하면, 사람은 타인과 비교하면서 자신의 사회적 위치를 평가하게 되는데, 이러한 비교에서 불만족스러운 결과를 얻을 때 외로움을 느낀다고 한다. 사회적 통합 이론에서는 개인이 속한 사회적 네트워크의 크기와 질이 외로움의 수준에 영향을 미친다고 주장한다. 이 이론에 따르면, 사회적 통합이 부족한 사람은 외로움을 더 강하게 느낀다.

2) 성별에 따른 외로움의 차이

고독은 남성과 여성이 수명 전체에 걸쳐 비슷한 수준으로 느낀다. 아동기, 청소년기 및 청년기에는 남성의 고독이 다소 높으나, 중년기와 노년기에는 이러한 차이가 대체로 사라진다. 배우자와의 사별, 이주 등 생활의 변화가 남성보다 여성에게 더 큰 영향을 미치므로, 여성 노인의 고독은 상대적으로 더 우려하는 사항이다.

외로움의 경험은 성별에 따라 여러 사회적, 심리적 요인에 의해 달라진다. 남성과 여성은 서로 다른 사회적 역할을 수행하며, 이로 인해 외로움을 경험하는 방식과 정도에 차이가 나타날 수 있다. 따라서 남성과 여성의 사회적 역할과 감정적 요구를 먼저 살펴볼 필요가 있다.

(1) 남성의 외로움

남성은 일반적으로 사회적 감정을 표현하는 데 있어서 더 많은 제약을 받는다. 전통적으로 남성은 강하고 자립적인 존재로 여겨지며, 이는 감정을 드러내지 않고 스스로 문제를 해결하려는 경향을 만들어낸다. 이러한 특성은 남성들이 외로움을 느끼더라도 이를 사회적으로 드러내지 않도록 만드는 것이다. 남성은 대체로 외로움을 숨기거나, 이를 극복하려고 다른 방법을 찾으려는 경향이 있다. 예를 들어 남성들은 대개 직장이나 스포츠와 같은 외부 활동을 통해 외로움을 극복하려 하지만, 이는 일시적인 해소에 그칠 수 있으며 감정적으로는 여전히 고립감을 느낄 수 있다.

남성의 외로움은 특히 사회적 역할과 밀접하게 연결되는데, 사회적으로 감정적 지원을 받는 것이 부자연스럽다고 여기며, 이로 인해 외로움을 더욱 깊게 경험할 수 있다. 남성은 친구나 가족과의 관계에서의 정서적 교류보다, 성취와 자아실현에 더 많은 가치를 두는 경향이 있어, 이로 인해 감정적으로 고립되는 경우가 많다. 또한, 남성은 감정을 해결하는 데 있어 자립적인 방법을 선호하는 경향이 있어 외로움을 느끼더라도 도움을 청하기보다는 혼자 해결하려 한다.

(2) 여성의 외로움

여성은 남성에 비해 상대적으로 더 많은 사회적 네트워크를 형성하고, 감정을 표현하는 데 있어 개방적이다. 여성은 감정적으로 더욱 민감하게 외로움을 경험하는 경향이 있으며, 타인과의 관계에서 갈등이나 스트레스가 있을 때 그 외로움을 더욱 강하게 인식할 수 있다. 여성들은 사회적으로 더 많은 사람들과의 관계를 유지하려 하지만, 이러한 관계에서의 갈등이나 실망이 외로움을 증대시킬 수 있다.

여성은 정서적 지원을 받는 데 있어 더 큰 욕구를 가진다. 여성이 외로움을 느끼는 주된 이유는 대개 관계의 질과 관련이 있다. 즉, 사회적 네트워크가 넓다고 해도, 그 관계가 정서적으로 만족스럽지 않거나, 갈등이 있을 경우 외로움을 더 강하게 느낄 수 있다. 감정적으로 더 개방적이기 때문에 외로움을 인식하고 이를 표현하는 데 주저하지 않는 경향이 있다. 이러한 특성은 여성들이 외로움을 더 잘 인식하고 해결하려는 노력도 더 많이 기울이게 하지만, 때로는 지나치게 민감해져 외로움을 증대시킬 수도 있다.

3) 성별에 따른 외로움의 사회적 요인

성별에 따른 외로움의 차이는 사회적 역할과 문화적 요인에도 크게 영향을 받는다. 예를 들어 일부 문화에서는 남성의 외로움이 더 적게 인식되고, 여성이 외로움을 느끼는 것은 더 자연스럽게 받아들여지기도 한다. 사회적 기대는 남성과 여성 각각이 외로움을 다루는 방식에 영향을 미친다. 전통적인 성역할에서 남성은 감정을 표현하는 것에 제약이 있으며, 감정적 요구를 드러내는 것에 대해 부정적인 평가를 받을 수 있다. 반면, 여성은 감정적으로 개방적이고, 관계의 질을 중시하기 때문에 외로움을 더 자주 인식하고 이를 해결하려는 경향이 있다.

문화적 배경 또한 성별에 따른 외로움의 차이를 이해하는 데 중요한 요소가 된다. 예를 들어 동아시아와 같은 일부 문화에서는 남성의 외로움이 덜 인정되고, 사회적으로도 외로움을 드러내는 것이 더 부정적으로 평가될 수 있다. 이러한 문화 차이는 남성들이 외로움을 겪고 있을 때, 이를 해결하기 위한 대처방식을 더 내향적으로 만들 수 있다. 반면, 서양에서는 남성들이 감정을 드러내고 이를 공유하는 것이 상대적으로 자연스러운 현상으로 받아들여지기 때문에 성별에 따른 외로움의 경험 차이가 문화에 따라 달라질 수 있다.

4) 노년기 외로움의 성차

여성 노인은 남성 노인보다 외로움을 더 자주 경험하는 경향이 있으며, 특히 배우자 사별(widowed)과 관계가 깊다. 여성 노인은 특히 가족 간의 관계나 상호작용에서 정서적 지지를 중요하게 여기며, 정서적 공백이 발생할 경우 고독을 더 강하게 느낄 가능성이 있다. 사회적 활동이나 네트워크가 부족한 여성 노인들 사이에서 고독감이 더 높게 나타난다. 남성은 전반적으로 여성보다 고독감을 덜 느끼는 경향이 있지만, 이혼이나 별거 중인 경우 고독감을 크게 경험할 수 있다. 남성 노인은 대체로 배우자나 가까운 관계에 의존하는 경향이 강해, 이러한 관계가 단절될 경우 고독이 더 심각하게 나타날 가능성이 있다.

여성 노인 1인 가구는 80세 이상 초고령에서 남성보다 훨씬 높은 비율을 차지하고 있다. 여성의 평균수명이 더 길고, 사별 후 혼자 사는 경우가 많기 때문이다. 특히 여성 노인 1인 가구의 비율은 시간이 지나도 상대적으로 높은 수준을 유지한다. 여성 노인 1인 가구는 경제적으로 취약하며, 저소득 및 빈곤 위험이 높다. 사회적 안전망이나 자녀로부터의 경제적 지원이 부족한 경우도 많다. 여성 노인은 주로 아파트와 같은 주택형태를 선호하며, 주거 안전성을 중요하게 여긴다.

남성 노인 1인 가구는 상대적으로 여성보다 규모는 작으나, 최근 들어 증가하는 추세를 보인다. 이는 남성의 평균수명 증가와 이혼율 상승 등 사회적 변화에 기인한다. 남성 노인 1인 가구는 여성보다 사회적 고립 위험이 더 크며, 사회적 관계망 형성에서 어려움을 겪는 경우가 많은데, 주로 단독주택 또는 주택 외의 거처에서 거주하는 비율이 높아, 상대적으로 주거 환경이 열악하다.

여성 노인은 생애 동안 가족의 정서적 중심축 역할을 하며, 나이가 들어도 가족이나 자녀와의 정서적 유대에 의존하는 경우가 많으며, 따라서 가족과의 물리적 · 정서적 단절이 고독감을 더 심화시킬 수 있다. 반면 남성은 직장과 같은 외부적 활동을 통해 관계를 형성하는 경향이 있어, 은퇴 후에는 관계망이 약화될 수 있는데, 은퇴와의 관련성이 높은 것은 여성과 다른 특징이다.

여성은 대체로 관계에서 높은 정서적 친밀감을 기대하며, 그 기대가 충족되지 않을 경우 고독감을 더 강하게 경험할 수 있으며, 남성은 대인관계에서 정서적 지지보다는 실질적인 도움(예를 들면 돌봄)에 더 의존하는 경향이 있다. 여성은 더 많은 사회적 네트워크를 가지고 있어 관계의 수는 많지만, 질적으로 만족스럽지 않을 경우에도 고독을 느낄 가능성이 크며, 남성은 네트워크의 크기가 작더라도 배우자나 특정한 한 사람에게 크게 의존하며, 이로 인해 특정 관계의 단절이 고독감에 직접적인 영향을 미친다.

요약하면, 외로움을 줄이기 위해 여성 노인은 더 많은 사회적 활동과 정서적 지원 프로그램이 필요하며, 특히 요양시설 등에 거주할 경우 가족과의 상호작용을 촉진해야 한다. 남성 노인은 배우자 외에도 다양한 관계망을 형성하도록 돕는 사회적 활동이 필요하며, 개인적 의존성을 줄이는 방식으로 고독감을 예방해야 한다. 노년기 외로움의 성별 차이는 노인 복지 및 정신건강 관리 프로그램에서 맞춤형 접근법이 필요하다는 것을 시사한다.

간호학적 적용

우리나라의 돌봄정책은 돌봄자가 한 명의 대상만 돌본다는 전제에 기반을 두고 있으나 다중 돌봄 상황이 빈번한 상황이다. 그러므로 돌봄의 다중성, 일상성, 지속성의 특성을 간호 상황과 임상실무에 적용해야 한다. 돌봄은 아픈 노인을 돌보는 것뿐만 아니라, 집안일, 서비스 관리, 정신적 지원 등 다양한 차원에서 이루어지며, 이 모든 부분이 간호서비스와 보건의료 돌봄정책에 충분히 반영되어야 한다. 성별화된 독박돌봄과 세대 독박의 교차점에서 발생하는 문제에 관심을 가져야 하며, 돌봄제공자가 스스로를 돌볼 수 있는 지원을 제공하고, 돌봄의 부담을 경감할 수 있도록 하는 간호학적 접근이 더 많이 필요하다. 간호학에서 추구하는 돌봄 정의(justice)에 맞추어, 돌봄 정책은 책임 분배 변화의 지형을 파악하고, 돌봄 현실을 잘 반영하는 제도로 나아가도록 힘써야 한다.

성별에 따라 외로움 관리 전략은 다르게 접근해야 한다. 남성의 경우, 감정을 표현하는 방법을 훈련하고, 사회적 관계에서 감정적 지원을 요청하는 능력을 키우는 것이 중요하다. 여성의 경우, 사회적 네트워크를 관리하고, 정서적 스트레스를 관리하는 방법을 배우는 것이 필요하다.

간호학에서 성별에 맞는 외로움 대처 방안을 제시하는 것은 외로움의 감소뿐만 아니라 개인의 심리적 안정과 사회적 웰빙을 증진시키는 데 기여할 수 있다. 본 장에서 성별에 따른 외로움의 차이를 살펴보았다. 남성과 여성은 서로 다른 사회적 역할, 감정적 요구, 그리고 관계망에서의 경험을 통해 외로움을 다르게 느끼며 살아왔다. 외로움은 단순한 감정적 경험이 아니라, 개인의 삶의 질과 건강에 큰 영향을 미친다. 성별에 따른 외로움의 차이를 이해하고, 성별에 맞춘 대처 전략을 제시하는 것은 외로움의 해소뿐만 아니라, 사회적, 심리적 건강을 증진시키는 중요한 역할을 한다.

성별 외에도 연령, 사회적 지위, 문화적 배경 등 다양한 요인이 외로움의 경험에 미치는 영향을 더 구체적으로 탐구하여 노년기 외로움의 성차를 가시화하여 효과적인 해결책을 제시하여야 한다. 그에 대한 하나의 전략으로 지역사회의 주민 조직화를 제안한다. 이를 위해 지역에서 독립적으로 살아가는 노인의 사회적 참여 및 교류를 유지하고, 이웃에게 다양한 도움을 제공하며 외로움을 예방하는 방안이 도출되도록 하여야 할 것이다. 또 다른 전략으로, 주거 공유 공간의 활용과 공동체를 통해 소속감을 높여 사회적 고립을 예방하는 방안이 있다. 의료, 장기요양 시스템을 통해 고립 가구를 조기에 발견하고, 기존 지역사회 자원 인프라와 기술을 활용하되 노년층의 특성과 선호, 성차를 고려한 서비스를 개발해 나갈 수 있을 것이다.

마지막으로 간호중재프로그램을 개발하고 제공함에 있어 노년층 특히 취약계층에 더 빈번히 나타날 수 있는 외로움과 사회적 고립이 누락되지 않도록 할 필요가 있다.

참고문헌

<돌봄의 성차>

국가인권위원회. 노노돌봄 현황 실태조사. 2018

김민경, 한은정, 이호용, 이선화, 유애정. 가족요양서비스 제도 개선에 관한 연구. 2018 국민건강보험 건강보험정책연구원

김지영. 돌봄의 세대 전가: 전일제 취업 부부의 조(부)모 양육 지원을 중심으로. 한국여성학. 2015;31(4):87-145.

김영란. 가족 돌봄자의 노인 돌봄노동시간 및 돌봄스트레스에 영향을 끼치는 요인에 대한 연구. 여성연구, 2007;72(1):31-72.

김희강·나상원 역. 돌봄: 사랑의 노동. 키테이, 에바 페더. 2016 서울: 아포리아(Kittay, Eva Feder, Love's Labor, Routledge, 1998)

김희강·나상원 역. 돌봄 민주주의. 트론토, 조안 C. 2014 서울: 아포리아(Tronto, Joan C. Caring Democracy, New York University Press, 2013)

김희경. 할마쇼크: 한국 가족주의의 그림자와 할머니-모성의 사회문화적 구성. 한국문화인류학. 2019;52(2):101-143.

백경흔·송다영·장수정. 이중돌봄 맥락에서 본 부정의한 세대 간 돌봄책임 재분배. 한국여성학. 2018;34(2):33-70.

송다영. 여성주의 관점에서 본 생애주기별 복지와 돌봄 패러다임, 페미니즘 연구. 2013;13(1):93-129.

송다영. 한국 30-40대 여성의 이중돌봄 현실과 돌봄경험의 다중성에 관한 연구. 한국사회복지학. 2014;66(3):209-230.

송다영. 돌봄자 관점에서 본 이중돌봄의 현실과 일상성에 관한 연구. 부산대학교 여성연구소, 여성학연구. 2016;26(2):127-161.

송다영, 백경흔, 장수정. 중고령 이중돌봄자의 소진에 관한 연구. 가족과 문화. 2018;30(1):58-85.

안숙영. 돌봄노동의 여성화에 대한 비판적 고찰. 한국여성학. 2018;34(2):1-32.

오영란. 일본의 남성가족돌봄노동자 증가의미와탈젠더화 가능성. 일본근대학연구. 2019;63:229-258.

이윤경. 노인 돌봄의 사회화 동향. 한국의 사회동향 2018 - 건강. 2018 통계청

지은숙. 비혼여성의 딸노릇과 비혼됨(singlehood)의 변화: 일본의 부모를 돌보는 딸들의 사례를 중심으로. 한국문화인류학. 2017;50(2):189-235.

최경덕·안태현. 비공식 돌봄과 노동시장 참여 및 성과에 관한 분석. 보건사회연구. 20193;9(1):39-71.

한국보건사회연구원. 베이비부머의 생활실태와 복지욕구 2010

한국보건사회연구원. 2017년도 노인실태조사 2017

한국여성개발원(2006), 가족내돌봄노동실태조사

Allen SM. Gender differences in spousal caregiving and unmet need for care. J Gerontol. 1994;49(4):S187-195.

Antonucci T. Social support and social relationships. Handbook of aging and the social sciences. Edited by: Binstock RH, George LK. 1990 San Diego, CA: Academic Press.

Barer BM, Johnson CL. A critique of the caregiving literature. Gerontologist. 1990;30(1):26-29.

Calsyn RJ, Roades LA. Predicting perceived service need, service awareness, and service utilization. J Gerontol Soc Work. 1994;21(1-2):59-76.

Dilworth-Anderson P, Williams IC, Gibson BE. Issues of race, ethnicity, and culture in caregiving research: A 20-year review (1980-2000). Gerontologist. 20024;2(2):237-272.

Eun YO, Chung SH, Kim HK. Gender role identity and health behaviors in adults. The Journal of Korean Academic Society of Nursing Education. 2009;15(1):100-108.

Gaugler JE, Kane RL, Kane RA, Newcomer R. Unmet care needs and key outcomes in dementia. J Am Geriatr Soc. 2005;53(12):2098-2105.

Ha SC. The effect of mother's economic support and grandchild care on cohabitation with adult children - focusing on the long-term reciprocity model. Korean Journal of Family Social Work. 2016;53:161-198.

Hopp FP. Patterns and predictors of formal and informal care among elderly persons living in board and care homes. Gerontologist. 1999;39(2):167-176.

Jang J, Boo KC, Lee HJ, et al. International Comparison Study on the Labor Market for the Middle Aged or older. 2008.

Jang SJ, Song D, Baek K, Zippay A. Double child and elder care. 2019.

Jang SN. Trends of health status and medical utilization among Korean baby boomers: Analysis from Korean Health Panel Survey 2008-2014. Ann Geriatr Med Res. 2017;21(1):24-30.

Jang SN, Avendano M, Kawachi I. Informal caregiving patterns in Korea and European countries: a cross-national comparison. Asian Nurs Res. 2012;6(1):19-26. https://doi.org/10.1016/j.anr.2012.02.002

Jang SN, Kawachi I, Chang J, et al. Marital status, gender, and depression: analysis of the baseline survey of the Korean Longitudinal Study of Ageing (KLoSA). Soc Sci Med. 2009;69(11):1608-1615. https://doi.org/10.1016/j.socscimed.2009.09.007

Jeon GS, Jang SN, Kim DS, Cho SI. Widowhood and depressive symptoms among Korean elders: the role of social ties. J Gerontol B Psychol Sci Soc Sci. 2013;68(6):963-973.

Jeon GS, Jang SN, Rhee SJ, Kawachi I, Cho SI. Gender differences in correlates of mental health among elderly Koreans. J Gerontol B Psychol Sci Soc Sci. 2007;62(5):S323-S329.

Jung KH, Sunwoo D, Oh YH, Lee YK, Choi IH. Gender impact assessment on long-term care insurance. 2013. Seoul, South Korea

Katz SJ, Kabeto M, Langa KM. Gender disparities in the receipt of home care for elderly people with disability in the United States. JAMA. 2000;284(23):3022-3027.

Kemper P. The use of formal and informal home care by the disabled elderly. Health Serv Res. 1992;27(4):421.

Kennedy J. Unmet and undermet need for activities of daily living and instrumental activities of daily living assistance among adults with disabilities: estimates from the 1994 and 1995 disability follow-back surveys. Medical Care. 2001;39(12):1305-1312.

Kim SH, Choi Y, Lee JH, Jang DE, Kim, S. A review of trend of nursing theories related caregivers in Korea. Open Nurs J. 2018;12:2.

Ko SH, Kim M, Park E. Type of gender role identity in older Korean men. The Journal of the Korea Contents Association. 2013;13(9):260-269.

Lahaie C, Earle A, Heymann J. An uneven burden: Social disparities in adult caregiving responsibilities, working conditions, and caregiver outcomes. Res Aging. 2013;35(3):243-274.

Lee H. A study on the gender inequality of elderly women's household and caregiving labor. PNU Journal of

Women's Studies. 2015;25(3):141-177.

Lee JK, Jang SN. Place of death and associated gender difference in Korea 2006-2014: evidence from exit interviews of the Korean Longitudinal Study of Ageing. Arch Gerontol Geriatr. 2018;78:196-202.

Lee SH. Current status and family caregiver support policy and improvement suggestions for long-term care service. Health and Welfare Forum. 2017;253:89-101.

NHIC. 2016 National long-term care statistics. 2016. Yonju: NHIC

Nishi A, Tamiya N, Kashiwagi M, Takahashi H, Sato, M, Kawachi I. Mothers and daughters-in-law: a prospective study of informal care-giving arrangements and survival in Japan. BMC Geriatr. 2010;10(1):61.

OECD. OECD Employment Outlook 2014. 2017 OECD

Riffin C, Van Ness PH, Wolff JL, Fried T. Family and other unpaid caregivers and older adults with and without dementia and disability. J Am Geriatr Soc. 2017;65(8):1821-1828. https://doi.org/10.1111/jgs.14910

Sugiura K, Ito M, Kutsumi M, Mikami H. Gender differences in spousal caregiving in Japan. J Gerontol B Psychol Sci Soc Sci. 2009;64(1):147-156. https://doi.org/10.1093/geronb/gbn005

Tronto JC. Caring democracy: Markets, equality, and justice. 2013 NYU Press

Wan TT, Arling G. Differential use of health services among disabled elderly. Res Aging. 1983;5(3):411-431.

Weiss CO, Gonzalez HM, Kabeto MU, Langa KM. Differences in amount of informal care received by non-Hispanic Whites and Latinos in a nationally representative sample of older Americans. J Am Geriatr Soc. 2005;53(1):146-151.

Williams J, Lyons B, Rowland D. Unmet long-term care needs of elderly people in the community: A review of the literature. Home Health Care Serv Q. 1997;16(1-2):93-119.

Wolff JL, Mulcahy J, Huang J, Roth DL, Covinsky K, Kasper JD. Family caregivers of older adults, 1999-2015: Trends in characteristics, circumstances, and role-related appraisal. Gerontologist. 2018;58(6):1021-1032. https://doi.org/10.1093/geront/gnx093

Wolff JL, Spillman BC, Freedman VA, Kasper JD. A national profile of family and unpaid caregivers who assist older adults with health care activities. JAMA Intern Med. 2016;176(3):372-379. https://doi.org/10.1001/jamainternmed.2015.7664

<외로움 참고문헌>

장임숙. 1인가구의 젠더 특성과 정책방안. 지방정부연구. 2020;24(1):373-397.

ASEM Global Ageing Center. 노인의 사회적 고립과 고독, 2022.

Beal C. Loneliness in older women: a review of the literature. Issues Ment Health Nurs. 2006;27:795-813. https://doi.org/10.1080/01612840600781196

Cacioppo JT, Patrick W. Loneliness: Human nature and the need for social connection. 2008 W. W. Norton & Company

Diehl M, Hay EL, Chui H. Gender differences in emotional and social loneliness among older adults. Pers Individ Dif. 2012;53(7):847-853.

Hawkley LC, Cacioppo JT. Loneliness and health: Potential mechanisms. Health Psychology. 2010;29(3):19-26.

Juhl J, Jørgensen MB. Social and psychological predictors of loneliness: The role of gender. Personality and Social Psychology Bulletin. 2015;41(10):1356-1367.

Maes M, Lemeire J. Gender differences in loneliness: The role of social networks and coping mechanisms. Psychological Reports. 2020;124(2):428-445.

Maes M, Qualter P, Vanhalst J, Van den Noortgate W, Goossens L. Gender differences in loneliness across the lifespan: A meta-analysis. European Journal of Personality. 2019;33(6):642-654.

Maes M, Qualter P, Vanhalst J, Van den Noortgate, W, Goossens L, Kandler C. Gender differences in loneliness across the lifespan: A meta-analysis. Eur J Pers. 2019;33:642-654. https://doi.org/10.1002/per.2220

Masi CM, Chen HY, Hawkley LC, Cacioppo JT. A meta-analysis of interventions to reduce loneliness. Pers Soc Psychol Rev. 2011;15(3):219-266.

Peplau LA, Perlman D. Loneliness: A sourcebook of current theory, research, and therapy. 1982 Wiley-Interscience

Russell D, Peplau LA, Ferguson M. Developing a measure of loneliness. J Pers Assess. 1978;42(3):290-294.

Sundström M, Fransson E, Håkansson C. Loneliness in different age groups: A study of the relationship between age, gender, and loneliness. BMC Psychology. 2019;7(1):51.

Victor CR, Yang K. The prevalence of loneliness among adults: A case study of the United Kingdom. J Psychol. 2012;146(1-2):85-104.

노인의 인지기능 · 신체기능과 성차

홍(손)귀령 한양대학교 간호대학 노인간호학

요약문

- 노인 여성의 인지기능은 초기 노인에서는 노인 남성과 비슷하나 고령이 되면서 노인 남성보다 떨어지며, 알츠하이머 치매 발병은 2배 정도 더 많이 발생한다.
- 인지기능의 성차를 이해하기 위해서는 여성의 전 생애 과정에서 호르몬의 변화와 사회, 문화적 차이, 영향 등을 이해하고 종단연구설계를 통한 성별의 차이를 검토하여야 한다.
- 노인에서 인지기능 저하의 위험은 남성보다 여성에서 상대적으로 더 높으므로 인지기능 향상 프로그램을 계획, 적용할 때 성별 차이의 특성을 반영해야 한다.
- 노인의 신체기능에서 ADL과 IADL 모두 노인 여성이 노인 남성보다 기능 제한이 증가하며, 그 차이는 고령이 될수록 더욱 큰 폭으로 벌어진다. 또한, IADL의 문항별 제한에 대한 성별의 차이는 일정한 항목에서 나타난다.
- 노인 돌봄 시 대상 노인의 신체기능 제한을 파악하고 돌봄요구도에 맞는 간호가 제공되어야 한다.

서론

국가마다 차이는 있지만, 전 세계적으로 여성의 기대 수명이 남성보다 더 길다. 그러나 여성은 더 오래 생존하는 경향이 있음에도 불구하고, 노인 여성은 노인 남성보다 건강 상태가 상대적으로 좋지 않은 경우가 많다. 여러 연구에서 여성은 남성보다 악력이 낮고 노쇠(frailty) 발병률이 높으며 스스로 인지하는 건강상태는 더 나쁜 경향이 있다. 초기 노인(young older adults)에서는 여성이 남성보다 인지기능과 신체기능이 비교적 비슷하나, 고령이 되면서 노인 여성은 인지 및 신체기능이 급격하게 감소한다는 것이다.

이러한 현상을 남성-여성 건강 생존 역설(male-female health paradox)이라고 한다. 이는 호르몬, 자가면역, 유전적 요인과 같은 생물학적 요인과 그 외 건강 보고 행동 및 흡연과 같은 위험 감수 행동의 성별 차이를 포함한 행동적, 사회적 요인 때문으로 설명되고 있다. 즉, 전체 노인의 기대수명 및 사망과 관련한 생물학적, 사회적, 문화적 요인을 파악하는 것도 의의가 있지만, 과연 여성, 남성의 건강과 수명에 영향을 미치는 여러 요인 중, 인지와 신체 기능적인 측면에서 여성, 남성의 sex 차이로 설명이 되는 생물학적 차이와 gender 차이로 설명되는 사회적, 문화적 차이가 있는지 살펴볼 필요가 있다. 노인의 여러 기능 중에서도 인지와 신체기능은 노인의 사망을 예측하는 가장 강력한 요인이기에 이들의 성차를 우선적으로 파악하는 것이 중요하다.

1. 노인의 인지기능 성차

1) 기억과 인지기능

(1) 정의

기억이란 정보나 경험 등을 받아들여 등록(registration), 부호화(encoding)하고, 저장(storage)하는 과정이며, 필요시 인출(retrieval)하는 과정을 포함하며, 이 모든 단계가 문제없이 작동할 때 기억이 정상이라고 한다. 기억은 인지기능의 중요한 부분이지만, 인지기능은 기억뿐만 아니라 여러 다른 정신적 과정을 포함하는 더 넓은 개념이다.

인지기능이란 인간이 일상생활에서 사용하는 정신적 능력과 특정 요구 사항을 의미하며, 이러한 능력 중 가장 기본적인 것은 기억, 실행기능, 처리 속도 및 인식이며, 이러한 능력이 결합되어 다양한 사회적, 정서적, 언어적, 공간적 정보와 관련된 더 큰 지각 우산을 형성한다. 또 다른 분류로 주의력, 기억력, 언어 능력, 시공간 구성능력, 실행기능을 인간의 주요 인지기능으로 포함한다.

(2) 기억 · 인지기능의 성차

지능(intelligence)이 인지능력의 한 형태로 표현될 때, 전반적인 지능에서는 남, 녀 차이가 없으나, 남성은 시공간 능력(visuospatial abilities), 여성은 언어 능력(verbal abilities)에 좀 더 우월하다는 보고가 있으며, 구체적으로는 읽기와 쓰기 영역에서 우월하다고 본다. 모든 연령군을 포함한 메타분석 연구에서 일반적으로 여성은 언어적 과제(verbal tasks)에서, 남성은 공간적 과제(spatial tasks)에서 더 높은 성과를 낸다.

먼저 노인의 기억에 대한 성별의 차이를 보면, 노인 여성은 언어 기억(verbal memory)에서, 노인 남성은 시공간 능력에서 우위를 보인다. 전반적으로 건강한 노인 여성은 질병으로 인해 기능이 떨어지지 않는 한 언어 학습 기억과 회상에서 노인 남성보다 높은 점수를 보인다. 하지만 경도인지장애나 알츠하이머 질환이 있는 노인 여성인 경우, 질병의 심각도, 유전 위험 요인 등을 고려하더라도 오히려 언어 기억이 더 가파르게 감소한다. 시공간 능력에 대해서는 전반적으로 노인 남성이 노인 여성에 비해 더 우월함을 제시한 연구들이 있지만, 별 차이가 없다고 하는 연구들도 있다. 기억 중 단기 기억을 평가하는 지표로 언어 기억, 시공간 기억을 사용하는 데, 시공간 작동기억(visual-spatial working memory)에서 성별의 차이는 연령을 고려했을 때 성별의 차이가 두드러지게 나타난다. 즉, 젊은 성인(18-29세)에서 남성이 시공간 작동 기억이 요구되는 과제에서 여성보다 우월하였다.

다음으로 인지기능의 성차를 살펴보면, 인지기능의 성별 차이는 환경 및 문화와 연결되어 생물학적, 유전적 차이로 인해 남성과 여성의 인지적 차이가 있는데, 그중 생물학적 요인에서는 남성호르몬인 테스토스테론과 여성호르몬인 에스트로겐과 같은 호르몬의 차이로 볼 수 있다. 다양한 정신 및 인지 능력의 차이점 중 가장 잘 알려진 것은 공간 능력, 사회적 인지, 언어 기술 및 능력과 관련된 차이이다.

국내에서 고령화연구패널조사(Korean Longitudinal Study of Aging, KLoSA) 자료를 이용한 종단분석에서 노인의 사회활동 참여유형은 성별에 따라 통계적으로 유의미한 차이를 보이며, 노인 남성의 경우는 친목모임과 동창회/향우회/종친회의 참여율이 높았고, 노인 여성의 경우 종교모임의 참여율이 높다. 또한, 시간이 경과할수록 노인 남성과 여성 모두의 인지기능이 감소하며, 감소율은 노인 여성이 상대적으로 더 높고, 집단보다는 개인 간 차이를 보인다. 또한, 노인 남성의 경우 동창회/향우회/종친회 활동만이 인지기능 변화에 유의한 반면, 노인 여성의 경우는 종교모임, 친목모임, 동창회/향우회/종친회 활동 모두, 인지기능 변화에 유의미한 영향을 미친다.

국내의 또 다른 연구에서는 동일한 고령화연구패널조사 자료를 이용한 종단분석에서 읍면부와 도시지역 독거노인의 인지기능 저하 발병의 영향요인을 파악한 연구의 결과를 보면, 특히, 노인 여성은 도시지역에서 거주하는 독거노인의 인지기능 저하요인으로 유의하게 도출되었으나, 읍면지역에 사는 독거노인에서는 성별의 차이를 보이지 않는다. 유독 도시지역의 독거노인에서만 여성 노인의 인지기능이 감소하는 것으로 나타난 것은 아마도 읍면부지역에 거주하는 노인 여성은 다른 사람들과의 연결망 형성 등이 인지기능 감소를 지연시키는 역할을 한 것으로 사료된다.

국외 연구를 살펴보면, 유럽의 약 20개국에서 실시된 the Survey of Health, Ageing and Retirement in Europe(SHARE) 연구는 남, 녀 인지기능의 차이를 보기 위한 목적으로 수행되었다. 일반적으로 50-69세 군에서는 여성이 남성보다 인지기능이 더 좋았으나, 점점 연령이 증가하면서 이러한 인지기능의 성별 차이는 좁혀지다가 오히려 90세 군에서는 노인 남성이 노인 여성보다 인지기능 점수가 약간 높게 관찰되었다. 좀 더 세부적인 분석을 살펴보면, 유럽 지역별 인지기능의 성차를 분석한 결과는 남쪽 지역보다 북쪽에 위치한 국가에서 인지기능이 전반적으로 좋았으며, 북쪽의 국가 내에서는 여성이 남성보다 인지점수가 더 높았는데 이러한 차이를 교육, 신장, 만성질환의 차이 때문인 것으로 알려져 있다.

또 다른 연구로 미국에서 1971년부터 2017년 동안 진행된 5개의 코호트 연구를 기반으로 시간이 지남에 따라 인지기능 변화에 대한 성별의 차이를 분석한 연구에 따르면, baseline에서 전반적인 인지(global cognition), 집행기능(executive function), 그리고 기억(memory)에서 여성이 남성보다 유의하게 점수가 높았으나, 시간이 지남에 따라 여성은 남성과 비교해 볼 때 빠른 속도로 전반적인 인지와 집행기능이 떨어졌다. 하지만 남성, 여성 모두 기억은 비슷한 속도로 감소하였다(그림 1). 이러한 결과는 연령, 미국내 인종, 그리고 교육을 보정한 후 분석한 결과이다. 즉, 여성은 알츠하이머 치매 남성보다 인지 예비능력 정도가 높으나, 연령이 증가할수록 인지 감소 속도는 훨씬 빠르게 악화되는 것으로 보인다. 이러한 현상을 성호르몬, 구조적인 뇌의 발달, 유전자, 사회심리적 요인, 삶의 스타일의 차이로 설명하고 있다.

그림 1 Projected Mean Changes in Global Cognition, Executive Function, and Memory Over Time by Sex

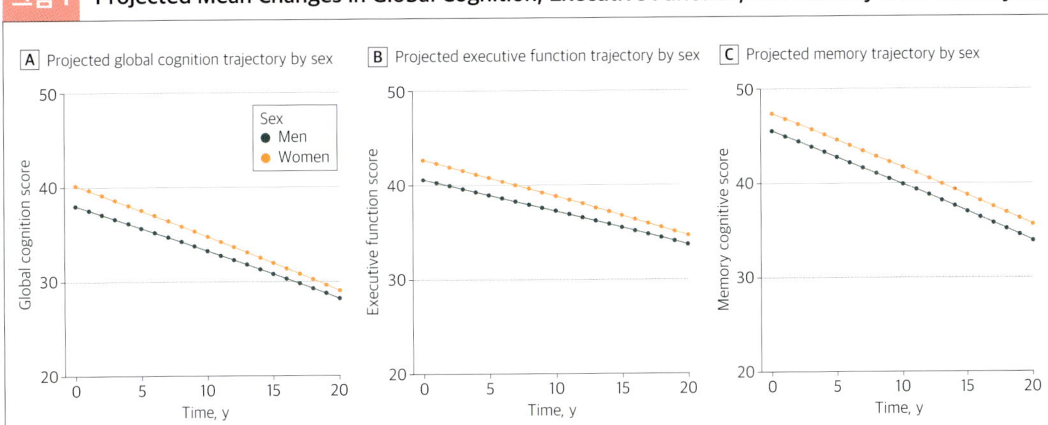

출처: Levine DA, et al. Sex differences in cognitive decline among US adults. JAMA Network Open. 2021;4(2):e210169.

위에서 언급한 문헌을 통해 노인 여성이 노인 남성보다 인지기능이 초기 노인에서는 좀 더 좋거나 비슷한데 고령이 되면서 인지기능이 떨어지는 것을 알 수 있다. 이러한 현상을 설명하기 위해 여성이 노인이 되기까지의 여성 생애주기에서 호르몬의 변화와 사회문화적 환경 속에서 어떤 변화 과정을 거쳐왔는가에 주목할 필요가 있다(그림 2). 즉, 여성과 남성에서 호르몬의 차이를 의미하는 성차에서 시작하여 사회문화적 차이인 젠더의 차이까지 살펴보는 것이 노인 여성의 인지기능 변화를 이해하는 데 필요한 견지로 이를 뒷받침하는 문헌을 소개한다.

첫째, 예일대 연구팀은 임신에서 노년기의 인지보유(cognitive reserve)에 관한 새로운 모델을 제시하였다. 임신 중 옥시토신은 일시적으로 인지기능을 감소시키고, 뇌의 회백질(grey matter) 부위가 축소되는 것을 볼 수 있다. 하지만 출산 이후 수유의 과정을 거치면서 인지기능이 회복(cognitive renormalization)되고, 인지적응뿐 아니라 아주 의미 있는 구조적, 기능적 뇌가소성(neuroplasticity)을 형성하게 된다. 폐경이 되기 전까지 모성시기(motherhood)를 거치면서 여성들은 특히 전반적인 집행기능이 향상되고, 인지능력은 강화되고, 적응과 보상기전을 통해 모성 신경인지 발달(maternal neurocognitive development)이 일어난다. 여성들의 전 생애 주기별 관점에서 볼 때, 여성은 이러한 모성시기를 거치면서 다양한 기능을 동시에 수행해야 하는 역할 등을 통해, 즉 행동적, 사회문화적 환경 속에서 초기 노인 시기까지는 인지기능이 회복하여 증가한다는 인지보유를 설명하였다. 여기서 인지보유란 질병, 손상, 또는 인지 저하에 대한 뇌의 회복력을 의미하는 것이다. 그림 2는 이러한 여성의 임신부터 노년기까지의 과정과 모성시기를 거치는 동안의 사회문화적 환경 삶 속에서 인지기능의 장기적 영향에 초점을 두었다.

둘째, 또 다른 여러 연구에서 초기 노인에서는 인지기능에 성차가 없다가 85세 이후 고령이 되면서 노인 여성의 인지기능이 감소하는 것은 아마도 여성에서 폐경 이후 에스트로겐의 저하로 인한 것일 것으로 추측된다. 폐경으로 전환되는 시점에서 저하된 에스트로겐은 fMRI가 시행되는 동안 기억 관련 해마 활동이 감소하였으나 또 다른 대상자의 연구에서는 관련이 없는 것으로 보고되었다.

즉, 선행연구들에서 일관되게 인지기능에서의 성별 차이는 나이가 들수록 더욱 두드러지며, 특히 여성은 폐경 이후 호르몬 변화와 더불어 인지 감소가 빠르게 진행되는 경향이 있다. 이러한 결과는 인지기능에 영향을 미치는 성별 특유의 환경적, 문화적 요인뿐 아니라 생물학적 및 유전적 요인들을 이해하는 데 중요한 정보를 제공하며, 향후 성별을 고려한 맞춤형 예방 및 치료 전략 개발에 기여할 수 있을 것이다.

그림 2 **임신과 신경인지 발달에 관한 재구성(재모델)**

Key figure

Reframing matrescence as a neurocognitive developmental stage in humans

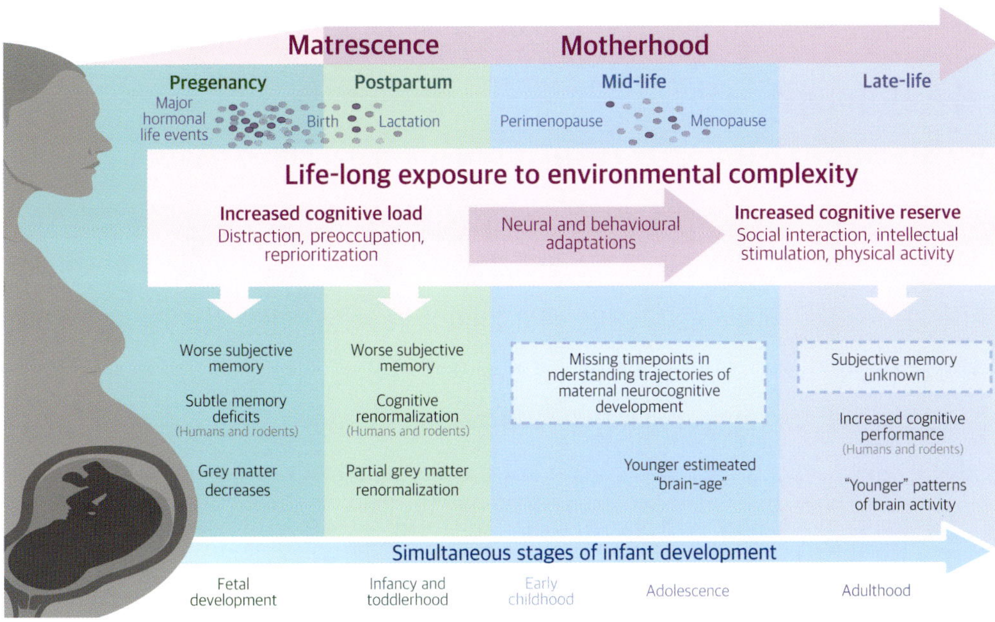

Figure 1. The transition to motherhood is associated with hormonal, neural, and cognitive changes both in the short-term (pregnancy and the postpartum period) and in the long-term (mid and late life). Motherhood is also marked by dynamic and stage-specific exposure to increased environmental complexity. This increased environmental complexity may explain both cognitive challenges in the peripartum period and cognitive improvements with increased parity in middle and late life. Neural and cognitive changes across the maternal lifespan also likely interact with the major hormonal events of pregnancy, birth, lactation, perimenopause, and menopause, as well as the simultaneous stages of infant development. The influence of these interacting factors requires further investigation.

출처: Orchard ER, et al. Matrescence: lifetime impact of motherhood on cognition and the brain. Trends Cogn Sci. 2023;27(3):302-316.

2) 알츠하이머 치매

(1) 정의

알츠하이머 치매는 1906년 독일 정신건강의학과 의사인 알로이스 알츠하이머(Alois Alzheimer)에 의해 명명되었으며, 신경변성 질환으로 분류된다. 질병의 발병 원인은 완전히 이해되지 않은 상태이며, 아밀로이드 플라크(amyloid plaque)가 정상 단백질을 변형시켜 플라크 덩어리를 형성해 고유기능을 잃어버리게 하는 것으로 추정된다. 조직병리학적으로는 뇌의 전반적인 위축, 뇌실의 확장, 신경섬유의 다발성 병변과 초로성 반점 등의 특징을 보인다.

치매를 진단하는데 미국 신경정신과학회의 DSM-5가 흔히 사용되며, 진단 기준은 다음과 같다. DSM-5에 의한 주요 증상으로 발병 초기에는 새로운 정보를 등록, 저장, 재생을 포함하는 단기 기억 상실이 있으며, 하나 또는 그 이상의 인지영역(복합적 주의, 집행기능, 학습과 기억, 언어, 지각-운동 또는 사회 인지)에서 인지 저하가 이전의 수행 수준에 비해 현저하며, 인지 결손은 일상 활동의 독립성을 방해하며, 섬망과 정신질환(예, 주요우울장애, 조현병)과는 구별된다. 질병이 악화되면, 혼란, 격한 행동, 조울증, 언어장애, 장기기억상실 등의 증상이 나타난다.

(2) 알츠하이머병과 성차

알츠하이머병을 일으키는 위험인자는 뇌세포의 점진적 상실과 관련이 있다는 것을 알지만, 뚜렷한 발생 원인은 아직도 정확하게 밝혀진 것은 없다. 하지만 과학자들이 일관성 있게 제시하는 위험인자는 연령, 가족 병력 및 유전으로 알려져 있다. 이 외에 알츠하이머병의 위험인자는 여성, 치매 가족력, 낮은 교육 수준, 고혈압, 음주, 뇌좌상력, 뇌졸중 병력, Apo E4 allele(+)가 있다. 위험인자 중에서 연령 외에 알츠하이머병의 발생에 가장 큰 영향을 미치는 인자는 성별로써 흔히 여성에서 2배 정도 더 많이 발생한다. 국내에서 실시된 2016년 전국 치매 유병률 조사에서 알츠하이머 치매는 남성 5.6%, 여성 7.4%로, 여성에서 유병률이 더 높았으며, 최근 미국에서 보고된 자료에서도 알츠하이머 치매 환자의 2/3는 여성이며, 여성은 남성(10명 중 1명)에 비해 평생 동안 알츠하이머 치매 발병 위험(5명 중 1명)이 더 높다. 반면, 전 세계 22개 이상의 연구에 대한 체계적 문헌 검토 및 메타 분석에서 알츠하이머병의 유병률이 남성에 비해 여성에서 유의하게 더 높다는 사실을 발견하지는 못했다.

여성이 남성보다 발병률이 높은 이유는 여성이 평균수명이 길고, 생물학적 요인(예: 염색체, 후생 유전적 요인 또는 호르몬의 차이), 그리고 심리 사회적, 문화적 차이로 보는 견해가 있다. 그 외에도 건강 요인(예: 심혈관계 위험), 낮은 교육수준 및 사회활동을 하기 때문으로 추정하여 설명하고 있으나 명확히 규명된 바는 없다.

국내에서는 거의 처음으로 알츠하이머병 관련 위험인자의 위험도 비교 결과, 고혈압, 뇌졸중 병력에서 여성에 대한 위험도가 남성보다 두 배가 높은 것으로 나타났으며, 신경심리학적 검사 결과에서는 남녀 간의 유의한 차이를 보인 것은 시공간 기능검사(Rey figure copy)로써 남성이 여성과 비교하여 점수가 유의미하게 높았다. 서울신경심리검사-치매(Seoul Neuropsychological Screening Battery-Dementia, SNSB-D) 점수로 산출된 검사 결과에서는 주의집중력, 언어 및 관련 능력, 시공간 기능검사에서 남성이 여성과 비교하여 점수가 유의미하게 높았다.

즉, 선행연구들에 따르면, 여성이 남성보다 알츠하이머병의 발병률이 더 높은 이유는 여성의 평균 수명이 더 길고 생물학적, 심리사회적, 문화적 요인들이 복합적으로 작용하기 때문이다. 이러한 요인들을 종합적으로 고려할 때, 성별에 맞춘 맞춤형 치료 및 관리 전략을 개발할 수 있으며, 이는 알츠하이머병의 효과적인 예방 및 치료에 크게 기여할 수 있을 것이다.

2. 노인의 신체기능의 성차

1) 일상생활활동

(1) 정의

일반적으로 노인에서 신체기능을 평가하는 지표로 일상생활활동(activities of daily living, ADLs)과 도구적 일상생활활동(instrumental activities of daily living, IADLs)이 있다. 기본적인 ADL은 인간이 독립적으로 살아가는 데 필요한 가장 기본적인 기능, 자기돌봄, 거동을 말하며, 식사하기, 목욕하기, 대소변가리기, 세수하기, 개인위생관리, 옷입기, 화장실가기, 걷기, 계단오르기 등이 포함된다.

(2) ADL수행능력과 성차

ADL은 기본적으로 자기 신체 관리(self-care) 능력을 평가하는 것으로 성별 및 문화적인 영향을 거의 받지 않는다는 장점이 있는 것으로 알려져 있으며, 최근 국가별 횡단, 종단 빅데이터를 이용한 ADL수행능력의 성별 차이를 분석한 연구들이 점점 증가하고 있다.

국내 45세 이상을 대상으로 한 고령자패널조사 분석을 통한 종단연구 결과에서 초기 노인 여성과 노인 남성 사이에 ADL 제한에서 약간의 차이가 있었다. 즉 65-69세군과 75세 이상군에서는 ADL 제한에 성별의 차이가 없고, 70-74세군에서만 노인 여성이 ADL 제한이 높게 나왔다. 하지만 결국 시간이 흐름에 따라 고령군(75세 이상 군)에서는 노인 여성의 ADL 제한은 노인 남성보다 급격히 증가하여 큰 폭으로 그 차이를 보였다(그림 3).

그림 3 시간의 흐름에 따른 연령별 ADL 제한의 성별 차이

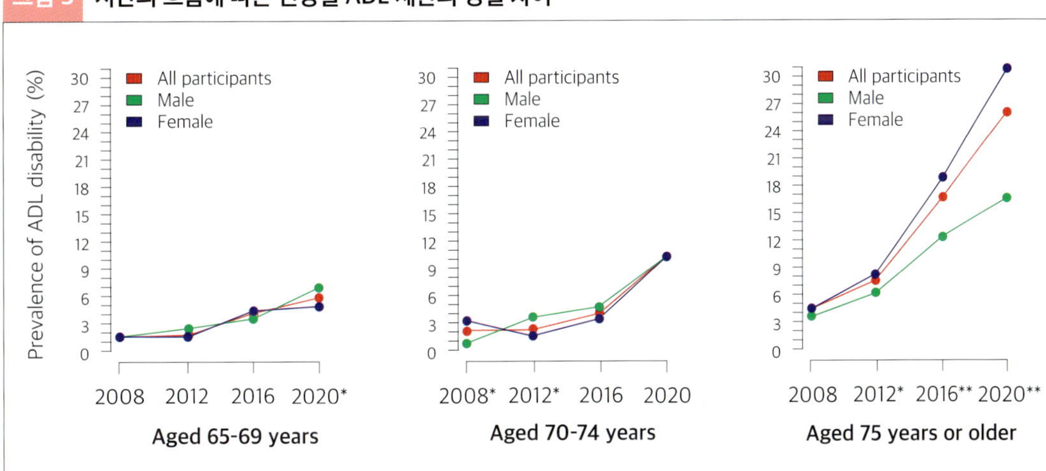

*p<0.05, **p<0.01

출처: Nguyen VC, et al. Change in functional disability and its trends among older adults in Korea over 2008-2020: a 4-year follow-up cohort study. BMC Geriatr. 2023;23:219.

여러 연구에서 ADL 능력에 대한 평가를 오히려 ADL 제한점(limitation)으로 비교하여 성별의 차이를 연구 결과로 제시하였다. 유럽의 50세 이상의 연령군을 대상으로 유럽의 대단위 연구인 Survey of Health, Ageing and Retirement in Europe(SHARE)의 연구 결과에 따르면, 여성은 남성보다 ADL 및 IADL에 제한받을 위험도가 더 높았고, 이는 나이가 많아질수록 증가하였으며, 성별의 차이도 더욱 증가하였다. ADL 제한은 비교적 젊은 노인층(50-64세)에서는 여성과 남성에서 비슷하지만, 65세 이상의 노인층에서는 여성은 남성과 비교하여 ADL 제한이 더 심함을 보여주었다(그림 4). 즉, 국내외 연구 결과를 종합해보면, 초기 노인에서는 성별에 따라 차이가 없거나 최소한의 차이를 보이나 고령이 될수록 이러한 성별의 차이는 국가와 상관없이 일관성 있게 노인 여성의 기능제한이 더욱 커지는 것으로 보인다.

고령자패널조사의 자료를 이용한 또 다른 ADL 제한 연구를 살펴보면, 2006년에 ADL에 전혀 제한이 없었던 대상자가 14년 동안 ADL 제한에 있어 어떤 변화를 하는지 그 추이를 분석한 연구에서는 흥미롭게도 일반적으로 포함되는 ADL 중에서 목욕하기, 옷입기, 세수하기 활동 제한이 1-3순위로 나왔으며, 음식먹기는 여성, 남성 노인 모두에서 가장 오랫동안 유지되는 ADL이었다. 이러한 ADL 제한의 총점과 위의 1-3순위 관련 영향요인을 분석한 결과 공통적인 것으로 연령과 인지기능이었다. 이 분석에서는 총점과 1-3순위 활동 모두에서 성별에 따른 차이는 보이지 않았으니, 분명 노인들은 고령일수록 ADL 중 목욕하기에 가장 많은 돌봄이 필요하다는 점을 시사하는 결과이다.

그림 4 Proportion of men and women with limitations of ADL and IADL by sex

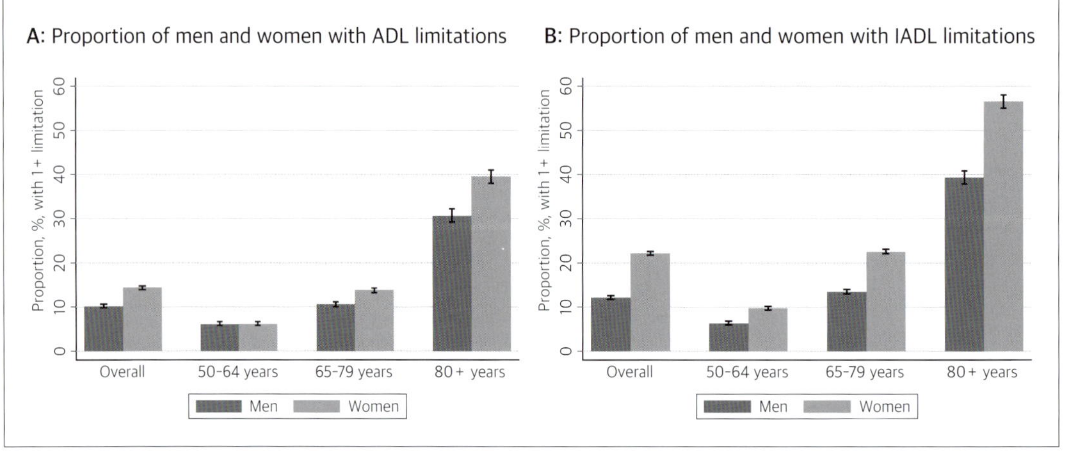

출처: Scheel-Hincke LL, et al. Cross-national comparison of sex differences in ADL and IADL in Europe: findings from SHARE. Eur J Ageing. 2019;17(1):69-79.

2) 도구적 일상생활활동

(1) 정의

IADL은 ADL보다는 좀 더 복잡한 활동으로 독립적인 생활을 하는 데 필요한 높은 차원의 기능을 말한다. 총 7개의 항목(전화걸기, 교통수단 이용, 쇼핑, 음식준비, 집안일, 약물복용, 돈관리)으로 구성되어 있으며, 남성에게는 음식준비하기, 집안일하기, 빨래하기에 대해서는 조사하지 않았으며, 이유는 문화적 배경에서 이들 문항은 남성이 평소 경험이 없기에 기능 면에서 저하가 일어났다기보다는 해본 경험이 없기에 수행할 수 없는 것으로 보았기에 기능 평가에서 포함시키지 않았던 것으로 사료된다. 일반적으로 노인에서는 ADL의 제한보다 IADL의 제한이 먼저 나타난다. 이러한 제한은 노화과정 자체 때문에 일어나지만, 근육계 질환, 신경계, 순환계 또는 감각계의 변화로 인한 신체기능 감퇴와 인지기능의 저하로 인해 나타난다고 할 수 있다.

(2) IADLs 수행능력과 성차

일반적으로 IADL은 성별과 문화적인 특성에 따른 영향을 많이 받는다. 노인의 IADL을 측정하기 위해 개발된 도구는 1969년 Lawton과 Brody가 개발한 도구로 개발 당시 남녀 성별의 차이가 있음을 인지하고 도구 개발 당시부터 남, 녀 각각에게 적합한 문항을 개발하고 총점을 서로 다르게 적용하였다. 국내에서는 한국의 문화적 특성을 고려하여 한국형 도구적 일상생활활동도구(Korean version of IADL, K-IADL)가 개발되어 신뢰도, 타당화작업을 거쳐 사용되고 있다. IADL의 정도는 지역사회 거주 노인의 독립성을 나타내는 중요한 지표로 여겨진다.

남성에서 음식 장만하기, 세탁하기와 같은 가사일은 기능 저하로 수행하기 어렵다기보다는 상황적으로 경험하지 못하였기에 수행할 수 없는 것은 평생 동안 경험한 성별에 따른 역할의 영향으로 보아야 한다. 이는 분명 sex 차이라기보다 gender 차이로 보아야 한다. 성차를 언급할 때 어떤 영역은 sex와 gender 차이의 명확한 구분을 언급하기에 어려움이 있는 영역도 있으나 노인의 IADL의 성차는 분명 gender 차이로 보아야 할 것으로 사료된다.

ADL 제한의 성별의 차이와는 달리, IADL 제한에서 성별의 차이는 젊은 노인층(50-64세)에서부터 고령에 이르기까지 모든 노인 연령대에서 여성이 노인 남성보다 제한이 더 있었으며(그림 4), 이는 유럽, 북미, 아시아 국가를 대상으로 실시된 연구에서도 유사한 결과를 보였다. 하지만 국내 고령자패널조사 자료의 종단분석(2008년부터 2020년)에서는 65-69세, 70-74세군에서는 모두 초기 시점(2008년)에 오히려 노인 남성이 노인 여성보다 IADL 제한 정도가 더 높았으나, 75세 이상 노인군에서는 남, 여 모두 초기에는 별 차이가 없다가 여성, 남성 모두 가파르게 제한이 나타났으며, 노인 여성과 남성의 격차는 다른 군들보다 더 심하게 벌어지는 것을 볼 수 있다(그림 5). 즉, 노인 여성이 더욱 IADL 기능 제한이 심한 것으로 보여진다.

그림 5 시간의 흐름에 따른 연령별 도구적 일상생활활동 제한의 성별 차이

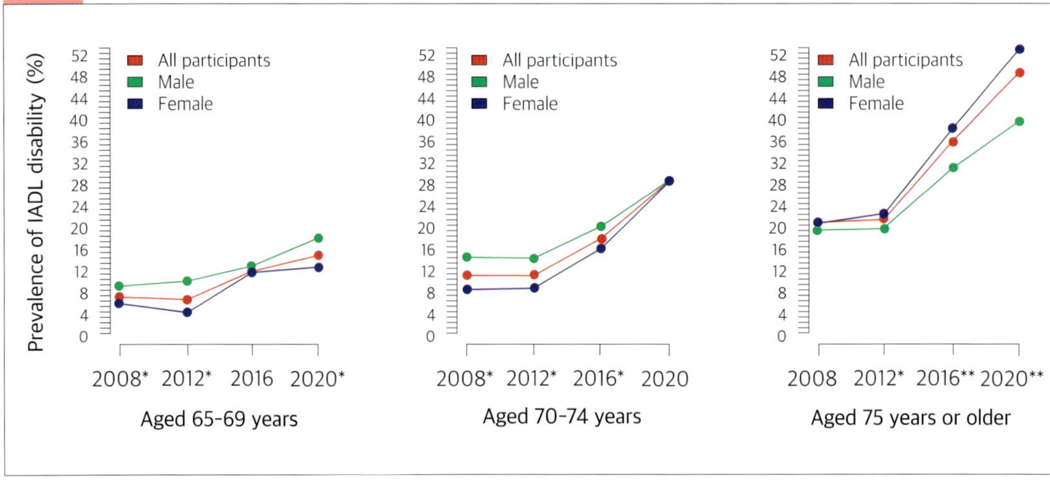

*p<0.05, **p<0.01

출처: Nguyen VC, et al. Change in functional disability and its trends among older adults in Korea over 2008-2020: a 4-year follow-up cohort study. BMC Geriatr. 2023;23:219.

이상과 같이 국가별로 약간의 차이는 있으나 공통적인 특성은 고령으로 갈수록 분명 노인 여성이 노인 남성보다 IADL 제한이 더 심해지는 것을 알 수 있다.

최근의 보고에 따르면, 한국 여성 노인의 91.2%가 대부분의 가사일을 담당한다고 응답하였으며, 여전히 국내외를 막론하고 이러한 성별의 역할로 인해 IADL의 문항에서는 남성과 여성의 차이를 지속적으로 보일 것으로 예상된다. 최근 한국노동연구원이 고령화 정책 및 제도 연구에 활용될 기초자료를 생산하기 위해 2006년부터 시행해 온 대규모 조사연구로 고령화연구패널조사의 자료를 분석한 연구에서 IADL의 문항별 제한의 성별 차이를 분석한 연구 결과를 보면(그림 6), IADL의 제한에 대한 노인 여성과 노인 남성의 차이는 일정한 항목에서 두드러지게 차이를 보였다. 즉, 노인 여성은 대중교통 이용, 근거리 외출, 금전관리 항목에서 순서별로 제한점을 보인 반면, 노인 남성은 식사준비, 세탁, 그리고 대중교통 이용순으로 제한을 보였다.

이처럼 다양한 연구를 통해 성별에 따른 IADL의 차이가 명확하게 드러나고 있다. 특히 노인 여성은 노인 남성에 비해 IADL의 제한이 더 크게 나타났으며, 성별에 따라 제한이 심한 IADL 유형이 달랐다. 이러한 차이는 성별에 따른 역할과 기대, 생물학적 차이, 사회적 경험의 차이 등이 복합적으로 작용한 결과이다. 따라서 노인의 독립성과 삶의 질을 향상시키기 위한 정책과 프로그램 개발 시 이러한 성별 차이를 고려하는 것이 중요하며, 이는 노인의 돌봄 요구에 맞는 적절한 간호 중재 및 개별적이고 구체적인 지원이 필요함을 시사한다.

그림 6 시간의 흐름에 따른 도구적 일상생활활동 문항별 제한의 성별 차이

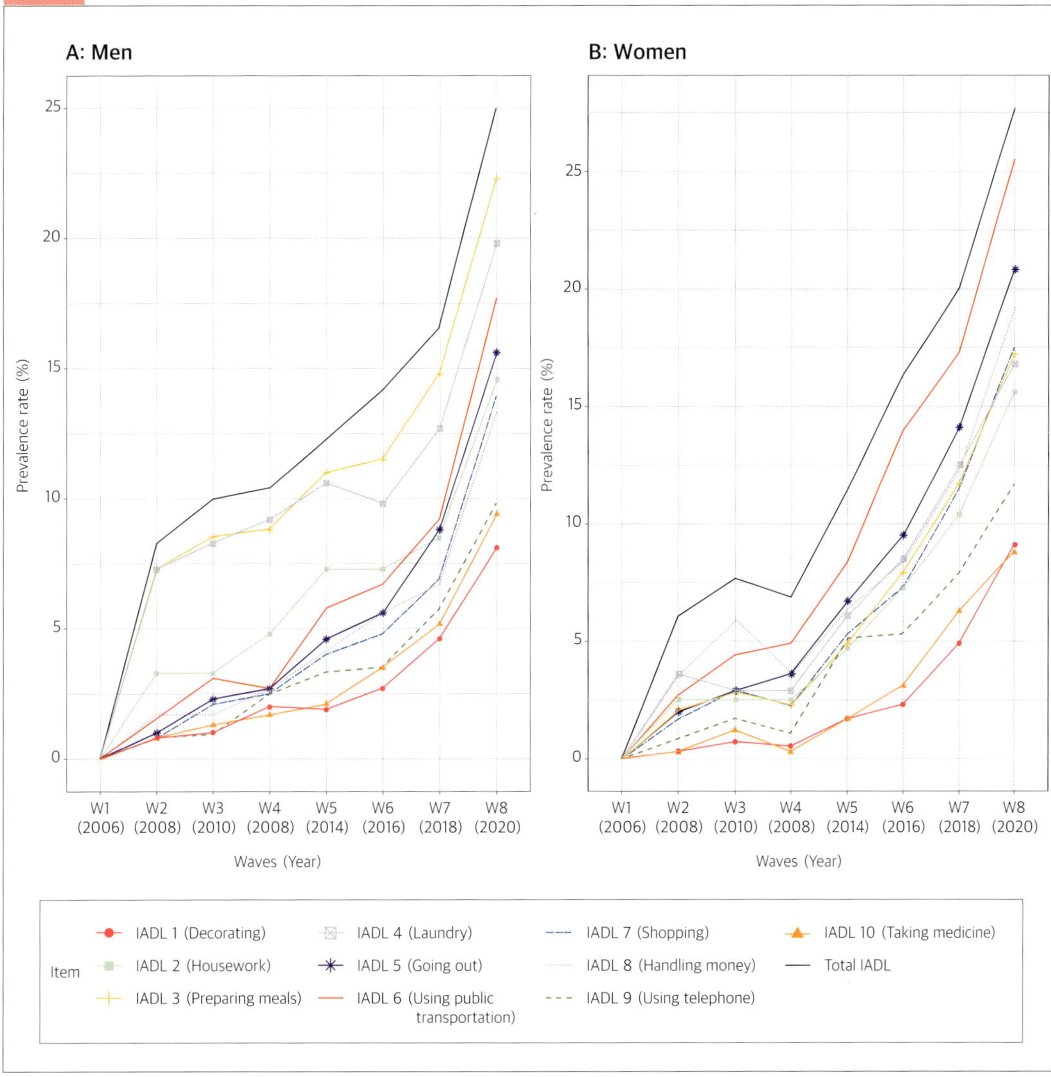

출처: Moon S, et al. Changes in instrumental activities daily living limitations and their associated factors according to gender in community-residing older adults: A longitudinal cohort study. PLoS One. 2024;19(1):e0296796.

간호학적 적용

노인 여성의 인지기능은 초기 노인에서는 노인 남성보다 좀 더 좋거나 비슷하나, 고령이 되면서 인지기능이 떨어진다. 이러한 요인으로 인해 노인 여성이 후기 노년기에 발생하는 인지장애의 대표적인 치매에 더 취약한 것으로 보이며, 이를 이해하기 위해서는 여성의 생애주기에서 호르몬

의 변화와 사회문화적 환경 속에서 변화 과정을 폭넓게 파악하여야 노인의 인지기능의 성차를 이해할 수 있다. 간호학 연구와 실무에서 노인 인지기능 저하의 위험이 남성보다는 여성이 상대적으로 더 높기에, 노인을 대상으로 하는 인지기능 향상 프로그램을 계획하고 적용할 때, 성별 차이의 특성을 반영해야 한다.

노인 신체기능의 성별 차이의 특징은 ADL과 IADL은 초기 노인에서는 성별의 차이가 없으나 나이가 많아질수록 노인 여성이 노인 남성보다 기능 제한이 더 증가한다. 특히, 노인 남성과 노인 여성은 IADL 제한 항목에 차이가 있었다. 노인의 신체기능 저하는 결국 돌봄 요구도의 증가와 의료비 증가로 사회적 부담을 증가시킨다. 그러므로 신체기능의 저하를 선제적으로 예방하고 돌봄 관련 요구도를 파악하는 것이 우선시되어야 할 것이다. 일반적으로 노인 남성은 노인 여성보다 평균수명이 짧으나, 고령까지 생존한 남성은 생존 효과(survival effect)로 그만큼 더 건강하기에 고령에서 남성과 여성의 성별에 따른 차이는 더욱 커지는 것으로 여겨진다. 향후 종단 연구설계를 통하여 지속적인 노인의 기능 평가와 삶의 양식 등을 통한 성별의 차이를 보이는 요인 등을 파악한다면 추후 격차를 줄일 수 있는 활동 또는 중재방안을 제안할 수 있을 것이다.

참고문헌

고승아, 윤지영, 정지향. 알츠하이머병의 위험인자 및 인지기능의 남녀성별 차이: 이화치매클리닉. 대한치매학회지. 2007;6(2):34-37.

보건복지부. 2016 전국 치매역학조사 보고서. 2016. 발간등록번호 11-1352000-002053-01.

원장원, 노용균, 선우덕, 이영수. 한국형 도구적 일상생활활동 측정도구의 타당도 및 신뢰도. 노인병. 2002;6(4):273-280.

양동원. 기억의 메커니즘 및 기억장애질환. 대한치매학회지. 2004;3:65-72.

양승민, 정규형, 최재성. 노인의 성별차이에 따른 사회활동이 인지기능에 미치는 영향. 노인복지연구. 2017;72(3):225-250.

양영순, 양현덕, 홍윤정, 김정은, 박문호, 나해리, 한일우, 김상윤. 일상생활능력과 치매. 대한치매학회지. 2012;11:29-37.

이윤희, 홍(손)귀령. 거주 지역에 따른 독거노인의 인지기능 저하 영향요인: 종단연구. 노인간호학회지. 2023;25(2):141-151.

Ahrenfeldt LJ, Scheel-Hincke LL, Kjærgaard S, Möller S, Christensen K, Lindahl-Jacobsen R. Gender differences in cognitive function and grip strength: a cross-national comparison of four European regions. Eur J Public Health. 2019;29(4):667-674. https://doi.org/10.1093/eurpub/cky266.

Alzheimer's Association. 2021 Alzheimer's disease facts and figures. Alzheimers Dement. 2021;17(3):327-406. https://doi: 10.1002/alz.12328.

Bai L, Gu S, Gu H, et al. The impact of disability on intergenerational care needs of the elderly in China. Inquiry. 2021;58:469580211018283. https://doi.org/10.1177/00469580211018283.

Bortz J, Klatt KC, Wallace TC. Perspective: estrogen and the risk of cognitive decline: A missing cholinergic link? Adv Nutr. 2022;13(2):376-387. https://doi.org/10.1093/advances/nmab145.

Brunet HE, Caldwell JZK, Brandt J, Miller JB. Influence of sex differences in interpreting learning and memory within a clinical sample of older adults. Neuropsychol Dev Cogn B Aging Neuropsychol Cogn. 2020;27(1):18-39. https://doi.org/10.1080/13825585.2019.1566433.

Crimmins EM, Shim H, Zhang YS, Kim JK. Differences between men and women in mortality and the health dimensions of the morbidity process. Clin Chem. 2019;65(1):135-145. https://doi.org/10.1373/clinchem.2018.288332

de Frias CM, Nilsson LG, Herlitz A. Sex differences in cognition are stable over a 10-year period in adulthood and old Age. Neuropsychol Dev Cogn B Aging Neuropsychol Cogn. 2006;13(3-4):574-587. https://doi.org/10.1080/13825580600678418.

Edemekong PF, Bomgaars DL, Sukumaran S, Schoo C. Activities of daily living (ADLs). StatPearls. Treasure Island (FL): StatPearls Publishing; 2024. Accessed Sept 24, 2024. http://www.ncbi.nlm.nih.gov/books/NBK470404/.

Fiest KM, Roberts JI, Maxwell CJ, et al. The prevalence and incidence of dementia due to Alzheimer's disease: a systematic review and meta-analysis. Can J Neurol Sci. 2016;43(S1):S51-882. https://doi.org/10.1017/cjn.2016.36.

Gale SD, Baxter L, Thompson J. Greater memory impairment in dementing females than males relative to sex-matched healthy controls. J Clin Exp Neuropsychol. 2016;38(5):527-553. https://doi.org/10.1080/13803395.2015.1132298.

García-Hermoso A, Cavero-Redondo I, Ramírez-Vélez R, et al. Muscular strength as a predictor of all-cause mortality in an apparently healthy population: A systematic review and meta-analysis of data from approximately 2 million men and women. Arch Phys Med Rehabil. 2018;99(10):2100-2113.e5. https://doi.org/10.1016/j.apmr.2018.01.008.

GBD 2019 Demographics collaborators. Global age-sex specific fertility, mortality, healthy life expectancy (HALE), and population estimates in 204 countries and territories, 1950-2019:a comprehensive demographic analysis for the global burden of disease study 2019. Lancet. 2020;396:1160-1203.

Halpern DF, Benbow CP, Geary DC, Gur RC, Hyde JS, Gernsbacher MA. The science of sex differences in science and mathematics. Psychol Sci Public Interest. 2007;8(1):1-51. https://doi.org/ 10.1111/j.1529-1006.2007.00032.x.

Herlitz A, Thilers P, & Habib R. Endogenous estrogen is not associated with cognitive performance before, during, or after menopause. Menopause. 2007;14(3):425-431. https://doi.org/10.1097/01.gme.0000247019.86748.e3.

https://ko.wikipedia.org/wiki/%EC%95%8C%EC%B8%A0%ED%95%98%EC%9D%B4%EB%A8%B8%EB%B3%91

https://m.nid.or.kr/info/diction_list3.aspx?gubun=0301

https://www.alz.org/asian/about/causes_risk_factors.asp?nL=KO&dL=KO

Jacobs EG, Weiss BK, Makris N, et al. Impact of sex and menopausal status on episodic memory circuitry in early midlife. J Neurosci. 2016;36(39):10163-10173. https://doi.org/10.1523/JNEUROSCI.0951-16.2016

Laws KR, Irvine K, Gale TM. Sex differences in cognitive impairment in Alzheimer's disease. World J Psychiatry. 2016;6(1):54-65. https://doi.org/10.5498/wjp.v6.i1.54.

Lawton MP, Brody EM. Assessment of older people: Self-maintaining and instrumental activities of daily living. Gerontologist. 1969;9(3):179-186. https://doi.org/10.1093/geront/9.3_Part_1.179.

Levine DA, Gross AL, Briceño EM, et al. Sex differences in cognitive decline among US adults. JAMA Netw Open. 2021;4(2):e210169. https://doi.org/ 10.1001/jamanetworkopen.2021.0169.

Lopez-Lee C, Torres ERS, Carling G, Gan L. Mechanisms of sex differences in Alzheimer's disease. Neuron. 2024;112(8):1208-1221. https://doi.org/10.1016/j.neuron.2024.01.024.

Mehta N, Rodrigues C, Lamba M, et al. Systematic review of sex-specific reporting of data: Cholinesterase inhibitor example. J Am Geriatr Soc. 2017;65:2213-2219. https://doi.org/10.1111/jgs.15020.

Mielka MM, Vemuri P, Rocca WA. Clinical epidemiology of Alzheimer's disease: assessing sex and gender differences. Clin Epidemiol. 2014;6:37-48. https://doi.org/10.2147/CLEP.S37929.

Moon S, Oh E, Chung D, Hong GS. Changes in instrumental activities daily living limitations and their associated factors according to gender in community-residing older adults: A longitudinal cohort study. PLoS One. 2024;19(1):e0296796. https://doi.org/10.1371/journal. pone.0296796.

Nguyen VC, Hong GS. Change in functional disability and its trends among older adults in Korea over 2008-2020: a 4-year follow-up cohort study. BMC Geriatr. 2023;23:219. https://doi.org/10.1186/s12877-023-03867-5.

Oh E, Moon SH, Hong GRS. Longitudinal trends and predictors of limitations in activities of daily living in community-dwelling older adults: Evidence from the KLoSA study. Front Public Health. 2024;12:1485732.

https://doi.org/10.3389/fpubh.2024.1485732.

Oksuzyan A, Bronnum-Hansen H, Jeune B. Gender gap in health expectancy. Eur J Ageing. 2010;7:213-218. https://doi.org/10.1007/s10433-010-0170-4.

Orchard ER, Rutherford HJV, Holmes AJ, Jamadar SD. Matrescence: life time impact of motherhood on cognition and the brain. Trends Cogn Sci. 2023;27(3):302-316. https://doi.org/10.1016/j.tics.2022.12.002.

Scheel-Hincke LL, Möller S, Lindahl-Jacobsen R, Jeune B, Ahrenfeldt LJ. Cross-national comparison of sex differences in ADL and IADL in Europe: findings from SHARE. Eur J Ageing. 2019;17(1):69-79. https://doi.org/10.1007/s10433-019-00524-y.

Schünemann J, Strulik H, Trimborn T. The gender gap in mortality: How much is explained by behavior? J Health Econ. 2017;54:79-90. https://doi.org/10.1016/j.jhealeco.2017.04.002.

Voyer D, Voyer SD, Saint-Aubin J. Sex differences in visual-spatial working memory: A meta-analysis. Psychon Bull Rev. 2017;24:307-334. https://doi.org/10.3758/s13423-016-1085-7.

Zhang J, Zhou W, Wang L, Zhang X. Gender differences of neuropsychological profiles in cognitively normal older people without amyloid pathology. Compr Psychiatry. 2017;75;22-26. https://doi.org/10.1016/j.comppsych.2017.02.008.

CHAPTER 3

노년기 헬스 리터러시·디지털 헬스 리터러시와 성차

박연환 서울대학교 간호대학 성인(노인)건강간호학

요약문

- 만성질환 관리의 초점이 질병 치료에서 질병 예방 및 건강증진으로 확대 변경되고, 디지털 대전환에 따라 건강에 대한 개인의 책임이 강조되면서 헬스 리터러시와 디지털 헬스 리터러시의 중요성이 부각되었다.
- 헬스 리터러시는 성별 등 인구사회학적 요인과 시력, 청력, 언어 능력, 기억력, 추론 능력과 같은 인지적 요인, 사회적 지지, 문화, 언어 등의 환경적 요인 등에 의해 영향을 받는다.
- 디지털 헬스 리터러시 또한 연령, 성별, 교육 수준, 소득, 가구 형태 등의 인구사회학적 요인과 디지털 기술이나 인터넷에 대한 접근성, 인터넷 이용 패턴, 기술 준비도 및 기술에 대한 태도, 건강 상태, 건강행위, 삶의 질 등에 의해 영향을 받는다.
- 일반적으로 남성 노인의 헬스 리터러시와 디지털 헬스 리터러시 수준이 여성 노인보다 높다고 보고되고 있고, 디지털 기술의 발전과 확장이 여성 노인의 건강과 생활에 새로운 불평등을 초래할 수 있다는 디지털 성별 격차의 우려가 제기되고 있다.
- 노인의 헬스 리터러시와 디지털 헬스 리터러시의 성차에 영향을 미치는 요인으로는 경제적 요인, 교육 수준, 사회적 지원과 네트워크, 문화적 요인 등이 포함된다.
- 디지털 취약계층인 노인의 헬스 리터러시 및 디지털 헬스 리터러시와 관련된 불평등 요소를 파악하고 변화된 의료환경에서 건강형평성을 향상시키기 위한 노력이 필요하다.

서론

노년기에는 만성질환에 대한 관리의 필요성과 의료서비스 이용 빈도가 증가함에 따라 다른 연령층에 비해 헬스 리터러시가 더욱 중요해지는데 고령층은 헬스 리터러시에 취약한 계층으로 알려져 있다. 한편 코로나 19 팬데믹 이후 디지털 대전환은 의료환경에도 영향을 미쳐 다양한 디지털 기기를 건강정보를 전달하는 매체로 활용하기 위해서 온라인과 소셜미디어에서 접할 수 있는 부정확한 건강정보를 걸러내고 판단하는 능력인 디지털 헬스 리터러시도 중요해졌다.

헬스 리터러시와 디지털 헬스 리터러시는 연령, 성별, 교육수준, 소득과 같은 인구사회학적 요인에 따른 격차나 기술에 대한 접근성과 활용 능력의 불평등으로 인해 건강불평등을 유발할 수 있다. 특히 노인은 새로운 기술에 접근하여 이를 수용하고 활용하는 것이 상대적으로 느리며, 노화로 인한 신체적, 인지적 기능의 저하는 디지털 기술 사용의 장벽으로 작용할 수 있다.

노인의 헬스 리터러시와 디지털 헬스 리터러시를 향상시키는 것은 부족한 공중보건 자원의 문제를 완화하고 노년기 건강관리와 삶의 질 증진에 효과적인 방법이 될 수 있다. 따라서 이 장에서는 헬스 리터러시 및 디지털 헬스 리터러시의 정의 및 주요 속성, 영향요인을 확인하고 노년기 헬스 리터러시와 디지털 헬스 리터러시의 성차를 파악하여 간호학적 적용 방안을 제안하고자 한다.

1. 정의 및 주요 속성

1) 헬스 리터러시의 정의와 주요 속성

헬스 리터러시(health literacy)는 '좋은 건강을 증진하고 유지하기 위해 정보에 접근하고 이해하고 사용하는 개인의 동기와 능력을 결정하는 인지적, 사회적 기술'을 의미한다. 미국 의학협회(American Medical Association), 미국 의학연구소(Institute of Medicine, IOM), 세계보건기구(WHO)에서는 적절한 건강 결정을 내리기 위해 건강정보를 얻고 처리하고 이해하는 개인의 능력에 초점을 두고 있다. 또한 개인적인 관점을 넘어서 건강 시스템의 요구와 개인이 사용할 수 있는 기술 간의 상호작용으로 보는 것도 중요하다. 공중 보건의 관점을 포괄하고 문해력, 리터러시와 연결되어 있으며, 삶의 질을 유지하거나 개선하기 위한 개념으로 의료, 질병 예방, 건강 증진과 관련하여 개인이 일상생활에서 판단하고 결정을 내리기 위해 건강정보에 접근하고 이해하고, 평가하고, 적용하는 지식, 동기, 능력으로 정의되기도 한다.

헬스 리터러시 모델에 따르면, 헬스 리터러시는 기능적 헬스 리터러시(functional health literacy), 상호작용적 헬스 리터러시(interactive health literacy), 비판적 헬스 리터러시(critical health literacy)의 3가지 영역으로 구분할 수 있다. 기능적 헬스 리터러시는 기본적인 읽기와 쓰기 기술을 의미하며, 상호작용적 헬스 리터러시는 사회적 기술과 함께 일상활동에 적극적으로 참여하고, 다양한 형태의 의사소통을 통해 정보를 추출하고 의미를 도출하며 새로운 정보를 변화하는 상황에 적용하는 데 필요한 고도의 인지적 기술 및 문해력 기술을 의미한다. 비판적 헬스 리터러시는 정보를 비판적으로 분석하여 이를 활용하여 삶의 사건과 상황을 보다 효과적으로 통제하는 고차원의 인지적, 사회적 기술을 의미한다.

Sørensen 등은 체계적 문헌고찰을 통해 통합적 헬스 리터러시 모델을 제시하고, 건강 관련 정보에 대한 접근, 이해, 평가 및 적용의 과정(process)에 필요한 4가지 핵심 역량을 규명하였다. 4가지 핵심 역량은 건강정보를 찾고 얻을 수 있는 능력인 '접근(access)', 획득한 건강정보를 이해할 수 있는 능력인 '이해(understand)', 접근한 건강정보를 해석, 선별, 판단, 평가할 수 있는 '평가(appraise)', 건강 유지 및 증진을 위한 의사결정을 위해 소통하고 정보를 이용할 수 있는 능력인 '적용(apply)'이다. 이들 역량은 특정한 인지적 자질을 요구하며 제공된 정보의 질에 따라 달라질 수 있으며, 이 과정은 건강의 3가지 영역인 의료, 질병 예방, 건강증진 모두를 포함하고 개인 수준에서 인구집단 수준 모두를 포괄한다(표 1).

표 1 헬스 리터러시의 정의와 주요 속성

출처	정의	속성
WHO (1997)	"개인이 정보를 이해하고 사용하는 동기와 능력을 결정하는 인지적 및 사회적 기술을 의미하며 건강을 증진하고 유지하는 방법으로 활용할 수 있음"	
American Medical Association (1999)	"건강관리 환경에서 기능을 수행하는 데 필요한 기본적인 읽기 및 수리 작업을 수행할 수 있는 능력을 포함한 기술들의 집합."	
Nutbeam (2000)	"개인이 정보를 접근하고 이해하며 사용하여 건강을 증진하고 유지할 수 있는 능력을 결정하는 개인적, 인지적 및 사회적 기술."	• 기능적(functional) 헬스 리터러시 • 상호적(interactive) 헬스 리터러시 • 비판적(critical) 헬스 리터러시
Institute of Medicine (2004)	"개인이 적절한 건강 결정을 내리기 위해 필요한 기본적인 건강 정보와 서비스를 얻고, 처리하며 이해할 수 있는 능력의 정도" (Ratzan and Parker, 2000).	• 문화적, 개념적 지식 • 듣기 • 말하기 • 계산 능력 • 쓰기 능력 • 읽기 능력
Sørensen et al. (2012)	"건강 문해력은 문해력과 관련이 있으며, 사람들이 의료, 질병 예방, 건강 증진과 관련된 일상적인 삶에서 판단을 내리고 결정을 내리기 위해 건강 정보를 접근하고, 이해하고, 평가하며, 적용할 수 있는 지식, 동기 및 능력을 포함한다. 이는 삶의 질을 유지하거나 향상시키기 위한 것이다."	• 역량 유형 – 접근 – 이해 – 평가 – 적용 • 건강 영역 – 건강관리 – 질병 예방 – 건강 증진

2) 디지털 헬스 리터러시의 정의와 주요 속성

디지털 헬스는 고도의 디지털 기술을 보건의료서비스 전반에 활용하는 양상을 반영하는 것으로, 모바일 건강(mHealth), 건강정보기술(IT), 웨어러블 기기, 원격의료, 맞춤 의학 등을 포괄하는 개념이다. 디지털 헬스 리터러시는 건강관리를 위한 디지털 활용능력으로 e-헬스 리터러시(eHealth literacy)와 혼용하여 사용되고 있다. e-헬스 리터러시는 전자 자원에서 건강정보를 찾고, 이해하고, 평가하여 얻은 지식을 건강문제를 해결하는 데 적용하는 능력으로 정의된다.

e-헬스 리터러시를 설명하는 개념적 모델인 Lily model에 의하면 e-헬스 리터러시는 6가지의 영역으로 구분할 수 있다. 분석적(analytic) 영역은 주제나 맥락과 관계없이 광범위한 정보 자원에 적용 가능한 기술로, 전통적 리터러시, 미디어 리터러시, 정보 리터러시가 포함되며, 맥락적(context-specific) 영역에는 상황에 더 특화된 기술인 건강 리터러시, 컴퓨터 리터러시, 과학 리터러시가 포함된다. Lily model에 따르면 e-헬스 리터러시는 시간의 흐름에 따라 새로운 기술이 도입되고 개인적, 사회적, 환경적 맥락의 변화에 따라 진화하는 과정 지향적인 기술이다. 이는 개인에게 권한을 부여하고 e-헬스 자원에 기반한 건강 결정에 온전히 참여하는 것을 목표로 한다.

이후 소셜미디어, 모바일 웹의 특성 등을 반영하여 기존의 e-헬스 리터러시 개념에 의사소통 및 상호작용 요소가 추가되었고, 개인과 사회적 요인 간의 상호작용을 강조하거나 다양한 디지털 기술의 속성을 반영하여 건강정보를 생성하는 능력이 추가하기도 하였다. van der Vaart and Drossaert는 Norman and Skinner의 e-헬스 리터러시 개념을 토대로 온라인 환경에서 건강정보를 생성하고 상호작용하는 능력을 포함한 7가지 영역의 디지털 헬스 리터러시 개념을 제안하였다. 7가지 영역은 운영기술(operational skills), 탐색기술(navigation skills), 정보검색(information searching), 신뢰성 평가(evaluating reliability), 관련성 판단(determining relevance), 자체 생성 콘텐츠 추가(adding self-generated content), 사생활 보호(protecting privacy) 등이다.

디지털 헬스 리터러시에서 eHealth 사용자 및 eHealth 시스템과의 상호작용을 강조하는 eHealth Literacy Framework(eHLF)도 있다. 이 개념 틀에서는 정보 처리 능력, 건강관리 참여, 적극적인 디지털 서비스 참여, 안전성과 통제감, 디지털 서비스 참여에 대한 동기부여, 사용 가능한 디지털 서비스 접근, 개인의 요구에 맞는 디지털 서비스라는 7가지 영역이 서로 밀접하게 관련되어 개인과 개인의 경험을 시스템과 연결하여 설명한다.

한편 국내 간호학 연구자들은 디지털 헬스 리터러시 개념분석 연구를 통해 디지털 헬스 리터러시의 개념을 제시하였다. 황민화와 박연환(2021)은 Walker와 Avant의 개념분석 방법을 통해 디지털 헬스 리터러시를 "건강문제의 해결과 삶의 질 유지 및 향상을 위해 디지털 기술을 활용하여 건강정보를 추구하고, 적절한 건강정보를 찾아 이해하고 평가하는 건강정보의 처리과정과 건강정보 소통을 통하여 습득한 건강 관련 지식을 개인과 사회적 요소가 상호작용하는 맥락에 알맞게 전환하여 적용하는 능력"이라고 정의하였다. 또한 디지털 헬스 리터러시 개념의 속성을 건강정보 추구(health information seeking), 건강정보 처리(health information processing), 건강정보 소통(health information communication), 건강 관련 지식전환(health-related knowledge translation), 디지털 기술 활용(utilizing digital technology)의 5가지로 제시하였다.

Rodgers의 방법을 통해 개념의 정의와 속성을 규명한 연구에서는 디지털 헬스 리터러시의 속성을 목표지향적 조절(goal-driven regulation), 정보 처리(information processing), 의사소통(communication), 활용(utilization)의 4가지로 제시하고, 디지털 헬스 리터러시 개념을 디지털 플랫폼에서 건강정보를 처리하고, 전달하고, 활용하여 지식을 실질적인 행동으로 전환하는 동시에 자신의 건강 목표에 맞춰 지식전환의 과정을 지속적으로 조절하는 능력으로 정의하였다(표 2).

표 2 디지털 헬스 리터러시 개념 및 개념틀과 주요 속성

출처	개념 및 개념틀	속성
Norman and Skinner (2006)	Lily Model(eHealth literacy)	전통적 읽기와 계산(Traditional literacy & numeracy) 미디어 리터리시(Media literacy) 정보 리터러시(Information literacy) 건강 리터러시(Health literacy) 컴퓨터 리터러시(Computer literacy) 과학 리터러시(Science literacy)
Norgaard et al. (2015)	e-health literacy framework (e-health literacy)	정보에 접근하는 능력(Ability to process information) 자신 건강관리(Engagement in own health) 디지털 서비스에 적극적으로 참여하는 능력(Ability to actively engage with digital services) 미디어 리터리시(Media literacy) 디지털 서비스 활용 의사(Motivated to engage with digital services) 서비스 접근 가능성(Access to services that work) 개인별 요구에 맞는 디지털 서비스(Digital services that suit individual needs)

(계속)

van der Vaart and Drossaert (2017)	Digital Health Literacy Instrument(digital health literacy)	운영 기술(Operational skills) 탐색 기술(Navigational skills) 정보 검색(Informational searching) 신뢰성 평가(Evaluating reliability) 관련성 판단(Determining relevance) 콘텐츠 추가(Adding content) 사생활 보호(Protecting privacy)
황민화와 박연환 (2021)	Digital health literacy	건강정보 추구(Health information seeking) 건강정보 처리(Health information processing) 건강정보 전달(Health information communication) 건강관련지식 전달(Health-related knowledge translation) 디지털 기술활용(Utilizing digital technology)
Ban et al. (2024)	Digital health literacy	목표기반 규제(Goal-driven regulation) 정보처리(Information processing) 의사소통(Communication) 활용(Utilization)

2. 영향요인

전 생애주기에 걸쳐 형성되는 헬스 리터러시는 성별 등 인구사회학적 요인과 시력, 청력, 언어능력, 기억력, 추론능력과 같은 인지적요인, 사회적 지지, 문화, 언어 등의 환경적 요인 등에 의해 영향을 받는다. 헬스 리터러시는 개인적 요인과 시스템 및 외부 요인 등의 복합적인 작용으로 의료 접근 및 이용, 의료제공자와 환자의 상호작용, 자가관리에 영향을 주며 건강 결과에 영향을 미치게 된다.

구체적으로 헬스 리터러시는 연령, 성별, 인종, 언어, 교육수준, 취업상태, 가족 규모, 소득, 건강상태, 삶의 질 등에 의해 영향을 받는 것으로 보고되었다. 특히 낮은 헬스 리터러시와 관련된 요인으로 고령, 소수민족 또는 이민자, 낮은 교육수준, 비고용 상태, 독거이거나 배우자가 없는 경우, 저소득, 나쁜 주관적 건강상태, 낮은 삶의 질 등이 보고되었는데, 성별의 경우에는 연구대상자의 특성에 따라 결과가 일관되지 않았다.

헬스 리터러시와 유사하게 디지털 헬스 리터러시 또한 연령, 성별, 교육수준, 소득, 가구형태 등의 인구사회학적 요인과 디지털 기술이나 인터넷에 대한 접근성, 인터넷 이용 패턴, 기술 준비도 및 기술에 대한 태도, 건강상태, 건강행위, 삶의 질 등에 의해 영향을 받는다.

대부분의 연령군에서 디지털 헬스 리터러시와 부정적인 연관성을 보고하였으며, 노인의 경우에는 연령이 높을수록 디지털 헬스 리터러시가 더 낮을 가능성이 높은 것으로 나타났다. 디지털 헬스 리터러시에 대한 성별의 영향 역시 일관적이지 않은 것으로 나타난 것은 연구참여자 중 여성의 비율이 높은 경우가 많기 때문으로 해석되고 있다. 교육수준이 높거나 소득이 높을수록 디지털 헬스 리터러시가 높았고, 혼자 살거나 사회적 지지가 부족한 경우 디지털 헬스 리터러시가 낮았다. 디지털 기술에 대한 접근성과 인터넷 이용 여부도 디지털 헬스 리터러시의 주요 영향요인으로 인터넷을 사용하고 컴퓨터, 스마트폰, 웨어러블 기기와 같은 디지털 기기를 보유하고 잘 활용할수록 디지털 헬스 리터러시가 높았다. 또한, 낮은 헬스 리터러시는 인터넷 사용에 부정적 영향을 미쳐 디지털 헬스 리터러시의 격차로 이어지기도 한다.

3. 성차

1) 노년기 헬스 리터러시의 성차

노년기에는 특히 만성질환에 대한 관리의 필요성과 의료서비스 이용 빈도가 증가함에 따라 헬스 리터러시가 더욱 중요해지는데 고령층은 헬스 리터러시에 취약한 계층으로 알려져 있다. 한국 60세 이상 고령자의 헬스 리터러시 수준은 '미흡' 22.2%, '제한' 32.5%로 노년층의 건강관리 정보 이해 및 의료서비스 접근에 큰 장애가 될 수 있다.

특히 건강관리 접근 방식, 의료서비스 이용 행태 및 도움 요청 행동은 성별에 따라 차이가 나타나는 경향이 있으며, 이는 헬스 리터러시에도 영향을 미칠 수 있다. 일반적으로 전 연령대에서 남성의 헬스 리터러시 수준이 여성보다 더 높다고 보고되었다. 지역사회건강조사 대상자 중 60세 이상 노인 100,204명을 대상으로 한 연구에서 남성이 여성보다 헬스 리터러시 수준이 높은 것으로 나타나 여성 노인의 헬스 리터러시가 낮음을 알 수 있다. 성별에 따른 차이는 교육수준, 거주 유형 등 다른 요인들과도 관련이 있다. 중학교 이하 학력을 지닌 75세 이상 여성의 헬스 리터러시가 매우 낮은 것으로 보고되었고, 65세 이상 독거노인 당뇨병 환자 대상의 연구에서도 남성의 헬스 리터러시 수준이 여성보다 높은 것으로 확인되었다. 반면, 여성의 헬스 리터러시가 남성보다 높다는 상반된 결과가 보고되기도 했다. 예를 들어 한국 성인을 대상으로 한 연구에서는 남성보다 여성의 헬스 리터러시 수준이 높다고 보고하였고, 병원 외래 방문객을 대상으로 한 연구에서도 여성이 더 높은 헬스 리터러시를 나타냈다.

이처럼 성별에 따른 헬스 리터러시 차이에 관한 연구들은 사회적 요인, 경제적 배경 및 교육 수준, 개인적 요인 등의 차이로 일관된 결과를 보이진 않았다. 한국 사회에서 여성은 건강관리를 위해 남성보다 적극적으로 정보를 찾고, 건강관리에 민감하게 반응하는 경향이 있다. 이는 전통적으로 여성이 가족을 돌보는 역할을 맡아온 문화적 배경에서 기인하며, 여성이 건강관리 과정에서 필요한 정보를 적극적으로 탐색하고 이해하려는 행동 양식은 이러한 사회적 역할에서 비롯된 것으로 볼 수 있다.

헬스 리터러시에 영향을 미치는 주요 요인인 교육 수준 및 경제적 요인은 성별과 밀접한 연관성을 지닌다. 교육 수준은 개인이 정보를 수집하고 해석하는 능력에 큰 영향을 미치며, 높은 교육 수준을 갖춘 사람들은 복잡한 건강 정보를 더 쉽게 이해하고 활용할 수 있어 적합한 건강 결정을 내릴 가능성이 높다. 경제적 여건 또한 헬스 리터러시에 중요한 영향요인으로 경제적 자원이 풍부할수록 건강 정보와 관련된 다양한 서비스와 자원에 접근할 기회가 많아지지만, 경제적 어려움을 겪는 사람들은 이러한 자원 접근에 제약이 있다. UNDP 인간개발 보고서(Human Development Report)(2022)에 의하면, 한국의 25세 이상 인구 중 중등교육 이상을 받은 비율은 남성이 93.1%, 여성이 83.1%로, 여성의 비율이 상대적으로 낮고, 노년층의 빈곤율 또한 여성이 60.3%로, 남성(39.7%)보다 높아 경제적 어려움이 여성들의 헬스 리터러시 취약성을 증가시킬 가능성이 있다.

개인적 요인 또한 헬스 리터러시의 성별 차이에 중요한 역할을 한다. 건강 문제에 대한 인식이 대표적인 예로, 호주의 정신 건강 리터러시 연구에 따르면 여성의 건강문제에 대한 인식 수준이 남성보다 높다. 이는 여성이 건강 정보를 남성보다 쉽게 받아들이고, 건강 문제를 부끄러워하지 않고 인식하는 경향이 있기 때문이다. 이처럼 건강 문제를 인식하고 받아들이는 태도 차이로 인해 성별 간 헬스 리터러시 차이가 발생할 수 있다. 또한, 심리적 스트레스와 감정적 반응도 헬스 리터러시에 영향을 미치는 요인으로 작용한다. 고령 심부전 환자를 대상으로 한 연구에서는 여성이 남성보다 더 낮은 헬스 리터러시 수준을 보이며 재입원율이 높아지는 경향을 보였다. 이는 여성이 심리적 스트레스나 감정적 반응을 남성보다 더 많이 경험하여 건강 문제에 민감하게 반응하면서 스트레스를 더 크게 느끼고 이로 인해 헬스 리터러시 향상에 어려움을 겪을 수 있음을 보여준다.

남녀 헬스 리터러시에 영향을 미치는 요인을 구분하여 살펴보면, 남성의 경우 교육 수준, 자녀 수, 월 소득, 만성질환 지속 기간, 만성질환 자기효능감과 같은 요인이, 여성의 경우 연령, 교육 수준, 월 소득, 만성질환 지속 기간, 만성질환 치료 방식 등이 중요한 영향을 미치는 것으로 나타났다. 다른 연구에서는 남성의 헬스 리터러시에 결혼 상태와 월 소득이 유의미한 영향을 미쳤으며, 자가 건강 상태가 헬스 리터러시에 긍정적 영향을, 우울감은 부정적 영향을 미쳤다. 반면 여성의 경우 교육 수준, 월 소득, 주 병원 유무가 유의미한 영향을 미쳤으며, 우울감은 부정적인 영향을 미쳤다. 이는 성별에 따른 헬스 리터러시에 미치는 요인이 달라질 수 있으며, 성별에 따라 맞춤형 접근이 필요함을 시사한다.

2) 노년기 디지털 헬스 리터러시의 성차

코로나 19 팬데믹과 디지털 대전환에 따라 디지털 기술이 차지하는 중요성은 급격하게 증가하고 있다. 특히 건강과 돌봄 측면에서도 노인의 다차원적인 돌봄 욕구를 반영하고, 자기 관리 증진, 생활과 행동 습관 변화, 맞춤형 의료 및 건강관리를 제공하는 등 건강 문제를 개선할 수 있다는 점에서 디지털 헬스의 활용성과 잠재력은 크다고 할 수 있다. 이에 따라 디지털 헬스 리터러시는 노년층의 건강관리를 용이하게 할 수 있는 필수적인 역량이라고 할 수 있으며, 건강증진 생활 습관을 촉진하고 건강 관련 삶의 질에도 영향을 미칠 수 있다는 점에서 중요하다. 디지털 헬스 기술의 확산이 노년층 건강관리에 중요한 역할을 하게 됨에 따라, 디지털 헬스 리터러시에 대한 사회적 관심도 증가되었다.

디지털 헬스 리터러시는 건강의 사회적 결정요인(social determinants of health) 중 하나로, 디지털 기술에 대한 이해가 뛰어나고 활용 역량이 좋은 사람일수록 건강을 관리하는데 더 많은 정보를 얻고, 더 나은 건강을 추구하며, 건강 증진 행동을 실천할 뿐만 아니라 건강관련지식과 태도에도 긍정적인 영향을 미친다고 알려져 있다. 하지만, 디지털 기술의 발전은 모든 인구에 있어서 보편적인 변화를 가져다주지 않으며, 디지털 기술에 대한 접근성과 사용은 성별, 연령, 교육, 지역 및 소득에 따라 차이가 존재한다. 이러한 디지털 격차(digital divide)는 기존의 불평등을 악화시키는 방향으로 작동할 수 있으며, 특히 가장 취약한 디지털 정보 계층이라고 할 수 있는 노인에게서 더욱 두드러진다.

이와 함께 디지털 기술활용에 있어 디지털 성차(digital gender divide)의 위험성이 제기되고 있으며, 디지털 기술의 발전과 확장이 여성에게 새로운 불평등을 초래할 수 있다는 우려가 논의되고 있다. 실제로 국내에서 실시된 디지털 정보격차 실태조사를 바탕으로 한 연구 결과에 따르면 남성보다 여성이, 연령대가 높을수록, 교육 수준이나 가구 소득이 낮을수록 디지털 기술의 활용 의향이나 인식된 유용성이 낮았다. 특히 75세 이상 여성 노인들의 디지털 기술 활용 의향이 낮게 나타났는데, 여성 노인들이 디지털 기술의 발전과 활용에서의 긍정적인 측면을 경험하지 못하고 주변화될 가능성이 커질 수 있다는 점을 고려할 때, 성인지적 관점의 접근이 필요하다. 유엔 유럽 경제 위원회에서의 조사 결과에서도 젊은 층에서보다 노령층에서 디지털 성별 격차가 두드러지며, 특히 노령 여성이 디지털 전환에서 뒤처질 위험이 있다고 지적하고 있다.

디지털 헬스 리터러시와 관련된 인구사회학적 결정요인을 조사한 국외 체계적 문헌고찰 연구에 따르면, 연령이 높을수록 디지털 헬스 리터러시에 부정적인 영향을 미치고, 높은 교육 수준, 소득, 사회적 지원은 높은 디지털 헬스 리터러시와 관련이 있었다. 반면, 성별은 통계적으로 유의한 영향을 보이지 않았으나, 분석에 포함된 연구들에서 여성과 남성의 비율이 동등하지 않았다는 한계가 있었다. 또한, 노인의 디지털 헬스 리터러시에서 성별 간 차이를 탐구하기 위해서는 더 많은 연구가 필요하다는 선행연구들의 일관된 지적을 고려할 때, 이와 관련된 심도 있는 접근이 필요하다.

실제로 노인의 디지털 헬스 리터러시에 영향을 미치는 성별 차이에 주목한 연구는 찾아보기 어려웠으며, 디지털 격차와 관련된 연구는 활발히 진행되고 있으나 고령 인구를 대상으로 한 연구는 특히 부족한 실정이다. 성별에 따른 노인의 디지털 헬스 리터러시에 관한 연구 결과들은 서로 상이하게 도출되고 있어, 여전히 사회적 합의에 도달하지 못했으며 그 복잡성이 크다고 할 수 있다. 하지만, 노년기의 건강을 결정하는 다양한 사회적, 경제적, 개인적 요인 중 젠더(gender)는 개인 및 인구 집단이 직면할 수 있는 건강 위험에 중요한 차별을 초래할 수 있기 때문에 노년기 건강에서의 젠더 관점은 중요하다. 특히 여성 노인의 경우 성차별(sexism)과 연령주의(ageism)가 복합적으로 작용하여 연령과 성에 따른 이중 위험이 있음에도 불구하고 그 중요성은 종종 간과되어 왔다.

노인에게 있어서 디지털 성별 격차를 유발하는 관련 요인들로는 크게 경제적 요인, 교육 수준, 사회적 지원과 네트워크, 문화적 요인 등을 들 수 있다.

첫째, 경제적 요인은 디지털 접근성을 좌우하는 중요한 요소라고 할 수 있으며, 디지털 헬스 리터러시와 상당한 연관성이 있다. 소득이 높을수록 디지털 기기를 보유하거나 인터넷 사용료를 감당할 여력이 더 높기 때문에, 소득 수준에 따라 디지털 기기에 대한 접근성이 크게 달라진다. 반면, 소득이 낮을 경우 생계유지에 집중할 수밖에 없어 디지털 기술을 활용한 건강관리는 후순위로 밀리게 되면서 디지털 헬스 리터러시에 영향을 미칠 수 있다. 한국의 경우 OECD 국가 중에서도 노인 빈곤율이 가장 높은데, 특히 여성 노인이 남성 노인보다 빈곤율이 높으며, 이러한 소득 수준의 차이는 단순히 디지털 접근성뿐만 아니라 디지털 기술을 통해 얻는 정보 및 상호작용의 질에도 영향을 미친다.

둘째, 교육 수준 역시 디지털 성별 격차의 중요한 요인이다. 교육 수준이 높을수록 정보 획득, 처리, 이해 능력이 좋고, 건강 및 질병 예방에 대한 지식 수준이 높지만, 교육 수준이 낮을수록 새로운 기술을 익히는 데 어려움이 있으며, 과학적이고 적절한 건강 지식을 습득하기가 어렵기 때문에 디지털 헬스 리터러시가 낮게 나타나는 경향이 있다. 이러한 성별에 따른 교육 수준의 차이로 인해 남성이 여성보다 인터넷을 더 자주 사용하는 경향이 있으며, 결국 디지털 헬스 리터러시에 영향을 미칠 수 있다.

셋째, 사회적 지원과 네트워크도 디지털 성별 격차를 초래하는 요인으로 작용한다. 노인의 인터넷 건강정보 사용 습관은 디지털 헬스 리터러시에 큰 영향을 미치는데, 인터넷에서 건강 정보를 검색하면서 구체적인 건강 지식을 축적하게 되어 디지털 건강 정보를 더욱 잘 이해하고 적용할 수 있게 된다. 남성 노인의 경우 직장 생활이나 사회 활동을 통해 디지털 기기 사용을 배우고 실생활에 이를 적용할 기회가 많은 반면, 여성 노인은 주로 가사노동과 가족 돌봄자의 역할을 수행하기 때문에 디지털 기술과 관련된 교육을 받을 기회가 적다고 할 수 있다.

넷째, 문화적 요인은 전통적 성 역할과 연령주의에서 비롯된 고정관념으로 인해 디지털 성별 격차를 악화시킬 수 있다. 전통적으로 남성이 기술 관련 활동을 주도하고, 여성은 이에 대한 기회가 제한되는 경우가 많았던 문화적 배경은 여성 노인의 디지털 활용을 더욱 제약할 수 있다. 이러한 차이로 인하여 노인 남성의 경우 여성보다 디지털 헬스 사용에 있어서 더 포용적인 태도를 가질 수 있으며, 이에 따라 노인 여성은 남성보다 상대적으로 취약한 디지털 헬스 리터러시를 가질 위험이 더 높다.

간호학적 적용

고령화 사회에서 헬스 리터러시는 노년층의 건강 유지와 삶의 질 향상에 핵심적인 요소이며, 사회적 역할, 경제적 여건, 교육 경험, 심리적 요인 등 다양한 요소들이 복합적으로 작용하여 남성과 여성에서 서로 다른 양상으로 나타난다. 하지만 성차와 관련된 기존 연구들에서 상이한 결과가 도출되었기 때문에 성별 특성이 반영된 헬스 리터러시 연구들이 더욱 필요하다. 따라서 노인들의 성별에 따른 헬스 리터러시 격차를 해소하고 헬스 리터러시를 향상시키기 위해서는 이와 관련된 다양한 간호학적 연구가 이루어져야 하며, 연구 결과를 토대로 성별 맞춤형 교육과 지원 프로그램이 개발될 필요가 있다.

더 나아가 사회적 · 문화적 요인을 고려한 정책적 노력도 동반되어야 한다. 예를 들어 여성 노인 대상으로는 감정 관리와 스트레스 대처 능력을 강화하고 건강 정보를 더 쉽게 이해할 수 있도록 의료 정보 접근 방식을 개선하는 것이 중요할 수 있고, 남성 노인의 경우에는 건강 문제에 대한 인식과 수용 능력을 높이기 위한 교육 프로그램이 효과적일 수 있다. 이러한 맞춤형 접근은 성별에 따른 건강관리의 격차를 줄이고, 결과적으로 노년층의 전반적인 건강 상태를 향상시키는 데 기여할 수 있다.

또한, 디지털 건강 측면에서 성별 차이를 다루거나 성평등을 지원하는 연구도 부족한 실정이다. 향후 간호학 연구에서는 성별 불평등이 디지털 헬스에 미치는 영향을 인지하고, 디지털 건강 중재연구를 설계, 구현, 평가할 때 젠더 차원의 사회문화적 맥락에 주의를 기울여야 할 것이다.

아울러 건강형평성을 의도적으로 고려하지 않는다면, 디지털 헬스는 결국 최신 디지털 기기와 애플리케이션에 프리미엄을 지불할 여유가 있는 젊고 부유한 인구에 편중될 가능성이 크며, 이는 노인, 여성, 소수민족 집단 등에서는 일반화할 수 없는 연구 결과를 초래할 위험이 크다. 현재 노인의 디지털 헬스 리터러시에 관한 연구에서 일관된 성차 관련 결과가 도출되지 않는 것도 이러한 맥락과 관련이 있을 수 있으며, 충분히 대표성 있는 집단을 대상으로 한 추가연구가 필요하다.

마지막으로 여성과 남성은 노화와 그 영향을 서로 다르게 경험하게 되는데, 이러한 젠더에 기반한 차별과 불평등은 노년기에 더욱 악화될 수 있으며, 문화 및 사회적 규범에 뿌리 깊은 젠더 고정관념이 디지털 기술활용에도 영향을 미쳤을 가능성이 크므로, 이 점을 인지하는 것이 중요하다. 앞으로의 간호학 연구에서는 젠더혁신에 기반한 변화의 흐름에 발맞추어 성별에 따라 노인의 디지털 헬스 리터러시에 어떠한 영향을 미치는지, 연구설계에서 성별 특성을 반영하기 위해 어떤 요소를 고려해야 하는지, 성차를 반영한 디지털 헬스 리터러시 개입은 어떻게 구현되어야 하는지 끊임없이 고민하고 개선해 나가야 할 것이다.

참고문헌

강이수. 4차산업혁명과 디지털 성별 격차. 페미니즘 연구. 2018;18(1):143-179. https://doi.org/10.21287/iif.2018.4.18.1.143

김동식, 김둘순, 동제연, 정다은, 전경숙. 한국사회의 젠더와 건강불평등 연구(Ⅱ): 노인 돌봄과 학대를 중심으로. 한국여성정책연구원. 2018.

김영선, 박병현, 이희윤. 노인의 건강정보이해능력(Health Literacy)에 영향을 미치는 요인 분석: 앤더슨 행동모형 적용. 노인복지연구. 2014;65:35-57.

천희란, 이주열. 고령자의 헬스 리터러시 관련 요인: HLS-EU-Q16 측정도구 활용. 보건교육건강증진학회지. 2020;37(1):1-13. https://doi.org/10.14367/kjhep.2020.37.1.1

최슬기, 김혜윤, 황종남, 채수미, 한겨레. 건강정보문해력(헬스 리터러시) 제고 방안 연구. 한국보건사회연구원. 2020.

최은진, 류시원, 천희란, 곽우성, 최슬기. 디지털헬스 접근성 향상을 위한 개인역량강화모델 연구. 한국보건사회연구원.

최인희, 배호중, 김소영, 최진희, 김영선, 김지미. 과학기술 변화에 따른 노인돌봄의 변화와 성인지적 정책과제. 한국여성정책연구원. 2023

한국지능정보사회진흥원. 2023 디지털 정보격차 실태조사. 한국지능정보사회진흥원. 2023.

황민화, 박연환. 디지털 헬스 리터러시 개념분석. 근관절건강학회지. 2021;28(3):252-262. https://doi.org/10.5953/JMJH.2021.28.3.252

American Medical Association. Health Literacy: Report of the Council on Scientific Affairs. Ad Hoc Committee on Health Literacy for the Council on Scientific Affairs, American Medical Association. JAMA, 1999;281:552-557. https://doi.org/10.1001/jama.281.6.552

Ban S, Kim Y, Seomun G. Digital health literacy: A concept analysis. DIGITAL HEALTH. 2024;10:20552076241287894. https://doi.org/10.1177/20552076241287894

Berkman ND, Sheridan SL, Donahue KE, Halpern DJ, Crotty K. Low Health Literacy and Health Outcomes: An Updated Systematic Review. Ann Intern Med. 2011;155(2):97-107. https://doi.org/10.7326/0003-4819-155-2-201107190-00005

Bittlingmayer UH, Harsch S, Islertas Z. Health Literacy in the Context of Health Inequality - A Framing and a Research Overview. In L. A. Saboga-Nunes, U. H. Bittlingmayer, O. Okan, & D. Sahrai (Eds.), New Approaches to Health Literacy: Linking Different Perspectives(pp. 11-43). Springer Fachmedien Wiesbaden. 2021. https://doi.org/10.1007/978-3-658-30909-1_2

Estrela M, Semedo G, Roque F, Ferreira PL, Herdeiro MT. Sociodemographic determinants of digital health literacy: A systematic review and meta-analysis. Int J Med Inform. 2023;177:105-124, https:// doi.org/10.1016/j.ijmedinf.2023.105124

George AS, Morgan R, Larson E, LeFevre A. Gender dynamics in digital health: overcoming blind spots and biases to seize opportunities and responsibilities for transformative health systems. J Public Health (Oxf). 2018;40(suppl_2):ii6-ii11. https://doi.org/10.1093/pubmed/fdy180

Groom LL, Schoenthaler AM, Mann DM, Brody AA. Construction of the Digital Health Equity-Focused Implementation Research Conceptual Model - Bridging the Divide Between Equity-focused Digital Health and Implementation Research. PLOS Digit Health. 2024;3(5):e0000509. https://doi.org/10.1371/journal.

pdig.0000509

Győrffy Z, Boros J, Döbrössy B, Girasek E. Older adults in the digital health era: insights on the digital health related knowledge, habits and attitudes of the 65 year and older population. BMC Geriatr. 2023;23(1):779. https://doi.org/10.1186/s12877-023-04437-5

Institute of Medicine. Health literacy: a prescription to end confusion. The National Academies. 2024.

Jung SO, Son YH, Choi E. E-health literacy in older adults: an evolutionary concept analysis. BMC Med Inform Decis Mak. 2022;28, https://doi.org/10.1186/s12911-022-01761-5

Kim J, Jeon SW, Byun H, Yi E. Exploring e-health literacy and technology-use anxiety among older adults in Korea. Healthcare. 2023;11(11):1556, https://www.mdpi.com/2227-9032/11/11/1556

Kyaw MY, Aung MN, Koyanagi Y, et al. Sociodigital Determinants of e-health literacy and related impact on health outcomes and e-health use in Korean older adults: Community-based cross-sectional survey. JMIR Aging,.2024:7:e56061.https://doi.org/10.2196/56061

Lee OK, Kim DH, Beum KA. Factors affecting information and communication technology use and eHealth literacy among older adults in the US and South Korea. Educational Gerontology. 2020;46(9):575-586. https://doi.org/10.1080/03601277.2020.1790162

Mauvais-Jarvis F, Bairey Merz N, et al. Sex and gender: modifiers of health, disease, and medicine. Lancet. 2020;396(10250):565-582. https://doi.org/10.1016/S0140-6736(20)31561-0

Norgaard O, Furstrand D, Klokker L, et al. The e-health literacy framework: a conceptual framework for characterizing e-health users and their interaction with e-health systems. Knowledge Management & E-Learning: An International Journal. 2015;7(4):522-540.

Norman C. eHealth literacy 2.0: problems and opportunities with an evolving concept. J Med Internet Res. 2011;13(4):e125. https://doi.org/10.2196/jmir.2035

Norman CD, Skinner HA. eHealth Literacy: Essential Skills for Consumer Health in a Networked World [Viewpoint]. J Med Internet Res. 2006;8(2):e9. https://doi.org/10.2196/jmir.8.2.e9

Nutbeam D. Health literacy as a public health goal: a challenge for contemporary health education and communication strategies into the 21st century. Health Promot Int. 2000;15(3):259-267. https://doi.org/10.1093/heapro/15.3.259

Nutbeam D, Levin-Zamir D, Rowlands G. Health literacy and health promotion in context. Glob Health Promot. 2018;25(4):3-5. https://doi.org/10.1177/1757975918814436

Shi Y, Ma D, Zhang J, Chen, B. In the digital age: a systematic literature review of the e-health literacy and influencing factors among Chinese older adults. J Public Health. 2023;1(5):679-687. https://doi.org/10.1007/s10389-021-01604-z

Sinha C, Schryer-Roy AM. Digital health, gender and health equity: invisible imperatives. J Public Health. 2018;40(2):ii1-ii5. https://doi.org/10.1093/pubmed/fdy171

Son YJ, Won MH. Gender differences in the impact of health literacy on hospital readmission among older heart failure patients: A prospective cohort study. J Adv Nurs. 2020;76(6):1345-1354. https://doi.org/https://doi.org/10.1111/jan.14328

Sørensen K, Van den Broucke S, Fullam J, et al. Consortium Health Literacy Project, E.Health literacy and public health: A systematic review and integration of definitions and models. BMC Public Health. 2012;12(1):80. https://doi.org/10.1186/1471-2458-12-80

Sun S, Lu J, Wang Y, et al. Gender differences in factors associated with the health literacy of hospitalized older patients with chronic diseases: A cross-sectional study. Front Public Health. 2022;10:944103-944103. https://doi.org/10.3389/fpubh.2022.944103

Tao S, Sun S, Wu S, et al. Current status and influencing factors of health literacy among older adults in combined medical and nursing care institutions: a cross-sectional study. Front Public Health. 2023;11:1323335. https://doi.org/10.3389/fpubh.2023.1323335

U.S. Food and Drug Administration. What is Digital Health? https://www.fda.gov/medical-devices/digital-health-center-excellence/what-digital-health. 2020

United Nations Economic Commission for Europe (UNECE). Digital gender divide persists among older persons in the UNECE region. United Nations. Retrieved October 30, 2024, from https://unece.org/media/news/376424

van der Gaag M, Heijmans M, Spoiala C, Rademakers J. The importance of health literacy for self-management: A scoping review of reviews. Chronic Illn. 2021;18(2):234-254. https://doi.org/10.1177/17423953211035472

Yao R, Zhang W, Evans R, Cao G, Rui T, Shen L. Inequities in Health Care Services Caused by the Adoption of Digital Health Technologies: Scoping Review. J Med Internet Res. 2022;24(3):e34144, https://doi.org/10.2196/34144

Ye W. The impact of internet health information usage habits on older adults' e-health literacy. Digit Health. 2024;10:20552076241253473. https://doi.org/10.1177/20552076241253473

Zhang Y, Xu P, Sun Q, Baral S, Xi L, Wang D. Factors influencing the e-health literacy in cancer patients: a systematic review. J Cancer Surviv. 2023;17(2):425-440. https://doi.org/10.1007/s11764-022-01260-6

찾아보기

INDEX

찾아보기 (INDEX)

ㅇ

ㅈ

ㅊ

ㅋ

ㅌ

영문

W

X

Y

생애주기별
성차간호학

Sex/Gender-Differentiated Nursing Across the Lifespan

2025년 5월 19일 인쇄
2025년 6월 10일 발행

대표저자 | 김증임

임프린트 | 도서출판 대한의학
발행인 | 신은주
책임편집 | 서선영
출판등록 | 2003년 9월 27일 제 25100-2014-000011호
발행처 | ㈜에스앤씨퍼블리싱
주소 | 서울특별시 구로구 디지털로 288 대륭포스트타워1차 1209호
전화 | (02)921-0653
e-mail | medbook2000@daum.net
홈페이지 | www.dhmbook.co.kr
www.medbook.co.kr

정가 | 30,000원
ISBN | 979-11-5590-312-4 93510

본 출판물은 2025년도 정부(과학기술정보통신부)의 재원으로 한국여성과학기술인육성재단(WISET)의 지원을 받아 수행된 성과입니다.
(No. WISET202503GI01)
The publication is the result of a project funded by the Ministry of Science and ICT in 2025 and supported by the Korea Foundation for Women in Science, Engineering and Technology(WISET). (Project No. WISET202503GI01)